U0289651

飞机结构寿命控制原理与技术

何宇廷 等著

国防工业出版社

·北京·

内 容 简 介

飞机结构的寿命通常用疲劳寿命和日历寿命表示。本书在梳理了飞机结构疲劳定寿方法的基础上,探讨了现阶段飞机结构寿命管理模式中存在的不足,提出了飞机结构寿命控制的概念并界定了其内涵。将飞机结构关键件划分为疲劳关键件、腐蚀关键件和腐蚀疲劳关键件三类典型结构形式,建立了飞机结构疲劳/耐久性安全寿命的延寿方法,提出了飞机结构日历安全寿命的概念及确定方法,阐述了飞机结构寿命包线的基本原理,并从结构剩余寿命预测、结构服役/使用寿命监控、放宽结构服役/使用寿命限制(延寿)、结构服役/使用寿命调控、结构设计/修理材料优选方法等方面介绍了服役飞机结构寿命的控制技术。飞机结构寿命控制技术体系的建立和发展,为在保证飞行安全的前提下进一步释放飞机结构的服役/使用寿命潜力,实现对飞机结构服役/使用寿命的主动控制提供了思路和方法。

本书是一本明确提出和系统阐述飞机结构寿命控制原理与技术的著作,可为航空工程领域的本科生、研究生以及飞行器设计和使用部门的工程技术人员和管理人员提供参考,还可以作为其他从事海洋装备、船舶、火车、桥梁以及地面大型机械设备等设计与使用人员的参考书。

图书在版编目(CIP)数据

飞机结构寿命控制原理与技术/何宇廷等著. —北京:国防工业出版社,2017.2
ISBN 978 - 7 - 118 - 10995 - 5

Ⅰ.①飞… Ⅱ.①何… Ⅲ.①飞机—结构寿命—研究 Ⅳ.①V221

中国版本图书馆 CIP 数据核字(2016)第 274807 号

※

国防工业出版社 出版发行
(北京市海淀区紫竹院南路 23 号 邮政编码 100048)
三河市众誉天成印务有限公司印刷
新华书店经售

*

开本 710×1000 1/16 印张 28½ 字数 555 千字
2017 年 2 月第 1 版第 1 次印刷 印数 1—2000 册 定价 118.00 元

(本书如有印装错误,我社负责调换)

国防书店:(010)88540777 发行邮购:(010)88540776
发行传真:(010)88540755 发行业务:(010)88540717

飞机的寿命主要是由飞机结构的寿命决定的。飞机结构安全、稳定、可靠地工作是保证飞行安全的前提,而飞机结构的寿命指标是衡量飞机结构能否经济可靠地服役/使用的重要技术指标。飞机的设计、加工和制造过程赋予了飞机结构基本的寿命品质。一架交付使用的飞机,其结构的基本寿命品质是一定的。然而,飞机是在一定的条件和技术要求下使用的,服役环境的腐蚀程度和飞行科目的载荷强度等对飞机最终的服役/使用寿命周期(服役/使用寿命限制)具有至关重要的影响。通过把握环境、载荷对结构寿命的影响规律,对飞机使用计划进行合理的调整,并合理制定维修计划,一方面可以在保证飞行安全的前提下将飞机结构寿命潜力发挥到最大,另一方面可以根据实际使用需求调控飞机结构的实际服役/使用寿命指标,从而实现飞机结构服役/使用寿命的主动控制。

目前,我国飞机寿命管理面临着四大难题。第一,我国飞机主要采用飞机交付使用时给定的基准疲劳寿命和基准日历寿命指标来控制飞机的首翻期、翻修间隔期与总寿命。但是,基准疲劳寿命和基准日历寿命是与飞机设计时预期的基准使用条件密切相关的,它不能反映各单架飞机在实际服役/使用过程中经历的载荷/环境—时间历程对飞机结构的影响,从而导致了我国现役飞机常常面临着严峻的疲劳寿命与日历寿命不匹配的问题。第二,由于对飞机结构日历寿命研究不够深入,没有可靠的日历寿命预测模型与方法,从而导致了我国飞机剩余日历服役/使用寿命预测困难的局面。第三,现代飞机的造价越来越昂贵,为节省经费,在使用中逐步延长飞机的服役/使用寿命或放宽服役/使用寿命限制是世界各国通用的做法。由于目前在飞机延寿理论与模型方面研究不够深入,使得如何在不影响飞行安全的情况下进一步释放飞机的服役/使用寿命潜力、延长服役/使用寿命限制值缺乏足够的理论支撑。第四,由于我国的单机寿命监控处于起步阶段,所采用的飞机结构累积损伤计算模型等还比较粗略,尤其是载荷、腐蚀环境耦合等作用对飞机结构材料损伤机理和损伤演化规律等方面的研究还不够深入,从而导致飞机结构在服役/使用中的失效问题还时有发生。

作者着眼于解决这些非常紧迫的问题,在国家"973"计划、国家"863"计划、国家自然科学基金、陕西省自然科学基础研究计划以及相关重点型号合作项目的支持下,开展了长期的理论研究和试验研究,提出了飞机结构寿命控制的概念并界定了内涵。将飞机结构关键件划分为疲劳关键件、腐蚀关键件和腐蚀疲劳关键件三类典型结构形式,结合作者的教学科研工作,建立了飞机结构疲劳/耐久性安全寿命的延寿方法——当量延寿法,给出了飞机结构日历安全寿命的概念及确定方法,阐述了飞机结构寿命包线的基本原理;并从结构剩余寿命预测、结构服役使用寿命监控、放宽结构服役使用寿命限制、飞机使用/维修计划调整、结构选材方法等方面介绍了飞机结构寿命控制技术,以在保证飞行安全的前提下进一步释放飞机结构的服役/使用寿命潜力,或者结合使用、维修计划措施的调整实现飞机结构实际服役/使用寿命指标的调整以达到预期的目标,从而实现飞机结构服役/使用寿命管理由传统的"定寿消耗"模式向"主动控制"模式转变。

全书内容共分五篇。第一篇为飞机结构寿命控制概述,主要介绍和评述了飞机结构寿命的相关概念及飞机结构寿命的管理现状,提出了飞机结构寿命控制的基本概念并界定了内涵,介绍了飞机结构疲劳载荷谱与环境谱在寿命控制中的作用和基本编制方法。第二篇是飞机结构疲劳关键件的寿命控制原理与技术,主要介绍基准疲劳/耐久性安全寿命的确定、飞机结构疲劳分散系数、疲劳关键件剩余疲劳寿命预测与服役/使用寿命监控、飞机结构疲劳/耐久性安全寿命延寿(放宽服役/使用寿命限制)的当量延寿法以及基于检查修理次数的延寿方法和飞机结构疲劳关键件实际服役/使用寿命调控技术等内容。第三篇是飞机结构腐蚀关键件寿命控制原理与技术,介绍了飞机结构日历安全寿命的概念及确定方法,建立了飞机结构腐蚀关键件服役/使用日历寿命监控方法。第四篇是飞机结构腐蚀疲劳关键件寿命控制原理与技术,阐述了飞机结构寿命包线的基本原理,结合该理论方法分别从结构剩余寿命预测、腐蚀疲劳关键件疲劳寿命与日历寿命双参数寿命监控、放宽飞机结构服役/使用寿命限制等方面介绍了基于寿命包线的飞机结构寿命控制技术,并给出了基于日历安全寿命和寿命包线原理的腐蚀疲劳关键件定寿示例。第五篇是飞机整机结构寿命控制原理与技术,建立了基于结构损伤状态的飞机服役/使用计划调整方法,提出了基于损伤度的结构维修判据,介绍了飞机结构的维修措施,提出了基于材料系列性能指标的飞机结构选材方法,给出了飞机整机与机群寿命控制的基本方法,并初步研究了飞机结构寿命控制软件系统。

本书可为飞机设计和使用部门的技术人员和管理人员从事飞机结构寿命研究和管理提供技术支撑,以在保证飞行安全的前提下最大限度地释放飞机结构的寿命潜力,并实现飞机结构实际服役/使用寿命的主动控制。同时,本书也可作为从事海洋装备、船舶、火车、桥梁以及地面大型机械设备等设计与使用人员在从事相关装备寿命工作时的参考书。

在本书的撰写和出版过程中,得到了中国人民解放军总装备部、空军、空军工程大学有关领导和机关的大力支持;张福泽、钟群鹏、陈一坚、唐长红、闫楚良、傅祥炯、张恒喜、黄季墀、薛景川、蒋祖国、刘文斑、姚卫星、傅志高、陈志伟、王智、陈跃良、谭申刚、曹奇凯、王向明、刘小冬、陶春虎、董登科、舒成辉、王新波、李亚智、刘道新、李曙林、程礼、王卓健和郭基联等进行了有益的讨论并提出了建设性的意见;在全机疲劳试验验证工作中,空军装备部可靠办和空军装备研究院航空所宋海平课题组提供了无私的帮助;杜旭、李昌范、陈涛对本书的文字工作提供了帮助,作者在此一并表示衷心的感谢!

本书由何宇廷主笔,张腾、崔荣洪、高潮和张海威参加了部分章节的撰写工作,最后由何宇廷统稿。由于作者水平所限,加之飞机寿命问题的复杂性,书中难免有错误和不当之处,敬请各位读者提出宝贵意见。

著 者

2015 年 6 月

目录

Contents

第 一 篇

飞机结构寿命控制概述

　　本篇介绍了本书相关的研究背景,总结与分析了目前国内外飞机结构服役/使用寿命的管理现状,并从相关问题出发,提出了飞机结构寿命控制的概念,明晰了飞机结构寿命控制的研究范畴;基于飞机结构的服役/使用历程分析,将飞机结构划分为疲劳关键件、腐蚀关键件和腐蚀疲劳关键件三类,明确了本书的主要研究对象,并对飞机结构载荷/环境谱进行了简要的介绍。

第 ❶ 章

概　述

1.1　背景概况

飞机作为一种现代化的交通工具已显著改变了人们的生活。对一架飞机而言,飞机的机体结构在整个系统中发挥着最基础的承载平台作用,其他的部件,包括发动机、雷达系统、液压系统、控制系统、武器系统、其他功能系统等,均属于机载系统,是可以在机体平台上进行拆卸、更换、升级的。因此,机体结构是飞机最基础、最重要的系统之一,其直接影响飞机的使用安全。飞机的使用期限(服役/使用寿命)主要由飞机结构的使用期限决定,对其开展研究具有重要的现实意义。

一般所说的飞机结构通常就是指飞机的机体结构,从飞机的功能部位来划分,飞机结构可以分为机身、机翼(外翼、中央翼等)、尾翼(垂尾、平尾等)、起落架等,每个部位又由几个到上万个零部件所组成;按照零部件的结构形式来划分,飞机结构又可以分为梁、隔框、翼肋、纵墙、桁条、蒙皮、轴、杆、标准件等。不同飞机结构的结构形式和所用材料各具特征,且位于飞机不同部位的结构受力特征和局部服役环境互不相同,导致不同结构的失效规律和失效机理千差万别;加之各类结构在失效后对飞行安全的影响程度不尽一样,且结构维护的难易程度和维修手段也有所区别,导致对不同结构的管理思想也可能不同。因此,对飞机结构的研究涉及多个领域的多个学科,是非常复杂的系统性研究内容。由于飞机结构不合理的设计、定寿、管理、维修所导致的飞行事故或安全隐患一直影响着人们的生活和生产。

1985 年 8 月 12 日,日本航空公司的波音 747 飞机空难属于由修理不当所导致的飞行惨案。事故发生时该飞机正在执行东京飞往大阪的航班任务,飞机起飞后 12min 在 7280m 的高度垂尾损毁脱落,32min 后撞山坠毁,导致 520 人遇难,成为航空史上单架飞机伤亡最惨重的空难事故。调查发现,飞机在进行尾部修补时需要两排铆钉,但维修人员只将损伤部位补了一排铆钉,使得蒙皮局部受到剪力过大,产生疲劳断裂[1]。事后日本航空公司的董事长、数名高级主管和基层员工引咎辞职,并导致一位资深维修经理羞愧自杀! 事故现场与断裂的飞机残骸如图 1.1 所示。

图 1.1 1985 年日本航空公司波音 747 飞机坠毁现场与飞机残骸

1988 年 4 月 28 日,美国 Aloha 航空公司的波音 737 飞机上机身剥离事故属于因管理(检查维护)不当所引发的飞行事故。事故飞机属于典型的老龄飞机,当时已服役/使用了 35493 个飞行小时,89090 个飞行起落,其在飞往夏威夷的航线中因增压舱 43 段上蒙皮搭接头出现多部位损伤(Multiple Site Damage, MSD)引发了上半机身完全剥离并导致一名空乘人员掉入大海,多名旅客受伤的灾难事故,如图 1.2 所示。由于当时的人们对 MSD 的危害性尚无完整的认识,导致对飞机结构的检查维护措施制定不到位。虽然事故当天一位女性乘客在登机前就已发现了引发事故的裂纹,但飞机维护人员却对此一无所知[2,3]。

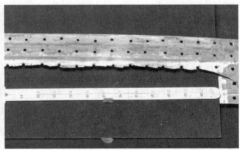

图 1.2 1988 年美国 Aloha 航空公司事故飞机及断裂部位

2002 年 5 月 25 日,中国台湾华航的 611 号波音 747 飞机空中解体属于修理和检查不当所导致的惨烈空难。飞机当时执行从台北飞往香港的任务,在爬升过程中解体坠入台湾海峡,机上 225 人全部罹难。调查发现,该架飞机于 1979 年 8 月 2 日出厂,但在刚使用 6 个月之后就发生了降落时机尾擦撞跑道的事故。当时华航的维护人员并未依照波音公司的手册要求对受损部位更换材料,而只是进行了简单的打磨和加强保护,甚至还对维修记录进行了造假。随着飞机在 22 年的使用中几万次的客舱增压减压过程,原来的受损部位产生裂纹并不断扩展,裂纹长度在飞机失事时达到了惊人的 2.3m。

更为遗憾的是，因为检查不细，611 号飞机错过了最后一次远离死神的机会。1988 年，Aloha 航空波音 737 飞机机身剥离事故发生后，波音公司新的规范要求各航空公司用户加强对老龄飞机的腐蚀与裂纹检查，并重新评估飞机结构上已有的维修。2001 年，在事故发生的前一年，华航对 611 号飞机执行了新的检查程序；当初对机尾受损部位修理后贴补的盖板周围发现深棕色污渍，已经说明盖板下的结构可能已经开裂（此架飞机之前允许吸烟，深棕色污渍说明烟雾有渗出的可能），但检查人员并未留意这一细节。611 号飞机空中解体模拟图及事故残骸如图 1.3 所示。

图 1.3　2002 年中国台湾华航飞机空中解体模拟图及事故残骸

与此不同的是，美国的 F－15 和 F－16 军用飞机机身大梁存在的裂纹，则属于因飞机结构不合理定延寿所引发的飞行事故或安全隐患。

2007 年 11 月 2 日，美国空军国民警卫队一架 F－15C 型战机在做大表速编队机动飞行时突然发生空中解体，事故的模拟过程如图 1.4 所示。该事故导致了F－15 飞机大面积停飞检查。事故调查发现，F－15C 空中解体是由于机身大梁疲劳断裂所致。在对美国全球机队的所有 F－15 飞机停飞检查发现，400 余架 F－15A 至 D 型飞机中超过 50% 的飞机至少有一根机身大梁存在问题，已不能满足设计规范，其中，有 9 架飞机在大梁上发现危险的疲劳裂纹[1,4,5]。

图 1.4　2007 年 F－15C 空中解体模拟图

2014 年 8 月 20 日,美国军方发布声明,称对 F - 16D 战斗机的例行检查中发现结构存在大量裂纹,将停飞所有该型飞机。F - 16D 型战斗机的裂纹位于飞机纵梁上驾驶舱两飞行员座位之间的部位,157 架 F - 16D 战机中发现 87 架都存在类似的问题。

2012 年 1 月 20 日,新服役不久的空客 A380 飞机在连接机翼翼肋与蒙皮的连接件孔边发现多条疲劳裂纹,这是典型的因结构设计不合理造成的安全隐患。空客 A380 飞机每侧机翼有超过 2000 个裂纹萌生危险部位,如图 1.5 所示,存在较大安全隐患,引起旅客恐慌,导致所有交付使用的飞机不得不在规定时限内返厂修理。

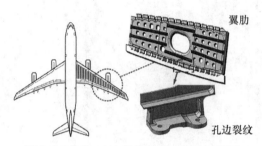

翼肋

孔边裂纹

图 1.5　空客 A380 连接件孔边裂纹示意图

随着一次次灾难性事故的发生,人们在总结经验教训的基础上对飞机结构的研究也在不断发展。以 1954 年 1 月 10 日和 4 月 8 日英国的"彗星"I 号飞机两次解体坠毁为代表的事故使人们认识到飞机结构的疲劳破坏现象,并随着人们进一步的研究逐渐产生了飞机结构疲劳安全寿命设计的思想;20 世纪 60 年代末期,以 F - 111 飞机机翼枢轴接头板断裂事故为代表的一系列飞行事故使人们产生了飞机结构损伤容限设计的思想[6]。从飞机结构设计思想的演变历程来看,飞机结构的设计、管理思想从最初的静强度设计阶段发展到静强度和刚度设计阶段,再到强度、刚度、疲劳安全寿命设计阶段,直至发展到了现在常用的静强度、刚度、损伤容限和耐久性设计阶段,与之相关的研究范围也越来越广,研究内容越来越多。

对飞机结构的相关研究:从研究内容来分,分为设计方法研究、寿命管理方法研究、维修方法研究、安全保障方法研究(如结构健康监控等)等;从研究对象的材料类型来分,分为金属材料(钢、铝、钛等)、复合材料、有机玻璃、防护体系材料等;从研究对象的失效类型来分,分为静力失效、稳定性失效、变形失效、疲劳失效、腐蚀失效等;从研究方法来分,分为理论研究、技术研究、试验研究、仿真研究、数值分析研究等;从试验对象的规模来分,又可分为全机级、部件级、组件级、结构细节模拟件级、材料级等。一般情况下,上述研究往往产生交叉、综合,又衍生出很多新的研究内容。仅以飞机结构的疲劳失效研究为例,又可以分为裂纹萌生寿命研究、裂纹扩展寿命与剩余强度研究、腐蚀疲劳失效问题研究、广布疲劳损伤问题研究、载荷/环境谱研究、寿命退化规律/模型研究、寿命分散性/安全性问题研究等。

上述问题的研究或是为了提高飞机结构的安全性水平，或是为了降低结构的制造维护成本，又或是为了延长机体结构的服役/使用寿命，但都是以保证飞行安全作为根本前提和基本要求的。其中，飞机结构寿命问题作为核心问题，是联系所有飞机结构相关研究的一条主线。

飞机结构的寿命有两种含义：一是指结构本身的实际物理寿命，即结构的断裂寿命值，代表了结构的寿命品质，只有在结构断裂时才能获取，主要用于试验研究，在实际应用时一般是未知量；二是指飞机结构的服役/使用寿命，即结构服役/使用周期的限制值，也就是通常管理工作中所说的飞机结构寿命，它是一个人为选定的期限值。飞机结构本身的物理寿命品质越高、分散性越小，则结构的服役/使用寿命值就可以选取得越高。

总的来说，开展飞机结构寿命问题研究主要分为三大类内容：一是如何提高结构的设计、制造、装配水平，以提升飞机结构的物理寿命品质，反映在结构设计制造技术方面；二是如何正确地评估结构寿命品质（结构寿命预测），合理地制定结构服役/使用寿命限制，以在保证安全的前提下最大限度地发挥结构寿命潜力，反映在结构服役条件（载荷环境、腐蚀环境）模拟方法、结构寿命预测模型研究等方面；三是在服役/使用期间如何合理、有效地利用结构寿命资源，以保障安全服役、节约运行成本，以及运用适当的技术手段放宽结构的服役/使用寿命限制（结构延寿），这些均反映在飞机结构管理、维修、健康监控、定延寿等技术方面。

1.2 与飞机结构寿命相关的基本概念

飞机结构寿命的相关概念在一些标准、手册中可轻易得到[8-14]，现简述一些常用概念如下。

1.2.1 飞机结构的相关概念

1. 飞机结构

用于抵抗、承受或传力/运动的，具有刚度和力学稳定性的金属或非金属机体部件、构件、元件或零件，包括机身、机翼、尾翼、起落架、操纵系统的机械/结构元件、操纵面、雷达罩、天线、发动机架、发动机短舱、挂架、结构操作机构、完成结构功能的构件等。

2. 结构完整性

从结构状态的角度来定义，结构完整性是指在要求的结构安全性、结构能力、耐久性和可保障性水平下，结构可正常使用及功能未受到削弱时所处的状态；从结构完整性所含内容的角度来定义，结构完整性是指影响飞机安全使用和成本费用的机体强度、刚度、耐久性、损伤容限等的总称[7]。

3. 飞行安全结构

破坏会直接导致飞机损毁、空勤人员伤亡、外挂物无意识投放,或者破坏未被发现而后会导致上述事故发生的结构。

4. 耐久性结构

按照耐久性要求设计的结构称为耐久性结构。耐久性关键件可划分为疲劳关键件、腐蚀关键件和腐蚀疲劳关键件三类。

5. 损伤容限结构

按照损伤容限要求设计的结构称为损伤容限结构,可归为两种类型,即缓慢裂纹扩展结构和破损安全结构。无止裂特性的单传力途径结构应规定为缓慢裂纹扩展结构;多传力途径和有止裂特性的结构或者规定为缓慢裂纹扩展结构,或者在指定的可检查度下规定为破损安全结构。

6. 缓慢裂纹扩展结构

结构的裂纹或缺陷不允许达到不稳定裂纹快速扩展所对应的临界尺寸的结构。结构在规定使用期间内的安全性由缓慢裂纹扩展来保证,该使用期根据可检度而定。在不修理使用期内,含亚临界损伤的缓慢裂纹扩展结构的强度不应降到规定的水平以下。

7. 破损安全止裂结构

结构完全破坏前,裂纹的不稳定快速扩展停止在结构的某个连续区内的结构。结构的安全性依靠剩余结构的缓慢裂纹扩展和后续的各次损伤检查来保证。在规定的不修理使用期内,剩余未损伤结构的强度不应降低到规定的水平以下。

8. 关键构件

关键构件定义为这样一种构件,在任何使用情况中,关键构件的单独失效能引起丧失飞机或飞机的一个主要部件、丧失操纵、无意识或无能力投放任何军械外挂物、武器装置部件失效,或者关键构件的单独失效可能会造成对飞机乘员的严重伤害或对飞机产生重大的经济影响,或造成易损性明显增加,或不能满足关键任务的要求。

9. 疲劳关键件

疲劳关键件是指在飞机全寿命使用过程中仅考虑疲劳载荷作用的关键结构。这种构件需要专门的疲劳/断裂韧性控制、质量控制程序、无损检测措施和分析要求。此类关键件的寿命通常采用飞行小时数(或起落数)表示。在服役/使用过程中此类结构经受疲劳载荷历程,不存在腐蚀、磨损等问题,其在交变载荷持续作用下所引起的裂纹及其扩展称为疲劳损伤。对于主要受疲劳载荷作用的结构,耐久性主要是通过疲劳性能来反映的,因此耐久性关键件通常就是指疲劳关键件。

10. 腐蚀关键件

腐蚀关键件是指在飞机全寿命使用过程中只考虑腐蚀影响的关键结构。此类关键件的寿命通常采用日历使用年限表示。在服役/使用过程中此类结构经受腐蚀作用,其在所处环境中发生化学、电化学、物理或生物作用而引起的损伤称为腐蚀损伤。

11. 腐蚀疲劳关键件

腐蚀疲劳关键件是指在飞机全寿命使用过程中发生腐蚀和疲劳损伤的关键结构,它反映出飞机结构在经历疲劳载荷与腐蚀环境共同或交替作用下的寿命退化规律,主要与飞机的服役环境、防护层的有效作用时间、基体材料的腐蚀扩展速率、飞行强度导致的疲劳损伤等因素有关。

12. 应力腐蚀关键件

应力腐蚀关键件是指在飞机全寿命使用过程中发生应力腐蚀损伤的关键结构。应力腐蚀关键件可认为是腐蚀疲劳关键件的一种特殊情况,即应力比 $R = 1$ 的腐蚀疲劳关键件。

13. 可跟踪关键件

一种疲劳/断裂关键件或单传力路径的飞行安全结构件,要求连续的可跟踪检查。

14. 维护关键件

按耐久性要求设计的结构件,这种结构件失效可能引起飞机性能的降低或维护费用的显著增加,但不会引起飞行安全问题。除了一般分析要求外,通常这种构件需要专门的质量控制程序和无损检测要求。

15. 任务关键件

损伤或失效会导致不能满足关键任务要求或易损性明显增加的构件。通常,这种构件需要专门的设计准则、质量控制程序以及无损检测要求。

1.2.2　飞机结构损伤的相关概念

1. 载荷

载荷是指作用在飞机上的各种外力的总称,这些力可能是飞机在空中飞行和地面运动时操作飞机引起的,如机动载荷、着陆载荷等,也可能是飞机外界或内部环境引起的,如阵风载荷、热载荷等。

2. 损伤

飞机结构的裂纹、缺陷、腐蚀、脱胶、分层和(或)其他降低(或有可能降低)结构特性的特征。

3. 疲劳

材料、零件和构件在循环加载下,在某点或某些点产生局部或永久性损伤,并在一定的循环次数后形成裂纹,或使裂纹进一步扩展直到完全断裂的现象。

4. 腐蚀

由于材料与所处的环境发生化学作用而导致的材料变质或特性变坏。

5. 设计载荷谱

设计载荷谱是在飞机设计中采用的外部载荷谱,它代表了该型飞机在设计使用方法下、在设计服役/使用寿命期内预期遇到的载荷谱,大多数情况下其为飞机使用平均谱的预估。

6. 服役/使用载荷谱

在飞机服役/使用期间(包括领先飞行使用期间)通过专门测试设备的飞行实测或服役/使用寿命监控所得载荷数据而编制的载荷谱。服役/使用载荷谱也称实测载荷谱。从飞机服役/使用寿命监控角度来说,服役/使用载荷谱包括基准服役/使用载荷谱和单机服役/使用载荷谱。

7. 基准服役/使用载荷谱

基准服役/使用载荷谱是根据飞机使用时测量的数据对设计载荷谱的修正,它代表了在规定使用方法下飞机实际使用所承受的载荷谱,大多数情况下其为飞机服役/使用平均谱。

8. 环境谱

飞机环境谱是指飞机在实际使用过程中,影响飞机结构服役/使用寿命的那些腐蚀环境以及由这些腐蚀环境数据所编制的反映腐蚀环境作用的谱。

9. 损伤容限与损伤容限分析

损伤容限是指在规定的不修理使用期内,机体抵抗由于缺陷、裂纹或其他损伤引起破坏的能力。它通常用裂纹容限/剩余强度来表征。

损伤容限分析是为了确定结构是否满足损伤容限要求而进行的分析。具体分析方法是应根据已有的断裂试验数据和基本的断裂许用值数据,进行临界裂纹尺寸、剩余强度、安全损伤扩展周期及检查间隔进行分析计算。

损伤容限设计思想是一种抗疲劳断裂设计思想,其假定构件中存在初始缺陷,用断裂力学分析、疲劳裂纹扩展分析和试验验证,证明在定期检查肯定能发现之前,裂纹不会扩展到足以引起结构破坏。

根据损伤容限设计思想,飞机在服役中经检查发现裂纹是一个非常正常的现象,存在裂纹并不可怕,也并不意味着飞机必须要停止使用或要马上进行修理,而是要通过定期检查和分析保证结构在使用时裂纹不扩展到临界长度而引发断裂破坏。

10. 耐久性与耐久性分析

飞机结构在规定的时间周期内抵抗开裂、腐蚀、热退化、分层、磨损和外来物损伤的能力。

耐久性分析是为了确定结构是否满足耐久性要求进行的分析。耐久性分析包括广布疲劳损伤起始分析和经济寿命分析。

11. 应力分析

应力分析用于确定由作用于飞机结构上的外载荷和环境引起的内力、应力、应变、变形和安全余量。除用于强度验证外,应力分析还作为耐久性和损伤容限分析、材料筛选、设计研制试验中关键结构件选取、结构强度试验中受载情况选取的基础。应力分析也是确定飞机整个寿命期间结构更改及因性能提高或新任务要求而引起新受载情况时结构适用性的基础。当飞机结构或受载情况发生显著变化时,应重新进行应力分析。

12. 腐蚀评估

进行腐蚀评估,以识别同腐蚀防护与控制大纲中确认的腐蚀类型有关系的失效模式,并确定该失效模式对结构完整性的影响。应特别关注飞机安全结构和任务关键结构中腐蚀损伤会引起疲劳裂纹起始和导致应力腐蚀开裂的部位,尤其是那些腐蚀会加速广布裂纹损伤起始的部位。

13. 广布疲劳损伤(WFD)

广布疲劳损伤是指结构多个部位同时存在由于疲劳引起的,具有足够尺寸和密度的裂纹而造成的损伤。这些损伤会发生相互影响,从而显著降低结构的剩余强度。广布疲劳损伤包括多部位疲劳损伤(MSD)和多元件损伤(MED)。

14. 当量初始缺陷尺寸分布

当量初始缺陷尺寸分布是指结构细节在使用前所包含的假想的初始裂纹尺寸,表征结构细节所包含的真实初始缺陷尺寸的当量影响,是飞机结构初始质量的描述,用随机变量表示。

15. 无损检测

可检测元件或材料表面或内部状况,不会对被检测材料或元件产生有害影响的检测工艺或技术。

16. 检出概率

使用某种特定的检测技术,按规定的置信度发现某一确定尺寸缺陷可能性的一种统计量度。

17. 风险分析

对发生潜在危险(包括能够引起人员伤亡、飞机损毁或损坏、任务准备状态/可用性降低的结构破坏)的严重性和出现概率的评估。

1.2.3　飞机结构寿命的相关概念

1. 母体、个体和子样

母体、个体和子样是数理统计学中最常用的名词。母体也称为总体,它指的是研究对象的全体。而个体指的是母体中的一个基本单元。为了推测母体的性质,常从母体中抽取一部分个体来加以研究,这些被抽取的一部分个体称为子样或样本。子样所包含的个体的数目,称为子样大小或样本容量。

2. 随机变量

设 E 是随机试验,它的样本空间是 $S = \{e\}$,如果对于每一个 $e \in S$ 有一个实数 $X(e)$ 和它对应,这样就得到一个定义在 S 上的实值单值函数 $X(e)$,称 $X(e)$ 为随机变量。

假设 $Y(e) = X(e) + f, Z(e) = X_1(e) + X_2(e)$,其中,$f$ 为实数,$X(e)$、$X_1(e)$、$X_2(e)$ 为 S 上的实值单值函数,很显然,$Y(e)$ 和 $Z(e)$ 也是 S 上的实值单值函数。从随机变量的定义可以看出,$Y(e)$ 和 $Z(e)$ 也是随机变量,即一个随机变量加上一个常数仍然是随机变量,一个随机变量加上另一个随机变量也还是随机变量。

在同一载荷谱下的同型号飞机结构的疲劳/耐久性寿命是一个随机变量。当机队飞机都服役/使用到某一个寿命限制值时,机队飞机的剩余疲劳寿命仍然是一个随机变量,机队飞机的剩余疲劳寿命取对数后仍是一个随机变量。

3. 产品寿命

产品寿命是指产品在规定的条件下能够正常履行规定功能的时间长度。

4. 服役/使用寿命

一般地,飞机服役/使用寿命是指飞机从服役/使用开始到服役/使用终止所历经的使用周期(飞行小时、起落次数、日历年限等)。从飞机服役/使用寿命监控的角度来说,飞机服役/使用寿命包括飞机基准服役/使用寿命和单机服役/使用寿命。但要注意分清结构基准服役/使用寿命与单机服役/使用寿命的区别,基准服役/使用寿命是根据反映飞机基准使用情况的基准使用载荷谱确定的结构寿命限制值,而单机服役/使用寿命是根据结构实际受载情况与基准情况对比后折算得到的结构实际寿命限制值。

5. 安全寿命

用飞行小时、起落次数等表示的使用周期,在该周期内飞机结构由于疲劳开裂而发生破坏的概率极低。当飞机结构寿命服从以 10 为底的对数正态分布(本书所涉及的对数正态分布、寿命对数数学期望、寿命对数数学标准差均指以 10 为底)时,目前常用 99.9% 可靠度和 90% 置信度对应的寿命作为安全寿命;当飞机结构寿命服从威布尔分布时,则常用 95% 可靠度和 95% 置信度对应的寿命值作为安全寿命。

6. 经济寿命

经济寿命是这样的一个周期,在该周期内维护及修理飞机比更换飞机有更好的成本效益。经济寿命可以用于一个部件、一架飞机或整个机队。

7. 设计服役/使用寿命

设计服役/使用寿命是在飞机设计时所确定的服役/使用时间周期(如飞行小

时数、起落数等），在此周期内，当飞机在设计载荷谱下飞行时，预期可保持其结构完整性。设计服役/使用寿命是在飞机研制时，作为设计使用方法的重要技术指标，通常在设计中通过分析与试验（特别是全尺寸结构耐久性试验）加以验证。

8. 基准服役/使用寿命

基准服役/使用寿命是飞机设计制造完成交付使用后所确定的服役/使用时间周期（如飞行小时数、起落数等），在此周期内，当飞机在基准使用载荷谱下飞行时，预期可保持其结构完整性。显然，基准服役/使用寿命是依据基准谱与设计谱的差异对设计服役/使用寿命的修正，是飞机实际使用时的寿命指标，也就是飞机结构的耐久性安全寿命。在机队寿命管理中，其实质就是各架飞机服役/使用寿命的当量寿命限制值。

基准服役/使用寿命及对应的基准使用载荷谱是对飞机实施单机寿命监控的基础和前提条件。

9. 当量飞行小时数

当量飞行小时数是通过对飞机实际飞行使用的真实严重程度与基准服役/使用情况对比后修正得到的飞机累计飞行小时数，即飞机真实飞行小时数折算到基准使用载荷谱下的当量小时数（或者用当量过载次数来表示）。

10. 疲劳分散系数

由于飞机结构疲劳/断裂失效过程存在大量不确定因素的影响，在飞机结构设计阶段，为了保证所设计的飞机满足规定的使用安全与可靠性要求，在定寿过程中引入可靠性系数，即疲劳分散系数。疲劳分散系数为飞机结构的中值寿命 $[N_{50}]$ 与指定可靠度指标下服役/使用寿命 N_P（安全寿命）的比值，即

$$L_f = \frac{[N_{50}]}{N_P} \qquad (1.1)$$

通常在不考虑飞机服役环境的差异（可用环境分散系数表示）而引起的疲劳寿命分散性时飞机结构疲劳寿命分散系数中至少包含两个主要方面的内容：其一为结构材料与制造质量的固有分散性，可用随机变量表示，其对应的疲劳寿命分散系数称为"结构分散系数"；其二为载荷谱的变化而引起的分散性，它与飞机实际使用情况、载荷谱编制方法有关，其对应的疲劳寿命分散系数称为"载荷分散系数"。把综合考虑结构与载荷分散性造成的结构疲劳寿命分散性用"疲劳分散系数"表示。在实际工作中，载荷的分散性可以通过载荷监测予以消除，这时疲劳分散系数就是指结构分散系数。

1.3　飞机结构寿命的管理现状

现今各国的飞机寿命管理体系基本上以美、俄两国为代表。由于历史及技术原因，这两个国家对于飞机寿命管理的思路有所不同，但目的都是为了保障飞机

服役/使用安全,在飞机的寿命管理体系上可谓殊途同归。目前,美军主要基于损伤容限/耐久性(美国空军)或安全寿命/损伤容限(美国海军)对飞机结构寿命进行监控,俄罗斯则主要基于飞机结构安全寿命与日历寿命进行监控。我国军用飞机寿命管理初期主要沿用苏联体系,后来逐步向美军飞机寿命管理体系上靠拢,现在的规范大多参考美军规范。

1.3.1 美国军用飞机结构寿命的管理现状

美国军队拥有世界上最大的飞机机群,海军约 20 种共计 2000 架固定翼飞机,空军约 40 种共计 6000 架固定翼飞机。

美国海军由于航空母舰上维修空间和维修设备的限制,采用安全寿命的思想进行飞机结构寿命管理[15]。在此管理方法下,飞机结构在生产过程中需要进行严格的损伤检测,在生产完成交付使用后认为是无缺陷的;当结构上出现 0.25mm 长裂纹(试验终止依据)时即需要进行结构更改(包括结构更换、修理或加强等)或将飞机到寿停飞。美国海军通过严重谱下的全机疲劳试验来确定飞机结构的使用寿命,严重谱反映的是飞机在设计使用分布内覆盖 90% 使用情况的载荷谱,从而对应于机队 90% 的飞机预期满足设计使用寿命,即严重谱是 90% 存活概率的载荷谱(比基准谱严重的谱都可以被称为严重谱,但国标/国军标中规定将覆盖 90% 使用情况的载荷谱称为严重谱,因此通常提到严重谱就指的是覆盖 90% 使用情况的载荷谱),与之相对的基准谱则是 50% 存活概率的载荷谱。美国海军使用飞机的疲劳寿命消耗值(Fatigue - Life Expended,FLE)进行结构寿命管理[15],由于安全寿命设计思想的管理模式中没有日常的疲劳裂纹检查程序,他们通过严格而精准的单机寿命监控来定期评估每架飞机的 FLE 水平,当 FLE 达到 50% 的使用寿命限制时则要定期对飞机结构状态进行评估,当 FLE 达到 100% 的使用寿命限制时则要对飞机进行退役或延寿。

从 1958 年开始,美国空军就开始以飞机结构完整性大纲(Aircraft Structural Integrity Program,ASIP)作为其寿命管理的规范性文件[16],现有的飞机结构寿命管理依据为耐久性/损伤容限设计思想。从 ASIP 的发展历程可以看出美国空军飞机结构寿命管理思想的演变:1958 年,B - 47 轰炸机一系列的灾难性事故促使美国空军于 1959 年 2 月颁布了第一部正式的 ASIP,其中引入了抗疲劳设计的理念,突破原有的飞机结构静强度设计思想,产生了质的飞跃;1969 年,F - 111 飞机的机翼断裂事故促使了损伤容限设计思想的出现,美国空军于 1972 年 9 月对 ASIP 进行了改编,提出了安全寿命/破损安全设计思想作为过渡性措施,ASIP 的第一份军用标准 MIL - STD - 1530 诞生;1975 年 12 月,损伤容限和耐久性控制大纲被正式纳入 ASIP,并代替了疲劳断裂控制大纲,新的标准 MIL - STD - 1530A 出现;1996 年 10 月,ASIP 从指令性标准变为了指南性标准 MIL - HDBK - 1530;随着飞机老龄化问题的出现,ASIP 从 2002 年开始进行了两次改编,增加了腐蚀和广布疲劳损伤的内容,形成 MIL – HDBK – 1530B;2004 年 2 月,美国国防部颁布 MIL – STD – 1530B,使 ASIP 重新成为美国空军飞机结构寿命管理的指令性标准;2005 年 11 月,美国国防部颁布 MIL – STD – 1530C,增加了腐蚀防护和控制大纲、飞机结构合格审定和风险分析等内容。美国的 ASIP 标准 MIL – STD – 1530C 与"军用飞机强度和刚度规范"系列标准 MIL – A – 8860C 系列通常配套使用,前者规定了飞机结构设计、验证和使用的总要求,后者给出了相应的具体要求,两者之间属于纲和目的关系[17]。

美国空军现行的 ASIP 具体包括五大任务,分别是设计资料、设计分析与研制试验、全尺寸试验、合格审定与部队管理对策、部队管理实施,其中,与飞机结构寿命管理相关的内容主要包括[16]:①制定 ASIP 主计划,即制定为保持结构完整性所要开展的工作,主计划要每年至少更新一次;②制定部队结构维修计划(Force Structural Maintenance Plan,FSMP),即对单机损伤进行监控和修理所采取的维修工作计划;②结构使用情况跟踪,确定机群的基准载荷谱,给出单机与机群基准使用情况的差异;④FSMP 的更新,根据单机跟踪、检查情况,若发现裂纹扩展规律与预测结果差异较大,则需要对 FSMP 进行修正;⑤FSMP 和 ASIP 主计划的执行;⑥风险管理等。

美国军机的设计制造正逐步与民机接轨,从设计之初可靠性工作就做得非常充分,其维修过程也是严格执行以可靠性为中心的维修思想,在统构寿命管理中也一定程度上借鉴了民机统构寿命管理中的成功经验。美国军用飞机寿命管理特点主要体现在:其一,由于美国海军具备世界上最庞大的航母群,海军飞机主要在航空母舰上服役,使得海军和空军的寿命管理方法不同,海军飞机的安全性设计、管理思想要依靠严格的出厂检测和精细的载荷监控保障结构安全;其二,空军飞机主要依靠损伤容限思想保障结构安全,由于裂纹扩展寿命的分散性较小,他们基于损伤容限思想将结构分散系数取为 2,使得飞机结构的寿命利用率较高;其三,美国在材料的抗腐蚀工艺及防腐技术上居于世界领先水平,因此美军后来没有再将环境腐蚀问题(日历寿命)作为飞机使用寿命的控制指标,而是将其放到耐久性中,以经济寿命来考虑,但这并不表示美国对机体腐蚀不重视,可从相关军用标准和联邦航空局(Federal Aviation Administration,FAA)的民机规范上看出,美军认为飞机结构开裂前的腐蚀影响可以不予考虑,但结构一旦开裂,防护层破坏,就必须考虑腐蚀的影响,在腐蚀控制方面主要采取"发现即修理"(Find and Fix)的措施;其四,美军的另一个特点是在规范上不讲"定寿"或"延寿",而是讲"使用限制确定"和"使用限制扩展",通过对飞机进行阶段性的评估,相应地放宽服役/使用限制值,其本质就是延长服役/使用寿命限制值,也就是我国常说的"延寿",可见,虽然说法不完全一致,但本质上是一回事。

虽然美国的飞机结构寿命管理思想和手段一直处于领先地位,但其也存在一些严重的问题。以 2007 年 11 月 2 日美国空军国民警卫队 F – 15C 战机空中解体的事故分析为例进行说明。2007 年 5 月起 F – 15 飞机已开始事故频发,且飞机解体事故后的停飞检查发现,400 余架 F – 15A 至 D 型飞机中超过 50% 至少有一根机身大梁存在问题,且其中有 9 架飞机在大梁上发现了重要疲劳裂纹。分析其原因,F – 15 飞机在 20 世纪 60 年代至 70 年代设计,最早批量生产的 A、B 两型在 1974 年开始交付,C、D 两型在 1979 年交付,那时 F – 15 飞机不论是设计、制造还是管理理念均为安全寿命的思想,结构分散系数为 4,由 16000 试验飞行小时的全机试验结果给出了 4000 飞行小时的使用寿命限制值;当 F – 15 在 1981 年引入损伤容限的思想进行结构寿命管理时,军方将结构分散系数由 4 降至了 2,相应的飞机结构使用寿命限制也放宽到了 8000 飞行小时,这从结构本身的设计水平来说,以安全寿命思想设计的机身大梁在延寿后的寿命期内已无法满足原有的安全性要求,就已经为出现疲劳裂纹并引起灾难性的断裂事故埋下了祸根。

1.3.2 俄罗斯军用飞机结构寿命的管理现状

俄罗斯实际上也采用了单机寿命监控的方法对飞机结构寿命进行管理,将疲劳监控结果与基准使用载荷谱对比得到当量飞行小时数。但相比而言,俄罗斯在材料抗腐蚀及防腐技术上较美国稍差,为保证飞行安全,俄罗斯考虑环境腐蚀对飞机结构寿命的影响,将日历寿命确定为决定飞机是否到寿或大修的控制指标之一,同时以疲劳寿命与日历寿命对飞机结构进行监控管理,按照飞机交付使用时给定的疲劳寿命和日历寿命值以先到者为准判定飞机的退役。

俄罗斯公开的飞机结构寿命管理资料很少,根据俄方专家在学术会议上的介绍,俄方采用"step by step"法对军用飞机结构寿命进行管理,即先给出一个基准寿命,由部分飞机领先飞行一段时间后,根据具有代表性飞机的实测载荷谱进行试验,再对基准寿命进行修改后应用于其他飞机,飞行中根据检查情况及试验情况阶段性地规定新的基准寿命。

俄罗斯在考虑腐蚀环境对飞机结构疲劳的影响时,将"影响系数法"应用于飞机结构的疲劳寿命预测当中。利用腐蚀区的质量损失或三维尺度,如长、宽、深来描述腐蚀严重的程度,根据不同的腐蚀形态可以用不同的腐蚀损伤特征量去描述,如蚀坑一般用最大深度来描述;严重剥蚀一般用腐蚀面积来描述等。对受力构件而言,剖面面积的削弱,取决于腐蚀深度和宽度,腐蚀宽度相同时,构件剖面的削弱仅取决于腐蚀深度。对于发生剥蚀的构件,建立了从腐蚀深度到构件疲劳寿命的映射。

虽然俄罗斯的天气寒冷、大气腐蚀性较弱,并且将日历寿命作为飞机结构寿命管理的重要指标,但其飞机也会发生大面积的腐蚀问题。2008 年的 10 月和 12 月,俄罗斯的米格 – 29 飞机接连发生两次坠毁事故,导致 291 架同型飞机停飞。经全面检查发现,80% 左右的飞机在尾翼处存在严重腐蚀,对飞行安全构成巨大威胁;对米格 – 29 飞机机群全面的安全检查评估表明,约有 90 架飞机因腐蚀和老化问题需要淘汰,而其中一些飞机的飞行时间尚不足 150 飞行小时。

1.3.3 我国军用飞机结构寿命的管理现状

目前,我国用于军用飞机疲劳设计和评定的规范主要是 GJB 67A—2008《军用飞机结构强度规范》和 GJB 775A—2011《军用飞机结构完整性大纲》[17],《军用飞机结构强度规范》[19]主要继承了苏联(俄罗斯)飞机结构寿命管理的基本方法并借鉴了美军指南 JSSG—2006 和美军标 MIL – A – 8866A 的思想,《军用飞机结构完整性大纲》则主要借鉴了美军标 MIL – STD – 1530C[16]的思想。

根据 2008 版《军用飞机结构强度规范》[19],我国对飞机结构以疲劳寿命和日历寿命两种标准进行定寿,共包含三个指标,分别是飞行小时数、起落次数和日历使用年限,三者中以最先到达的指标为限来控制飞机的到寿[20-24]。当前,我国对二代飞机的结构寿命管理主要是"机群寿命"管理方式,即将同一型号的全部飞机作为一个整体按统一的准则和方法实施管理,所有飞机严格按照飞机交付使用时给定的基准疲劳寿命和日历寿命这两个固定的寿命指标来控制飞机的首翻期、翻修间隔期与总寿命;我国三代飞机已实施了基于飞参数据的单机疲劳寿命监控工作,并在日常使用管理、延长首翻期和定延寿工作中发挥了重要作用。

现阶段我国飞机结构的疲劳寿命设计思想由静强度、刚度、安全寿命、损伤容限和耐久性设计思想相综合。其中,所有飞机结构均要满足静强度和刚度(变形)要求;机体中的关键结构为了保证其服役安全采用损伤容限设计思想,并在结构大修时予以检查(损伤容限结构一般是可检可修的);对于不便于检查、不便于修理,或者高强度钢结构(如起落架等),一般采用安全寿命设计思想,在整机未到寿但此类结构已达到寿命限制时进行换新;飞机机体的大部分结构是按照耐久性思想设计的,通过经济修理以达到经济服役/使用寿命,一般损伤容限结构也设计成耐久性结构,但大部分耐久性结构不一定是损伤容限结构。

对于一般的飞机结构,疲劳性能仍然是耐久性的重要内涵。因此,飞机结构耐久性分析、试验也往往是以疲劳性能分析、试验为主进行的,飞机结构的耐久性寿命也常常以可修结构的疲劳寿命来表征。我国飞机结构疲劳寿命的确定是通过对飞机机体每个关键件的关键危险部位采用疲劳和损伤容限分析方法进行寿命估算或疲劳强度试验评估,以评定所设计的结构能否达到设计疲劳寿命指标的要求,然后再通过全尺寸结构疲劳试验加以验证和考核。在此基础上,对分析和试验结果进行综合评定,给出飞机结构的疲劳寿命,包括首翻期、检修间隔期、总寿命以及对应的检修大纲。由于飞机结构的寿命工作总是利用有限的试验数据去预测其他飞机结构的寿命值,而且飞机结构寿命具有较大的分散性。因此,为了保证飞机结构在寿命期内的安全可靠,必须要考虑飞机结构材料与制造水平的分散性来确定其安全服役/使用寿命。同型号飞机结构在同一载荷谱下的疲劳寿命通常被认为服从对数正态分布或威布尔分布,军用飞机结构的疲劳寿命常用对数正态分布处理,给出满足 99.9% 可靠度与 90% 置信度的疲劳安全寿命;民用飞机结构的疲劳寿命则一般用威布尔分布处理,给出满足95%可靠度与95%置信度的疲劳安全寿命。我国《军用飞机结构强度规范》中根据我国的实际情况规定飞机结构的疲劳分散系数取4～6,其中,铝合金结构的疲劳分散性较小,分散系数一般取4,高强度钢结构(如起落架)的疲劳分散性较大,分散系数一般取6。因此,现阶段用于飞机结构寿命管理的疲劳安全寿命,是通过抽样的方法确定的且针对机群具有很高可靠性的寿命值。当考虑经济修理手段,以及损伤容限分析技术被采用后,飞机结构的疲劳寿命就用耐久性寿命代替了,同理,疲劳安全寿命就用耐久性安全寿命代替了。

由于我国航空工业的基础是在苏联的支援下建立起来的,且我国的材料性能和抗腐蚀技术较为薄弱,并在一开始就沿用苏联的寿命管理思想,也将日历寿命作为飞机结构寿命管理的指标。飞机的日历定寿一般根据相似机型的服役经验由"类比法"给出日历寿命参考值,再经实验室加速条件下的腐蚀试验加以验证和改进。现有的针对腐蚀环境对飞机结构寿命影响的研究,主要立足于飞机现有的防护体系和材料水平下,重点开展特定服役环境及其影响下的结构腐蚀、寿命退化问题的规律和机理研究。由于我国的特殊国情,我国军机由最开始的仿制发展到今天具有自主知识产权的独立设计,但在设计、研制、定型中可靠性思想执行的并不十分完善(包括机载设备),导致在使用维修过程中必须与"故障作斗争",而且这种现状可能会持续较长的一段时间。本节仅阐述了我国现阶段飞机结构服役/使用寿命管理的部分思路,一些其他现状在本书各章节中也有所体现。

1.3.4 民用飞机及其他国家军用飞机的结构寿命管理

由于民机在设计以及研制中可靠性思想贯彻执行的比较彻底,在民机结构寿命管理中,通常根据每架飞机的具体使用情况进行寿命评估,分阶段逐步给出结构安全服役周期(也即安全寿命),也就是说同一型号的民用飞机在不同的机队中服役其飞机结构服役周期(寿命)是不完全相同的。

世界各国的民用飞机一般以飞行小时数、起落次数和日历寿命三个指标进行结构寿命管理,以先到者为准。以美国波音和欧洲空客为例,其大部分飞机的飞行小时数指标都在6万飞行小时数左右,个别机型已可达8万飞行小时数;干线飞机的起落次数限制一般在4万起落左右,支线飞机则一般为6万左右;对于日历寿命,波音飞机的使用年限一般为20年,空客飞机为25年。由于民用飞机在飞行过程中较为平稳,其设计使用条件和实际条件一般差别不大,且日常的飞行强度大,飞机结构的疲劳寿命消耗快,日历寿命限制值可以看成是一个保证飞行安全的附加约束条件。

对于除美国和俄罗斯以外的国家的军用飞机,从一些参考文献中可以得知,英国[24,25]、法国[26]、德国[28]、加拿大[15]、澳大利亚[29,30]、芬兰[31]等国家对其某些机型全部或部分地安装了疲劳监控设备,一方面可以测得机群(或部分机群)的实际使用载荷情况,为合理地确定飞机服役/使用寿命限制提供参考;另一方面可以对单机的疲劳损伤指数(Fatigue Index,FI)进行跟踪,实现飞机的单机寿命管理。

1.4　现阶段我国飞机结构寿命工作中存在的不足

我国的航空工业在新中国成立后从零开始,取得今天的辉煌成就实属不易!不论是航空工业部门还是军方、民航等使用部门都做出了不可磨灭的贡献,特别是在保卫祖国领空安全上立下了汗马功劳。我国飞机从开始没有寿命指标,发展到今天的疲劳寿命单机监控,已取得了巨大的进步,但根据对国内外飞机结构服役/使用寿命工作现状的总结、分析,现阶段我国飞机结构寿命工作中仍存在如下不足。

1. 飞机使用强度偏低,疲劳寿命与日历寿命不匹配现象严重

我国很多机群的年平均飞行小时数不足 100 飞行小时(fh,flight hours)。以某老旧歼击机为例,疲劳定寿水平为 3000fh,日历定寿水平为 20 年(a,annual),当飞机服役至日历寿命到寿时疲劳寿命仅使用不足 2000fh;以运输机的疲劳定寿水平一般为 20000fh 以上,日历定寿水平不超过 30a 为例,当飞机服役至日历寿命到寿时疲劳寿命利用率更是不足一半。以某单位已注销报废的 8 种型号飞机统计数据为例,其日历寿命达到限定值时疲劳寿命的利用率分别为 7%,16%,5%,4%,37%,35%,39% 和 38%,平均疲劳寿命利用率仅为 7.6%。可以看出,若以日历寿命为准来管理飞机的大修和退役,无疑会造成巨大的浪费。

上述问题的原因在于,虽然现有的寿命管理手段使用疲劳寿命和日历寿命共同管理,但两个指标之间是相互独立的,以先到者为准。在此情况下,飞机只有在实际的年飞行强度与给定指标相差不大时才能发挥结构的最大效能。然而,众所周知,飞机的实际使用情况不是设计出来的,而是根据不同服役阶段的任务需求实际"使用"出来的,而实际情况与结构设计指标往往不可能相一致。

2. 疲劳寿命和日历寿命独立管理,可能使飞机结构处于危险的服役状态

现有的寿命管理手段中疲劳寿命和日历寿命是相互独立的两个指标,其没有完全计及飞机实际服役环境与使用情况的变化,也无法考虑实际服役环境与使用情况对腐蚀疲劳关键件寿命品质的影响,即只要飞机的实际疲劳/日历寿命未达到限制条件,飞机的任何使用状态都是"合法"的。

考虑一种"合法"的极限情况:飞机一直停放至日历寿命到寿的前一年,而后在最后的一年内将所有的疲劳寿命储备全部用完。明显地,飞机结构由于多年的停放及腐蚀影响,其结构寿命品质已经下降,在最后一年按原定疲劳寿命目标的极限使用,很有可能发生飞行事故。

当然,上述极限情况一般不会发生,但下述情况则很有可能出现:假设一种型号的飞机疲劳寿命限制为 3000fh,日历寿命限制为 20 年,在飞机服役的前 10 年,平均飞行强度为 60fh/y;随着部队训练要求的提高,或是出于发挥飞机结构最大寿命潜力的目的,飞机在服役的后 10 年以平均飞行强度 240fh/y 使用。也不难想象,已存在腐蚀损伤的飞机要完成之前 4 倍的飞行任务,结构必然存在巨大的安全隐患。

造成飞机结构上述危险服役状态的本质原因就是疲劳寿命和日历寿命的相互独立管理。

3. 大量飞机由于日历寿命到寿而造成同型号飞机集中退役,补不抵退现象严重

飞机在设计定型后就会开始批量生产,同一种型号的飞机一般会在几年内集中交付使用。如果飞机的平均使用强度较低,则会造成上述的疲劳寿命与日历寿命不匹配的问题,导致机群飞机均是达到日历寿命限制而停飞退役,造成的最终后果就是同一型号的飞机会在短短的几年内大批量集中退役。此外,由于新型飞机在部件系统上远比之前的飞机复杂,生产、组装时间也会更长,以及采购单价会更加昂贵,这就造成每年新增服役的飞机数量远小于退役的飞机数量,长此以往,将导致我国现役飞机的总数逐年下降。某型飞机机群的在役百分比变化情况如图 1.6 所示,可以看出,此型飞机从××年开始大面积到寿,如果不做延寿处理在××＋8 年将全面退役,且短时间内要补充这些飞机显然是不可能的,这将给使用部门的工作带来巨大压力。

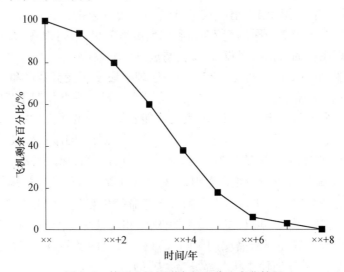

图 1.6　某型飞机机群在役百分比变化情况

造成大量飞机日历寿命集中到寿的另一个原因就是同一型号的飞机在定寿时给出的日历寿命限制是一个定值,没有考虑我国不同地区的大气环境差异,使得在不同地区服役的同一型号飞机日历寿命限制是相同的。

4. 给定寿命偏于保守,缺乏成熟的放宽服役使用寿命限制(延寿)的基础理论

我国飞机结构服役/使用寿命限制偏于保守,如现役主战飞机和对应的美军飞机(如 F – 15 飞机 9000fh,延寿目标 18000fh;F – 16 飞机 8000fh,延寿目标 10000 ~12000fh)相比,有的其服役/使用疲劳寿命限制值尚不足后者的一半,也小于或基本等同于俄罗斯同类飞机的定寿或延寿目标(如苏 – 27 延寿目标 4000 ~ 6000fh;苏 – 35 飞机设计寿命 6000fh)。一方面,从结构本身来说,这与材料、结构设计、防腐手段、结构监控等技术水平偏薄弱有关;另一方面,从结构寿命的管理理论来说,我国现在的飞机结构的寿命管理思想和相关规范大多参考美国,这可能并不完全适合于我国现在的飞机结构设计、制造水平以及服役环境。例如,我国某型飞机在开展定寿工作的全机疲劳试验时,在发动机后挂支座发生断裂后将试验中止,并由此时的试验结果作为全机的定寿参考,但试验结束后飞机的主承力结构未出现裂纹;对此型号飞机的二次大修检查时也未发现重大裂纹故障。这说明对此型飞机结构主体制定的寿命限制偏短,飞机结构具有较大的延寿空间。

5. 飞机结构腐蚀问题严重,但日历寿命研究还不够深入

通常所说的飞机结构的疲劳寿命实际上是考虑结构破坏寿命分散性给出的一个具有高可靠度的安全寿命限制值,即疲劳安全寿命。然而,现阶段我国确定的结构日历寿命(或大修日历间隔期)的取值时不存在统计分析的过程。实际上,飞机结构的日历寿命与疲劳寿命值类似,也是一个随机变量,其服从一定的概率分布规律,即实际飞机结构发生腐蚀失效的时间是具有分散性的。由于试验件受腐蚀面积小,数量也较少,仅以试验结果中的最小值来代表机群飞机的日历寿命,很难代表飞机结构实际的腐蚀时间分布规律,也难以评估结构抗腐蚀损伤的可靠性水平,将最终导致服役/使用期间飞机结构的腐蚀损伤严重,严重威胁飞行安全。

此外,全世界飞机对于腐蚀问题的通用做法基本就是"发现即修理",然而,飞机内部的有些关键结构由于位置隐藏较深,一般只能在大修时才能对其进行检查,对这些结构的漏检造成的结构安全隐患是全世界飞机面临的普遍性问题。由于美国飞机基体材料和防护体系材料的抗腐蚀性较好,并且安装了腐蚀损伤传感器,再加之服役环境相对较好,此类问题还不是太突出;俄罗斯由于所处的自然环境较为寒冷,环境腐蚀较轻,此类问题也没有我国严重。因此,针对我国飞机上易受到腐蚀影响且不易检查维修的关键结构,急需要发展相应的寿命管理方法,以保证其服役安全。

由于对飞机结构日历寿命的研究还不够深入,我国飞机机群曾因腐蚀问题多次出现过大面积停飞,例如,某型轰炸机在 1990 年的大修中发现结构腐蚀非常严重,随后的停飞普查表明该机型中结构件腐蚀—疲劳损伤严重的飞机所占比例高达 80%,最大腐蚀深度达 9mm,甚至有的起落架筒形结构完全腐蚀穿透,严重威胁了飞行安全,如图 1.7(a)所示;又如,某型歼击机在 2001 年 3 月因腐蚀问题导致

42 框下半框断裂,在随后的调查中发现约 30% 的飞机在该部位都有严重的腐蚀损伤,最大腐蚀深度达到 4mm,不得不停飞或限制飞行,如图 1.7(b)所示;再如,某型飞机在 2006 年 6 月在进行疲劳试验时发生平尾大轴断裂(对应 875fh),如图 1.7(c)所示,发现内腔防腐处理存在缺陷发生严重腐蚀,同型号飞机也普遍存在此问题,此平尾大轴设计寿命为 2000fh,若在飞行中发生断裂后果将不堪设想,最后不得不重新更换飞机平尾大轴。

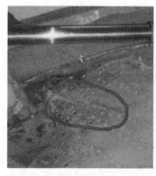 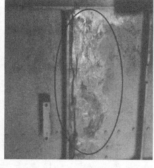 

(a) 某型轰炸机腐蚀情况　　(b) 某型歼击机腐蚀断裂　　(c) 某型飞机平尾大轴试验时断裂

图 1.7　我国部分型号飞机腐蚀断裂情况

再以某型歼击机的腐蚀损伤统计为例(图 1.8),对 13 架该型飞机的拆解检查过程中共发现 150 处腐蚀部位,其中,表面腐蚀 53 处,疲劳断裂关键部位处腐蚀 69 处,穿透性腐蚀 28 处,最多的一架飞机上同时存在着 31 处腐蚀部位,结构状态十分危险。

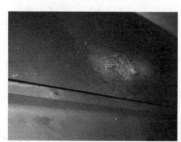 

(a) 结构表面腐蚀

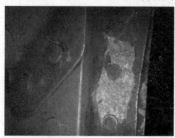 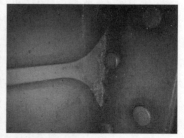

(b) 结构疲劳断裂关键部位腐蚀

(c) 结构穿透性腐蚀

图1.8　某型飞机结构腐蚀损伤情况

6. 二代飞机仍为机群寿命管理模式为主，三代飞机单机寿命监控水平有待提高

当前我国对二代飞机的结构寿命管理仍以"机群管理"方式为主，即将同一型号的全部飞机作为一个整体按统一的疲劳寿命与日历寿命限制实施管理。实际上，不同飞机的服役环境和飞行载荷均不相同，而飞机在定寿时仅给出了基准使用条件（对应基准疲劳载荷谱与基准腐蚀环境谱）下的一对基准寿命值。一方面，受到腐蚀或载荷作用严重的飞机会受到明显的飞行安全威胁；另一方面，一些受载较轻或服役环境较好的飞机则不能充分发挥结构的寿命潜力。

我国三代飞机实施了基于飞参数据的单机疲劳寿命监控工作，并在三代飞机的日常使用管理、延长首翻期和定延寿工作中发挥了重要作用。但是，在我国三代飞机一边飞行使用、一边试验定寿的实践过程中，飞机的单机寿命监控精度还有待提高。例如，根据我国某型飞机的飞参数据通过不同模型估算结构的疲劳累积损伤值，雨流计数模型计算得到的损伤值为966，而变程计数模型计算得到的损伤值为537，计算结果相差近1倍。如果采用雨流计数模型，可能造成寿命浪费严重；如果采用变程计数模型，则可能使结构存在危险。

7. 被动使用结构寿命资源，缺乏对飞机结构寿命资源的主动控制

一直以来，飞机结构的服役/使用寿命被认为是不可控的，即人们认为飞机只能被动地使用，用至结构到寿即停飞退役。然而从载荷对腐蚀对结构疲劳寿命影响的规律可以看出，飞机结构的寿命与飞机的服役环境与使用情况是密切相关的，通过对飞机使用计划与使用环境的调整可以实现对飞机结构的实际服役/使用寿命的主动控制；把飞机结构寿命看成一种资源，通过对不同飞机的合理调配使用也可以使机队飞机主动满足用户保持机队规模、维持飞行强度的要求。也就是说，飞机结构的实际服役/使用寿命（服役/使用限制值）不是一个定值，而是可以通过合理地调整飞机服役地域、训练和飞行计划等实现寿命的主动控制，从而充分释放飞机结构的寿命潜力。

此外，飞机结构的服役/使用寿命与飞机结构的设计水平、材料和生产加工质量密切相关。生产合格交付使用的飞机，其结构可以认为已达到设计目标——具

有一定的基准寿命限制值。在实际服役/使用过程中,如果能够根据单架飞机结构的损伤情况合理地确定首翻期和检修间隔,并制定相应的修理准则,可以在保证维修经济性的前提下,及时恢复甚至提高飞机结构寿命品质,从而也可实现飞机结构实际服役/使用寿命的主动控制。

参考文献

[1] 中国民航出版社选编. 世界航空安全与事故分析[M]. 北京:中国民航出版社,2002.

[2] Brett L,Ching - Long Hsu,Patricia J. Evaluation and verification of advanced methods to assess multiple - site damage of aircraft structure[R]. DOT/FAA/AR - 04/42I,2004.

[3] 雷迅,赵瑞贤,姜涛,等. 大型涡扇运输机严重飞行事故案例分析[M]. 北京:国防工业出版社,2014.

[4] CNN. Air Force grounds F - 15s inAfghanistan after Missouri crash[EB/OL]. [2008-01-10]. http://edition. cnn. com/2007/us/11/05/fl5. grounding/.

[5] Wikipedia. List of F - 15 losses[EB/OL]. [2014-05-24]http://en. m. wikipedia. org/wiki/List_of_F - 15_losses#cite_ref - accident_report_61 - 0.

[6] 李曙林. 飞机与发动机强度[M]. 北京:国防工业出版社,2007.

[7] MIL - STD - 1530C. Aircraft Structural integrity Program[S]. U. S. Air Force,2005.

[8] GB/T 4885—2009 正态分布完全样本可靠度置信下限[S]. 北京:中国标准出版社,2009.

[9] MIL - STD - 1530C(USAF) 飞机结构完整性大纲[S]. 美国国防部,2005.

[10] 高镇同,熊峻江. 疲劳可靠性[M]. 北京:北京航空航天大学出版社,2000.

[11] 高镇同. 疲劳应用统计学[M]. 北京:国防工业出版社,1986.

[12] 熊峻江. 疲劳断裂可靠性工程学[M]. 北京:国防工业出版社,2008.

[13] 蒋祖国. 编制飞机使用环境谱的任务—环境分析法[J]. 航空学报,1994,15(1):70 - 75.

[14] 李亚智. 飞机服役使用载荷谱编制技术研究报告[R]. 西安:西北工业大学,2015.

[15] Yool Kim,Stephen Sheehy,Darryl Lenhardt. A survey of aircraft structural - life management programs in the U. S. Navy,the Canadian Forces,and the U. S. Air Force[R]. California:RAND,2006.

[16] MIL - STD - 1530C. Aircraft Structural integrity Program[S]. U. S. ;Air Force,2005.

[17] GJB 775A—2011. 军用飞机结构完整性大纲,飞机要求[S]. 北京:中国人民解放军总装备部,2011.

[18] MIL - A - 08866B(USAF). 飞机强度与刚度—可靠性要求、重复载荷和疲劳[S]. 西安:航空工业部飞机强度规范编写办公室,1983.

[19] GJB 67A—2008. 军用飞机结构强度规范,可靠性要求和疲劳载荷[S]. 北京:中国人民解放军总装备部,2008.

[20] 陈群志,刘文珽,陈志伟,等. 腐蚀环境下飞机结构日历寿命研究现状与关键技术问题[J]. 中国安全科学学报,2000,10(3):42 - 47.

[21] 陈跃良,吕国志,段成美. 飞机服役寿命预测技术进展及若干问题[J]. 飞机设计,2011,31(3):16 - 21.

[22] 陈跃良,张勇. 军用飞机结构日历寿命相关问题的思考[J]. 航空工程进展,2010,1(1):311 - 316.

[23] 陈跃良,段成美,吕国志. 军用飞机日历寿命预测技术研究现状及关键技术问题[J]. 中国工程科学,2002,4(4):69 - 74.

[24] McCuster N,Nigel Penistone. The HAWK fatigue management system[A]. The proceedings of 20th symposium of the international committee on aeronautical fatigue[C]. USA,seattle,1999.

［25］Cazes R J. In‐service aircraft fatigue assessment［A］. The proceedings of 18th symposium of the international committee on aeronautical fatigue［C］. Australia,Melbourne,1995.

［26］Mohammadi J,Olkiewica C. Operational Loads and Usage Monitoring:The ASH－37 Solution for Flight Solution for Flight Data Analysis［A］. The proceedings of 21th symposium of the international committee on aeronautical fatigue［C］. France,Toulouse,2001.

［27］Molent L,Aktepe B. Review of fatigue monitoring of agile military aircraft［J］. Fatigue and Fracture Of Engineering Materials and Structures,2000,23(9):767－785.

［28］Molent L. A unified approach to fatigue usage monitoring of fighter aircraft based of F/A experience［J］. The proceedings of the 21st ICAS［C］. Australia,Melbourne,1998.

［29］Sijander A. A Review of Recent Aeronautical Fatigue Investigation inFinland Untile March 2001［R］. BVAL 33－011139/AOS,2001.

第 ❷ 章

飞机结构寿命控制的概念与内涵

飞机"机群寿命管理"模式向"单机寿命管理"模式的发展使飞机结构寿命管理更加科学、有效。然而,总的来说,现阶段的飞机结构寿命仍处于一种"固定寿命"管理模式下的"被动消耗"状态:即设计部门按照设计的载荷状态和环境条件确定机群飞机固定的飞机结构疲劳寿命和日历寿命值,使用方在飞机的服役/使用过程中严格按已给定的疲劳寿命和日历寿命值进行管理,并以先到者为准宣布飞机到寿退役或再进行延寿工作。这种方法没有考虑飞机结构实际服役环境(载荷/腐蚀)的影响以及疲劳寿命和日历寿命的相互影响,导致了服役中的飞机常常面临着严峻的疲劳寿命与日历寿命不匹配的问题,且对于受到腐蚀或载荷严重的飞机,按照给定的寿命管理,会存在巨大的安全隐患;对于受载较轻和腐蚀不严重的飞机,则不能充分发挥寿命潜力,造成巨大浪费。

为了进一步发掘飞机结构的寿命潜力,保证飞机结构服役/使用安全本书开展了相关研究,试图为飞机结构寿命资源的利用过程上升到"主动控制"状态提供参考。在本章中提出了飞机结构寿命控制的概念,探讨了飞机结构寿命控制的研究范畴,阐明了飞机结构寿命控制的研究对象。本章可以看成是全书研究内容的总纲,其他各章的研究均是围绕寿命控制这一主题具体开展的。

2.1 飞机结构寿命控制的概念

飞机结构的服役/使用寿命取决于三个方面的因素,分别是设计/制造因素、服役/使用因素和定寿/延寿因素。其中,设计/制造技术的优劣是决定飞机结构寿命品质的先天因素,对结构服役/使用寿命的长短具有决定性影响;服役后结构使用的科学程度和维修的精细准确程度是影响飞机结构实际服役/使用寿命的后天因素,决定了飞机结构寿命品质下降的快慢;定寿与延寿方法的合理与否是决定飞机结构寿命潜力释放的关键因素,对结构寿命潜力的发挥程度具有决定性影响。上述三个因素,不论是飞机结构的设计/制造、服役/使用,还是定寿/延寿均属于人为的过程,均可以通过主动的控制来满足飞机结构的服役/使用需求。

　　在飞机投入使用之前,使用先进的设计技术可以为结构寿命品质奠定良好的基础,使其具备"优秀基因";使用先进的制造加工技术可以提高结构的寿命品质,锻造其"强健体格"。对于已交付使用的飞机,其结构的基本寿命特性可以认为是一定的,但是,服役环境的腐蚀程度和飞行科目的载荷强度对飞机最终的实际服役/使用寿命具有决定性的影响,通过一系列的控制手段可以实现其寿命品质的最大发挥。科学合理的服役/使用计划可以尽可能地提高飞机结构寿命利用效率,使飞机能"各尽其职"地工作;精准的单机寿命监控(跟踪)和结构健康监控可以定期或实时地评估结构寿命消耗水平和健康状态,对飞机开展"细致体检";深度修理可以有效恢复甚至提高结构的寿命品质,实现对服役飞机做"彻底治疗";通过合理的评估和科学的理论可以确定或放宽飞机结构的服役/使用寿命限制,相当于"确定或延长退休年龄"。

　　因此,飞机结构的寿命控制,就是人们在飞机的设计/制造、服役/使用过程中为达到既定服役/使用寿命目标而开展的一系列活动过程,如结构选材和构型设计、工艺优化、结构定/延寿、单机结构寿命监控(跟踪)、结构健康监控、结构更改(修理、加强、更换等)、服役/使用计划调整、维修措施与计划调整等,其本质就是对飞机结构服役/使用周期限制的调整控制过程。

　　飞机结构寿命控制中所指的飞机结构寿命包括四个方面的含义:一是飞机结构的基准服役/使用寿命,即依据基准使用载荷谱/环境谱确定的飞机结构服役/使用寿命限制,对机群飞机结构进行寿命控制时一般是以基准服役/使用寿命作为当量飞行小时数的限制值。二是飞机结构的实际服役/使用寿命,是由结构的实际载荷谱/环境谱与基准载荷谱/环境谱对比并依据损伤等效原则折算后确定的结构实际服役/使用寿命限制。如果根据损伤度对结构进行寿命控制,飞机结构的基准服役/使用寿命是确定值,而实际服役/使用寿命则与结构的实际使用情况相关,也就是说,在基准服役/使用寿命确定后,可以通过减轻(或加重)飞行载荷以及使用环境严重程度的方法使结构的实际使用寿命延长(或缩短)。三是飞机结构的日历寿命(或日历翻修间隔期),主要针对的是飞机结构中的腐蚀关键件和腐蚀疲劳关键件,腐蚀关键件的日历寿命与结构抗腐蚀性能、服役环境和维修水平有关,而腐蚀疲劳关键件的日历寿命还与结构的服役/使用强度有关。四是飞机结构的当量寿命,是指飞机结构的实际服役/使用寿命值当量为基准使用载荷谱/环境谱下时对应的寿命值。当量飞行小时数即是飞机的实际飞行小时数当量为基准使用载荷谱/环境谱下时对应的飞行小时数,在飞机结构的实际寿命控制过程中,当其当量寿命值达到基准服役/使用寿命限制值时飞机退役,其本质就是按照结构损伤来确定飞机的退役(或大修)。

　　通常情况下,同样的实际飞行小时数对应的当量飞行小时数可能是不同的,同样的当量寿命值对应的实际服役/使用寿命值也可能是不一样的,如果以当量寿命值作为限制值来控制飞机的使用,其表现出的实际服役/使用寿命值随使用条件、环境的不同往往是不一样的。因此,当量寿命限制值一定时,可以改变实际服役/使用环境、条件及维修措施来实现实际服役/使用寿命值的调整与控制。值得说明的是,飞机结构的服役寿命也就是飞机结构的使用寿命,只不过对于军用飞机人们多称为服役寿命,而对于民机则常称为使用寿命,有时也相反。总之,它们的本质内涵是相同的,本书中不加以严格区分。还有一点需要指出的是,通常所说的飞机结构定寿问题,实际上是确定飞机结构的服役/使用寿命限制值的问题,飞机结构的服役/使用寿命限制值与实际服役情况和维修措施密切相关。严格意义上讲,只要对飞机结构进行不断的维修及更换零部件,其是可以永远使用下去的,并不存在飞机结构的“定寿”值,只不过越往后就越不经济罢了。本书中仍然借用传统的定寿说法,实际上是指达到经济性要求的结构服役/使用寿命限制问题,飞机结构的延寿问题也是指其服役/使用寿命限制扩展问题。

　　飞机结构寿命控制的最终目的就是要使飞机结构寿命满足使用方的使用需求,可以分为安全服役需求、任务需求、规模需求和经济需求等。安全服役需求是基础,任何飞机均要保证服役期间的结构安全性;任务需求是指在特定的飞行载荷下,飞机结构能具备足够长的使用时间来完成更多的任务;规模需求是指在特定的服役环境下,飞机结构具备足够长的服役时间来保持机队规模;经济需求是指在满足特定的寿命需求后使飞机结构的全寿命周期成本最低。

　　飞机结构寿命的控制始终是以飞机结构的损伤为依据进行的。不论是疲劳载荷还是腐蚀环境作用,对飞机结构造成了损伤,从而影响其在实际服役环境下的安全服役周期(即寿命周期)。

2.2　飞机结构寿命控制的分类与研究范畴

　　飞机结构寿命控制的分类及各分类下的研究范畴(或研究目标)如图 2.1所示。

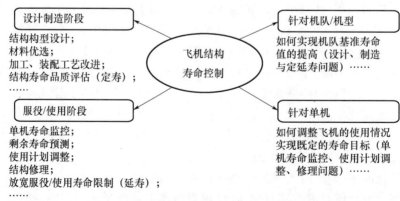

图 2.1　飞机结构寿命控制的分类及各分类下的研究范畴

1. 飞机结构寿命控制的分类

从飞机结构寿命控制的不同阶段来分,可以分为设计制造和服役/使用两个阶段的寿命控制。设计制造阶段的寿命控制包括为提高、优化飞机结构的寿命品质而进行的结构构型设计、细节设计、材料优选,制造加工、装配工艺改进,结构寿命品质评定(定寿),以及采取的产品质量管理等过程,其本质就是对飞机结构寿命品质的提升、控制与评定过程;服役/使用阶段的寿命控制包括为对飞机结构的服役/使用寿命进行管理、决策而进行的单机服役/使用寿命跟踪(监控),结构剩余寿命预测,放宽飞机结构服役/使用寿命限制(延寿),以及采取的飞机使用计划、维修计划调整等过程,其本质就是在保证结构安全性的条件下对飞机结构服役/使用周期限制的调整控制过程。

从寿命控制的对象范围来分,飞机结构寿命控制又分为针对同型号飞机整个机队(或机群)的寿命控制和针对每单架飞机的寿命控制。针对整个机队的寿命控制,表现在如何实现机队基准寿命值(或当量寿命限制值)的提高或扩展,一方面可以在设计制造阶段提高设计制造水平,另一方面也可以在飞机服役后通过试验、分析或深度修理进一步放宽飞机结构的服役/使用寿命限制。针对单机的寿命控制,表现在如何调整飞机的使用情况及使用环境以实现既定的实际服役/使用寿命目标,其中,准确跟踪和评估飞机结构的损伤状态是制定相应控制措施的基础。

2. 飞机结构寿命控制的研究范畴

在飞机结构的设计制造阶段,材料优选、结构优化设计、采用先进的制造技术等均是重要的控制手段。此外,如何准确评定结构的寿命品质也是非常重要的内容,其对于结构维修时机、服役/使用寿命限制的确定具有决定性作用,从而直接影响了对飞机结构寿命品质的发挥程度。准确评定结构的寿命品质建立在实现了实际服役环境与服役载荷准确模拟的基础上,这就使得环境谱和载荷谱的研究成为了飞机结构寿命控制的关键问题。

在飞机结构的服役/使用阶段,根据机群中单机的损伤水平进行单机使用计划调整是寿命控制的重要手段。军用飞机在日常训练任务中的主要作用是保障飞行员的正常训练,在参与作战任务中的主要目的是保障正常的作战使用。任务目标不同,对其具体调整方法也可能不同,值得深入研究。此外,准确把握结构在服役环境下的寿命退化规律和寿命退化机理,是进行结构损伤评估、结构失效预防、结构修理方式选择的重要基础,也属于寿命控制的关键研究内容。

实际上,飞机结构寿命控制是贯穿飞机结构全寿命周期的一项过程,所有与飞机结构寿命相关的研究内容均属于飞机结构寿命控制的研究范畴。其中,基于单机寿命监控(跟踪)的飞机结构损伤评估是实现寿命控制的前提,合理确定服役/使用寿命限制是飞机结构寿命控制的基础,长寿命设计与制造、合理维修、单机使用计划调整及延寿是飞机结构寿命控制的具体手段,结构健康状态检查与监控是飞机结构寿命控制的安全保障,最终在满足飞机正常服役任务的要求下实现安全、可靠、经济的结构寿命目标。

相对于飞机结构设计制造阶段的研究,服役/使用阶段的飞机结构寿命控制问题的研究还不够深入,因此,本书将对后者作为一个重点进行分析讨论。

2.3 飞机结构服役历程分析与结构关键件划分

为了对不同类型的飞机结构开展针对性的寿命控制研究,对飞机结构的服役/使用环境与历程进行分析,从而把握结构损伤形式、划分结构类型是一项首要的工作。

2.3.1 飞机结构服役/使用历程分析

飞机在服役/使用周期内,结构遇到的损伤模式主要分为疲劳载荷损伤、环境腐蚀损伤和意外损伤三类,其中前两类损伤模式不可避免,并且是结构寿命损耗的主要原因。对疲劳损伤和腐蚀损伤的研究占据了结构寿命研究的大部分内容,对意外损伤的研究主要体现在结构安全性和结构修理等方面。

飞机上典型部位在一个起落下的载荷/腐蚀损伤时间历程示意图如图 2.2 所示(以军用飞机为例)。

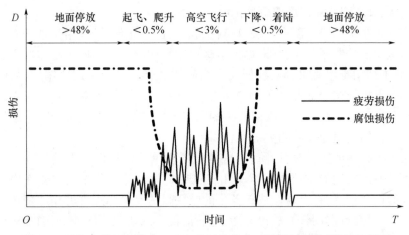

图 2.2　飞机上典型部位在一个起落下的载荷/腐蚀损伤时间历程示意图

从疲劳损伤历程来看,结构受到飞—续—飞过程的疲劳损伤,在地面停放时主要受载形式为静载,由飞机自重和燃油重量等造成,也受到一定的疲劳载荷,主要由机务维修和地面阵风造成。地面停放造成的疲劳损伤很小,在工程上可以不予考虑;飞机从起飞爬升到执行飞行任务一直到下降着陆的过程所受到的载荷占据着疲劳损伤的绝大部分。

从腐蚀损伤历程来看,结构受到地—空—地过程的腐蚀损伤,在地面停放时受到温湿环境的作用,腐蚀性大,且地面停放时间很长,受到的腐蚀损伤占据了绝大部分;在飞机爬升过程中,环境腐蚀性逐渐减小,主要体现在温度逐渐降低至 -25℃ 以下[1]、湿度降低至 65% 以下[2]、大气中有害介质含量也逐渐减少;当飞机爬升至正常飞行状态,结构主要受到干冷空气的作用,腐蚀性很小,在工程上可不予考虑;当飞机在下降过程中,飞机结构吸热回温,飞机结构外表面一些通风良好,或一些密封不严的结构表面会出现冷凝现象,其腐蚀损伤要比爬升过程严重。

可以看出,飞机的典型结构在地面停放时主要受到腐蚀损伤的作用,在起飞爬升和下降着陆过程受到腐蚀疲劳共同作用,在高空飞行时主要受到疲劳损伤的作用。开展结构腐蚀/疲劳试验研究时可以采用预腐蚀疲劳、腐蚀疲劳共同作用或腐蚀/疲劳交替作用的方式进行,但总的来说,腐蚀疲劳共同作用或腐蚀/疲劳交替作用的试验方法更接近飞机的损伤历程,预腐蚀疲劳所得到的结果会偏于严重(但结果是偏于安全的)。

2.3.2 对飞机结构载荷的讨论

飞机结构是在机动载荷、地面载荷、阵风载荷、振动/航空声载荷等形式的载荷作用下使用。各类载荷是引起结构损伤进而导致结构失效的主要原因,也是进行结构失效分析与寿命研究的重要分析对象[3]。认清飞机结构的载荷特征,对编制飞机结构载荷谱,进而进行合理、有效的寿命控制具有重要意义。现从以下几个方面对飞机结构的载荷进行讨论。

(1)飞机的飞行科目与结构载荷之间并不完全具有确定性关系。同一飞行科目下,飞机的受载情况与飞行员的技术水平、飞机重量、飞机的编队位置等因素有关。以战斗机为例,技术熟练的飞行员在飞相同科目时动作更为平顺,结构载荷会相对较小;战斗机在挂载翼尖弹时做滚转动作,其机翼的受载要比没挂翼尖弹情况严重得多;以 6 机编队做×××科目的飞行表演为例,为保持编队的三角形队形,整个编队在做拉升动作时一号飞机的过载较小($2 \sim 3g$ 左右),而位于三角形编队底边两侧的四号机和六号机过载甚至可达到 $9g$。当然,在要求不太精确的情况下,可以用飞行科目对应的平均载荷水平来代替该飞行科目进行粗略载荷分析研究。

(2)对于战斗机、中/轻型(半机动)飞机来说,其服役使用中的主要载荷来源于飞机的机动动作。如上所述,这些飞机的受载情况受到人为的影响较大,且与飞机的训练、作战强度有很大关系,飞机的结构载荷可能会具有阶段性的统计特点。按照工程经验,载荷相差 20%,寿命大约相差 1 倍;若不同服役阶段下飞机结构的载荷水平相差较大,则结构累积的损伤就会相差得更远。

对于旅客机、运输机、轰炸机等大型飞机来说,由于在使用过程中所做的机动动作较小、较少,它们的结构载荷与飞行科目的相关性较高,且这些飞机机体表面积大,易受到大气紊流的影响,其主要反映的是突风的问题,具有宏观上的规律性,因此,大型飞机的结构载荷可以认为具有较好的统计特性。

（3）要获取飞机结构的载荷情况,可以通过以下几种途径:

① 根据飞机服役/使用过程中重心过载飞参数据或关键部位的应力应变监测数据等计算得到具体结构的载荷历程。

② 在定型试飞、使用试飞和初期的服役使用过程中,通过载荷监控途径建立结构的载荷数据库(建立的载荷数据库应考虑飞机的飞行科目、油料/挂载重量、编队位置、人员差异等因素),从而可以根据飞机的实际使用情况以类比的方法确定结构载荷历程。

③ 通过全机的有限元分析,配以全机强度试验的测量数据修正建立结构受载情况与机动动作/大气紊流的关系模型,从而确定飞机结构在实际使用过程中的载荷历程。

（4）获取飞机结构实际载荷历程最好的方式是进行载荷监测,从理论上来说,通过载荷实测可以消除飞机结构载荷分散性的影响。但要注意分清对应的结构基准使用寿命与实际使用寿命的区别,两者不能混为一谈。基准使用寿命是根据反映飞机基准使用情况的基准使用载荷谱确定的结构寿命限制,而实际使用寿命是根据结构实际受载情况与基准情况对比后按损伤等效折算得到的结构实际使用寿命限制。

2.3.3 飞机结构关键件划分

对不同损伤类型的结构关键件采用针对性的寿命控制措施可以充分地提高寿命利用效率。根据飞机结构设计资料、全机疲劳试验结果、飞机服役/使用环境以及外场维修统计数据,可以将飞机结构关键件(主要结构 PSE)按照损伤类型划分为疲劳关键件、腐蚀关键件和腐蚀疲劳关键件(应力腐蚀关键件可以认为是腐蚀疲劳关键件的一种,疲劳应力比 $R=1$)。三类关键件的划分[4]如图 2.3 所示。

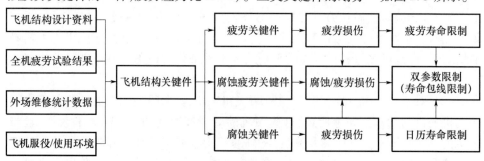

图 2.3　飞机结构关键件划分

一般位于飞机机体内部、密封良好、防护完善,认为其在飞机服役期间仅承受疲劳载荷而不会发生腐蚀损伤的结构件属于疲劳关键件,可以只由疲劳寿命一个指标进行结构寿命控制,或者可以将其日历寿命看成无限长。

在使用过程中基本不受力或受力不大,且主要受到外部环境腐蚀影响,认为其在飞机服役期间只发生腐蚀损伤而不会发生疲劳损伤的结构件属于腐蚀关键件,可以只由日历寿命一个指标进行结构寿命控制,或者可以将其疲劳寿命看成无限长。

飞机机体外表面,或结构局部环境与机体外部环境连通,在服役过程中既承受疲劳载荷又会发生腐蚀损伤的承力结构属于腐蚀疲劳关键件。腐蚀疲劳关键件的疲劳寿命品质受到腐蚀环境的影响,需要应用疲劳寿命和日历寿命两个指标进行结构寿命控制。飞机结构中只受到应力腐蚀作用的结构件很少,且应力腐蚀可以看成是腐蚀疲劳的一种特殊情况,将飞机结构应力腐蚀关键件划归到腐蚀疲劳关键件的范围进行寿命控制研究。

对于飞机中由复合材料、有机玻璃、橡胶件等材料构成的部件,其受到环境的主要影响为吸湿、老化等,可以将其认为是腐蚀的特殊形式,同样也可以根据其使用条件将它们划分为疲劳关键件、腐蚀关键件和腐蚀疲劳关键件。本书中提出的一些理论方法,如日历安全寿命、结构寿命包线等也同样适用于这些结构。

此外,还需指出的是,随着飞机服役环境的改变,某些结构的关键件类型可能也会发生变化。例如,飞机在干旱、少雨、无污染的地区服役,结构本身受到大气环境腐蚀的影响就很轻(老化问题依然会存在),某些外部结构件可能就不会发生腐蚀问题了,均可以按照疲劳关键件进行寿命控制;再如,飞机长期在海洋大气环境下服役,某些较为靠内或密封性一般的舱室也有可能积聚腐蚀介质,其中的结构件就有可能从疲劳关键件转变为腐蚀疲劳关键件。所以说,飞机结构关键件的划分需要根据结构形式、结构材料、防护状态、结构具体位置、结构失效形式、结构失效后的影响、飞机所在服役环境等因素综合考虑。

本书在第二、三、四篇分别针对疲劳关键件、腐蚀关键件和腐蚀疲劳关键件开展了针对性的寿命控制问题讨论,飞机整机结构的寿命控制问题则是在各关键结构寿命控制的基础上进行综合讨论。

参考文献

[1] 张福泽. 飞机日历寿命确定的新方法研究[A]. 疲劳与断裂 2000[M]. 北京:气象出版社,2000.

[2] 陈群志,李喜明,刘文珽,等. 飞机结构典型环境腐蚀当量关系研究[J]. 航空学报,1998,(4):414–418.

[3] 何宇廷. 基于飞机结构寿命包线的飞机结构单机寿命监控[J]. 中国工程科学,2006(6):27–31.

[4] 张腾. 腐蚀环境影响下飞机结构寿命控制原理与若干关键问题研究[D]. 西安:空军工程大学,2015.

第 **3** 章

飞机结构载荷/环境谱概述

3.1　飞机结构载荷/环境谱在结构寿命控制中的地位

　　飞机结构载荷/环境谱的编制在飞机结构寿命控制中占有重要的地位,结构载荷/环境谱的编制是飞机设计研制工作的重要组成部分。经过深入的结构服役/使用载荷/环境模拟方法研究,得到有效的结构载荷/环境谱:一方面,可以实现飞机结构的合理定寿(确定服役/使用寿命限制),为合理地确定飞机结构大修、退役时机奠定基础,既能保证结构安全,又能提高结构寿命利用率;另一方面,准确的载荷/环境模拟可以使结构在短期内呈现出"长期服役"后的损伤情况,反映设计缺陷,从而为确定检查维护重点部位、制定维修策略,甚至修改结构初始设计、更换结构材料等提供参考。

　　载荷/环境谱与飞机结构服役/使用寿命的关系是最直接最密切的,可以从以下两个方面得到反映。

　　1. 载荷/环境谱是飞机结构服役/使用寿命的决定因素

　　载荷/环境谱轻重直接关系到飞机结构服役/使用寿命的长短。一般情况下,飞机所历经的载荷/环境谱越严重,相同作用时间内对飞机结构造成的损伤越大,该飞机的服役/使用寿命就越短;所历经的载荷/环境谱越轻,相同作用时间内对飞机结构造成的损伤越小,其服役/使用寿命就越长。从某种程度上来说,在飞机结构材料和结构形式确定的情况下,载荷/环境谱是飞机结构服役/使用寿命的决定因素。

　　2. 飞机全寿命管理过程都离不开载荷/环境谱

　　飞机整个研制和全寿命管理过程都伴随着飞机结构服役/使用寿命的评定以及剩余寿命的预测,而评定飞机结构服役/使用寿命以及预测飞机结构的剩余服役/使用寿命都离不开载荷/环境谱。在新机设计阶段,需要编制设计使用载荷/环境谱对新机进行初步疲劳分析,以确定飞机结构形式、选择结构材料、给出目标设计寿命等;设计定型后期一般需要编制飞—续—飞载荷/环境谱进行全机或部件级耐久性/损伤容限试验,以验证或重新评定飞机服役/使用寿命指标。

3.2 飞机结构载荷谱的编制方法简介

3.2.1 飞机结构载荷谱的分类

按飞机型号的全寿命管理周期来分,结构载荷谱主要可分为设计使用载荷谱和服役使用载荷谱。设计使用载荷谱是指在飞机设计阶段为进行耐久性(疲劳)/损伤容限分析和相应的试验所编制的载荷谱,其一般反映的是所设计飞机的预期平均使用情况,按照设计使用载荷谱给出的使用寿命只是该型飞机服役/使用寿命的期望值。飞机的服役使用载荷谱是通过飞机的定型试飞、使用试飞、领先使用、服役载荷监测等途径获取机群飞机结构实际载荷后编制的反映飞机实际使用情况的载荷谱,是进行飞机结构全机耐久性(疲劳)/损伤容限试验或飞机结构实际服役/使用寿命限制评定的重要依据[1]。

飞机结构载荷谱(通常也称为飞机载荷谱)按照谱的损伤严重程度来分,一般可分主要为平均谱(基准谱)和严重谱[2,3],其既包括平均设计载荷谱(基准设计载荷谱)和严重设计载荷谱,又包括平均使用载荷谱(基准使用载荷谱)和严重使用载荷谱。平均谱反映了飞机的平均使用情况,对应于机队 50% 的飞机满足平均谱下预期使用寿命;严重谱覆盖了机队飞机 90% 的使用情况,从而对应于机队 90% 的飞机满足严重谱下预期使用寿命。从本质上说,载荷谱的严重程度是通过其对飞机结构所造成损伤的严重程度来体现的。

平均设计载荷谱是一种反映飞机在设计使用分布内的平均使用情况的耐久性谱,简称耐久性基准谱;严重设计载荷谱是一种反映飞机在设计使用分布内的严重使用情况的耐久性谱,简称耐久性严重谱。从飞机的设计使用分布情况来说,耐久性严重谱是飞机设计使用分布内的上限谱,耐久性基准谱是飞机设计使用分布内的平均谱。需要说明的是,飞机的设计使用分布是指飞机预计的使用情况,主要指的是飞机的正常训练使用情况,真实的短期极限作战使用及某些可能的意外情况不在设计使用分布范围内。由于疲劳问题目前仍是耐久性的主要问题,因此通常所说的耐久性载荷谱就是指疲劳载荷谱,耐久性试验也就是可修理结构的疲劳试验。

飞机的平均使用载荷谱即为基准使用载荷谱,是根据飞机使用时测量的载荷数据对设计载荷谱的修正,代表了在机队平均使用条件下飞机结构实际所承受的载荷历程。飞机的基准服役/使用寿命是依据基准使用载荷谱得到的,是飞机实际使用时的寿命指标,也就是飞机结构的疲劳(耐久性)安全寿命。一般来说,严重谱的损伤约为基准谱的 2 倍,即飞机结构在基准谱下得到的寿命是严重谱下的

2 倍。《飞机服役使用载荷谱编制技术研究报告》[3]（西北工业大学,李亚智）中根据试验测试初步给出了严重谱与平均谱的损伤对比关系,如表 3.1 所列。

表 3.1　某型飞机严重谱与平均谱的损伤对比关系

对比组	载荷谱名称	试件 K_t 值	试件数	离散系数	寿命均值/ fh	损伤关系
1	4000 飞行小时平均谱浓缩	3.25	5	0.0288	4520	1.87
	4000 飞行小时严重谱浓缩	3.25	3	0.0190	2412	
2	4000 飞行小时平均谱浓缩	3.56	6	0.0183	11240	2.32
	4000 飞行小时严重谱浓缩	3.56	6	0.0172	4840	
3	123 飞行小时平均谱	3.25	5	0.0167	2200	1.77
	123 飞行小时严重谱	3.25	4	0.0082	1240	
4	123 飞行小时平均谱浓缩	3.25	5	0.0088	2872	2.34
	123 飞行小时严重谱浓缩	3.25	4	0.0077	1228	

飞机的全机疲劳试验工程上通常是一种验证性试验[4]。我国 GJB 67.6A—2008《军用飞机结构强度规范 第 6 部分:重复载荷、耐久性和损伤容限》中明确指出[5]:"全机疲劳试验的耐久性验证使用中,用分散系数 2~4 的疲劳分析,应至少完成反映飞机严重使用情况的耐久性试验载荷谱下 2 倍使用寿命期的耐久性试验;或用分散系数不小于 4 的疲劳分析,至少完成反映飞机平均使用情况的耐久性试验谱下 3 倍使用寿命期的耐久性试验。"这里需要明确三点:一是使用耐久性严重谱和耐久性基准谱得到的试验结论是相同的,即飞机在给定的基准服役/使用寿命期内可以在平均使用情况(基准载荷谱)下安全完成服役;二是不管使用哪种载荷谱进行全机疲劳试验验证,飞机在服役时仍要把飞机的实际使用寿命折算到基准载荷谱下的基准服役/使用寿命(当量寿命值)进行结构的寿命管理;三是使用耐久性严重谱可以显著缩短全机疲劳试验周期,其之所以比耐久性基准谱验证飞机使用寿命期倍数要小,是由于在相同寿命期内严重谱的损伤更大。需要特别说明的是,虽然一般来说,疲劳试验结果的分散系数随试验载荷的增大呈减小趋势,但是在基准谱和严重谱所在的载荷区间,以及按照它们的载荷差异水平,其试验结果的疲劳分散系数相差并不大,也就是说,严重谱能降低结构的疲劳寿命但不能显著降低其对应的疲劳分散系数,工程上一般认为此时分散系数不发生改变[6]。

编制的飞机载荷谱通常是以载荷谱块的形式重复加载进行疲劳试验,一个载荷谱块可大可小,最大的可用一个寿命期作为一个载荷谱块,小的可用一次飞行或一个任务段时间作为一个载荷谱块,比较常用的是用 1000 飞行小时、100 飞行小时的整数倍,飞行训练大纲的一个训练周期或一年的飞行时间等对应的载荷谱块作为一个载荷谱块,一个载荷谱块也称一个载荷谱周期。

3.2.2　飞机载荷谱编制的基本方法

飞机载荷谱包括飞机设计使用载荷谱、通过飞行试验所得到的飞机实测载荷谱及由飞机寿命监控[7,8]所得到使用载荷谱。尽管编制飞机载荷谱的方法很多,但它们都基本上遵循编谱的基本方法——任务分析法,该方法由七个部分组成[2]。

(1) 获取编谱原始数据,包括飞机任务剖面参数、飞机结构载荷环境参数、载荷计算和应力分析所需数据以及材料参数等其他数据。

(2) 确定飞机典型任务剖面。

(3) 确定产生疲劳载荷的结构载荷环境,即确定飞机结构对作用在结构上的各种载荷源的响应,包括载荷来源的确定、选择每种载荷来源的响应参数、确定响应参数的统计分布等方面内容。

(4) 确定不同飞行(或地面)状态下的载荷情况,就是如何组合任务剖面的性能参数、结构载荷环境的响应参数和其他有关参数,形成不同的载荷情况作为载荷计算和应力分析的输入。

(5) 结构载荷计算和应力分析,把每种载荷情况的一组参数代入相应的载荷或应力方程中,算出指定结构或指定部位在每种载荷情况下的载荷或应力。

(6) 确定无顺序的载荷(应力)谱,以各级载荷累积频数分布曲线(或超越数曲线)的形式给出,作为编制试验谱和疲劳寿命估算分析谱的输入。

(7) 把无顺序载荷(应力)谱转换成试验谱和分析谱(程序块谱或飞—续—飞谱),包括高载截取、低载截除、确定载荷阶梯级的级数、确定阶梯级的间距、计算阶梯区间内的载荷频数等内容。

无顺序载荷谱离散化后,考虑载荷顺序,就可编制试验谱和分析谱,前者主要用于疲劳/耐久性/损伤容限试验,一般以全机或部件试验载荷谱的形式出现,后者主要用于疲劳寿命估算,一般以结构关键部位应力谱形式出现。无论是试验谱还是分析谱,一般都包括两种顺序谱:程序块谱和飞—续—飞载荷谱。当然,如果能保证损伤等效的情况下,也可以用等幅谱表示。当然在缺乏数据支撑的情况下也可以直接使用标准的飞—续—飞载荷谱,比如运输机可直接使用 TWIST 谱(荷兰 NLR 和西德操作强度实验室 LBF 于 1973 年研究完成);战斗机可以使用 FAL-STAFF 谱(由荷兰 NLR、西德 LBF、西德 IABG 和瑞士的 F + W 于 1975 年研究完成)。TWIST 谱和 FALSTAFF 谱本质上是基准设计谱。

实际上飞机载荷谱主要包括重心过载谱、部件载荷谱和关键部位的局部载荷谱,其中重心过载谱是基础,关键局部部位的局部载荷谱则直接影响其寿命特性,它们的编制方法既有相同的一面又互相区别。

3.2.3　飞机设计使用载荷谱的原始数据来源

飞机设计载荷谱是指在飞机设计阶段为进行疲劳/耐久性/损伤容限分析和

相应的试验所编制的载荷谱,其编制方法基本遵循飞机载荷谱编制的基本方法——任务分析法。根据其任务要求和技术条件,获得编谱原始数据(飞机 n_y 超越数曲线和典型载荷状态)的来源主要有如下三种基本技术途径。

(1)规范谱分析法。编制设计使用载荷谱的规范谱分析法(简称规范谱分析法)是指直接利用飞机结构强度规范中所提供的载荷谱数据来编制设计使用载荷谱,其编谱基本思想:把飞机结构强度规范中的载荷谱数据与飞机的典型设计任务剖面结合起来编制该机的设计使用载荷谱。我国 GJB 67.6A—2008《军用飞机结构强度规范 第6部分:重复载荷、耐久性和损伤容限》提供了各类军用飞机机动载荷系数谱[5]。

(2)飞行模拟分析法。对于有独特性能或使用要求的新飞机研制,一般也可采用飞行模拟与统计分析相结合的方法获得飞机的 n_y 超越数曲线。其方法是:由驾驶员操纵飞机飞行模拟器,模拟各种典型飞行任务,同时测量响应的各种飞行参数的时间历程,然后对 n_y 作统计分析,得到飞机重心法向过载超越数曲线。分析其他飞行参数,可以得到飞机的典型载荷状态。

(3)类比分析法。该方法是以类似飞机的典型飞行任务(或任务段)实测的载荷谱数据为基础,依据新设计飞机的性能变化、设计使用用途和寿命要求做适当的修正处理,然后利用统计分析的方法得到新设计飞机的总谱。如果新设计的飞机性能与规范推荐载荷谱统计数据的飞机类似,可以直接使用该数据得到新设计飞机的合成 n_y 超越数曲线。这种方法比较简单,适用于改型机或性能相差不大的新机设计。

上述三种方法一般有其自己的应用范围,但实际上,编制现代飞机设计使用载荷谱时常常是同时采用以上方法,以一种方法为主,另外的一种或两种方法用来进行比较分析和验证。

3.2.4 飞机服役使用载荷谱的原始数据获取

飞机服役使用载荷谱的原始数据获取主要可以从两方面来讨论。

1. 从飞机的不同使用阶段来区分服役使用载荷谱的原始数据获取

从飞机首飞至退役的不同阶段来分,飞机的服役使用载荷谱主要是通过飞机的定型试飞、使用试飞、服役载荷监控等途径获取结构实际载荷后编制的反映飞机实际使用情况的载荷谱。

(1)新机定型试飞所获取的大量数据主要是为新机设计定型提供依据,利用定型试飞数据,经过适当的筛选、归并和数据处理,可以编制新机最初的实测载荷谱,以用于对设计使用载荷谱进行初步验证和修正。

(2)专门飞行试验实测载荷是从新机领先飞行或小批量投入使用的飞机中,选取飞机安装专门的测试仪器进行载荷谱实测。通过专门的载荷谱飞行实测是目前编制实测载荷谱的主要技术途径。

（3）按照 GJB 775.A—2001《飞机结构完整性大纲 飞机要求》[9]和 GJB 67.6A—2008《军用飞机结构强度规范 第 6 部分：重复载荷、耐久性和损伤容限》[5]的要求，新机一投入使用，就要求安装专门的测试设备（机载成品件）实施机队和单机疲劳载荷及使用寿命监控，其目的如下：

① 编制服役飞机基准使用载荷谱，重新评定/验证飞机使用寿命；

② 监控每架飞机的寿命损耗情况，以确定和调整每架飞机每个关键部位的检查和修理间隔，确保其使用安全；

③ 积累飞机使用载荷数据，为飞机的改型和新机的设计提供编制载荷谱的数据。

2. 从飞机实测的部件及飞机飞行阶段来区分服役使用载荷谱的原始数据获取

从飞机实测的部件及飞机飞行阶段来分，飞机的服役使用载荷谱主要是通过飞机飞行载荷谱实测、飞机操纵系统载荷谱实测和飞机地面载荷谱实测三个途径获取的原始数据。

（1）飞机飞行载荷谱是指由飞机在飞行中机体经受的载荷时间历程编制的载荷谱，它反映飞机整机及机体各部件所承受的疲劳载荷情况，又称为飞机机体载荷谱。在飞机型号设计定型后期，需要从小批量领先飞行的飞机中至少抽取一架飞机，通过专门的测试改装和飞行试验实测编制飞机的实测飞行载荷谱，用于评定和验证飞机的设计使用寿命。飞机飞行载荷谱按照实测部位/结构的细分又可分为重心法向过载谱、机翼载荷谱、机身弯矩谱、平尾载荷谱、垂尾载荷谱、活动舵面载荷谱、起落架舱门载荷谱、减速板载荷谱等。

（2）飞机操纵系统通过操纵活动舵面的运动控制飞机，其失效会导致飞机失控，甚至发生灾难性事故。为了保障飞机使用寿命期内操纵系统拉杆及连接件等不发生疲劳破坏或功能失效，对飞机操纵系统需要进行疲劳寿命分析及组件疲劳试验验证。操纵系统载荷谱实测一般结合飞行载荷谱实测同时进行，在同一架试验飞机上进行飞行试验实测。不同类型操纵系统载荷谱的形式会有所不同，同一操纵系统中不同方向分操纵系统元件上的载荷也各不相同，应分别编制其载荷谱。

（3）飞机地面载荷谱是指地面起降和地面运动时经受的载荷时间历程，主要反映起落架及其与机体连接件所承受的疲劳载荷，地面载荷谱编制应涵盖的载荷情况一般包括起飞线发动机地面试车、起飞滑行、着陆、着陆滑行、刹车、转弯、发动机地面试车、牵引等。

3.2.5　飞机基准使用载荷谱的编制特点

服役飞机基准使用载荷谱是指代表该型号所有服役飞机基准使用情况的载荷谱，该谱为该型号每架飞机的使用情况提供一个评定基准，并且一般以该型号飞机平均使用情况为其基准，是一种平均谱。通过机队监控来获取服役飞机的实际使用数据,用于编制服役飞机基准使用载荷谱。很显然,服役飞机基准使用载荷谱也是一种实测载荷谱,其编制方法也主要依据载荷谱编制的基本方法——任务分析法。

基准使用载荷谱(平均使用载荷谱、传统均值谱)编制的基本思想[1]:根据某飞机科目的 n 架被监控飞机的实测载荷数据(计数、滤波处理后),得到 $2n$ 条超越数曲线(均以特定飞行小时为基准进行标准化);基于超越数曲线建立曲线拟合方程和高载外推方程,形成该飞行科目的 n 条拟合函数曲线(输入过载值,即可得到累积频数和实有频数);将过载分级处理,经计数处理后,取 n 条拟合曲线各级过载发生频次的算术平均值作为基准使用谱对应过载的发生频次,并由此编制该飞行科目的基准超越数曲线;基于飞行训练大纲中不同飞行科目的使用比例,即可加权得到代表该型号飞机平均使用情况的超越数曲线(即基准超越数曲线,所得的超越数曲线仍是以上述特定飞行小时数为基准),由所得基准超越数曲线编制该型号飞机的基准使用载荷谱。具体方法可以参照文献[1]中关于基准使用载荷谱编制的相关内容。飞机基准设计载荷谱编制的基本思想与基准使用载荷谱编制思想基本一致,只不过是基准使用载荷谱编制中的载荷数据来源飞行实测,而基准设计载荷谱编制中的数据来源于相似类型飞机、参考资料、相同任务剖面的载荷数据,飞机基准设计载荷谱编制具体方法可以参照文献[1]中的相关内容。

编制飞机基准使用载荷谱应注意以下几点。

1. 任务剖面

一般来说,编制军机服役飞机基准使用载荷谱的任务剖面就是部队飞行训练大纲中所规定的飞行科目,对这些飞行科目尽量少作归并,即使进行科目归并也要加以控制,以便反映飞行使用情况的真实性。相对来说,设计使用载荷谱的任务剖面种类最少、最典型;专门飞行试验实测载荷谱的任务剖面种类比设计使用载荷谱的多,具有较广泛的代表性;服役飞机基准使用载荷谱的任务剖面种类更多,具有广泛的代表性。理论上讲,设计使用载荷谱就是对服役飞机基准使用载荷谱的预估,这两者一般来说不完全一致,但不应有显著的差异。

2. 子样规模

按规范要求,要在 10% ~ 100% 使用飞机上安装专门的测试设备来测量并收集编制服役使用载荷谱的数据。初期测量周期一般为飞机投入使用后的 3 ~ 5 年,考虑到飞机服役/使用方法的多样性和作战能力增强的缓慢性,测量周期可以更长。建议通过平均 10% 飞机的领先飞行收集 5 年以上的数据作为编制基准使用载荷谱初步的最少数据量。很显然,相对于专门飞行试验实测载荷谱的小子样实测编谱,这是一种大子样实测编谱。

3. 实测参数

由于要求在每架飞机安装专门的测试设备来实测并编制服役飞机基准使用载荷谱,实测参数不可能要求很多,测试设备也不可能很复杂。实测参数大部分是飞行参数,也可有少量关键部位应变参数。参数数量由最初的一个(重心法向过载),三个(速度、高度、过载),发展到现在的几十个,上百个甚至上千个,当然,直接用来编制使用载荷/环境谱的,也就是其中的部分参数。

4. 编谱方法

由于服役飞机基准使用载荷谱是一种大子样实测编谱,建议用传统均值谱法编制这类载荷谱。对于主要机体结构,任务剖面适当归并减少后也可用代表起落谱法编谱[1]。

5. 谱的代表性

既然编制的是反映服役飞机平均使用情况的基准使用载荷谱,很显然,它代表机队飞机收集到编谱数据为止这段服役时间内的平均使用情况。当然也可以根据需要编制代表服役飞机严重使用情况的严重谱。

6. 谱的最终形式

服役飞机基准使用载荷谱最终主要以两种形式给出。

(1)机体结构关键部位飞—续—飞应力谱或机体结构关键件的飞—续—飞载荷谱。该谱用于使用阶段的耐久性/疲劳/损伤容限分析和相应的对比试验,以重新评定飞机服役/使用寿命周期。

(2)重心法向过载谱。给出重心法向过载超越曲线的同时,给出相关参数的统计结果,以便对设计使用载荷谱进行验证和修正。与此同时,为飞机改型和新机设计累积载荷谱数据。

7. 谱的更改

由于飞机服役/使用寿命监控的数据在不断地累积和增加,更重要的是军用飞机的使用方法和战备任务有可能随时发生变化,因此,应根据不断累积和变化的实测数据来定期重新编制和更新服役飞机基准使用载荷谱,以反映飞机不断变化的实际使用情况。

对于实测谱编制的常用方法是代表起落随机载荷谱编制法(张福泽院士于20世纪90年代提出的飞—续—飞谱编制法)。均值载荷谱编制方法,是载荷频数和大小取各载荷区间的平均值,经计数处理后失去了载荷顺序和载荷状态的有关信息(20世纪90年代之前应用)。

3.2.6　飞机实测重心过载谱的编制方法简介

现代飞机基本装备有飞参记录仪(又称黑匣子),它可以记录飞机在飞行中的过载、速度、高度等飞行状态参数。可以依据这些记录的飞行状态参数来编制飞机结构的载荷谱,这方面的工作在很多文献[1,8]具有不同程度的介绍,这里仅以某型飞机重心过载谱的编制为例进行简要介绍。

1. 所用数据来源

通常情况下重心载荷谱编制是基于飞参记录仪所记录的飞参数据实现的,为了能够更深入理解重心过载谱的编制原理,首先需要全面了解飞参记录仪的工作原理以及飞参数据地面处理设备相关知识,具体内容可以查阅相关专业资料。

2. 监控参数选取

飞参记录仪采集到很多个参数的值,根据编谱和疲劳寿命计算的需要选取相关参数,可以大大降低工作量,通常可选取如下参数:法向过载,侧向过载,剩余油量,马赫数,高度,气压高度,表速,气压表速,迎角,俯仰角,侧滑角,坡度角,左、右副翼位置,左、右水平安定面位置,左、右前缘缝翼位置,方向舵位置以及真实飞行时间的小时、分钟、秒等。

3. 飞参数据中伪数据点的识别与修正

实测飞参数据中往往包括噪声干扰、数据丢失、数据失真等伪数据点(非真实点),这些伪数据点的存在会影响到编谱的质量与真实度。为实现伪数据点的批量自动识别与修正,首先需要通过编程等技术手段将飞参数据批量导入到计算机中,以方便后续通过计算机处理。结合飞机使用资料、飞参记录仪的记录特点以及时间记录特性统计分析不同伪数据点的跳断特点,总结不同伪数据点的跳断规律,并归纳形成判断不同跳断点的条件。对不同跳断点情形进行有针对性的分析,研究不同跳断点所对应的修正方法,并形成修正准则以实现最大限度校正伪数据点。将伪数据点的识别条件与修正准则编制成计算机程序实现批量自动识别与修正。

4. 飞机结构重心当量过载的计算

每次飞行的载荷—时间历程是针对某架飞机的具体起飞重量而言,要编制一个普遍适用的载荷谱,需将这一次次的具体载荷折算成当量载荷,即折算成相对标准起飞重量的过载,因此飞机起飞时的真实重量应为已知量,也即飞机起飞时的加油量、载重量、武器外挂等一次性参量(开关量)和飞机的空机重量以及飞行员自身重量等应为已知量。

其中飞机起飞油量可以从步骤2的参量中的"剩余油量"得到,而军机的武器外挂参量需结合训练科目和武器外挂点的一次性参量的数据来判断。若某挂点的数据为"1",则该挂点有外挂,再结合训练科目得到挂弹类型,便可得到该挂点的外挂重量;若某挂点的数据为"0",则该挂点无外挂,即此挂点外挂重量是零。将所有挂点的外挂重量数据进行统计,便能得到武器外挂重量。将起飞油量、载重量、外挂重量、空机重量和飞行员重量等加在一起即是真实起飞重量,利用:

[当量过载]=[实际过载]·[真实起飞重量]/[标准起飞重量]

便可将实际过载折算成为相对标准起飞重量的当量过载。

5. 载荷历程中有效峰谷历程的获取

飞参记录仪的采样数据是按时间顺序定时(以一定间隔)进行顺序记录的,其记录的数据不仅包括峰谷点还包括非峰谷点(中间点),但对疲劳载荷历程有意义的只是峰谷点,所以应去掉中间点,仅保留峰谷点。值得说明的是编制重心过载谱,应取法向过载的峰谷点和与之相对应的其他参数的数据。

6. 选取载荷历程计数方法

为了进行疲劳分析和编制载荷谱,需要把载荷—时间历程曲线通过一定的方法整理成频数分布表格或频率分布曲线等形式,即对载荷的峰谷点进行统计计数。对峰谷历程进行统计计数的常见方法有限制穿级计数法、跨均峰值计数法、主峰值计数法、变程—均值计数法、"雨流"计数法等。采用不同的计数方法所得到的计数结果会有很大的差异性,选择最优的计数方法对编制一个精确的载荷谱来说是十分重要的。

上述计数方法各有优缺点,根据使用经验和理论分析,推荐使用马尔可夫(Markov)矩阵法进行计数,其使用原理类似于变程—均值计数法,同时借助"雨流"计数法的思想滤去过载—时间历程的小波动,以除去变程—均值计数时小波动对其产生的影响。

Markov 矩阵是一个随机过程状态转移条件概率矩阵,它描述的是系统由一个状态转移到另一个状态的可能性。称条件概率: $P_{ij}(n) = P\{X_{n+1} = j \mid X_n = i\}$ 为 Markov 链在时刻 n 的转移概率。设 P 表示转移概率 P_{ij} 所组成的矩阵,且状态空间 $I = \{1,2,3,\cdots\}$,则

$$P = \begin{pmatrix} P_{11} & P_{12} & \cdots & P_{1n} & \cdots \\ P_{21} & P_{22} & \cdots & P_{2n} & \cdots \\ \vdots & \vdots & \vdots & \vdots & \vdots \end{pmatrix}$$

称为系统状态的转移概率矩阵。

由"疲劳载荷序列"生成的 Markov 矩阵,是一个确定过程状态转移条件频数矩阵,就是说一事件转移到另一个事件的过程是确定的,它的转移过程是事件转移的频数而不是概率(频数除以总频次即为概率),并且是多次状态转移的结果。用状态转移发生的频次来充填此矩阵,矩阵中每个元素均为整数。它具有以下的特点:

(1) 每一列反映"转入"事件,每一行反映"转出"事件,对角线上无元素(无同状态转移事件)。

(2) 在右上角,从状态 1 转移到任意状态 i 的事件,发生事件(全为"上升"事件)计入到第 1 行第 i 列;第 1 行计下了所有从状态 1 转出的事件。

(3) 在右上角,从状态 i 转移到任意状态 $j(j > i)$ 的事件——"上升事件"发生的事件,计入到 i 行 j 列中;第 i 行中所有$(j > i)$的元素和,计下了从 i 转出的所有"上升事件"。

(4) 在左下角,从状态 n 转移到任意状态 i 的事件——"下降事件"计入到 n 行 j 列中;n 行计下了所有从状态 n 转出的"下降事件"。

(5) 在左下角,从状态 j 转移到状态 $i(j > i)$ 的事件"下降事件",计入 i 行 j

列中;i 行中所有($i < j$)元素和,计下了从 i 转出的所有"下降事件"。

从"转入事件"的观点看,每列元素代表"转入"条件:n 列元素的和计入了所有转入 n 状态的事件,j 列计入了所有转入 j 状态的事件,且右上角为"上升事件",左下角为"下降事件"。

7. 载荷历程数据滤波处理

在步骤 6 中提取到的峰谷时间历程中包含有许多小波动,即过载幅值较小的循环载荷,这种幅值较小的循环载荷对疲劳寿命几乎没有影响(工程中近似认为载荷幅值低于高载幅值的 1/10,可看作是低载,由低载构成的微弱波动载荷对飞机的寿命影响不大);加之在疲劳试验中,小循环载荷既耗人力、物力、财力,而且对试验结果意义不大。需要在分析处理每一个科目之前,选择一个合适的"滤波门槛值",滤去这些小波动。

"滤波门槛值"(Th)是指被滤去的过载历程中相邻的峰与谷之差的绝对值,即变程小于 Th 时被滤去(忽略掉)。"滤波门槛值"的大小直接影响小循环载荷的取舍,门槛值过大会影响滤波后的结构疲劳寿命;门槛值过小,则对疲劳寿命几乎没有影响,但会影响数据处理及相关试验工作的效率。所以选择一个合适的滤波门槛值十分关键。

8. 载荷历程中峰谷历程的计数

该工作主要包括以下几方面。

1)确定过载级别

依据飞机的最大使用过载、最小使用过载,将过载区间分成不同的级别。通常可以选取 0.2g 为一个级别。

2)峰谷点数的累加统计

完成分级后,要对载荷历程的峰谷点数按载荷的大小分级进行统计,第一种统计的方法是对峰谷历程依次按级别进行计数累计,从而得到这一历程的过载超越数;第二种方法是根据分级的级数制成一个阶数等于级数的方阵,将峰谷历程上的每一点均累加到此方阵中来,然后再将此方阵中的数据按照某种原则进行累计处理,便可得到这一峰谷历程的峰点和谷点的超越数。

上述两种方法得到的过载超越数结果是相同的,但第二种方法用矩阵存放峰谷点数的方法还可将这一组峰谷点数还原成一个载荷—时间历程,这是第一种方法所无法实现的。由于这个方阵存放和提取峰谷点数据的原则与《随机过程》中的 Markov 矩阵的性质一致,本书中统称第二种方法为 Markov 矩阵法。

3)用 Markov 状态转移矩阵描述飞行载荷谱

"疲劳载荷序列"中峰谷点数据交错、上升下降事件交错;除起点终点外,转入 i 列状态的"上升"事件(i 列右上角元素之和)必须等于转出 i 行状态的"下降事件"(i 行左下角元素之和)。可单按"转入"或单按"转出"事件生成,在起点处,按"转入"形成,则最初"转入起点"的事件不确定;在终点处,按"转出"形成,则最终

"转出终点"的事件不确定。每生成一次计数,须考虑事件起点 i(转出点行号)与终点 j(转入点列号),在 i 行 j 列加"1"即成。同时,状态之间的级差载荷自然成为滤波门槛,若峰谷序列不滤波也很容易生成 Markov 矩阵(小于级差的同状态转移事件,会累计在矩阵的对角线元素中)。

"疲劳载荷序列"生成 Markov 矩阵时,若起点状态与终点状态相同,则为"封闭过程";若起点状态与终点状态不同,则为"非封闭过程"。对于任意的非起点、非终点状态则为"中间状态"。对于一个连续非跳跃过程来说,任意"中间状态" i 的"转入事件"次数(i 列元素和)必须等于"转出事件"的次数(i 行元素和)。无论何种过程,其 Markov 状态转移事件矩阵计入了所有的状态转移(转入、转出)事件,不遗漏任何事件,即事件计数是完整的,但发生顺序信息已不可恢复的丢失。从该矩阵应可以重构出"所有事件"。若每个事件独立无关,即线性可加,则顺序信息不必要(即与历史路径无关)。对于发生在 i 级的起点事件:转出多一次,即 i 行元素之和比 i 列元素之和大 1;对于发生在 i 级的终点事件:转入多一次,即 i 列元素之和比 i 行元素之和大 1。

谱也可以直接以 Markov 矩阵形式给出,同时也可以重构历程曲线(低到高块谱、随机谱、高到低块谱等)。在由 Markov 矩阵重构峰谷历程时,虽然峰谷点的先后顺序会改变,但对于一次飞行来说,所有载荷变程都已正确无误,峰谷次序的信息并不十分重要。而对于某科目的平均 Markov 矩阵,由于是这一科目的诸多次飞行的载荷历程的平均,在用 Markov 矩阵重构成峰谷历程时,峰谷次序的信息就显得更不重要了(不重要并不是说峰谷次序对疲劳寿命没影响,而是指即使是同一个飞行员对同一科目作两次飞行所得到的峰谷历程,其峰值和谷值出现的先后顺序也不会是完全相同的)。

依据 Markov 矩阵重构峰谷历程的本质是根据 Markov 矩阵的"列转入和行转出相等"以及构成矩阵自身的一些特点来实现的。

4)峰谷点向 Markov 矩阵的填充和超越数的获取

载荷—时间历程是一个随时间变化的峰谷交替出现的序列,在向 Markov 矩阵填充时,需分别记录峰点(谷点)和与之相邻的前一个谷点(峰点)的过载级别的大小。峰谷历程上的峰谷点数向 Markov 矩阵填充的规则是这样规定的:当峰谷历程上某一点的过载属于 j 级,而前一个与之相邻的过载属于 i 级时,则在方阵的第 i 行第 j 列的位置上加"1",称 i 行 j 列的这个"1"是由第 i 级转入到第 j 级的。若 j 点为峰点(谷点),则 i 点必为谷点(峰点),这种情况下一定有 $j > i$($j < i$),这时的这个"1"一定落在方阵的右上三角(左下三角)的范围内,即是说方阵的右上三角的每一个位置存放的都是峰点的发生次数,方阵的左下三角的每一个位置存放的都是谷点的发生次数。

由 Markov 矩阵形成"超越数曲线"的具体规则是:右上角由右向左依次累加每一列即为峰点超越数,左下角由左向右依次累加每一列即为谷点超越数。

9. 飞行科目超越数分析及科目矩阵的计算

该工作有如下几项。

1）非母体子样的剔除

飞参数据所对应的飞行科目是根据部队的飞行记录确定的,利用飞参数据所载入的飞行日期、起落序号等信息,在飞行记录中查询相同的飞行日期和起落序号,以确定某次飞参数据所属飞行科目。由于部队的飞行记录有人为差错存在,会导致记录的科目与真实情况不符,因此在处理某科目而选取子样(某次飞参数据)时,就需要先检验子样是否属于母体子样,通过统计分析方法剔除非母体子样。

2）子样平均过载超越数的检验及结论

当处理某科目的子样数足够多时,可否用子样的平均过载超越数(即过载超越数的均值)来代替该科目的过载超越数尚需验证,为了得出这个问题的结论,可以利用 χ^2 检验法来检验所抽取的数据是否服从正态分布。

3）各科目 Markov 矩阵的获得和峰谷历程的重构

通过上面的分析和检验可知,虽然各科目的过载超越数曲线的分布范围比较宽,但仍可采用这一科目的平均过载超越数曲线来代替该科目的过载超越数曲线,用平均的 Markov 矩阵来代替该科目的 Markov 矩阵。

4）峰谷点数在 Markov 矩阵的分布及部分科目的高载荷外推

通常各科目的 Markov 矩阵的数据并不是都能填满整个矩阵,而是集中在方阵的中间位置,但从统计分析上看,过载级别也不会很大,这是由于在平均时,出现次数很少的大过载被平均掉的结果。因此在调整 Markov 矩阵的同时,要根据高载的平均出现次数进行高载外推,即根据 Markov 矩阵的性质,在相应峰谷的大级别上分别加入相同的高载次数,以确保高载的取入。加入大过载后的 Markov 矩阵,才能更加真实反映峰谷历程的实际情况。值得说明的是由于过载分布比较集中,因此在保留各科目的 Markov 矩阵时,可以只保留有数据的部分,只要将矩阵各行各列所对应的级别标明即可。

10. 飞机"飞—续—飞"重心过载谱的生成

这项工作主要有以下工作内容。

1）"飞—续—飞"重心过载谱的编谱依据及原则

非战时军用飞机机体结构的疲劳损伤主要由飞行训练引起;以飞机经常使用、训练的主要科目作为典型使用科目;以飞机的标准起飞重量对飞行中各时刻的过载值进行折算,得出当量过载,用折算出的当量过载来编制载荷谱;以飞参数据为依据,结合外场实飞科目的统计分析,确定各科目的使用比例;结合外场各科目的实际使用训练情况,确定涵盖各科目的飞行周期。

2）任务剖面的确定

任务剖面是编制飞机载荷谱必须获得的第一手资料,一般由飞行大纲、飞机的战术技术特点以及飞机的实际飞行训练情况决定。任务剖面是一些任务段和性能参数所组成的任务顺序表,由此构成每种任务的一次完整飞行,飞机各种任务剖面的总和反映飞机的全部使用和损伤情况。因此,在确定任务剖面时,必须首先考虑飞机的实际使用情况。

加之每次更换新大纲时,都要新增加或更换一些内容,因此在利用飞行大纲确定科目比例时,上述问题都会给确定任务剖面带来麻烦。对于飞行训练的各科目中,其实际飞行的时间比例与飞行大纲的时间比例也有差别,这与大纲的频繁更换有直接关系,也与部队的飞行训练安排有关。

基于上述实际情况,在编制重心过载谱中,建议将飞行大纲作为参考,把部队飞行训练时各科目的实际飞行情况作为确定科目使用比例的主要依据。实飞科目和实飞次数是经过对部队的飞行训练情况进行统计整理后得到的,基本上代表了各科目的实际使用频率,能够较准确反映机群中科目的实际情况,用此科目比例进行编谱对评估飞机的疲劳寿命要远比用大纲比例编谱准确,因此,建议推广该编谱方案。

3)"飞—续—飞"随机过载谱的生成

飞行大纲中对各科目训练的先后次序大多都作了要求,对各科目下的每个动作的先后次序也作了一些规定,因此在编制"飞—续—飞"重心过载谱时,应尽可能地按大纲的要求来排列各科目的先后顺序。但从实际的飞行训练情况来看,就一架飞机而言,各科目飞行的先后次序并不是严格按大纲来完成的,从整体的机群来看,各科目在参训次数比例和参训的次序上也与大纲有较大的差别,尤其科目的参训次序带具有很大的随机性。同时,从对任务剖面下的各科目的过载的波动情况和变化范围的分析来看,各科目排列的先后次序对飞机的疲劳寿命消耗不会有太大影响。因此,可以采用对各科目随机抽取的方法来生成"飞—续—飞"过载谱。

值得说明的是针对每架飞机均可编制出其实测重心过载谱,其主要用于服役使用过程中飞机结构的疲劳损伤计算和寿命控制。也可以根据机队飞机的重心过载实测数据编制出该型飞机重心实测过载基准谱,用于机队飞机总的寿命消耗情况监控或延寿飞机结构的寿命分析与试验工作。根据机队中各单机重心过载实测数据编制该型飞机重心实测过载基准谱的方法可以参照3.2.5 节中基准使用载荷谱编制的基本思想:首先根据单机重心实测过载基准谱获取单机的超越数曲线(以特定飞行小时数为基准进行标准化),然后取各级过载下 n 架被监控飞机的发生次数的算数平均值,将所得的算数平均值作为相应过载下基准谱的发生次数,由基准谱下各级过载的发生次数,即可得到基准谱的超越数曲线(仍以特定飞行小时数为基准),至此就完成了该型飞机重心实测过载基准谱的编制工作。另外,也可以参照本书3.2.7.2 节中基于图3.7 的单机参数统计分析法编制该型飞机的基准谱,该方法根据该型号飞机的服役/使用情况,将所有飞机分为 l 个机队、每个机队 n 架飞机,首先编制各个机队的重心实测过载基准谱(以特定飞行小时数为基准进行标准化),再根据机队的使用比例,通过加权的方式编制该型飞机的重心实测过载基准谱(仍以特定飞行小时数为基准)。

3.2.7 飞机严重载荷谱的编制方法

3.2.7.1 耐久性严重谱的实现途径

现行规范《军用飞机结构强度规范 第6部分:重复载荷、耐久性和损伤容限》[4]中要求编制耐久性严重载荷谱(严重设计载荷谱),(比基准谱严重的谱都应该被称为严重谱,但国标/国军标中规定将覆盖90%使用情况的载荷谱称为严重谱,因此通常提到严重谱就指的是覆盖90%使用情况的载荷谱)使全机耐久性试验进行2倍使用寿命期。同样,如果采用耐久性平均载荷谱,则耐久性全机试验要进行3倍使用寿命期,一般还要再加1倍损伤容限试验周期,其实总的疲劳试验还是进行了4倍寿命期。其实,平均谱与严重谱的应用没有本质上的区别,用作全机疲劳试验时都是用来考核飞机结构的可靠性水平,只不过严重谱的损伤水平近似为平均谱的2倍,因此用其进行试验时试验周期可相应地缩短一半。因此,可以根据损伤相等的原则直接由平均谱得到严重谱。由于编制飞机结构的耐久性设计严重谱时一般尚未大量测得载荷的实际数据,因此,耐久性设计严重载荷谱一般只能在耐久性设计基准谱的基础上通过调整来进行编制。从现有的理论基础和工程经验出发,根据耐久性基准谱编制耐久性严重谱主要分为以下5类途径,从而使耐久性严重谱的损伤约为耐久性基准谱的2倍。

在介绍基于基准谱(平均谱)获取严重谱的途径之前,首先进行如下简单说明和假设:图3.1~图3.5所反映的超越数曲线都是指以特定的飞行小时(比如1000飞行小时)为基准进行标准化后的,获取的严重谱超越数曲线也是以特定的飞行小时(比如1000飞行小时)为基准;图3.1、图3.2、图3.4中所反映的是单个飞行科目的超越数曲线(以特定飞行小时数为基准),而图3.3、图3.5中是反映基于飞行科目加权后代表该型号飞机使用情况的超越数曲线(以特定飞行小时数为基准)。上述假设是为了将超越数曲线统一在相同时间尺度下,便于进行对比分析。

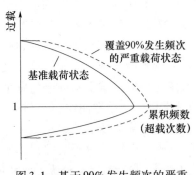

图3.1 基于90%发生频次的严重
载荷谱超越数曲线示意图

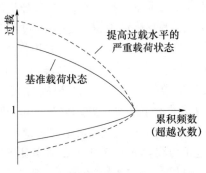

图3.2 基于90%载荷大小的严重
载荷谱超越数曲线示意图

1. 改变超越次数发生概率获取严重谱

对单个飞行科目而言,从各级载荷的发生频次出发,运用概率统计的思想,对每级载荷的超越次数用90%发生概率代替50%发生概率(即目前编谱技术中的基准谱)的超越数曲线,这样按90%的发生概率产生的载荷谱覆盖了飞行中90%的载荷发生频次(实有频数),这种90%的严重谱超越数曲线与平均谱超越数曲线之间的关系示意图如图3.1所示。改变超越数曲线发生概率的本质是增大各级过载下的累积频数(即增大超越数曲线覆盖飞机使用情况的概率),具体方法是:对单个飞行科目而言,首先统计 n 架被监控飞机的超越数曲线(可得到 n 条超越数曲线),则可获得各级过载下各架被监控飞机的累积频数(如果过载被分为 z 级,那么就可获得 z 个累积频数样本,每个样本的样本容量小于等于 n);分别统计各级过载对应的累积频数样本(z 个样本)的分布特性(通常近似服从正态分布);再利用统计学的方法分别获取各个样本覆盖90%使用情况的累积频数,那么将所得的累积频数作为严重谱下该飞行科目对应过载的累积频数,即完成了严重谱下该飞行科目超越数曲线的获取工作(所得的超越数曲线可能并不光滑,甚至是折线,通常情况要进行光滑处理);最后按照上述方法分别获取所有飞行科目覆盖90%使用情况的超越数曲线,再依据飞行大纲对各飞行科目超越数曲线加权获得该型号飞机的超越数曲线。严重谱编制完成之后需要通过疲劳/耐久性试验确定所编制的严重谱(覆盖90%发生频次)损伤的真实情况,依据基准谱与严重谱下损伤的关系,来确定使用严重谱进行全机疲劳试验时应该进行的试验时间/周期,进而确保基准谱和严重谱下所产生的总损伤是相等的。基于改变超越数曲线发生概率获取严重谱的具体方法将在3.2.7.2节进行详细介绍。

2. 提高过载水平获取严重谱

与上述严重谱各级载荷的发生频次覆盖90%发生频次的概念不同,如果采用确定的发生频次(如平均发生频次),则每次飞行发生的载荷大小是变化的。如果按照一定的损伤计算方法,形成机队飞机覆盖90%载荷严重情况形成的载荷谱,就可以得到覆盖90%严重程度的严重谱。该方法形成的严重谱超越数曲线与平均谱超越数曲线的对应关系如图3.2所示,该方法获取严重谱的实质是将基准谱所对应的过载水平提升(各级过载对应的发生频次不变),进而实现在累积频数不变的情形下增大损伤。具体方法:对某一个飞行科目而言,首先统计 n 架被监控飞机的超越数曲线(可得到 n 条超越数曲线),将累积频数划分为不同的区间,则可获得不同累积频数区间下各架被监控飞机的过载值(如果累积频数被近似均分为 z 个区间,那么就可获得 z 个过载值样本,每个样本的样本容量均为 n);分别统计不同累积频数区间对应的过载值样本(z 个样本)的分布特性(通常近似服从正态分布),并利用统计学的方法分别获取各个样本覆盖90%使用情况的过载值,那么将所得的过载数值作为该飞行科目下对应累积频数区间的严重谱过载值,即完成了严重谱下该飞行科目超越数曲线的获取工作(所得的超越数曲线可能并不光滑,甚至是折线,通常情况要进行光滑处理);最后按照上述方法分别获取所有飞行科目严重谱下的超越数曲线,再依据飞行大纲对不同飞行科目超越数曲线加权获得该型号飞机的超越数曲线。严重谱编制完成之后需要通过疲劳/耐久性试验确定所编制的严重谱(覆盖90%使用情况)损伤的真实情况,依据基准谱与严重谱下损伤的关系,来确定使用严重谱进行全机疲劳试验时间所应进行的试验时间/周期。单个飞行科目的基准谱与严重谱的超越数曲线对比关系如图3.2所示。

在现阶段的单机监控中,可以获得每次飞行的载荷数据。借助统计分析和机动动作识别技术,可以获得典型机动动作的载荷大小信息和其分布概率,从而可运用基于机动动作的载荷谱编谱技术形成严重载荷谱。

3. 调整飞行大纲获取严重谱

调整大纲法是指在按任务剖面编谱技术的基础上,将载荷较大(实际上指损伤较大)的飞行任务的比例在编谱过程中进行人为调整,使得这些较复杂或载荷较大的飞行任务在整个载荷谱编制中的比例增大,从而可以得到比按飞行大纲比例编排的载荷谱损伤严重的严重载荷谱。增加载荷较大的飞行科目在整个飞行科目中所占的比重(即加大权重),等效于增加大过载的发生次数;而载荷较轻的飞行科目所占比重就相对减少,等效于小过载对应的发生次数相对减少。该方法形成的严重载荷谱与平均载荷谱之间的超越数曲线关系如图3.3所示。严重谱编制完成之后需要通过疲劳/耐久性试验确定所编制的严重谱(覆盖90%使用情况)损伤的真实情况,依据基准谱与严重谱损伤的关系,来确定使用严重谱进行全机疲劳试验时间所应进行的试验时间/周期。

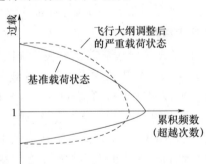

图3.3 基于基准谱通过调整飞行大纲获取的严重载荷谱超越数曲线示意图

4. 通过高载截取谱获取严重谱

从损伤角度看,当载荷谱引起的损伤较平均谱严重时,才符合严重谱的概念。在现实中,载荷谱中的大过载本身可能引起一定的损伤,但是由于少数大过载引起的高载迟滞效应,可能使得后续载荷引起的损伤减弱,甚至达到不引起损伤的程度。从超载迟滞效应的角度看,高载截取后,整个载荷谱引起的损伤较未截取的损伤会增大,因而载荷谱就变严重了。依据这一思想,提出了基于超载效应的损伤严重谱获取方法。

通过高载截取谱获取严重谱的方法分为两个步骤：一是截取产生高载迟滞效应的高载部分，将被截取的高过载部分的发生频次累加到相邻低过载发生频次上，即被截取的过载 A、B 所对应的累积频数（超越次数）变为过载 A、B 的发生频次（实有频数）；二是人为增大介于过载 B、A 间过载的发生频次，这样依据超载迟滞效应形成的超越数曲线是一个损伤程度严重的超越数曲线。该方法处理前后的单个飞行科目的超越数曲线示意图如图 3.4 所示，值得说明的是图 3.4 中有损伤严重载荷状态 1、损伤严重载荷状态 2 两条超越数曲线，两者之间的区别体现的是大过载发生次数的增加程度。状态 1 的大过载增加的幅度大，因此其总的累积发生频数小于调整前的累积频数；而状态 2 的大过载增加的幅度相对较小，因此其总的累积发生频数大于调整前的累积频数。

5. 采用增加主要（特殊）航线类飞行任务比例获取严重谱

对于军用运输机、军用轰炸机（包括其他任务类型军用大飞机）、民用飞机而言，服役/使用中结构承受的载荷主要是突风载荷，而军用战斗机服役/使用中结构承受的载荷主要来源于大过载机动动作。因此，所飞航线的不同是影响大飞机载荷状态的最主要因素，不同航线间的载荷具有显著差异性，带来的损伤也就不同，例如"西安—贵州"航线与"西安—北京"航线相比，由于"西安—贵州"航线海拔陡增、气流变化剧烈，在相同飞行时间内"西安—贵州"航线所产生的损伤也就相对较大。增加主要（特殊）航线的任务比例，其实质是在该型号飞机载荷谱编制中将载荷（损伤）较大航线所占的比重（权重）加大，等同于将大过载的发生次数增多；而载荷较轻的航线所占比重就相对减少，等效于小过载对应的发生次数相对减少。调整主要（特殊）航线获取的严重谱超越数曲线与基准谱超越数曲线的对比如图 3.5 所示。

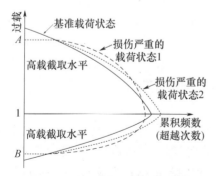

图 3.4　基于基准谱通过高载截尾获取的严重载荷谱超越数曲线示意图

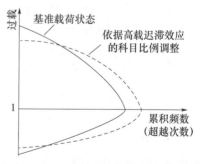

图 3.5　基于基准谱通过调整主要航线获取的损伤严重载荷谱超越数曲线示意图

值得说明的是，方法 1、2、4 分别通过获取各个飞行科目严重谱超越数曲线，再通过加权的方法编制代表该型号飞机的严重谱，相对基准谱编制而言，这三种方法改变的是各飞行科目的超越数曲线。方法3、5是直接通过增大损伤严重不同科目在整个载荷谱中的比重,实现编制严重谱,相对基准谱编制而言,这两种方法并没有改变各飞行科目的超越数曲线。

上述5种严重谱编制途径的原理对比如表3.2所列。

表3.2 不同编制途径的获取严重谱的原理对比

序号	方法(1)	方法(2)	方法(3)	方法(4)	方法(5)
原理	依据各飞机科目各级过载下累积频数分布特性,选择覆盖90%的累积频数作为严重谱对应过载下的累积频数,则必然引起更严重的损伤	依据各飞机科目各发生频数下过载值分布特性,选择覆盖90%的过载值最为对应累积频数的过载,则必然引起更严重的损伤	不改变各科目超越数曲线,通过增加复杂特技、大过载、大损伤飞行科目在整个载荷谱中所占权重,则损伤必然加重	高载截取后导致迟滞效应减弱的同时,增加大过载部分发生频次数,则损伤必然加重	不改变各航线的超越数曲线,增加损伤严重的航线在整个载荷谱编制中的权重,达到损伤加重的目的

值得特别说明的是,上述5种严重谱编制方法只是为严重谱的编制提供了思路和途径,具体编制工作还需结合工程实际情况。上述五种方法在工程中可以单独使用,也可以组合使用,无论是采用哪种方法获取严重谱后,都要通过疲劳/耐久性试验的方法,确定所编制的严重谱与基准谱之间的损伤折算关系。

关于耐久性基准谱与损伤容限基准谱编制的联系与区别有几点需要说明:损伤容限基准谱的编制原理和方法与耐久性基准谱基本一致,损伤容限基准谱的编制可以参照耐久性基准谱;但耐久性基准谱主要是针对裂纹的形成寿命,损伤容限基准谱主要是针对裂纹扩展寿命而言的;裂纹扩展的高载迟滞效应相对于裂纹形成的高载迟滞效应更加明显,因此在损伤容限基准谱编制中,高载迟滞效应必须得到充分考虑。

3.2.7.2 严重使用载荷谱的编制方法

根据3.2.7.1节中"改变超越次数曲线发生概率获取严重谱"的途径,飞机结构严重使用载荷谱的编制方法主要有两种,现叙述如下(本部分工作得到了中国飞行试验研究院蒋祖国研究员的帮助,作者在此表示感谢)。根据严重谱实现的其他4种途径编制严重载荷的基本思路和方法类似,这里不再赘述。

1. 飞行科目参数统计分析法

该方法适用于有计划地进行飞行载荷谱的实测工作,具体是指为了编制载荷谱而进行有针对性、有组织的飞行和飞行载荷实测。飞行科目严重载荷谱主要是以机队飞机寿命监控(跟踪)飞行科目载荷历程的测量结果为输入,由一定的计数法经计数和累积处理得到每个飞行科目的各级载荷累积频数,用参数拟合法拟合成飞行科目函数曲线,分别计及监控机队单机使用比例权阵和飞行科目剖面使用比例权阵,即可编制出各飞行科目严重载荷谱和代表该型号飞机的总严重谱。其编制流程如图3.6所示。需要指出的是,依据飞行科目实测重心过载及飞参数据时,可依据实际情况与要求对飞行科目作适当的压缩与合并处理,以减小工作量。

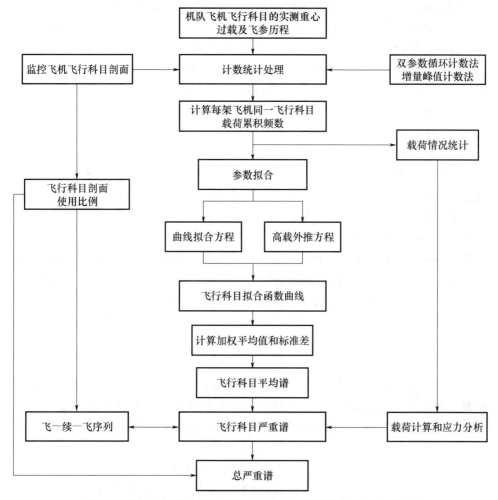

图 3.6 编制飞机严重载荷谱的飞行科目参数统计分析法流程框图

编制严重使用载荷谱的飞行科目参数统计分析法主要实施步骤如下:

1) 输入机队飞机飞行科目重心过载及飞参历程

以重心法向过载 n_z 为主参数,以寿命监控机队某架飞机某飞行科目的一次飞行为单元,经压缩滤波后,其 n_z 和相应的飞行参数历程就可作为编谱输入。

2) 按飞机每个飞行科目的一次飞行为单元进行计数统计处理

计数并累积统计处理的主要实施步骤如下:

(1) 按该架飞机每个飞行科目的一次飞行为单元进行计数统计处理。

(2) 按双参数循环计数法(或增量峰值计数法)等分别计数该起落重心法向过载 n_z 的所有正峰值和负峰值(谷值)。

（3）计数峰值的同时,记下相应辅助参数的同一时刻值。

（4）所计数的峰值用加权平均的方法归并到相应的载荷级中。

（5）统计每个飞行科目每次飞行各级过载 n_z 及相应辅助参数实有出现频数。

（6）计算机队每架飞机同一飞行科目各级载荷累积频数(即超越次数),包括各级重心过载 n_z 和相应辅助参数累积频数。正峰值和负峰值要分别计算其累积频数,并且把这些累积频数以 1000 飞行小时为基准进行标准化。假设一共监控了 n 架飞机,每架飞机有 m 个飞行科目,则一共要计算 $2mn$ 个重心载荷 n_z 累积频数谱(超越数曲线)。

3）确定疲劳载荷情况

确定疲劳载荷情况,组合任务剖面的性能参数、结构载荷环境的响应参数和其他有关参数,以形成不同的载荷状态,作为载荷计算和应力分析的输入。这些参数的每种组合就是一种载荷情况(或载荷状态)。

4）计算载荷(或应力)

把所确定的载荷情况的每组参数组合代入相应的载荷参数方程,就可算出部件承受的疲劳载荷及其分布,进而进行应力分析。一旦确定疲劳载荷情况后,疲劳载荷计算方法和疲劳应力分析方法与静载荷计算方法基本相同。

5）参数拟合

参数拟合主要包括曲线拟合和高载外推拟合,前者是建立曲线拟合方程,后者建立高载外推方程,并以此为依据形成飞行科目拟合函数曲线。

曲线拟合是指对每架飞机的每个飞行科目重心过载 n_z 累积频数用某种曲线拟合方程进行拟合,对每个飞行科目求出一个方程及其相应的系数,建立各级重心过载和其累积频数之间的统计关系,并由此得到各飞行科目拟合函数曲线(不含外推部分)。

考虑到以下因素,编制严重谱时需进行高载外推拟合。

（1）尽管通过寿命监控所获得的编谱数据属大子样实测编谱,大载荷出现的概率更大些,但飞机毕竟是在和平环境下的训练飞行或运营飞行,飞机在极端恶劣环境中飞行的概率很小,很难出现一个寿命期内等于或大于限制载荷的最大载荷。

（2）编制严重谱需要更多地考虑飞机最严重的使用分布情况。

6）根据建立的曲线拟合方程和高载外推方程,形成飞行科目拟合函数曲线

根据建立的曲线拟合方程和高载外推方程,由此绘制成含外推部分的飞行科目载荷拟合函数曲线,一共可绘制 mn 个这样的拟合曲线,输入各级载荷(重心过载 n_z)值,就可求出各级载荷的累积频数(超越次数)和实有频数(发生次数)。

7）计算各级过载频数的加权平均值和标准差

根据某飞行科目的 n 架监控飞机的 n 条重心过载 n_z 的拟合曲线,输入各级载荷(重心过载 n_z)值即可得到对应飞机对应过载 n_z 的累积频数 y(即 $F(n_z)$,累积频数已以特定飞行小时为基准进行标准化),由此可计算得到某一级过载以特定飞

行小时为基准的累积频数的加权平均值 y_w 和加权标准差 s_w[1]，即

$$y_w = \frac{1}{n} \sum_{i=1}^{n} y_i \tag{3.1}$$

$$s_w = \sqrt{\frac{\sum_{i=1}^{n} (y_i - y_w)^2}{n-1}} \tag{3.2}$$

式中：y_w 为该飞行科目 n 架飞机某一级重心过载以特定飞行小时为基准的累积频数的加权平均值；s_w 为该飞行科目某一级重心过载以特定飞行小时为基准的累积频数的加权标准差；n 为某型号飞机该飞行科目所监控的飞机数目；y_i 为第 i 架飞机该飞行科目某一级载荷（重心过载）的累积频数（已以 1000 飞行小时为基准进行标准化）。

该型号中的每架飞机在执行同一飞行科目任务时，其飞行结果具有较大的分散性，计算加权平均值和加权标准差正是为了考虑这种分散性。如果该飞行科目过载被分为 z 级，就需要计算 z 次加权平均值和加权标准差；如果该型飞机有 m 个飞行科目，则需要分别计算 m 个飞行科目下所有过载级别的加权平均值和加权标准差。

8）计算置信度谱

考虑到 GJB 67.6A—2008 规定的耐久性严重载荷谱是按 90% 存活概率给出，在这里寿命监控的最终严重载荷谱按 90% 存活率值和 95% 置信度值的置信度谱确定，该置信度谱简称 90%/95% 谱，90%/95% 谱的数学表达式为

$$Y_{90/95} = \mu + \delta \tag{3.3}$$

式中：$Y_{90/95}$ 为存活率为 90%、置信度为 95% 的载荷累积频数；μ 为置信度为 95% 时的总体平均估计值；δ 为相应于存活率为 90% 时的总体分散度。

在一般情况下，总体平均值 μ 的 95% 单侧置信度值可用下式求得

$$\mu = \overline{Y}_w + t_\gamma (n-1) \frac{\sigma}{\sqrt{n}} \tag{3.4}$$

式中：$\overline{Y}_w$ 为该飞行科目某一级重心过载累积频数的加权平均值，此处 $\overline{Y}_w = y_w (y_w$ 见式(3.1))；n 为该型号该飞行科目所监控的飞机数目；$t_\gamma (n-1)$ 为 $t(n-1)$ 分布的上 γ 分位点（t 分布的具体介绍参见附录 I.4.3，具体取值可查阅附表 7）。对 95% 置信度（显著性水平 $\gamma = 0.05$），其表述为 $t_{0.05}(n-1)$；σ 为该飞行科目总体标准差，σ 的计算公式为

$$\sigma = \sqrt{\frac{n-1}{\chi_{0.95}^2 (n-1)}} s_w \tag{3.5}$$

式中：$\chi_{0.95}^2 (n-1)$ 为 95% 置信度下 $\chi^2(n-1)$ 分布的上 $1-\gamma$ 分位点（χ^2 分布具体介绍参见附录 I.4.2，具体取值可查阅附表 5），S_w 的计算公式见式(3.2)。

对 90% 存活率的分散度 δ 的相应计算分式如下：

$$\delta = 1.282\sigma \tag{3.6}$$

1.282 是正态分布 90% 累积概率水平(即显著水平为 0.1 时标准正态分布的上 0.1 分位点,具体取值可查阅附表 4)。

9)编制飞行科目加权平均谱

根据从式(3.1)~式(3.6)中各种计算结果,就可编制每个飞行科目的加权平均谱和各种严重载荷谱,包括$(\mu+1\sigma)$谱、$(\mu+2\sigma)$谱和 90%/95%谱。

10)编制飞行科目飞—续—飞严重谱

由飞行科目严重谱(累积频数谱)和飞行科目使用比例可编制飞行科目飞—续—飞严重谱,飞—续—飞严重谱编制方法和飞—续—飞平均谱编制方法(也称为飞—续—飞均值谱法、传统均值谱法)基本相同,飞—续—飞平均谱的编制方法可以作为飞—续—飞严重谱编制的重要参考。飞—续—飞平均谱法的基本思想[1]:把实测载荷数据(超越数曲线)划分成不同的载荷级,经统计数处理后,各级载荷出现频数取重复实测次数的算术平均值,并由此编制成使用载荷谱。根据对实测数据的不同处理方法,该飞—续—飞平均谱法又可分为任务段型平均谱法和任务型平均谱法。任务段型平均谱法以任务剖面的任务段作为编谱单元,一个任务段中各级载荷出现频数取同一任务段重复实测次数的算术平均值;任务型平均谱法以任务剖面的一次飞行作为编谱单元,各级载荷出现的频数取同一任务剖面重复实测次数的算术平均值。

11)编制总严重谱

由飞行科目剖面资料可获得每个飞行科目的使用百分比μ_i,把所有的μ_i用矩阵形式表示为

$$\boldsymbol{M} = [\mu_1, \cdots, \mu_i, \cdots, \mu_m] \tag{3.7}$$

式中:$\boldsymbol{M}$为飞行科目的使用比例矩阵;μ_i为第i个飞行科目的使用百分比;m为飞行科目数。

飞行科目的使用比例矩阵$\boldsymbol{M}$乘以飞行科目谱矩阵$\boldsymbol{F}$即为总谱$\boldsymbol{G}$,即

$$\boldsymbol{G} = \boldsymbol{M} \cdot \boldsymbol{F} = [\mu_1 \cdots \mu_i \cdots \mu_m] \begin{bmatrix} f_{11} & \cdots & f_{1j} & \cdots & f_{1n} \\ \vdots & & \vdots & & \vdots \\ f_{i1} & \cdots & f_{ij} & \cdots & f_{in} \\ \vdots & & \vdots & & \vdots \\ f_{m1} & \cdots & f_{mj} & \cdots & f_{mn} \end{bmatrix}$$

$$= \left[\sum_{i=1}^{m} \mu_i f_{i1} \quad \cdots \quad \sum_{i=1}^{m} \mu_i f_{ij} \quad \cdots \quad \sum_{i=1}^{m} \mu_i f_{in} \right] \tag{3.8}$$

12)对谱的分布进行检验

分布的假设检验又称为分布函数的拟合优度检验。它是对某随机变量的分布函数提出假设,然后根据从该随机变量母体中抽取的子样,用相应的检验方法,判断所作假设是否应该拒绝。同样,如果已经知道了谱的分布,也可以确定最小

样本容量,即最少观察值的个数(对应于一定的可靠度与置信度)。

2. 单机参数统计分析法

单机参数统计分析法,适用于依据飞机的实际训练使用而进行载荷谱的编制工作。基于单机参数统计分析法所得的机队飞机严重载荷谱主要是由机队的每架飞机测量的载荷历程结果为输入,由一定的计数法经计数和累积处理得到每架飞机的各级载荷累积频数,用参数拟合法拟合成单架飞机函数曲线,分别计及监控机队单机使用比例和机队使用比例权阵,即可编制出机队飞机严重载荷谱和总严重谱。其编制流程如图 3.7 所示。同理,为了减少工作量,根据实际情况与要求,也可以对需要实测的重心过载及飞参数据进行适当的压缩与合并。值得说明的是,如果飞机在服役/使用过程中的每次飞行的飞行科目/航线均有记录(比如军机使用中,通常都会记录每次飞行所执行的飞行科目)可查询,那么也可以按照本节(1)中飞行科目参数统计分析法进行严重谱的编制工作。

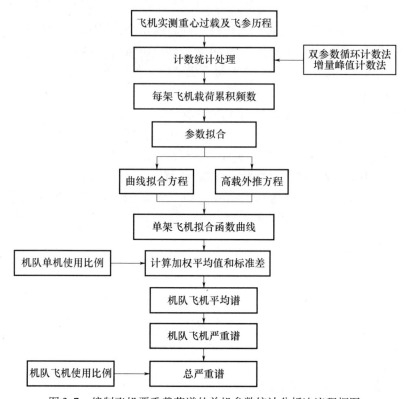

图 3.7 编制飞机严重载荷谱的单机参数统计分析法流程框图

编制严重使用载荷谱的单机参数统计分析法主要实施步骤如下。

1)输入机队每架飞机实测重心过载及飞参历程

以寿命监控机队的单架飞机为单元,输入该架飞机所监控到的所有飞行起落

的重心过载 n_z 和相应飞参历程数据,选择的飞行参数可以尽可能少,甚至少到只要速度和高度即可。

2）按每架飞机一次飞行接一次飞行地进行计数统计处理

（1）以每架飞机作为单元进行计数处理,即把该架飞机的重心过载 n_z 所有飞行起落数据首尾相连,从第一个起落到最后一个起落用双参数循环计数法（或增量峰值计数法）等计数重心过载 n_z 的正峰值和负峰值（谷值）,并记下相应速度、高度等辅助参数同一时刻值。

（2）把计数的峰值归并到相应的载荷级中,并统计该架飞机各级 n_z 及相应辅助参数的实有频数,并进一步统计该架飞机各级 n_z 的累积频数（超越次数）,最后把这些累积频数以特定飞行小时数（比如 1000 飞行小时）为基准进行标准化。

重心过载 n_z 正峰值和负峰值要分别统计其累积频数,设该机队一共监控了 n 架飞机,则一共要计算 $2n$ 个重心过载 n_z 累积频数（特定飞行小时数下）。

3）参数拟合

对每架飞机重心过载 n_z 的累积频数进行曲线拟合,并进行高载外推拟合,分别求出曲线拟合方程和高载外推方程,并用这两个方程计算结果绘制成含外推部分的每架飞机重心过载拟合曲线。对每个机队有 n 架飞机来说,一共要绘制 n 个这样的拟合曲线（特定飞行小时数下）。

4）计算机队各级过载的加权平均值和标准差

根据该机队 n 架飞机的 n 条重心过载 n_z 的拟合曲线,可得到各级过载 n_z 的累积频数 y,按式（3.1）和式（3.2）分别计算加权平均值 y_w 和加权标准差 s_w。在这两个公式中,y_i 为第 i 架飞机各级载荷累积频数（特定飞行小时数下）。

每个机队需要计算一个加权平均值 y_w 和一个加权标准差 s_w,如果该型号监控了 l 个机队,则需要计算 l 个 y_w 和 l 个 s_w。

5）计算机队置信度谱

按式（3.2）～式（3.6）计算每个机队 90%/95% 置信度谱,一共需计算 l 个机队置信度谱。

6）编制机队加权平均谱和各种严重谱

根据从式（3.1）～式（3.6）的各种计算结果,就可编制每个机队的加权平均谱（基准谱）和各种严重载荷谱（特定飞行小时数下）,包括（$\mu + 1\sigma$）谱、（$\mu + 2\sigma$）谱和 90%/95% 谱。

7）编制所有机队飞机总严重谱

由机队使用比例矩阵乘以机队飞机严重谱矩阵可导出该型监控飞机总严重谱（特定飞行小时数下）,具体方法与前面类似。

8）谱分布检验

相关工作与前面类似,不再赘述。

基于图 3.7 的单机参数统计分析法中是将该型号所有飞机分为 l 个机队,每

个机队有 n 架飞机(每个机队的飞机架次数目也可以不相等),首先分别获取 l 个机队的加权平均谱、$(\mu+1\sigma)$ 严重载荷谱、$(\mu+2\sigma)$ 严重载荷谱和90%/95%严重载荷谱(均指特定飞行小时数下),最后由机队使用比例矩阵乘以机队飞机严重谱矩阵导出该型飞机总严重谱。其实也可将所用的监控飞机视为一个样本(样本容量为 $l*n$),直接用上述方法编制代表整个型号的加权平均谱、$(\mu+1\sigma)$ 严重载荷谱、$(\mu+2\sigma)$ 严重载荷谱和90%/95%严重载荷谱(均指特定飞行小时数下)。该方法与基于图3.7的单机参数统计分析法相比,基于图3.7的严重谱编制方法中将不同机队的使用比例矩阵考虑到了机队执行任务间的差异性。

值得指出的是,载荷谱的严重程度实质上是损伤严重程度的反映,因此严重使用载荷谱的编制也可以损伤当量为基本依据。疲劳损伤的大小又可以通过相同试验件的疲劳寿命来反映,在考虑材料及加工工艺分散性的情况下,则可以通过一组同材料、同规格试验件的疲劳中值寿命来反映载荷谱的损伤大小。因此可以用此疲劳中值寿命的分布特性来反映载荷谱的分布特性,从而得到具有一定可靠度与置信度的载荷谱。从损伤角度编制严重使用载荷谱的基本步骤如下:

(1) 对一个飞行科目而言,采用 n 架飞机各飞一次和一架飞机共飞 n 次的方式进行载荷 – 时间历程实测在效果上是一样的,载荷 – 时间历程可以通过对飞参记录仪采集的数据处理得到,假设一共得到了代表该飞行科目的 n 条载荷 – 时间历程。

(2) 按照本书3.2.6节中的相关方法对载荷 – 时间历程进行处理,可以提取得到有效峰谷历程。有效峰谷历程实际上是一个随机载荷谱,可以作为疲劳试验的载荷输入。

(3) 分别以 n 条有效峰谷历程作为载荷输入进行疲劳试验(疲劳试验中应保证各组试验件材料、数量一致,试验环境相同),通过疲劳试验一共可以得到 n 组疲劳寿命数据;如果每组疲劳寿命数据服从对数正态分布或两参数威布尔分布,则可以采用本书前述方法分别确定各组数据的疲劳/耐久性中值寿命 $[N_{50}]$ 。就本质上而言 $[N_{50}]$ 代表的是输入峰谷时间历程(也即输入随机载荷谱)的严重程度,$[N_{50}]$ 值越大,则表示在相同服役/使用下造成的损伤就越大,对应谱的严重程度就越大。

(4) 步骤(3)中得到的 n 个 $[N_{50}]$ 可以组成一个新的样本,新样本的分布就代表 n 个损伤值的分布情况,也即代表了 n 条实测载荷 – 时间历程严重程度的分布情况。采用本书前述方法对新样本进行可靠性分析处理,可以得到新样本在要求可靠度和置信度下的可靠寿命。

(5) 首先将(3)中的 n 个 $[N_{50}]$ 按照由小到大进行排序组成一个数列(记为数列 A),然后用(4)中确定的要求可靠度和置信度下的安全寿命与数列 A 对比;如果安全寿命与数列 A 中的某个数吻合,直接将该数值对应有效峰谷历程作为要求可靠度和置信度下的载荷谱;若(4)中的安全寿命介于数列 A 中两个相邻数据之间,则基于这两个相邻数值对应的有效峰谷历程,根据通过插值的方法,权重修正得到一条要求可靠度和置信度下反映该飞行科目载荷情况的偏安全的载荷谱。

(6)整机严重使用载荷谱编制不同飞行科目,应该在机群飞机退役后开展,可采集得到整个机群 m 架飞机服役使用期内的飞行参数,通过飞参数据处理可得到每架飞机整个服役使用期内所经历的全部载荷–时间历程,因此一共可以得到 m 条代表该型号机群飞机服役使用情况的真实载荷–历程的随机谱。将 m 条有效峰谷历程作为疲劳试验载荷输入,重复步骤(3)、(4)、(5)即可编制出要求可靠度和置信度下的整机严重使用载荷谱。

显然,上述基于损伤当量原则的整机严重使用载荷谱编制方法,是费钱、费力、费时间的,而且在飞机退役时编制严重使用载荷谱是没有必要的,为此可以将步骤(6)中的采集机群整个服役使用期内的载荷–时间历程改为采集"规定飞行小时内(比如几百个飞行小时)的载荷–时间历程",将规定飞行小时的载荷–时间历程作为疲劳试验载荷输入重复步骤(3)、(4)、(5)即可编制要求可靠度和置信度下的整机严重使用载荷谱,但是所选取的"规定飞行小时"必须有较强的代表性,能够代表机群的服役使用情况。虽然这种处理方法在一定程度上可以节省人力、物力、财力,但严重使用载荷谱的编制周期和编制成本还是较高的。

在工程应用中可以借鉴基于超越数曲线处理的严重使用载荷谱编制方法,在规定架次、规定飞行小时内(如几百个飞行小时或依据所测载荷–时间历程的损伤分布——前述 $[N_{50}]$ 分布确定出最小有效测试架次数)进行各飞行科目载荷实测,依据基于损伤当量的严重载荷谱编制方法进行各飞行科目严重使用载荷谱编制,并依据飞行记录统计各飞行科目所占比例,通过加权的方式编制出整机严重使用载荷谱,具体方法在前面已进行了较详细的介绍。

值得说明的是,无论从超越数曲线统计的角度编制严重使用载荷谱,还是按照损伤度等量原则编制得到的严重使用载荷谱,都应通过开展疲劳试验的方法与基准谱进行对比,比较所编制的严重使用载荷谱和基准载荷谱损伤度间的对应关系,进而来确定在不同载荷谱下开展同类疲劳试验时的不同试验周期。对飞机结构寿命的管理最终还是依据单机寿命监控管理,还是需要以基准(平均)载荷谱作为基准,将单架飞机的真实使用情况向基准载荷折算,通过损伤等量的原则来确定单机结构剩余寿命。

3.3 飞机结构环境谱和载荷—环境谱编制方法简介

飞机结构在实际服役时由于环境腐蚀作用的影响,结构的抗疲劳性能可能会发生衰减。对于腐蚀问题严重的结构,若由纯疲劳试验确定其使用寿命,很有可能造成结构在服役过程中的突然断裂,威胁飞行安全。若对飞机结构的腐蚀疲劳问题研究不清,当飞机疲劳寿命消耗较少时,对所有结构均按日历寿命要求以"一刀切"的方法进行管理,就会使飞机结构寿命资源受到严重的浪费,造成经济损失。因此,对腐蚀疲劳条件下飞机结构寿命退化问题的研究具有明确的工程应用背景与研究价值,其中,编制飞机结构的载荷谱、环境谱和载荷—环境谱是最为首要的工作。

3.3.1　编制飞机结构环境谱的基本方法

飞机结构在实际使用中除经受重复载荷外,还要遭受化学、热和气候环境的侵袭。大量研究表明,这些使用环境会严重降低工程材料的疲劳性能,缩短飞机结构的服役/使用寿命。按照国军标《军用飞机结构强度规范》(2008)等的要求,应根据飞机的预计使用情况编制飞机化学/热/气候环境谱,以用于飞机结构耐久性和损伤容限试验和分析。由此可见,飞机环境谱的编制和载荷谱一样,对确定飞机结构服役/使用寿命和确保飞机飞行安全起着非常重要的作用。

编制飞机各种环境谱的基本方法要以所收集的环境数据和所制定的飞机典型任务剖面及典型停放剖面作为基本输入,然后用一定的数理统计方法来编制。和编制飞机载荷谱的基本方法称为任务分析法[1]一样,把编制飞机环境谱的基本方法称为任务—环境分析法。任务—环境分析法的流程框图如图3.8所示。值得指出的是,飞机环境谱的编制应本着"宜粗不宜细"及"宜主不宜次"的原则,因为环境作用是一个长期的过程,如果分得太细将导致工作量巨大,实际上也没有必要。

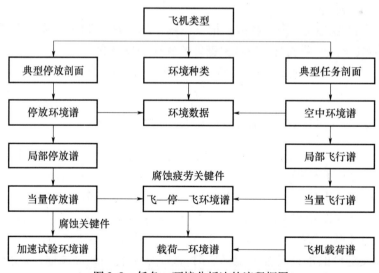

图3.8　任务—环境分析法的流程框图

用任务—环境分析法编制飞机结构环境谱主要实施步骤如下。

(1)确定飞机典型飞行任务剖面、地面停放剖面和环境区。空中环境谱的典型任务剖面可在载荷谱的典型任务剖面基础上适当归并和减少。地面停放剖面主要包括三种地面停放状态，飞行起落停放、飞行日停放和非飞行停放。我国的典型环境区域可分为暖温内陆区、亚湿热内陆区、暖温沿海区和湿热沿海区。

（2）确定使用环境种类。飞机环境种类多达十几种以上，根据飞机的特定用途和使用方法确定少数几种主要环境，而把一些次要环境因素忽略。

（3）获取环境数据。环境数据主要可以通过三种技术途径获取：规范、标准和其他有关资料；调研和统计数据；飞行实测和其他试验。

（4）编制飞机使用环境谱（包括飞行环境谱和停放环境谱）。每种环境谱还可包括环境剖面谱、环境频率谱和简化环境谱等。

（5）根据使用环境谱编制结构关键件的局部环境谱。结构关键件包括疲劳关键件、腐蚀疲劳关键件和腐蚀关键件（对于腐蚀环境谱则可以不考虑疲劳关键件），局部环境谱包括局部飞行环境谱和局部停放环境谱。

（6）编制飞机结构局部当量环境谱。根据真实环境和当量环境的腐蚀损伤当量关系，把局部使用环境谱换算成局部当量环境谱，包括当量飞行环境谱和当量停放环境谱。

（7）编制疲劳关键件"飞—停—飞"环境谱。对腐蚀疲劳关键件，根据当量飞行环境谱和当量停放环境谱编制飞—停—飞（或停—飞—停）环境谱。

（8）编制飞机腐蚀疲劳关键件的飞—续—飞载荷谱（或应力谱）。具体方法如前叙述，不再赘述。

（9）编制飞机载荷—环境谱。把飞—续—飞载荷谱和飞—续—飞环境谱组合起来，形成飞机疲劳或腐蚀疲劳关键件的载荷—环境谱。

（10）编制飞机加速试验环境谱。对腐蚀关键件，根据当量停放环境谱编制加速试验环境谱。

3.3.2　飞机结构当量环境谱的编制方法

工程上一般只能采用实验室加速腐蚀的方法来进行环境模拟试验或腐蚀疲劳试验以及相应的分析。根据飞机停放和飞行中所经历的腐蚀环境而编制的环境谱是飞机的使用环境谱，不能直接用于环境模拟试验或载荷与环境同时作用下的腐蚀疲劳试验以及相关的分析。要进行实验室条件下的试验和分析就必须把实际的使用环境谱转换成当量环境谱。把当量环境谱（主要指当量停放环境谱）用于腐蚀关键件的加速腐蚀环境试验时，按照该关键件或部位加速试验的条件，当量环境谱就自然地转换成加速试验环境谱，因此，当量环境谱也常称为加速试验环境谱。

飞机当量环境谱的编制包括当量飞行环境谱编制和当量停放环境谱编制，相关工作简述如下。

1. 当量环境谱的编制原则

（1）所编制的当量环境谱基本上能再现所选结构经历的腐蚀环境和腐蚀损伤形式。

（2）用当量环境谱所实施试验的加速腐蚀试验周期和费用从工程上要可接受。

（3）要用可行的方法建立当量环境谱和真实的使用环境谱之间的腐蚀损伤当量关系。

2. 当量飞行环境谱的编制

中国飞行试验研究院蒋祖国研究员在《飞机结构载荷/环境谱》[1]中提出的一种把飞机使用环境谱转换成当量环境谱的方法，称为当量换算法，用该法编制当量飞行环境谱步骤简要介绍如下。

（1）确定主要腐蚀环境。这要根据飞机结构部位和结构材料遭受严重腐蚀效应和腐蚀疲劳损伤的原则来确定。例如，通常来说，海军型飞机确定为盐水（或盐雾），农林飞机确定为农药等。

（2）确定局部环境谱。主要根据选定的飞机结构把飞机总的使用环境谱变成飞机结构部位的局部环境谱。

（3）确定加载频率。当已知加载频率和腐蚀疲劳损伤之间是不相关或弱相关时，可直接用较快的加载频率。当两者是强相关时，最好用飞机实际使用中的加载频率。当需要用较快的加载频率时，就要用两者的关系对试验结果进行换算。

（4）确定加载周期。例如，以一年的飞行小时为一个加载周期。

（5）确定载荷与环境同时作用下的环境作用持续时间。该时间即为当量环境谱的实际加载时间。用一个加载周期中载荷谱总累积频数乘以加载频率的倒数即可得到。

（6）确定环境强度分级和大小。为使环境模拟易于实现，环境强度分级宜粗不宜细，建议不要超过三级，并且一种飞行任务剖面最好用一种环境强度。如果飞行任务剖面较多，就要从环境强度角度对飞行任务剖面进行归并，把相近使用环境状态的任务剖面归并成一种任务剖面。

一般来说，可用每种任务剖面的加权环境强度作为该任务剖面的环境强度大小。有时也可用该任务剖面可能遭受的最大环境强度，甚至还可人为地把这个最大环境强度加大到合理的程度。这样做可期望得到保守的试验结果，同时还可缩短试验时间和节省试验经费。不过，这需要事先通过探索性试验来确定环境强度和腐蚀疲劳寿命之间的当量关系，并用这种关系来换算谱载下的腐蚀疲劳试验结果。

（1）考虑其他环境影响。可以用以下两种方法之一考虑其他环境的影响。

① 编制组合当量谱。主要根据其他环境的使用环境谱推算出加权环境强度

或当量环境强度,并把这些环境强度叠加到主要环境的当量环境谱中(按上述第(1)~(6)步编制而成)。

② 通过经验或专门的试验找出主要环境和其他环境对飞机结构部位所占的比重"权"。"权"不同,材料在不同的环境里裂纹扩展能力也不同,不同环境的腐蚀疲劳损伤比也不同,因此,可以根据"权"对主要环境当量谱的腐蚀疲劳试验结果进行换算。

按第(1)~(7)步骤编制的是谱载下的飞机结构当量飞行环境谱,即当量环境空谱。编制当量环境空谱的主要难点在于:①确定加载频率与疲劳损伤之间的关系;②确定环境强度与腐蚀疲劳损伤之间的关系;③确定主要环境与其他次要环境的腐蚀疲劳损伤比。这些关系也正是腐蚀疲劳研究和工程应用领域所需要解决的主要问题。

3. 当量停放环境谱的编制

为了考虑飞机不使用期间某些环境对结构部位的腐蚀效应和对服役/使用寿命的潜在影响,还应根据预计的或实际的停放环境谱编制当量停放环境谱,即当量环境地谱。这种当量环境地谱的编制与用作腐蚀疲劳试验件的预处理方式有直接关系,主要有以下两种情况。

(1) 如果做腐蚀疲劳试验的试件用大气曝露试验进行预处理,在选择试件材料时,应使大气曝露试验的环境条件与所编制的实际停放谱的环境条件相当。如果两者差别较大,应找出两者对飞机结构材料的腐蚀效应关系,从而把大气曝露试验的环境条件换算到实际停放谱的环境条件中去。

(2) 如果用实验室的环境模拟试验对试件进行预处理(包括预浸泡和预应力),就要把实际停放环境谱浓缩成能进行加速环境模拟试验的当量环境谱。这种当量环境谱的环境强度可以与谱载下当量环境空谱的环境强度相同,也可以用实际停放环境谱的加权环境强度或最大环境强度。环境持续时间视具体情况而定,或长、或短、或适中。无论用什么样的环境强度和持续时间,都应找出环境强度、持续时间和腐蚀效应之间的当量关系,并用这种关系把试验结果换算到实际停放环境谱的环境条件中去。

就当量停放环境谱的编制步骤而言,在编制当量飞行环境谱的第(1)~(7)步中,除去第(3)~(5)步外,其他各步都适用于当量停放环境谱的编制,但需注入停放谱的具体内容,例如,在编制当量环境空谱的第(7)步确定环境强度分级和大小,在编制当量停放环境谱时,就要把按飞行任务剖面的分级变成按地面停放剖面的分级。

从以上当量环境谱(包括当量环境空谱和当量环境地谱)的编制过程可以看出,所编制的飞机结构当量环境谱可以是单一环境谱,也可以是组合环境谱;可以是常环境强度谱,也可以是变环境强度谱;可以是当量飞行环境谱,也可以是当量停放环境谱。究竟要编制什么样的当量环境谱,要根据飞机的使用环境、试验条件、经费能力等因素来决定。一般情况下,对疲劳关键件、腐蚀疲劳关键件和腐蚀关键件及相应的关键部位,都要分别编制当量环境谱。对于疲劳关键件,如果环境对其不起任何作用,则可以不再编制到相应的环境谱。

3.3.3　飞机结构载荷—环境谱的编制方法

结构的腐蚀疲劳问题主要包括三个方面的研究内容,即预腐蚀疲劳问题、腐蚀疲劳交替作用问题和腐蚀疲劳共同耦合作用问题。其中,预腐蚀问题即结构先腐蚀一段时间后再经受疲劳载荷作用直至破坏的问题,是最基本的问题,它的研究结果和研究方法可作为后面两个问题研究的借鉴或参考。腐蚀疲劳交替的损伤方式更接近于飞机结构服役的实际情况——飞机在地面停放时主要受到腐蚀损伤的作用;在起飞爬升和下降着陆过程受到腐蚀疲劳共同作用,一般这一过程时间较短;在高空飞行时由于环境温度低、腐蚀性小,主要受到疲劳损伤的作用。通常,人们对预腐蚀疲劳问题和腐蚀疲劳交替作用问题研究较多;而腐蚀疲劳共同耦合作用问题由于太过复杂,且一般作用时间较短,结构的腐蚀疲劳寿命会受到载荷形式甚至加载频率的显著影响,很难找到与飞机实际服役历程的对应关系。因此,在进行飞机结构载荷—环境谱研究时主要是以预腐蚀疲劳作用和腐蚀疲劳交替作用两种方式编制飞机结构的载荷—环境谱[2]。

飞机典型构件载荷—环境谱编制流程如图 3.9 所示,一般按如下步骤进行。

(1)确定既受严重疲劳载荷又受严重腐蚀环境影响的腐蚀疲劳结构关键件和部位,并选择相应的典型构件。

(2)根据飞机结构使用载荷谱确定所选结构部位的局部载荷谱(应力潜)。

(3)把选定结构部位的局部载荷谱变成相应典型构件的试验载荷谱。

(4)编制飞机使用环境总谱,并根据使用环境总谱确定所选择结构部位的局部环境谱。

(5)把选定结构部位的局部环境谱转换成相应典型构件的当量环境谱,该当量环境谱应包括当量飞行环境谱和当量停放环境谱。当量停放环境谱主要用于典型结构试件的预处理和试验间隙。

(6)由试验载荷谱和当量飞行环境谱形成飞—续—飞或程序块载荷—环境谱,用于典型结构试件的腐蚀疲劳试验。

(7)确定在腐蚀疲劳试验的间隙期间(如两个加载周期之间)对试件施于何种环境:当量飞行环境谱、当量停放环境谱或者是曝露于干燥空气。

对于腐蚀关键件,则只需要编制环境谱即可,因为一般认为其不受疲劳载荷作用。

参考文献

[1] 蒋祖国,田丁栓,周占廷,等. 飞机结构载荷/环境谱[M]. 北京:电子工业出版社,2012.

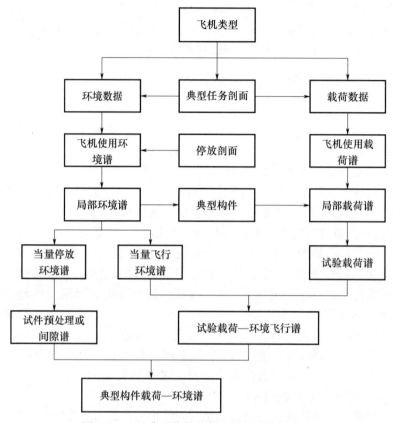

图 3.9 飞机典型构件载荷—环境谱编制流程

[2] 蒋祖国. 编制飞机使用环境谱的任务—环境分析法[J]. 航空学报,1994,15(1):70 – 75.

[3] 李亚智. 飞机服役使用载荷谱编制技术研究报告[R]. 西安:西北工业大学,2015.

[4] MIL – A – 08866B(USAF). 飞机强度与刚度—可靠性要求、重复载荷和疲劳[S]. 西安:航空工业部飞机强度规范编写办公室,1983.

[5] GJB 67A—2008. 军用飞机结构强度规范,可靠性要求和疲劳载荷[S]. 北京:中国人民解放军总装备部,2008.

[6] 张福泽. 使用载荷下的重谱能降低寿命不能降低疲劳分散系数[J]. 航空学报,2013,34(8):1892 – 1897.

[7] 刘文珽,王智,隋成福,等. 单机寿命监控技术指南[M]. 北京:国防工业出版社,2010.

[8] 高海龙. ×××飞机重心过载谱的编制[D]. 西安:空军工程大学,2000.

[9] GJB 775A—2011 军用飞机结构完整性大纲,飞机要求[S]. 北京:中国人民解放军总装备部,2011.

第 二 篇

飞机结构疲劳关键件寿命控制原理与技术

　　本篇主要针对飞机结构疲劳关键件寿命控制原理与技术开展研究,介绍了飞机结构疲劳/耐久性安全寿命基本原理;对飞机结构疲劳分散系数进行了较深入的研究;介绍了飞机结构疲劳/耐久性安全寿命常用延寿方法及其存在的不足,提出了飞机结构疲劳/耐久性安全寿命延寿方法——当量延寿法,并结合试验对当量延寿法进行了试验验证;提出了一种基于检查修理次数的飞机结构疲劳/耐久性安全寿命确定方法;在此基础上提出了疲劳关键件剩余安全寿命预测与服役/使用寿命监控方法。

第 **4** 章

飞机结构疲劳/耐久性安全寿命基本原理

4.1　飞机结构寿命的表征

4.1.1　产品寿命的含意及表征

"寿命"最早的概念来源于人类。"寿命"是人类探索的一个永恒主题,自有人类历史以来就一直受到人们的关注。由于寿命的不可预测性,每个人都不能预见自己的寿命具体有多长,寿命成为了古今之"迷"。通俗地讲,生物有生命现象,从生到死的过程周期称为"寿命"。无生命现象的客观事物,如飞机,在其使用的过程中经历环境应力的作用发生了物理和化学的变化,也会到不能使用的时候,人们对其使用过程的周期表述自然而然地沿用了"寿命"这一词汇。

寿命的本质是什么?从"寿命"一词产生之源可以探究其本质。寿命——寿者,久也;命者,使也(《说文》)。寿命——生存的年限,比喻事物存在或有效使用的期限(《高级汉语词典》)。"存在"、"有效使用"是寿命的空间含义;"期限"即"有效使用多久"则是寿命的时间含义,词意本身有量化描述的必要。寿命的本质可概括为:寿命是事物存在或有效使用的标志,数量是对其标志的一种描述。寿命是事物所存在环境的产物,发展与变化是寿命的特征。

对于产品而言,产品在工作工程中出现故障(失效)的时刻是随机的,因而产品寿命是一个随机变量。"寿命"是指产品在规定的条件下能够正常履行规定功能的时间长度,寿命通常用平均寿命、可靠寿命、中位寿命和特征寿命等来具体表征。

1. 平均寿命

在寿命特征量中最常用的是平均寿命。对不可修产品和可修产品,平均寿命的含义是不同的。

对不可修产品,寿命是指它失效前的工作时间。因此,平均寿命是指一批同类产品从开始使用直到失效前的工作时间的平均值,也称为平均故障前时间,常用 MTTF(Mean Time to Failure)表示。而对可修产品而言,是指产品每次相邻故障之间的工作时间平均值,即平均故障间隔时间,而不是指整个产品报废的时间。平均故障间隔时间常用 MTBF(Mean Time Between Failure)表示。平均寿命是产品故障前工作时间(故障间隔时间)的平均值。

2. 可靠寿命

产品的可靠度是时间的单调递减函数,随着时间的增加,产品的可靠度会越来越低。不同的时刻,产品具有不同的可靠度。若给定一个可靠度 r,将对应一个工作时间,此工作时间记作 t_r,称为产品的可靠寿命(有时,也有工程人员称为可靠性寿命)。因此,定义可靠寿命为在规定可靠度下产品的工作时间。

3. 中位寿命

当可靠度 $R = 0.5$ 时对应的产品工作时间,称为中位寿命,记作 $t_{0.5}$,即 $t_{0.5}$ 满足:

$$R(t_{0.5}) = 0.5 \tag{4.1}$$

4. 特征寿命

当产品可靠度 $R(t) = \mathrm{e}^{-1}$ 时,对应的工作时间称为产品的特征寿命,记为 η,即 η 满足

$$R(\eta) = \mathrm{e}^{-1} = 0.368 \tag{4.2}$$

4.1.2 飞机结构寿命的分类及表征

1. 飞机结构使用寿命

在《飞机结构载荷/环境谱》一书中指出,飞机结构使用寿命是指飞机结构从制造完成到产生失效(破坏或丧失功能)所经历的寿命单位数[1]。这里的寿命单位数是飞机服役持续周期的度量,可以是飞行小时、使用年限(日历寿命)、飞行次数、着陆次数、破坏循环数等。一般情况下,最重要和最常用的飞机使用寿命指标有三个:飞行小时数、起落次数和日历时间。在传统的寿命管理中,这三个指标以先到者为控制指标,或者说三个指标以先到者宣布飞机到寿。很显然,当这三个寿命指标互不相关时,这种传统的寿命管理模式是正确的,但当这三个寿命指标相互影响时,这样传统的寿命管理模式就会导致在机群飞机结构寿命管理中出现问题,该问题将在本书后续部分进行详细说明。飞机结构使用寿命本质上可认为是在保证飞机结构安全工作前提下的经济寿命,也常常称为飞机结构服役寿命。

2. 疲劳寿命和日历寿命

按飞机所处的状态分类,可将飞机结构寿命分为疲劳寿命和日历寿命两大类。飞行小时数和飞行起落数主要反映了使用中交变载荷对飞机结构所造成的疲劳损伤,所以也称为疲劳寿命。很显然,裂纹形成寿命和裂纹扩展寿命属于疲

劳寿命的范畴,飞机结构总寿命等于裂纹形成寿命和裂纹扩展寿命之和[2]。当裂纹扩展寿命相比而言较短时,也常用裂纹形成寿命来代替飞机结构的总寿命。日历寿命则反映飞机在服役环境(如温度、湿度、日照、腐蚀、维护水平、停放时间等)下,能够完成使用功能的持续日历时间。

3. 设计载荷谱和设计使用寿命

设计载荷谱是在飞机设计中采用的外部载荷谱,它代表了该型飞机在设计使用方法下、在设计使用寿命期内预期遇到的载荷谱。对于军用飞机,设计使用方法则是由订货方根据战术技术要求确定的飞机各任务类型的组合;对于民用飞机,设计使用方法是对于预期航线的组合,代表机群飞机预期的使用情况。飞行训练大纲(简称飞行大纲)是确定使用方法的一种常用的表现形式。飞机设计使用寿命是指在飞机设计阶段所确定的预期使用周期(飞行小时数、起落次数、日历年限等),在该周期内按设计使用载荷/环境谱使用时,预期可保持其结构完整性。

飞机设计使用寿命既是新机的一种主要的技术指标(对军用飞机是战术技术指标,对民用飞机是使用技术指标),又是飞机服役/使用寿命的一种期望值。飞机设计使用寿命一般是由飞机订货方提出,并经承制方验证来确定。

4. 基准载荷谱和基准使用寿命

基准载荷谱是根据飞机使用时测量的数据对设计载荷谱的修正,它代表了在规定的基准使用方法下飞机实际使用时所承受的载荷谱。对于自行研制的新机而言,基准使用载荷谱是依据使用中载荷测量结果和可能进行的载荷谱实测结果对设计谱进行的修正编制而成的。因此,必须根据设计谱的编制方法建立依据载荷测量(实测)修正设计谱的方法。对于引进的现役军用飞机,由于缺少飞机设计时的使用方法和设计谱,因此应根据我国部队的实际使用方法(飞行训练大纲)进行载荷谱实测,结合已使用飞机的飞行参数数据,选取适当的载荷谱编制方法,完成基准使用载荷谱的编制。

基准使用寿命是飞机设计完成交付使用后所确定的时间周期,在此范围内,当飞机在基准使用载荷/环境谱下使用时,预期可保持其结构完整性。显然,基准使用寿命是依据基准谱和设计谱的差别对设计使用寿命的修正或验证,是飞机实际使用时的寿命指标。

5. 安全寿命和耐久性使用寿命

按安全寿命设计准则所确定的飞机结构服役使用寿命称为安全寿命。安全寿命是采用疲劳分散系数所获得的具有极低疲劳开裂概率的使用寿命,分散系数取决于疲劳可靠度要求和结构疲劳寿命分散性。按照安全寿命准则确定的疲劳寿命可以使飞机在该寿命期内结构疲劳破坏概率极低,以确保结构的使用安全。

按耐久性设计准则所确定的飞机结构使用寿命称为耐久性使用寿命(经济寿命)。参照国军标,结构的耐久性使用寿命(经济寿命)是由结构耐久性试验和分析、评估结果所得到的寿命,即当结构大范围出现损伤,若不修理则影响装备的使用功能和战备状态,而修理又不经济时,则认为结构达到了耐久性使用寿命(经济寿命)。按照耐久性寿命准则确定使用寿命不仅考虑了结构的安全性,同时考虑了经济性。

在 GJB 67.6A—2008 中[3],把按耐久性设计准则所确定的寿命称为耐久性使用寿命,该规范所规定的耐久性使用寿命既包含了 GJB 775.1—1989 和 GJB 2876—1997 的经济寿命概念,又包含了 GJB 67.6—1985 的安全寿命概念。对可检可修的结构为经济寿命设计,对不可检结构为安全寿命设计。所以,这里的耐久性使用寿命实质上指的就是基准疲劳/耐久性安全寿命,也就是基准载荷/环境下的基准使用寿命。

对于飞机结构的耐久性寿命(如广布疲劳损伤引起的),不论是试验结果还是计算分析结果,其一般对应于50%的可靠性,也就是通常说的[N_{50}]。只有考虑结果分散性后才能得到耐久性安全寿命(寿命服从对数正态分布时满足99.9%可靠度与90%置信度,服从威布尔分布时满足95%可靠度与95%置信度要求)。

很显然,耐久性使用寿命(经济寿命/安全寿命)是用来确定并验证飞机设计使用寿命的。飞机设计是否成功的一个重要判据是:在给定的某一高可靠性水平下的耐久性使用寿命(经济寿命/安全寿命)应大于或等于订货方所提出的飞机设计使用寿命指标。

4.2　飞机结构疲劳寿命与耐久性寿命之间的关系

飞机上的结构既有损伤容限结构,又有耐久性结构。耐久性是指在规定使用期内,机体抵抗开裂、腐蚀、高温退化、脱层、磨损和外来物损伤作用的能力。其中,疲劳开裂是飞机结构开裂的主要形式。

对于这些耐久性结构而言,结构开裂虽然不会立即引起安全性问题,但影响到结构功能的发挥、结构维护要求和寿命周期费用。由于结构在使用期内不断修理发现裂纹,经过一段时间后,构件上裂纹成批出现,不但多而且长,修复困难或修复的代价大,这时从经济观点上看就不应再修理使用了,这时可认为其到寿,该寿命即为耐久性寿命。飞机结构疲劳寿命是指结构从投入使用到最后发生疲劳破坏所经历的飞行次数(或飞行小时数)。可见,对于广布疲劳损伤结构,耐久性寿命与疲劳寿命存在着本质的联系。下面通过举例说明两者之间的联系。

耐久性试验结构如图 4.1 所示,进行耐久性试验。当该结构中某一危险部位(孔边)出现疲劳裂纹时进行修理(通常认为耐久性修理只改变结构局部特性而不改变结构整体传力路线),修理后继续进行耐久性试验;当其他危险部位(孔边)出现疲劳裂纹时也进行修理并继续进行耐久性试验。直到当结构的某一危险部位(孔边)出现疲劳裂纹时,该结构已出现了广布疲劳损伤(WFD)或者对结构修理已不经济了,停止试验。根据结构耐久性试验结果所得到的寿命就是结构的耐久性寿命,其实质就是结构某一特定部位的疲劳寿命(这里以疲劳裂纹形成寿命作为构件的疲劳寿命)。可见,由疲劳引起失效的结构耐久性寿命实际上就是结构某个特定部位的疲劳寿命,其本质为结构出现广布疲劳损伤且修理已不经济时的某一个代表部位的疲劳寿命。

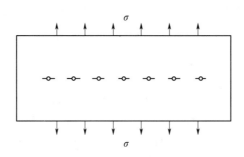

图4.1　耐久性试验结构示意图

　　这里将飞机整机结构作为一个整体,则整机结构中的耐久性关键结构是广布疲劳损伤结构。根据上述分析可知,在进行全机疲劳试验时,整机结构的耐久性寿命就是整机结构在可修理状态下的疲劳寿命。由于飞机结构疲劳寿命一般服从对数正态分布或双参数威布尔分布[4-9],因此,可以认为由疲劳引起失效的飞机结构耐久性寿命仍然服从对数正态分布或双参数威布尔分布。在后面的研究过程中,疲劳寿命与由疲劳引起失效的耐久性寿命不再做严格的区分。

4.3　飞机结构疲劳/耐久性安全寿命的表征形式

　　目前,统计学中有两个主流学派:频率学派(又称经典学派)和贝叶斯学派,他们之间的异同点可从统计推断所使用的信息看出。

　　经典统计学中主要考虑两种信息:一是母体信息,即母体分布和母体所属分布给出的信息。由于母体分布可以给出许多信息,因此确定母体分布是很重要的基础工作,一旦母体分布确定,将给统计推断带来很多信息。另一种是样本信息,即从母体中抽取的样本给出信息。人们希望通过对样本的加工和处理来对母体的某些特征作出较为精确的统计推断,没有样本就没有统计推断,样本信息是最重要的信息。经典统计学的基本观点认为把数据(样本)来自具有一定概率分布的母体,研究对象是这个母体而不是局限于数据本身。也就是说,在经典统计学中,可用部分样本来检验其分布规律,并用其来代替母体分布规律。

　　其实,在实际中还存在另一种信息——先验信息(也称验前信息),也可以用于统计推断。先验信息是在抽样之前有关统计问题的一些信息,一般说来,先验信息主要来源于经验和历史资料。先验信息在日常生活和工作中也经常见到,不少人在自觉或不自觉地使用它,比如"免检产品"。统计学上基于总体信息、样本信息和先验信息进行统计推断的称为贝叶斯统计学。它与经典统计学的主要差别在于是否利用先验信息,此外,在使用样本信息上也存在差异。贝叶斯学派重视已出现的样本观察值,而对尚未发生的样本观察值不予考虑,贝叶斯学派非常重视先验信息的收集、挖掘和加工,并使之数量化,形成先验分布,参加到统计推断中来,以提高统计推断的质量。贝叶斯学派认为分布参数是变化的且服从一定的分布,首先必须确定分布参数的先验分布,再根据先验分布得到参数的后验分布,利用后验分布对参数进行似然估计。因此,参数的先验分布是非常重要的。

然而,对于我国飞机寿命而言,先验信息并不充足(数据库建立的还不完整充分),在采用贝叶斯方法对寿命分布函数参数进行估计时可能会导致较大的误差。因此,采用贝叶斯方法可能会得到一种偏危险的结果。当然,当样本量足够大时,采用经典统计学和贝叶斯方法得到的分布参数估计值实际上是一致的。

实际上,在我国的飞机结构疲劳定寿及寿命管理工作中,由于飞机结构失效数据较少且先验信息不充足,如果采用贝叶斯方法进行参数估计,估计结果可能存在较大误差,得到偏危险的结果,并且在我国国军标中也采用的是经典统计学方法,采用经典统计学一般来说能得到一种偏安全的结果(但会牺牲一定的经济性)。因此,本书中仅采用经典统计学方法来对机群飞机结构疲劳寿命分布规律进行分析。

对于同种型号飞机,军用飞机结构疲劳寿命通常被认为服从以 10 为底的对数正态分布,民用飞机结构疲劳寿命通常服从双参数威布尔分布。本节根据对数正态分布函数和双参数威布尔分布函数并结合可靠性分析推导两种分布形式下疲劳分散系数和疲劳/耐久性安全寿命的计算公式。

4.3.1　对数正态分布情形下疲劳/耐久性安全寿命的表征形式

假设机群飞机结构疲劳寿命 N 服从对数正态分布,则

$$\lg N = X \sim N(\mu, \sigma^2)$$

对数疲劳寿命 X 的概率密度函数和分布函数分别为

$$f(x) = \frac{1}{\sqrt{2\pi}\sigma}\exp\left(-\frac{(x-\mu)^2}{2\sigma^2}\right) \tag{4.3}$$

$$F(x) = \frac{1}{\sqrt{2\pi}\sigma}\int_0^x \exp\left(-\frac{(t-\mu)^2}{2\sigma^2}\right)\mathrm{d}t = \Phi\left(\frac{x-\mu}{\sigma}\right) \tag{4.4}$$

式中:σ 为对数寿命母体的标准差;μ 为对数寿命母体的数学期望。

根据对数正态分布函数参数的已知与未知情况,下面分三种情况讨论疲劳/耐久性安全寿命的表征形式。

1. 对数寿命母体的标准差 σ 和数学期望 μ 都已知

根据可靠度的定义及式(4.4)可知可靠度函数为

$$R = P(N \geqslant N_P) = P(x \geqslant x_P) = 1 - F(x) = P\left(\frac{x-\mu}{\sigma} \geqslant u_P\right) \quad (4.5)$$

式中:u_P 为与失效概率 $1-P$ 相关的标准正态偏量(即标准正态分布的上 P 分位点),可根据标准正态分布函数表得到。

由于

$$R = P(N \geqslant N_P) = P(x \geqslant x_P) = P \quad (4.6)$$

对式(4.5)进行变换并结合式(4.6),可得

$$P(x \geqslant \mu + \sigma u_P) = P \quad (4.7)$$

$$x_P = \mu + \sigma u_P \quad (4.8)$$

根据式(4.8)可知,具有可靠度 P 的疲劳/耐久性安全寿命为

$$N_P = 10^{x_P} = 10^{\mu + \sigma u_P} = \frac{10^{\mu}}{10^{-\sigma u_P}} \quad (4.9)$$

从式(4.9)中可以看出,10^{μ} 为中值寿命 $[N_{50}]$。根据疲劳/耐久性安全寿命的定义,可知疲劳分散系数为

$$L_f = 10^{-\sigma u_P} \quad (4.10)$$

2. 对数寿命母体的标准差 σ 已知,但数学期望 μ 未知

由于对数寿命母体标准差 σ 是已知,这里将其记为 σ_0。根据式(4.8)可知,在计算疲劳/耐久性安全寿命时需知道数学期望 μ 的值,但由于 μ 的实际值未知,计算时需要代入其估计值,因此安全寿命的计算需要引入置信度。先对 μ 进行区间估计,用置信区间的下端点代替 μ,从而求出对应一定置信度和可靠度下的安全寿命值(其中 n 为样本容量)。

根据式(4.4)可知

$$\frac{\bar{x} - \mu}{\dfrac{\sigma_0}{\sqrt{n}}} \sim N(0,1)$$

按规定的置信度 $1-\gamma$,可以建立概率条件:

$$P\left\{\frac{\bar{x} - \mu}{\dfrac{\sigma_0}{\sqrt{n}}} \leqslant u_\gamma\right\} = 1 - \gamma \quad (4.11)$$

式中:γ 为显著性水平;u_γ 为与置信度 $1-\gamma$ 相关的标准正态偏量(即标准正态分布上 γ 分位点)。

对式(4.11)进行变换,可得

$$P\left\{\mu \geqslant \bar{x} - u_\gamma \frac{\sigma_0}{\sqrt{n}}\right\} = 1 - \gamma \quad (4.12)$$

根据式(4.12)可知,μ 的置信下限为 $\bar{x} - u_\gamma \sigma_0 / \sqrt{n}$。而 μ 的估计值 $\hat{\mu}$ 为平均值 $\bar{x}$ 的无偏估计,所以 μ 的置信下限也可用 $\hat{\mu} - u_\gamma \sigma_0 / \sqrt{n}$ 来表示。用 μ 的置信下限代

替 μ，便可得到对应可靠度 P 和置信度 $1-\gamma$ 的对数安全寿命。

将 μ 的置信下限 $\hat{\mu}-u_\gamma\sigma_0/\sqrt{n}$ 代入式(4.8)中，可得

$$x_{P,\gamma}=\hat{\mu}-u_\gamma\frac{\sigma_0}{\sqrt{n}}+\sigma_0 u_P=\hat{\mu}-\left(\frac{u_\gamma}{\sqrt{n}}-u_P\right)\sigma_0 \qquad (4.13)$$

从而可得具有可靠度 P 和置信度 $1-\gamma$ 的安全寿命为

$$N_{P,\gamma}=10^{\hat{\mu}+\left(u_P-\frac{u_\gamma}{\sqrt{n}}\right)\sigma_0}=\frac{10^{\hat{\mu}}}{10^{\left(\frac{u_\gamma}{\sqrt{n}}-u_P\right)\sigma_0}} \qquad (4.14)$$

根据疲劳/耐久性安全寿命的定义，可知疲劳分散系数为

$$L_f=10^{\left(\frac{u_\gamma}{\sqrt{n}}-u_P\right)\sigma_0} \qquad (4.15)$$

对于机群飞机结构而言，其对数疲劳寿命的标准差通常认为根据经验是已知的，所以可采用式(4.14)和式(4.15)来确定机群飞机结构疲劳/耐久性安全寿命。

3. 对数寿命母体的标准差 σ 和数学期望 μ 都未知

当对数寿命母体标准差 σ 未知时，可通过子样标准差 s 对母体标准差进行估计。严格来说，将子样标准差 s 作为母体标准差估计量是有偏的，所以在疲劳统计中，常常把它加以修正[10]，记为

$$\hat{\sigma}=ks \qquad (4.16)$$

式中：k 为标准差修正系数，标准差的修正系数可表示为

$$k=\sqrt{\frac{n-1}{2}}\frac{\Gamma\left(\frac{n-1}{2}\right)}{\Gamma\left(\frac{n}{2}\right)} \qquad (4.17)$$

为了计算方便，表4.1给出了不同 n 值对应的修正系数 k。

表4.1　标准差修正系数

n	5	6	7	8	9
k	1.063	1.051	1.042	1.036	1.031
n	10	11	12	13	14
k	1.028	1.025	1.023	1.021	1.020
n	15	16	17	18	19
k	1.018	1.017	1.016	1.015	1.014
n	20	30	40	50	60
k	1.014	1.009	1.006	1.005	1.005

在一般工程应用中也可不修正。特别是，当 $n\geq 50$ 时，$k\to 1$。

由于对数寿命母体数学期望 μ 也是未知的，因此在计算疲劳/耐久性安全寿

命时仍需采用上述第二种情况中的方法进行分析。将对数寿命母体标准差修正值代入式(4.14)中,可得具有可靠度 P 和置信度 $1-\gamma$ 的安全寿命为

$$N_{P,\gamma} = 10^{\hat{\mu} + \left(u_P - \frac{u_\gamma}{\sqrt{n}}\right)\hat{\sigma}} = \frac{10^{\hat{\mu}}}{10^{\left(\frac{u_\gamma}{\sqrt{n}} - u_P\right)\hat{\sigma}}} = \frac{10^{\hat{\mu}}}{10^{\left(\frac{u_\gamma}{\sqrt{n}} - u_P\right)ks}} \tag{4.18}$$

根据疲劳/耐久性安全寿命的定义,可知疲劳分散系数为

$$L_f = 10^{\left(\frac{u_\gamma}{\sqrt{n}} - u_P\right)ks} \tag{4.19}$$

在飞机结构疲劳/耐久性安全寿命确定过程中,一般认为根据经验飞机结构疲劳寿命对数标准差是已知的,数学期望是未知的,所以本书后面主要研究这种情况下的疲劳分散系数和安全寿命。

4.3.2　双参数威布尔分布情形下疲劳/耐久性安全寿命的表征形式

假设机群飞机结构疲劳寿命 N 服从双参数威布尔分布[10],概率分布函数为

$$F(N) = 1 - \exp\left[-\left(\frac{N}{\eta}\right)^m\right] \tag{4.20}$$

式中: m 为曲线形状参数; η 为特征寿命参数。

概率密度函数为

$$f(N) = \frac{m}{\eta}\left(\frac{N}{\eta}\right)^{m-1}\exp\left[-\left(\frac{N}{\eta}\right)^m\right] \tag{4.21}$$

其可靠度函数为

$$R(N) = 1 - F(N) = \exp\left[-\left(\frac{N}{\eta}\right)^m\right] \tag{4.22}$$

根据双参数威布尔分布中参数的已知与未知情况,下面分三种情况研究疲劳/耐久性安全寿命的表征形式。

1. 曲线形状参数 m 和特征寿命参数 η 都已知

对式(4.20)进行形式变换,可得

$$\ln\frac{1}{1-F(N)} = \left(\frac{N}{\eta}\right)^m = \left(\frac{\eta}{N}\right)^{-m} \tag{4.23}$$

根据式(4.22)可知,当可靠度为 P 时,可有

$$R(N_P) = 1 - F(N_P) = P \tag{4.24}$$

联合式(4.23)和式(4.24),可得

$$\ln\frac{1}{P} = \left(\frac{\eta}{N_P}\right)^{-m} \tag{4.25}$$

从而可得具有可靠度 P 的疲劳/耐久性安全寿命为

$$N_P = \frac{\eta}{\left(\ln\frac{1}{P}\right)^{-\frac{1}{m}}} \tag{4.26}$$

根据式(4.26)可知,可靠度为50%时的疲劳中值寿命为

$$[N_{50}] = \frac{\eta}{(\ln 2)^{-\frac{1}{m}}} \qquad (4.27)$$

根据疲劳/耐久性安全寿命的定义,可知疲劳分散系数为

$$L_f = \frac{[N_{50}]}{N_P} = \frac{\dfrac{\eta}{(\ln 2)^{-\frac{1}{m}}}}{\dfrac{\eta}{\left(\ln \dfrac{1}{P}\right)^{-\frac{1}{m}}}} = \left(\frac{-\ln P}{\ln 2}\right)^{-\frac{1}{m}} \qquad (4.28)$$

2. 曲线形状参数 m 已知,但特征寿命参数 η 未知

由于曲线形状参数 m 已知,这里将其记为 m_0。根据式(4.26)可知,在计算疲劳/耐久性安全寿命时需知道特征寿命参数 η 的理论值,从有限的试验数据中得到的 η 估计值 $\hat{\eta}$ 与其实际值(理论值)相差较大,因此引入置信度 $1-\gamma$ 来分析,取其置信下限代替 η,即

$$P\left\{\eta \geqslant \frac{\hat{\eta}}{S_c}\right\} = 1 - \gamma \qquad (4.29)$$

$$\eta = \frac{\hat{\eta}}{S_c} \qquad (4.30)$$

式中:S_c 为置信系数。

当 m_0 已知时,S_c 可通过下式得到

$$\int_0^{S_c} \frac{m_0 n^n}{\Gamma(n)} x^{m_0 n - 1} \mathrm{e}^{-nx^{m_0}} \mathrm{d}x = 1 - \gamma \qquad (4.31)$$

当置信度为95%时,S_c 的近似解析表达式为(当 $S_c \geqslant 1$ 时,取 $S_c = 1$)(注:该式由薛景川和何宇廷给出):

$$S_c = 3^{\frac{1}{m_0}} - \frac{1}{m_0} \lg n \qquad (4.32)$$

将 η 的置信下限代入式(4.26)中,可得到具有可靠度 P 和置信度 $1-\gamma$ 的疲劳/耐久性安全寿命表达式:

$$N_{P,\gamma} = \frac{\eta}{\left(\ln \dfrac{1}{P}\right)^{-\frac{1}{m_0}}} = \frac{\hat{\eta}}{S_c \left(\ln \dfrac{1}{P}\right)^{-\frac{1}{m_0}}} \qquad (4.33)$$

根据式(4.27)和式(4.33)可知,疲劳分散系数表达式为

$$L_f = \frac{[N_{50}]}{N_{P,\gamma}} = S_c \left(\frac{-\ln P}{\ln 2}\right)^{-\frac{1}{m_0}} \qquad (4.34)$$

对于机群飞机结构而言,通常认为其疲劳寿命曲线的形状参数是已知的,所以可采用式(4.33)和式(4.34)来确定机群飞机结构疲劳/耐久性安全寿命。

3. 曲线形状参数 m 和特征寿命参数 η 都未知

当曲线形状参数 m 未知时,可通过子样的寿命数据和相关参数估计方法对 m 进行参数估计,从而可得到 m 的估计值,记为 $\hat{m}$。由于特征寿命参数 η 也是未知,因此在计算疲劳/耐久性安全寿命时仍需采用上述第二种情况中的方法进行分析。这时只需将曲线形状参数 m 估计值代入式(4.33)和式(4.34)中,便可得具有可靠度 P 和置信度 $1-\gamma$ 的安全寿命和疲劳分散系数计算表达式。

在飞机结构疲劳/耐久性安全寿命确定过程中,一般认为对于飞机结构疲劳寿命,双参数威布尔分布的曲线形状参数是已知的,特征寿命参数是未知的,所以这里主要研究这种情况下的疲劳分散系数和安全寿命。值得指出的是,当疲劳/耐久性寿命服从三参数威布尔分布时,同理可根据该方法进行分析研究。

4.4　飞机结构疲劳/耐久性安全寿命的定寿原理与方法

飞机结构在服役/使用过程中的真实疲劳/耐久性寿命从本质上讲只有到飞机结构失效了才能确定,但从安全的角度这是不允许的,不允许飞机结构在服役/使用过程中发生破坏失效。因此,人们不得不用概率统计分析的方法,用一些已经失效或未失效的飞机结构寿命数据去分析得到一个在飞机实际使用中可以接受的服役/使用时间限制值,即人们常说的飞机结构服役/使用寿命(安全寿命)。

4.4.1　飞机结构疲劳定寿的基本原理

在飞机结构设计中,除了静强度和气动弹性等要求外,疲劳/耐久性安全寿命设计也是非常重要的内容。从寿命的角度来说,人们通常所说的疲劳设计或耐久性设计,其本质上就是指疲劳/耐久性安全寿命设计;而通常所说的某型飞机的使用寿命是多少,其本质上也是指飞机的安全寿命值,有时也称为安全使用寿命值。飞机结构疲劳/耐久性安全寿命设计思想是建立在结构无初始缺陷的基础上,并强调在安全寿命期内结构不出现可检裂纹,如果结构出现了可检裂纹,则认为结构失效到寿,需立即进行修理更换或报废[11]。疲劳/耐久性安全寿命设计准则是

$$N_e \leqslant N_{P,\gamma} = \frac{[N_{50}]}{L_f} \tag{4.35}$$

式中:N_e 为使用寿命;$N_{P,\gamma}$ 为安全寿命;$[N_{50}]$ 为中值寿命;L_f 为疲劳分散系数。

根据式(4.35)疲劳/耐久性安全寿命设计准则可知,确定机群飞机结构疲劳/耐久性安全寿命需知道机群飞机结构疲劳/耐久性中值寿命 $[N_{50}]$ 和疲劳分散系数 L_f 的值。在实际工程中常根据飞机服役/使用中结构暴露出来的问题,进行有针对性的改型,相关改型机群飞机与同型机群飞机在结构疲劳/耐久性中值寿命 $[N_{50}]$ 和疲劳分散系数 L_f 的确定上存在显著差异,下面就 $[N_{50}]$ 和 L_f 的确定分别从同型机群飞机与相关改型机群飞机两种情况进行讨论说明。

4.4.1.1　同型机群飞机结构疲劳/耐久性中值寿命和疲劳分散系数的确定

同型机群飞机顾名思义,该机群中飞机属于同一型号、不存在结构改进,因此可认为同型机群中各飞机的疲劳/耐久性寿命来自同一总体、服从同一分布。

1. 同型机群飞机结构疲劳/耐久性中值寿命的确定方法

理论上讲,从已批生产的机群中随机抽取 1 架或多架飞机(部件)在试验载荷谱下进行全机(部件)疲劳/耐久性试验,直至试验破坏,根据获取的失效试验数据可统计推断机群飞机结构疲劳/耐久性中值寿命的值。机群飞机结构疲劳/耐久性寿命通常服从对数正态分布或双参数威布尔分布,服从对数正态分布情形下,如果参与全机疲劳/耐久性试验飞机的架数为 1,则试验得到的失效数据就是疲劳/耐久性中值寿命$[N_{50}]$;如果参与试验飞机的架数大于 1,由参与试验的所有飞机试验结果求得$[N_{50}]$。机群飞机结构疲劳/耐久性寿命服从双参数威布尔分布情形下,可根据 1 架或多架飞机的全机疲劳/耐久性试验结果计算疲劳/耐久性中值寿命$[N_{50}]$,方法见前述内容。

2. 同型机群飞机结构疲劳分散系数的确定方法

由于飞机结构疲劳/断裂失效过程存在大量不确定的影响因素,为了保证所设计的飞机结构满足规定的使用安全与可靠性要求,在定寿试验过程中引入可靠性系数,也即疲劳分散系数。在对设计使用寿命进行试验验证和修正时,一个很重要的环节就是确定疲劳分散系数,取值的大小影响着飞机结构疲劳/耐久性安全寿命。机群飞机结构疲劳/耐久性寿命服从对数正态分布情形下,疲劳分散系数可根据式(4.15)计算求得。机群飞机结构疲劳/耐久性寿命服从威布尔分布情形下,疲劳分散系数的计算需分情况讨论,当参与试验飞机的架数为 1 时,疲劳分散系数可根据相关规范选择最优值;当试验飞机的架数大于 1 时,需根据双参数威布尔下的疲劳分散系数计算方法重新修正其值,具体方法见前述内容。

根据规范[3],我国飞机结构寿命的疲劳分散系数一般取 4~6;根据美国交通部联邦航空局咨询通报 25.571-1D,美国民用飞机结构寿命的疲劳分散系数一般取 3。需要指出的是,疲劳分散系数不仅随材料、结构特性的变化而变化,而且通常情形下随载荷谱的严重程度增加而降低。但在通常的寿命考核应用的载荷级别下,当材料、结构一定时,疲劳分散系数的变化幅度很小,可认为是不变化的。也就是说从试验载荷谱的角度而言,当采用基准(平均)载荷谱与严重载荷谱时,可认为疲劳分散系数是不变的,当然这里是指对应于相同的可靠度与置信度而言的。

疲劳分散系数的取值也受到全机疲劳/耐久性试验的试验载荷谱类型的影响,试验载荷谱为严重载荷谱时的疲劳分散系数值为试验载荷谱为基准载荷谱时取值的一半(本质上是严重谱的损伤加重了 1 倍),该结论已经在本书 3.2 节中进行了说明。根据3.2节的分析结果,严重载荷谱下结构损伤程度相当于基准(平均)载荷谱下结构损伤的2倍(此结论的得出是建立在大量的统计分析基础上),因此,采用严重载荷谱作为试验载荷谱时,试验周期可以减半。从另一个角度考虑,由于基准(平均)载荷谱是具有50%存活率的概率谱,用其定寿时要求结构使用寿命的可靠度达到99.9%(对应的对数寿命标准差为0.1377),此时疲劳分散系数较大;严重载荷谱是具有90%存活率的概率谱,用其定寿时自然就可以要求较低的结构使用寿命可靠度指标,因此疲劳分散系数自然也就变小了。例如,当对数寿命标准差 $\sigma = 0.1377$、定寿要求结构使用寿命的可靠度降低到81.73%时,则对应的疲劳分散系数为原来(99.9%的可靠度)的一半。这两种理解在本质上是无显著区别的。

在飞机改型后,新飞机组成的改型机群飞机(本书中改型机群飞机特指该机群中仅包含改型后的新飞机)的结构疲劳/耐久性中值寿命和疲劳分散系数确定可以依据上述原理进行。就飞机结构而言,旧机型与改型后形成的新机型之间存在较大继承性,新机型会进行针对性的改进、加强,加之技术进步、工艺改进,改型机群飞机的疲劳/耐久性中值寿命通常大于旧机型机群飞机的疲劳/耐久性中值寿命。但由于材料和加工工艺并没有大幅度提升,因此可以认为疲劳分散系数不变。

4.4.1.2 相关改型机群飞机结构疲劳/耐久性中值寿命和疲劳分散系数的确定

在实际工程中也常常将旧机型和改型飞机组成新的机群飞机,为方便说明,将包含旧机型飞机和改型飞机的机群统称为混型机群。混型机群飞机的定寿中,$[N_{50}]$ 和 L_f 的确定思想与同型机群飞机是不同的,在此以飞机结构疲劳/耐久性寿命服从对数正态分布为例进行说明。

在服役/使用中会针对旧机型疲劳/耐久性薄弱的部件进行加强,通过对比分析发现新旧机型结构的差异性通常并不大,因此可以考虑将新、旧机型的全机疲劳/耐久性试验数据直接融合(放在一起)构成可以描述整个混型机群飞机疲劳/耐久性寿命分布特性的新样本。首先采用仿真方法研究两组对数正态分布数据直接融合下的分布检验问题;再分别讨论疲劳/耐久性中值寿命和疲劳分散系数的确定方法。

1. 两组相同对数标准差的对数正态分布数据直接融合下的分布假设检验

根据式(4.15)可知,影响疲劳分散系数取值的因素是样本量和对数标准差,但对数标准差的取值是由材料性能、工艺水平所确定的,在相当长一段的时间内(飞机结构选用新材料、加工工艺大幅改进等情况除外),可以认为其是一个固定值。当参与全机疲劳/耐久性试验的样本量为1、疲劳分散系数取值为4时,则可反推出对应的对数标准差为0.1377。因此,混型机群飞机中新、旧机型全机疲劳/

耐久性试验数据的直接融合下分布检验问题就转化成为了对数标准差(0.1377)相同、对数数学期望不同的两组对数正态分布数据直接融合下的分布检验问题。拟采用仿真的方法研究直接融合产生的新样本的分布类型假设检验。

根据大数定理,当子样容量 n 大于一定的数值时,就可以用样本估计值来表示母体参数,可靠性工程中一般认为 $n \geqslant 50$ 是大子样,为了方便说明,本书的仿真中关于随机数据的产生均采用 50 组随机数和每组 50 个样本的方式(下文不再逐一说明)。实际工程中可以扩大样本容量以提高分析精度,但随着产生的随机数的组数和样本量增大,未知参数估计精度逐渐增大(当其增加到一定程度后参数估计精度处于稳定)。

根据前述内容可知,当全机疲劳试验样本量为 1 时,全机疲劳试验结果即视为机群飞机疲劳/耐久性中值寿命 $[N_{50}]$。将新机型 $[N_{50}]$ 的对数值作为对数数学期望、0.1377 作为对数标准差,产生 50 组随机数据(每组样本量为 50),代表改型机群飞机结构疲劳/耐久性寿命;将旧机型 $[N_{50}]$ 的对数值作为对数数学期望、0.1377 作为对数标准差,产生 50 组随机数据(每组样本量为 50),代表旧机型机群飞机结构疲劳/耐久性寿命。分别将的新、旧机型寿命数据直接融合组成新的样本(新样本共 50 组、样本量为 100)。

分别假设直接融合产生的新样本服从正态分布、对数正态分布和威布尔分布,采用最小二乘法分别估计 50 组新样本服从正态分布、对数正态分布和威布尔分布对应的相关系数,并统计 50 组新样本相关系数的均值、标准差。

通过保持旧机型疲劳/耐久性中值寿命 $[N_{50}]$ 的取值不变、改变新机型 $[N_{50}]$ 取值的方式,到达改变新旧机型 $[N_{50}]$ 之差的目的,依据上述仿真方法和步骤统计相关系数均值和标准差随新旧机型疲劳/耐久性中值寿命 $[N_{50}]$ 之差的变化规律。假设旧机型 $[N_{50}]$ 为 12400 飞行小时,则新机型 $[N_{50}]$ 从 12400 飞行小时开始、以 400 飞行小时为步长进行变化(取新机型 $[N_{50}]$ 最小值为 12400 飞行小时、最大值为 212400 飞行小时),每次变化利用上述方法统计相关系数的均值与方差,共统计 500 次。仿真所得到的相关系数 R 的均值和标差随新旧机型 $[N_{50}]$ 之差变化规律如图 4.2、图 4.3 所示。

从图 4.2 易知正态分布、对数正态分布和威布尔分布各自对应的相关系数均值随着新、旧机型疲劳/耐久性中值寿命 $[N_{50}]$ 之差增大整体呈逐渐减少趋势,在新旧机型 $[N_{50}]$ 相等时直接融合下相关系数的均值最大(与理论分析一致)。但正态分布、对数正态分布和威布尔分布对应的相关系数均值的变化规律各不相同,初步对比分析可知,当新旧机型 $[N_{50}]$ 之差小于 16000 飞行小时,对数正态分布的相关系数的均值最大,新旧机型 $[N_{50}]$ 之差在 160000 ~ 200000 范围内正态分布的相关系数的均值最大。但在工程实际中,新旧机型的 $[N_{50}]$ 之差通常不会超过160000 飞行小时(大范围采用新材料、新工艺除外),因此可以初步认为混型机群飞机的疲劳/耐久性安全寿命依然服从对数正态分布。

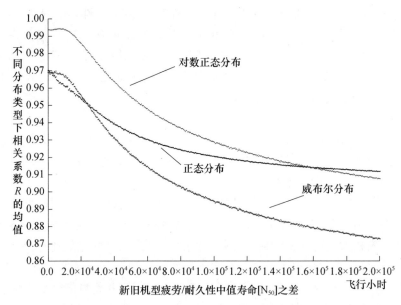

图 4.2　相关系数的均值随新旧机型疲劳/耐久性中值寿命$[N_{50}]$之差变化规律

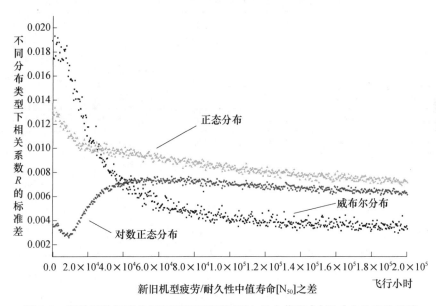

图 4.3　相关系数标准差随新旧机型疲劳/耐久性中值寿命$[N_{50}]$之差变化规律

　　从图 4.3 可知,新旧机型寿命数据直接融合产生的新样本服从正态分布和威布尔分布时,所对应的相关系数标准差均随着新旧机型$[N_{50}]$之差增大呈逐渐减少趋势,而对数正态分布所对应的相关系数的标准差随$[N_{50}]$之差的增大先减小后增大。

综合图4.2和图4.3对比分析发现新旧机型疲劳/耐久性中值寿命$[N_{50}]$之差在 0~12000 范围时,对数正态分布的相关系数最高趋近 0.995,且相关系数标准差保持在较低的水平,因此可以认为该范围下新旧机型寿命直接融合下产生的新样本高度服从对数正态分布。因此可以初步判断,当新旧机群飞机$[N_{50}]$之差在一定范围内,新旧机型寿命直接融合下的混型机群飞机的疲劳/耐久性寿命服从对数正态分布。

为增强上述仿真结论的普遍适用性,统计分析旧机型疲劳/耐久性中值寿命$[N_{50}]$不同取值下,对数正态分布相关系数均值分别满足 0.99~1、0.98~0.99、0.97~0.98、0.96~0.97 要求所允许的新旧机型$[N_{50}]$之差最大值,以及对数正态分布相关系数均值大于正态分布相关系数均值的临界点。旧机型机群飞机的疲劳/耐久性中值寿命$[N_{50}]$从 8000 飞行小时以 400 飞行小时为间隔递增到 20000 飞行小时,新机型机群飞机的疲劳/耐久性中值寿命$[N_{50}]$变化规律与上述仿真方法一致。通过仿真方法得到的统计结果如表4.2所列。

表4.2 旧机型$[N_{50}]$不同取值下对数正态分布相关系数均值满足不同要求所允许的新旧机型$[N_{50}]$之差最大值和对数正态分布相关系数均值大于正态分布相关系数均值的新旧机型$[N_{50}]$之差临界值

旧机型疲劳/耐久性中值寿命$[N_{50}]$取值	对数正态分布相关系数均值满足不同要求所允许的新旧机型$[N_{50}]$之差最大值				对数正态分布相关系数均值大于正态分布相关系数均值的新旧机型$[N_{50}]$之差临界值
	0.99~1	0.98~0.99	0.97~0.98	0.96~0.97	
8000	10400	16800	22000	27200	94400
8400	10800	17200	21600	29600	101200
8800	12000	17600	24800	31600	108000
9200	10800	18800	24400	32800	113200
9600	12800	19200	26000	34400	115600
10000	13200	20000	26400	34800	119200
10400	12800	21200	28400	36000	123600
10800	13200	21600	29600	38000	130000
11200	14800	23600	30400	40000	132800
11600	14800	23200	32000	41600	134800
12000	16000	24400	31600	42400	144400
12400	16000	24400	34400	44800	143200
12800	16400	26000	34400	44400	155600
13200	16000	26800	35200	45600	157200
13600	17200	26400	37200	48000	154000

（续）

旧机型疲劳/耐久性中值寿命$[N_{50}]$取值	对数正态分布相关系数均值满足不同要求所允许的新旧机型$[N_{50}]$之差最大值				对数正态分布相关系数均值大于正态分布相关系数均值的新旧机型$[N_{50}]$之差临界值
	0.99 ~ 1	0.98 ~ 0.99	0.97 ~ 0.98	0.96 ~ 0.97	
14000	17600	28800	38000	49600	167600
14400	18000	28400	39200	50800	168800
14800	18800	28400	39600	52800	176800
15200	19600	30000	41200	54400	179600
15600	20800	30800	42400	53200	179600
16000	20000	30800	42800	56800	190400
16400	21600	33600	46400	56800	201200
16800	20800	34000	45600	60000	201200
17200	22800	34000	46400	61200	203200
17600	22000	35600	47200	60400	214400
18000	23200	35600	49200	61200	214000
18400	24400	36400	49600	64000	219200
18800	24000	37200	50400	62400	219600
19200	24000	38800	54400	68000	227600
19600	24800	40000	53600	67200	230800
20000	25600	40000	53600	72000	230400
注:单位为飞行小时					

通过表 4.2 不难发现,随着旧机型机群飞机的疲劳/耐久性中值寿命值$[N_{50}]$增大,对数正态分布相关系数均值满足 0.99 ~ 1、0.98 ~ 0.99、0.97 ~ 0.98、0.96 ~ 0.97 要求所允许的新旧机型$[N_{50}]$之差的最大值,以及对数正态分布相关系数均值大于正态分布相关系数均值的新旧机型$[N_{50}]$之差的临界值都呈增大趋势。也即满足相同相关系数要求时,旧机型的$[N_{50}]$取值越小则新、旧机型寿命数据直接融合产生的新样本服从对数正态分布所允许的$[N_{50}]$之差的最大值越小;反之所允许的新旧机型$[N_{50}]$之差就越大。

综合上述分析,两组服从对数正态分布数据(对数标准差相同),当二者对数数学期望之差在一定范围内,直接融合下的新样本依然服从对数正态分布。即当新旧机型的$[N_{50}]$之差在满足一定要求(工程中新机型的$[N_{50}]$相对旧机型$[N_{50}]$不会出现大幅跃升),理论上可以认为新旧机型寿命倒数据直接融合下的新样本仍然服从对数正态分布。

需要特别说明的是:新机型与旧机型疲劳/耐久性试验结果直接融合产生的混型机群飞机的疲劳/耐久性中值寿命$[N_{50}]$对新机型是偏保守的,对旧机型是偏危险的;但是依据式(4.15)确定的混型机群飞机的疲劳分散系数L_f必定降低。下面就直接融合下$[N_{50}]$和L_f的确定思想进行具体说明。

2. 直接融合时混型机群飞机疲劳/耐久性中值寿命的确定

旧机型机群飞机疲劳/耐久性寿命用随机变量X表示(样本量为m,对数数学期望、对数方差表示为$\overline{X}$、S_X^2);新机型机群飞机疲劳/耐久性寿命用随机变量为Y表示(样本量为n,对数数学期望、对数方差表示为$\overline{Y}$、S_Y^2),随机变量X、Y直接融合构成新的随机变量Z(样本量为$m+n$,对数数学期望、对数方差为$\overline{Z}$、S_Z^2)。则$\overline{Z}$、S_Z^2表达式如下:

$$\overline{Z} = \frac{1}{m+n}\sum_{i=1}^{m+n} Z_i = \frac{1}{m+n}\left(\sum_{i=1}^{m} X_i + \sum_{i=1}^{n} Y_i\right) = \frac{m\overline{X} + n\overline{Y}}{m+n} \tag{4.36}$$

$$S_Z^2 = \frac{\sum_{i=1}^{m+n}(Z_i - \overline{Z})^2}{m+n-1} = \frac{\left[\sum_{i=1}^{m}\left(X_i - \frac{m\overline{X}+n\overline{Y}}{m+n}\right)^2 + \sum_{i=1}^{n}\left(Y_i - \frac{m\overline{X}+n\overline{Y}}{m+n}\right)^2\right]}{m+n-1}$$

$$\tag{4.37}$$

当$m = n$时,则有如下关系:

$$\overline{Z} = \frac{m\overline{X} + n\overline{Y}}{m+n} = \frac{\overline{X} + \overline{Y}}{2} \tag{4.38}$$

$$S_Z^2 = \frac{\sum_{i=1}^{m}(X_i - \overline{Z})^2 + \sum_{i=1}^{n}(Y_i - \overline{Z})^2}{m+n-1}$$

$$= \frac{(m-1)^2 S_X^2 + (n-1)^2 S_Y^2 + (m+n)\left(\frac{\overline{X}-\overline{Y}}{2}\right)^2}{m+n-1}$$

$$= \frac{(m-1)^2(S_X^2 + S_Y^2) + 2m\left(\frac{\overline{X}-\overline{Y}}{2}\right)^2}{2m-1} \tag{4.39}$$

直接融合下的混型机群飞机的全机疲劳/耐久性中值寿命$[N_{50}]$计算,可以采用前述仿真方法,先产生随机数,再估计直接融合时新样本的对数数学期望和对数标准差;也可分别估计出新机型、旧机型对应的对数数学期望和对数标准差,然后利用式(4.38)、式(4.39)计算新样本的对数数学期望和对数标准差,再根据直接融合下新样本的对数数学期望即可反推出代表混型机群寿命的新样本所对应的$[N_{50}]$。

根据前述分析当旧机型的全机疲劳耐久性试验持续时间为12400飞行小时,新机型的全机疲劳耐久性试验持续时间为15200飞行小时,直接融合下样本量为2的新样本依然服从对数正态分布,其对数数学期望的计算可采用下述公式:

$$\left[N_{50} \right] = 10^{\left(\frac{\lg 12400 + \lg 15200}{2} \right)} \tag{4.40}$$

3. 混型机群飞机直接融合时疲劳分散系数的确定

直接融合相当于样本量的扩充为2(新旧机型各一架疲劳/耐久性试验飞机)，则可以根据对数正态分布的疲劳分散系数计算公式(4.15)，经计算改进型融合时的疲劳分散系数值3.5507。相对于之前采用的疲劳分散系数4.0，疲劳分散系数降低。疲劳分散系数的取值与载荷谱的对应关系可以参考前述内容。

需要特别说明的是，上述方法确定的混型机群飞机疲劳/耐久性安全寿命值一定大于旧机型机群飞机的疲劳/耐久性安全寿命值，但不一定大于新机型机群飞机确定的疲劳/耐久性安全寿命值。经理论推导可知当新机型的全机疲劳/耐久性试验结果小于1.2691倍的旧机型的全机疲劳/耐久性试验结果时，则上述方法确定的混型机群飞机疲劳/耐久性安全寿命值大于新机型机群飞机的疲劳/耐久性安全寿命值；否则小于新机型机群飞机的疲劳/耐久性安全寿命值，此情形下对新机型而言，上述方法确定的安全寿命值是偏保守的。

4.4.1.3　关于飞机结构定寿原理的几点说明

关于飞机结构定寿原理还有4点值得说明。

1. 飞机结构安全/使用寿命的内涵

理想状态下，如果对飞机结构进行不休止的修理与更换，那么飞机结构寿命将会是无限的。在工程中，一般会综合各种影响因素给出飞机结构的可靠寿命，从而保证飞机结构在使用过程中的安全性。因此，飞机结构疲劳定寿问题归根到底是如何科学地解决飞机结构的飞行安全与经济使用的矛盾，可以认为其本质是给出在保证安全服役条件下的飞机结构经济使用寿命或使用寿命限制。

对于民用飞机，通过对飞机安全性、经济性和舒适性等进行分析后，基于疲劳/耐久性安全寿命设计思想给出飞机结构设计使用寿命；对于军用飞机，飞机结构设计使用寿命则是根据战术技术要求给出的战技指标。飞机设计使用寿命是该型号所有飞机在设计阶段确定的可靠寿命，具有一定置信度下的高存活率。

在实际工程应用中，机群飞机结构定寿过程是对设计使用寿命的全机疲劳/耐久性试验验证。一般先给定设计使用寿命(即安全寿命)目标(指标)，再根据疲劳分散系数的取值采用全机疲劳/耐久性试验进行验证，而全机疲劳/耐久性试验不一定进行至破坏，只需达到验证设计使用寿命的全机疲劳/耐久性试验持续时间即可，从而确定机群飞机结构的安全寿命及使用寿命。全尺寸结构耐久性/损伤容限试验包括全机及部件的耐久性/损伤容限试验，是新研、现役飞机验证和评定其使用寿命与安全性最重要的工作项目之一。

2. 疲劳分散系数取值与试验载荷谱严重程度间的关系

其中分散系数取决于试验谱的严重程度、结构的破坏后果、结构材料的损伤容限特性以及对由试验结果确定的使用寿命所对应的可靠性要求。根据现有规范[3]，对于按耐久性/损伤容限准则设计的飞机结构，若采用反映使用分布90%严重程度的耐久性试验谱（严重谱），要求至少完成2倍使用寿命期的耐久性试验。若采用反映飞机基准（平均）使用情况的耐久性试验谱（基准谱），要求至少完成3倍使用寿命期的耐久性试验，而对于起落架（及相关结构）、高强度钢材料结构、不可检结构等用疲劳安全寿命思想设计的结构，耐久性试验持续时间必须在4倍使用寿命期以上。损伤容限试验持续时间一般情况下应进行到1倍寿命期，如果能在较短时间获得足够的裂纹扩展信息，则可适当缩短试验持续时间但应不应少于0.5倍寿命期。也就是说，飞机全尺寸结构耐久性/损伤容限试验通常是对设计使用寿命指标的验证性试验。根据全机耐久性试验结果可给出飞机结构的耐久性使用寿命。耐久性使用寿命是对设计使用寿命的验证和修正，其应该大于或至少等于设计使用寿命。

新设计飞机的耐久性/损伤容限试验的载荷谱通常是根据适当载荷实测对设计载荷谱修正后编制而成的，其可以是基准谱，也可以是严重谱，但对应的验证试验周期是不同的；而现役飞机试验则是在由实测和使用数据处理所得的基准使用载荷谱（或严重载荷谱）编制的基准使用试验谱（或严重试验载荷谱）下进行。

3. 飞机结构中结构件的分类

实际上，可将飞机结构分为主要结构件（PSE）、疲劳关键结构件（FCS）和广布疲劳损伤（WFD）敏感结构件[7]，其包含关系如图4.4所示。对于不同的飞机结构，在确定其安全寿命时，可采用不同的可靠度。例如，根据通常的做法，对于广布疲劳损伤敏感结构件，在确定其安全寿命时，可靠度可选为99.9%；对于一般疲劳关键结构件，在确定其安全寿命时，可靠度可选为98%；对于普通的主要结构件，在确定其安全寿命时，可靠度则可选为95%。一般飞机结构最后的定寿原则是按WFD敏感结构的要求来执行的。当这些结构件的使用寿命达到安全寿命后，可对其进行检查修理，并对结构进行加强或更换，延长这些结构件的使用寿命，或者不对其进行修理，直接按报废处理。

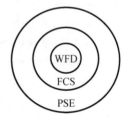

图4.4　飞机结构件
包含关系示意图

很显然，基于疲劳/耐久性安全寿命设计思想给出的飞机结构使用寿命，通常是飞机结构设计使用寿命的全机疲劳试验验证及修正结果，其本质目的是要求飞机结构在使用过程中达到既定的可靠度，以保证飞行安全。就这个意义而言，采用什么样的载荷谱来进行全机疲劳/耐久性试验都是可行的，只要对结果按等损伤原理进行折算，使其给出的寿命指标满足可靠性要求就可以了。

4. 疲劳寿命与耐久性寿命的区别

传统的疲劳寿命理论上是指飞机结构在疲劳载荷作用下直至疲劳破坏（可以定为产生疲劳可见裂纹或疲劳断裂）所经历的时间周期，其中间是不进行任何修理的(尽管工程中发现裂纹都要进行处理以保证飞机安全)。耐久性寿命(通常也主要指疲劳寿命、腐蚀疲劳寿命等)是指飞机结构在使用过程中修理已经不经济(不值得或非常困难等)时的服役使用时间周期,期间会经历若干次耐久性修理(不影响结构主要传力特性)。使用耐久性寿命时必须要对关乎飞行安全的结构件进行损伤容限评定(包括结构类型、损伤可检水平、剩余强度、裂纹扩展周期及检查间隔期等),而且在设计时损伤容限关键件一般都首先设计为耐久性关键件。疲劳安全寿命与耐久性安全寿命都是表示结构高可靠性寿命周期度量,只不过前者从理论上没有服役/使用中修理的强制性要求,而后者则是通过服役/使用中的耐久性修理来实现的。飞机结构实际服役/使用过程中寿命管理的两个核心基本点就是可靠性和损伤,结构可靠性保证飞机结构失效破坏的概率极小,结构损伤反映结构寿命品质的退化程度,同型飞机结构的寿命(损伤)只有在同一载荷谱下才服从一定的分布规律(如对数正态分布或威布尔分布等),当载荷谱变化时则应该采用同一载荷谱下的当量损伤来进行分析。

4.4.2　飞机结构疲劳定寿分析方法

在飞机结构疲劳定寿过程中,寿命分析是必不可少的工作。不同的结构设计准则对应不同的分析方法预计飞机结构服役/使用寿命,对基于疲劳强度的安全寿命设计准则,用疲劳分析方法来预计飞机结构的疲劳寿命;对于基于断裂强度的耐久性设计准则,用耐久性分析方法来预计其经济寿命(耐久性服役/使用寿命)。

4.4.2.1　疲劳分析方法

疲劳分析分为应力疲劳分析和应变疲劳分析两类。应力疲劳分析法主要包括名义应力法、应力严重系数法和细节疲劳额定值方法(DFR法),应变疲劳分析法如局部应力—应变法等。

常见的疲劳分析方法基本步骤都是首先通过应力分析,将结构所受的载荷谱转变为细节部位的应力谱;然后利用 $S-N$ 曲线或 $\varepsilon-N$ 曲线和等寿命图(曲线)计算出各级交变载荷产生的损伤;最后选用合适的累积损伤理论(常用的几种损伤当量计算模型在本书7.3节中给出)和一定可靠度要求的分散系数来确定飞机结构的疲劳服役使用寿命(即安全寿命)。这些方法在很多文献中均可查到,故不再赘述。

4.4.2.2　耐久性分析方法

用于估算结构经济寿命(耐久性服役/使用寿命)的耐久性分析方法主要有以下四种,现简述如下[12-15]。

1. 概率断裂力学方法(PFMA)

耐久性分析的概率断裂力学方法是20世纪80年代以来发展的新技术。它以结构细节模拟试验件耐久性试验所获得的裂纹形成时间(TTCI)数据集为数据基础,应用概率断裂力学原理,建立描述结构原始疲劳质量(IFQ)的通用当量初始缺陷尺寸(EIFS)分布,进而给出损伤率随时间变化的函数关系,依据指定的损伤度要求(允许的裂纹超越百分数和可靠度)预测结构的经济寿命。这种方法能准确地应用经济寿命准则进行耐久性分析,但必须以三种(或更多)应力水平下结构细节模拟试验件耐久性试验为应用前提,而且最好在试验中采用反映实际情况的真实结构的修正详细设计载荷谱或实测载荷谱。

2. 裂纹萌生方法(CIA)

裂纹萌生方法是在传统的疲劳分析方法基础上加以发展建立的耐久性分析方法。它以结构细节裂纹萌生并达到经济修理极限对应的"裂纹萌生寿命"$p-S-N$曲线簇和谱载下寿命估算的线性累积损伤理论(Miner理论)为基础,结构细节群的IFQ由结构细节裂纹萌生$p-S-N$曲线簇表示,可用于建立损伤度随时间变化的函数关系,并预测结构经济寿命,但不能反映谱载中载荷的顺序效应。它的应用前提条件是有结构材料的常规疲劳试验数据和1~2组结构细节模拟试验件在恒幅交变载荷下的裂纹萌生寿命试验数据。为避免恒幅试验应力水平选取的困难,在一定程度上考虑谱中载荷的顺序效应,同时注意到较小样本模拟试验件所得裂纹萌生寿命标准差偏小而造成偏危险的情况,已对原有裂纹萌生方法做了重要改进,具体可参考相关文献资料。

3. 确定性裂纹增长方法(DCGA)

确定性裂纹增长方法是在损伤容限设计中较长裂纹的扩展寿命计算方法的基础上发展而来的。它以典型的假设初始缺陷尺寸、相对小裂纹扩展速率和裂纹扩展计算程序为基础,结构细节的IFQ用假设初始缺陷尺寸和相对小裂纹(当量)扩展速率表示。它可以给出最严重应力区典型细节在2倍设计服役/使用寿命时的裂纹尺寸,也可以给出各应力区最差的细节在1倍设计服役/使用寿命时的裂纹尺寸,检验这些裂纹是否超过经济修理极限,即可判断所设计的结构能否达到耐久性的基本要求。但是,它不能综合各应力区损伤而给出结构损伤度随时间变化的函数。

这种方法应用的前提条件是依据结构细节在一种基本的载荷谱下的模拟试验件耐久性试验数据而得到的相对小裂纹扩展速率公式。

4. 功能失效概率控制方法

功能失效概率控制方法是在上述三种方法基础上发展的一种结构服役/使用寿命评定方法。它主要针对结构功能失效,通过分析典型结构中必然具有的初始缺陷的扩展,确定其达到损害结构功能的时间,从而制定合理可行的检修方案,使结构满足用户提出的服役/使用寿命要求。

该方法将结构关键件功能失效概率定义为关键件结构细节群的裂纹超越数超过给定的允许裂纹超越数的概率,认为飞机结构所有关键件有一个功能失效则该飞机结构功能失效,一个装备群中出现一架以上功能失效的飞机即认为该机群功能失效,以二项分布为基础建立从结构关键件功能失效概率、单个飞机结构功能失效概率直至机群功能失效概率分析的计算模型。

4.4.2.3 损伤容限分析方法

损伤容限设计是从20世纪70年代起逐渐形成和发展,并在许多领域得到应用的疲劳断裂控制方法,其设计原理如图4.5所示。

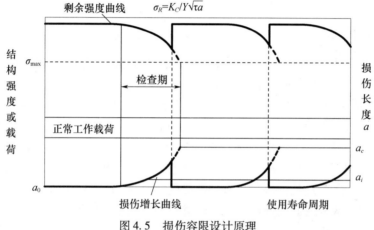

图 4.5 损伤容限设计原理

首先假定结构中存在着一个尺寸为 a_0 的初始缺陷(a_0 的大小通常由制造质量、检出能力及实际使用经验等因素综合考虑确定),然后选择韧性较好的材料制造,保证这一结构在正常工作载荷作用下,损伤是缓慢增长的,如图4.5中损伤增长曲线所示。在使用中,随着损伤(以裂纹尺寸表示,图中右纵坐标 a)的增长,受损结构的剩余强度不断降低,如图中剩余强度曲线所示。为了保证安全,结构的剩余强度必须大于最大工作应力(σ_{max}),故由剩余强度曲线和图中 σ_{max} 水平线交点对应确定的临界损伤长度 a_c,就是结构所能允许的最大损伤。从工程可检裂纹尺寸 a_i 到临界损伤长度 a_c 的时间,为裂纹检查期。在检查期内,可合理安排检查,保证在裂纹扩展到临界尺寸 a_c 之前被检查出来并修复。如图4.5所示,损伤修复后,结构的剩余强度也重新恢复,继续进入下一个使用期。损伤容限设计就是按照上述原理,以检修控制裂纹扩展来保证安全的。

假定构件中存在裂纹,用断裂力学分析、疲劳裂纹扩展分析和试验验证,证明在定期检查肯定能发现之前,裂纹不会扩展到足以引起破坏。这种抗疲劳断裂设计方法,称为损伤容限设计。

因此,损伤容限设计的三要素为剩余强度(用断裂力学方法进行分析)、损伤增长(按照疲劳裂纹扩展方法分析预测)和检查周期(依据检出能力进行的概率统计分析)。损伤容限设计的目标是:以检查控制损伤的程度,保证结构安全。损伤容限设计的关键是:研究的损伤累积方法,以期尽可能正确地预测结构中的损伤增长。

4.4.3 飞机结构疲劳试验方法

在飞机结构疲劳定寿过程中,结构疲劳试验验证是必不可少的环节。由于疲劳破坏仍是影响飞机结构耐久性的主要因素,因此,飞机结构的耐久性试验主要是进行疲劳试验,一般不再严格区分。

4.4.3.1 概述

飞机全尺寸结构耐久性/损伤容限试验包括全机及部件的耐久性/损伤容限试验,是新研与现役飞机验证和评定其服役/使用寿命(总寿命、首翻期及检修间隔)最重要的工作项目。新设计飞机的耐久性/损伤容限试验通常在由设计载荷谱(或根据相应实测数据加以修正)编制的设计试验载荷谱下进行,而现役飞机的试验则在由实测和使用数据处理所得的基准使用载荷谱编制的基准使用试验谱下进行。原则上设计使用载荷谱与基准使用载荷谱并没有本质上的区别,如果设计试验载荷谱与基准使用载荷谱有较明显的区别,则必须对设计试验载荷谱下的全尺寸结构耐久性/损伤容限试验结果加以修正以保证机群飞机在实际使用中的可靠性与安全性[16]。

已定型的飞机在成批使用前,全尺寸结构耐久性/损伤容限试验是必不可少的,进行全尺寸结构耐久性/损伤容限试验的目的主要有以下三点。

(1)充分暴露结构的疲劳关键部位,并验证疲劳关键部位的选取是否准确。

(2)验证结构的耐久性使用寿命和损伤容限(检查间隔与剩余强度)是否满足新机结构的设计要求,或者评定、预测现役飞机结构的使用寿命以及检查周期与剩余强度。

(3)为部队制定飞机结构维修大纲提供理论与数据依据。

当然,全尺寸结构耐久性/损伤容限试验还有一个目的就是验证设计时飞机结构有限元分析的准确性。通常情况下,全尺寸结构耐久性/损伤容限试验可以在一个或几个试验件上完成,试验件在应与批生产的服役飞机机体结构一致。

全尺寸结构耐久性试验主要指的是结构疲劳裂纹形成试验,在试验中,允许对结构实施经济修理,耐久性试验包含修理后的裂纹形成试验,试验周期至裂纹形成(含经济修理后结构裂纹形成)或进行至规定的耐久性试验持续时间。全尺寸结构损伤容限试验包括结构的裂纹扩展试验和含裂纹结构的剩余强度试验,若在进行耐久性试验时在达到规定时间内结构未出现裂纹,一般允许引入人工损伤。试验中需定期对结构实施全面检查,视情进行经济修理,全部试验结束后通常应进行结构的拆解检查、裂纹区的分解和重要断裂面的断口分析。值得注意的是,为了断口反推得到结构疲劳裂纹的起始时间,建议对发现裂纹的部位进行切割保护断口后再修理,如果带裂纹修理,很可能在试验结束后由于磨损等原因失去需要观察的裂纹断口。

目前,全尺寸结构疲劳验证试验主要分为两种方法:一种是分部段进行全尺寸验证试验;另一种是全机状态下进行全尺寸验证试验。这两种验证方法都存在着优缺点。在《军用飞机结构耐久性/损伤容限分析和设计指南(第一册:耐久性)》[17]中对这两种验证方法的优缺点进行了详细说明。

分部段进行全尺寸验证试验的优点主要表现为:

(1)比较全面的试验载荷谱被施加到试验件上,不会因为一些非对称载荷导致全机难以平衡而作出让步。

(2)像发动机侧向载荷、襟翼航向载荷、发动机停车偏航载荷等这些特定载荷可以在试验件上进行施加。

(3)各部段的试验可以同时独立地进行,不会因为某一部段的停止而影响其余部段的试验进度,从而保证了总进度。

(4)由于各部段的试验可以同时独立地进行,因此能节省大量的时间,使得能较快地完成试验,并及时发现各部段的薄弱部位,并将此反馈给设计和生产部门。

(5)分部段全尺寸试验时,各部段的试验加载点较少,载荷的平衡协调较为简单,从而使简化试验设备。

分部段进行全尺寸验证试验的缺点主要表现为:

(1)在分部段进行全尺寸试验时,许多结构作为过渡段的试验结构,从而增加了成本。

(2)在分部段进行全尺寸试验时,各段试验都要设计支持夹具,且支持夹具比较复杂,从而增加了设计制造的难度和费用。

全机状态下进行全尺寸疲劳验证试验的优点主要表现为:

(1)没有必要采用分部段的过渡段结构,从而降低了成本。

(2)由于全机状态下全尺寸疲劳试验都是在平衡加载状态下进行的,因此没有必要设计和制造像分部段试验的支持夹具。

(3)全机状态下全尺寸疲劳试验在分离面处的受载更真实,从而使得对结构造成的损伤更加趋近于真实情况。

全机状态下进行全尺寸疲劳验证试验的缺点主要表现为:

(1)在全机状态下进行全尺寸疲劳验证试验时,为了保证飞机在试验过程中的姿态,需要精心设计好静定约束方式或合理地选取被动加载点。

（2）全机状态下全尺寸疲劳试验的载荷平衡计算的要求要比分部段试验高。

（3）全机状态下全尺寸疲劳验证试验周期较长，有些特定载荷如发动机侧向载荷、襟翼航向载荷、发动机停车偏航载荷等施加比较困难。

全尺寸结构耐久性/损伤容限试验既可以采用全机试验方案，也可以采用部件（或部段）试验方案。由于全机疲劳试验载荷传递更接近于真实情况，且只需要一架飞机就可以完成各部件的考核任务，因此全机试验方案被国内外广泛采用。当采用全机试验方案时，需要考核的部件较多，如机翼、前/后机身、尾翼、起落架等，有时还要兼顾各种舵面的功能及疲劳试验，因此，在制定试验方案时就需要考虑各种因素，制定一种合理可行的试验方案则显得尤其重要。在进行全尺寸结构耐久性/损伤容限试验时，对结构进行加载时通常通过粘贴胶布带和杠杆系统来实现。采用合理分块加载方法，选择适当的代表载荷情况进行杠杆设计，确定加载方案对保证试验的有效性有着重要作用。为了在试验过程中能及时观察到结构裂纹并测量裂纹长度，需要制定出可靠的裂纹测量方法，这时可采用各种无损检测技术（包括目测、应变测量、超声、涡流、声发射等以及其他任何行之有效的裂纹无损检测和监控技术）为基础的综合监测方法。

4.4.3.2 飞机结构耐久性/损伤容限试验实施的主要环节

飞机结构耐久性/损伤容限试验主要有以下几个环节。

1. 试验任务书

一般根据国军标或适航要求、飞机结构设计和生产的实际情况、飞机结构设计要求、飞机结构耐久性和损伤容限试验实力、飞机结构承受的载荷和载荷谱、完成该项试验的经济基础和周期要求等[18]，并借鉴国内外同类试验的实践经验来编写试验任务书。试验任务书是试验的依据性基础文件，是由试验委托方完成并通过军方或适航部门认可的。

2. 试验大纲

根据试验任务书编制试验大纲，是对试验任务书的具体化实施方案。试验大纲一般由承试方完成，但必须得到试验委托方的同意和军方或适航部门的认可。试验大纲一般包括试验依据、试验目的、试验内容、试验件及支持夹具、试验载荷环境、载荷加载方法、测量方法、无损检测方法、质量控制、安全管理、试验报告等。

3. 试验设计

根据试验大纲对试验进行设计，是试验大纲的具体实施过程，主要包括试验件支持夹具图、载荷加载实施方案、内压实施方案、应变和位移测量方案、无损检测大纲等。

4. 试验设计复查

对于一些军用飞机和民用飞机结构，为了尽量减少试验设计中存在的问题，一般都需要对试验设计进行复查。试验设计复查由试验承制方组织,是对原试验设计的进一步审查和认可。

5. 试验设备安装

试验设备安装主要包括:受试产品的交接,应变片粘贴,卡板安装及胶布带粘贴,试件安装,杠杆、卡板系统与加载系统的连接、充压系统的安装等。

6. 调试与评审

调试是整个试验中的一个非常重要的环节。通过调试,一方面可以消除系统振动,使试验平稳;另一方面使试验精度和试验频率优化组合。调试可分为设备调试和试验调试。设备调试的内容主要有:调试作动筒;调试应变片和位移传感器;调试数据采集系统;调试液压系统、作动筒和伺服阀;把载荷谱及参数输入到控制系统中;数据采集系统、载荷控制系统以工作站的形式进行联机等。

一切准备工作就绪后,进行试验调试,试验调试的主要内容有:载荷调试、单点调试、多点联调、全部加载点联调、静力加载和数据采集系统联调、疲劳加载及数据采集系统联调好。调试完成后,形成报告,就可以组织评审了,评审通过后即可开始正式试验。

7. 试验

试验需按任务书要求依据试验大纲进行,施加完载荷后,需进行无损检测、应变和位移测量、结构修理等。无损检测是为了发现裂纹并了解其发展规律,是保证试验成功的关键。应变和位移测量是为了掌握结构的变形和应力分布特性,并与设计和有限元分析结果进行比较,以改进设计和分析方法。结构修理可使结构恢复到具有正常功能的结构,并且继续试验时可暴露其他的薄弱环节,为制定结构修理方案和修理间隔提供依据。

8. 试验总结与评审

试验总结报告是对实施试验大纲后试验结果的总体评价。除了试验大纲中规定的一些内容外,还应对试验实施、试验寿命、结构应变和位移测量结果、结构损伤等进行总结,必要时还需提供试验现场、试验数据、试验照片及试验录像等。此外,试验总结报告中还应对试验结果进行分析并作出参考评估。

参考文献

[1] 蒋祖国,田丁栓,周占廷,等. 飞机结构载荷/环境谱[M]. 北京:电子工业出版社,2012.

[2] MIL－A－08866B(USAF). 飞机强度与刚度—可靠性要求、重复载荷和疲劳[S]. 西安:航空工业部飞机强度规范编写办公室,1983.

[3] GJB 67A—2008 军用飞机结构强度规范[S]. 北京:中国人民解放军总装备部,2008.

[4] Freudenthal A M. The scatter factor in the reliability assessment of aircraft structures[J]. Journal of Aircraft,1977,14(2):202－208.

［5］ British Ministry of Defence. Design and airworthiness requirements for service aircraft, Defence Standard 00 – 970［S］,1987.

［6］ Benoy M B. A Review of Fatigue Scatter Factors with Particular Reference to Civil Aircraft. Cicil Aviation Authority ofAustralia,July,1978.

［7］ Yu Chee Tong. Literature review on aircraft structural risk and reliability analysis［R］. DSTO – TR – 1110, Aeronautical and Maritime Research Laboratory,Defence Science and Technology Organisation,Australia,2001.

［8］ 周蓓,周如鹏. 国内外飞机疲劳寿命分散系数计算［J］. 设计与计算,2005,2：49 – 51.

［9］ 贺小帆,刘文珽. 服从不同分布的疲劳寿命分散系数分析［J］. 北京航空航天大学学报,2002,28(1)：47 – 49.

［10］ 高镇同. 疲劳应用统计学［M］. 北京：国防工业出版社,1986.

［11］ 《飞机结构疲劳定寿文集》编审委员会. 飞机结构疲劳定寿文集(第一集)［M］. 航空航天工业部科学技术委员会,1991.

［12］ Proven J W. Probabilistic fracture mechanics and reliability［M］. Dordrecht, The Netherlands：Martinus Nijhoff,1987.

［13］ PROVAN J W. 概率断裂力学和可靠性［M］. 航空航天工业部系统工程办公室,译. 北京：航空工业出版社,1989.

［14］ Broek D. 工程断裂力学基础［M］. 王克仁,何明元,高桦,译. 北京：科学出版社,1980.

［15］ 郑晓玲. 民机结构耐久性与损伤容限设计手册：下册［M］. 北京：航空工业出版社,2003.

［16］ 贺小帆,刘文珽,蒋东滨. 一种考虑腐蚀影响的飞机结构疲劳试验方法［J］. 北京航空航天大学学报,2003,1(29)：20 – 22.

［17］ 中国飞机强度研究所. 军用飞机结构耐久性/损伤容限分析和设计指南(第一册：耐久性)［M］. 2008.

［18］ 杨晓华,姚卫星,陈跃良. 加速疲劳寿命试验在飞机结构日历寿命研究中的应用［J］. 腐蚀科学与防护技术,2002,14(3)：172 – 174.

第 ❺ 章

飞机结构疲劳分散系数分析

由于飞机结构固有的分散性和飞机在使用过程中所经历载荷的分散性,在评定飞机结构使用寿命时引入疲劳分散系数的概念。疲劳分散系数在飞机结构疲劳定寿或延寿中具有非常重要的作用。

5.1　各国采用的疲劳分散系数及表达式

同一型号的飞机在服役使用过程中,其真实的疲劳寿命存在着分散性,疲劳分散系数是描述飞机结构疲劳寿命分散性的可靠性系数,一般可根据机群飞机结构疲劳寿命的分布规律、可靠性要求或实际工程经验得出[1]。疲劳分散系数针对的是飞机的群体而不是个体,它反映的是机队飞机中每架飞机的疲劳寿命对该机队所有飞机平均疲劳寿命的离散程度,并由此给出机队飞机使用寿命的可靠性水平。对于机队飞机中的单机结构本身而言,是不存在疲劳分散系数的。目前,虽然各国都采用疲劳分散系数方法来确定飞机结构疲劳安全寿命,但是由于各国对飞机结构可靠性要求的不同,所采用的疲劳分散系数计算公式也不尽相同。

JSSG—2006《美国国防部联合使用规范指南—飞机结构》[2]中在耐久性分析和试验时引入了计算分散系数和试验分散系数。美国空军采用的疲劳分散系数计算公式为

$$L_f = 10^{-u_P\sigma_0} \tag{5.1}$$

式中:L_f 为疲劳分散系数;u_P 为由可靠度 P 确定的标准正态分布的上 P 分位点;σ_0 为疲劳寿命对数标准差。式(5.1)中仅考虑了可靠度因素,没有考虑样本容量和置信度的影响。式(5.1)的推导过程见第4.3.1节中数学期望和对数标准差都已知情形下的疲劳分散系数推导过程。

我国和日本等国家在分析疲劳分散系数时考虑了样本容量和置信度的影响,采用的疲劳分散系数计算公式为[3]

$$L_f = 10^{\left(\frac{u_\gamma}{\sqrt{n}} - u_P\right)\sigma_0} \tag{5.2}$$

式中:u_γ 为由显著性水平确定的标准正态分布上 γ 分位点;n 为样本容量。式

(5.2)中考虑了可靠度、样本容量及置信度等因素。式(5.2)的推导过程见第 4.3.1 节中数学期望未知但对数标准差已知时的疲劳分散系数推导过程。

英国军用规范 DEF STAN 00 970[4] 中将疲劳分散系数定义为试验持续时间与安全寿命的比值。澳大利亚和英国采用的疲劳分散系数计算公式为

$$L_f = 10^{-u_P\sigma\sqrt{1+\frac{1}{n}}} \tag{5.3}$$

式(5.3)考虑了可靠度和样本容量因素,但并没有考虑置信度因素。式(5.3)的推导过程如下:

设对数疲劳寿命 X 服从正态分布 $N(\mu, \sigma^2)$,则 $\overline{X}$ 也服从正态分布 $N(\mu, \sigma^2/n)$。可知,$(X - \overline{X})$ 仍为正态随机变量,其母体平均值为零,方差为 $\sigma^2 + \sigma^2/n$,标准差为 $\sigma\sqrt{1+1/n}$。于是可写出标准正态变量:

$$U = \frac{X - \overline{X}}{\sigma\sqrt{1+\frac{1}{n}}} \tag{5.4}$$

标准正态变量的超值累积频率函数为

$$P(U > u_P) = \frac{1}{2\pi}\int_{u_P}^{\infty} e^{-\frac{u^2}{2}}du = P \tag{5.5}$$

当给定概率 p 时,可由正态分布数值表查出 u_P 值(u_P 即为标准正态分布的上 P 分位数)。若 $p > 50\%$,则 u_P 为负值。将标准正态变量 U 代入式(5.5),得到

$$P\left(\frac{X - \overline{X}}{\sigma\sqrt{1+\frac{1}{n}}} > u_P\right) = p \tag{5.6}$$

经移项后可写成

$$P\left(X > \overline{X} + u_P\sigma\sqrt{1+\frac{1}{n}}\right) = p \tag{5.7}$$

式(5.7)表明:母体中任一个体对数疲劳寿命 X 大于 $\overline{X} + u_P\sigma\sqrt{1+\frac{1}{n}}$ 的概率为 p。设在一次抽样中 $\overline{X}$ 取得 $\bar{x}$ 值,如果将下式定义为对数安全寿命:

$$x_p = \bar{x} + u_P\sigma\sqrt{1+\frac{1}{n}} \tag{5.8}$$

则 p 应表示存活率。根据式(5.8)可得

$$\lg N_P = \lg[N_{50}] + u_P\sigma\sqrt{1+\frac{1}{n}} \tag{5.9}$$

$$\lg L_f = \lg[N_{50}] - \lg N_P = -u_P\sigma\sqrt{1+\frac{1}{n}} \tag{5.10}$$

$$L_f = 10^{-u_P\sigma\sqrt{1+\frac{1}{n}}} \tag{5.11}$$

目前,各国所采用的疲劳分散系数表达式不尽相同,考虑的因素也存在差别,

我国和日本等国家所采用的疲劳分散系数表达式考虑的因素较多,是一种比较完善的疲劳分散系数表达式。

5.2　美国民用飞机结构疲劳分散系数确定方法

美国交通部联邦航空局咨询通报 ACNo:25.571 – 1D[5] 中指出,在分析结构疲劳试验数据和确定结构疲劳安全寿命时,应当用一个适当的疲劳分散系数考虑变异性的影响。对于任何基于安全寿命设计思想的结构,在选择疲劳分散系数时必须考虑疲劳分散系数的合理性,其中包括基本疲劳分散系数 BSF1 和调整疲劳分散系数 BSF2。基本疲劳分散系数 BSF1 和调整疲劳分散系数 BSF2 的确定流程图如图 5.1 所示。

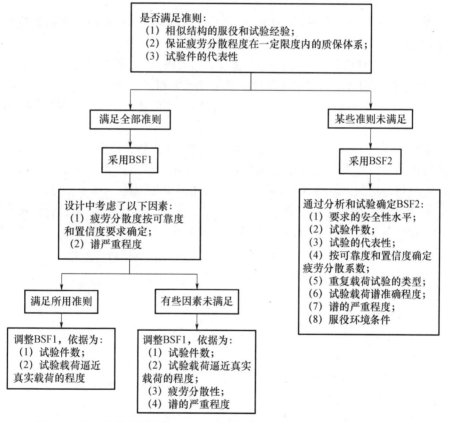

图 5.1　基本疲劳分散系数 BSF1 和调整疲劳分散系数 BSF2 的确定流程图

（1）对于美国民用飞机结构而言,用于试验结果分析的基本疲劳分散系数 BSF1 = 3.0 和 BSF2 ≥ 3.0。BSF1 是利用一个有代表性的试验件的试验结果确定的。在使用 BSF1 时,必须满足以下准则:

① 了解传力路径和破坏模式。具有相似设计准则和设计方法的结构服役和试验经验,能够表明已经很好地了解了结构的传力路径和潜在破坏模式。

② 设计、材料和制造过程质量的控制。应证明其质量体系(即设计、过程控制和材料标准)能够保证疲劳性能分散性是可控的,且疲劳关键部位的设计考虑了材料的分散性。

③ 试验件的代表性:

Ⅰ. 试验件应当是全尺寸的,并且代表了批生产飞机所需要试验的相应部分。试验件与批生产件的差别要么由有试验数据支持的分析,要么由试验本身来加以考虑;

Ⅱ. 应当考虑结构细节,如连接角盒和支架等,即使其本身可能是非承载件;

Ⅲ. 加载点和反作用点应能准确地反映飞机的情况,保证试验件真实的特性,并避免非正常的破坏;

Ⅳ. 用于预防环境退化的结构防护体系的应用可能对结构疲劳寿命有负面影响,因此,应当作为试验件的一部分。

(2) 为了考虑设计分析中没有全面考虑相关因素时,则必须对基本疲劳分散系数 BSF1 进行调整。此时应主要考虑如下几个方面。

① 材料疲劳分散性。对于民用飞机,材料性能应当具有 95% 置信度和 99% 可靠度。

② 谱的严重程度。应当在考虑使用状态的变化(如飞机重量和重心)以及对载荷的作用部位和大小进行谱敏感性分析的基础上导出试验载荷谱。当与服役中预期的载荷情况比较时,应当保证作用于结构上的试验载荷谱是保守的。

③ 有代表性的典型试验件数目。应当采用成熟的统计方法,将试验件数和选择的分布联系起来,以得到对基本系数的调整系数。

(3) 如果不能满足(1)中的准则时,需对基本分散系数进行修正。

① 在调整基本分散系数时应考虑下列因素:

· 要求的安全性水平;

· 有代表性的试验件数;

· 试验的代表性;

· 预期的疲劳分散性;

· 重复载荷试验类型;

· 试验载荷谱的准确性;

· 谱的严重程度;

· 预期的使用环境条件。

② 在任何情况下 BSF2 不能小于 BSF1。

美国采用上述方法来确定民用飞机结构疲劳分散系数,当满足给定准则时采用基本分散系数;当某些准则不能满足时需根据具体情况对基本分散系数进行调整,从而保证飞结构在安全寿命使用期内的飞行安全。实际上,美国民用飞机结构疲劳分散系数确定方法也可推广到军用飞机结构疲劳分散系数的确定中,用来确定军用飞机结构的基本疲劳分散系数并对其进行调整,只不过军用飞机结构所要求的置信度和可靠度与民用飞机结构所要求有所不同。

5.3　同一载荷谱和不同载荷谱下的飞机结构疲劳分散系数

同种型号机群飞机结构的疲劳寿命具有分散性,影响飞机结构疲劳寿命分散性的因素有许多,概括起来可以分为两类:固有分散性和外在分散性。固有分散性是指由于结构制造工艺、加工工艺、几何尺寸、材料质量等导致飞机结构疲劳寿命的分散性,固有分散性是结构本身所具有的分散性,所以又可将固有分散性称为结构分散性。外在分散性指的是由于飞机结构在实际使用过程中载荷和环境的不同而造成飞机结构疲劳寿命的分散性,通常指的是载荷分散性。一些学者[6,7]认为结构分散性与载荷分散性相互独立且都可以用连续性的随机变量来表示。

从安全寿命设计的要求来看,疲劳分散系数主要由三部分组成。

(1) 由疲劳试验的分散性所确定的分散系数,也就是由于结构分散性所确定的分散系数,称为疲劳试验分散系数(结构分散系数),与试件个数和存活率的选取有关。

(2) 全尺寸疲劳试验载荷谱与机队或每架飞机的载荷经历不同所带来的分散系数,称为载荷分散系数,与载荷谱子样大小和存活率的选取有关。

(3) 结构关键部位选得不准确所带来的分散系数,由于通过全机疲劳试验已基本上确定了关键部位,故一般情况下其值可取为1。

图5.2给出了不同可靠度情况下机群飞机正常使用时考虑载荷分散性的疲劳分散系数变化情况示例[8],可以看出,当可靠度为99.9%时,考虑载荷分散性的疲劳分散系数已达到了8.0,而一般情况下,99.9%可靠度下不考虑载荷分散性的疲劳分散系数的取值范围为3~6。可见,考虑载荷分散性的疲劳分散系数值与不考虑载荷分散性的疲劳分散系数值相差较大,因此,有必要对同一载荷谱和不同载荷谱下的疲劳分散系数进行分析。

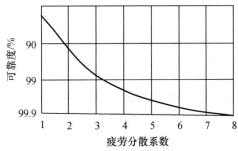

图5.2　不同可靠度下正常使用时机群飞机结构疲劳分散系数示例

5.3.1 同一载荷谱下的同型飞机结构疲劳分散系数

结构分散性是指在同一载荷条件下结构疲劳寿命具有的分散性,当载荷条件一定时,其仅与结构本身的特性有关,直接反映了结构分散性。那么同一载荷谱下同型飞机结构的疲劳分散系数仅仅是由于结构本身特性而造成的寿命分散系数,可认为是结构分散系数。

对于军用飞机结构,在同一载荷谱下同型飞机结构疲劳寿命通常按照服从对数正态分布处理,则结构分散系数为

$$(L_f)_s = 10^{\left(\frac{u_y}{n} - u_p\right)\gamma_s} \tag{5.12}$$

式中:σ_s 为同一载荷谱下的对数疲劳寿命标准差。同一载荷谱下结构对数疲劳寿命标准差 σ_s 的典型取值为 0.08、0.10、0.11 和 0.12 等。

对于民用飞机结构,在同一载荷谱下同型飞机结构疲劳寿命通常按照服从威布尔分布处理,则结构分散系数为

$$L_f = S_c \left(\frac{-\ln P}{\ln 2}\right)^{-\frac{1}{m_s}} \tag{5.13}$$

式中:m_s 为同一载荷谱下的曲线形状参数(这里按双参数威布尔分布处理)。相应的推导过程在前面已经叙述过,不再赘述。

在机群飞机结构定寿或延寿工作中,通常需要采用全机疲劳试验对定寿或延寿目标进行验证,此时,需要确定全机疲劳试验持续时间,这时就需要采用试验分散系数和定寿或延寿目标来给定全机疲劳试验持续时间。实际上,由于全机疲劳试验是在给定试验载荷谱下进行的,因此在确定全机疲劳试验持续时间时所采用的试验分散系数本质上就是结构分散系数。全机疲劳试验载荷谱一般采用反映飞机基准(平均)使用情况的平均试验载荷谱,有时,为了缩短全机疲劳试验持续时间,也可采用反映使用分布 90% 严重程度的严重试验谱,不管采用哪种试验载荷谱,其试验分散系数都是不考虑载荷分散性的疲劳分散系数,即结构分散系数。

对于实际服役飞机而言,其载荷谱是动态变化的,可以采用飞参数据或载荷实测数据,根据等损伤原则将其折算为基准载荷谱,只不过作用时间不一样而已,这时就可以按照同一载荷谱情况进行处理。至于不同载荷谱下飞机结构疲劳分散系数可用下节中的分析方法来处理。

5.3.2 不同载荷谱下的同型飞机结构疲劳分散系数

目前,飞参记录系统在世界各国飞机中得到了广泛使用,有些飞机甚至也加装了载荷监测系统,从而使得飞机结构在飞行过程中的实际飞行载荷数据也都可以通过测量得到,而我国目前并没有全面系统地对不同载荷谱下的飞机结构疲劳寿命进行统计分析。飞机结构疲劳寿命与载荷谱的严重程度有关,当载荷谱严重时,结构疲劳寿命较短;当载荷谱较轻时,结构疲劳寿命较长。因此,由于载荷分

散性而导致的飞机结构疲劳寿命是否服从对数正态分布或威布尔分布有待进一步的研究。这里就同型飞机结构疲劳寿命在不同载荷谱下服从同一分布与不服从同一分布时的疲劳分散系数(或简称分散系数)分别进行讨论。

5.3.2.1　不同载荷谱下飞机结构疲劳寿命服从同一分布的分散系数

不同载荷谱下同型飞机结构疲劳寿命服从同一分布时的分散系数问题,也可认为是综合考虑结构分散性与载荷分散性的疲劳分散系数问题。下面分别对不同载荷谱下飞机结构疲劳寿命服从对数正态分布和双参数威布尔分布的分散系数进行分析。

1. 不同载荷谱下飞机结构疲劳寿命服从对数正态分布的分散系数

对于军用飞机结构,通常认为由于结构分散性而引起的飞机结构疲劳寿命服从对数正态分布,那么由于载荷分散性而导致的飞机结构疲劳寿命也服从对数正态分布时,易证综合考虑结构分散性和载荷分散性的飞机结构疲劳寿命也服从对数正态分布[9]。

结构分散系数是指考虑同一载荷谱下飞机结构疲劳寿命分散性的可靠性系数。同一载荷谱下飞机结构对数疲劳寿命 X 的概率密度函数为

$$f_s(x) = \frac{1}{\sqrt{2\pi}\,\sigma_s}\exp\left[-\frac{1}{2}\left(\frac{x-\mu_s}{\sigma_s}\right)^2\right] \tag{5.14}$$

式中: μ_s 为同一载荷谱下飞机结构对数疲劳寿命的数学期望; σ_s 为同一载荷谱下飞机结构对数疲劳寿命的标准差。

载荷分散系数是指考虑同型飞机结构由于飞机服役使用载荷的差异而导致飞机结构疲劳寿命分散性的可靠性系数,是载荷分散性对飞机结构疲劳寿命的影响。由于 μ_s 反映的是飞机结构疲劳寿命的分散性,因此对于同型飞机结构,载荷谱差异对疲劳寿命的影响就体现在 μ_s 的变化上。不同载荷谱下同一结构对数疲劳寿命的概率密度函数为

$$f_L(\mu_s) = \frac{1}{\sqrt{2\pi}\,\sigma_L}\exp\left[-\frac{1}{2}\left(\frac{\mu_s-\mu_0}{\sigma_L}\right)^2\right] \tag{5.15}$$

式中: μ_0 为考虑载荷分散性的同一结构对数疲劳寿命数学期望; σ_L 为考虑载荷分散性的同一结构对数疲劳寿命标准差。不同载荷谱下同一结构对数疲劳寿命标准差 σ_L 为 0.11、0.12、0.13、0.15 等[10]。

在疲劳分散系数取值综合考虑结构分散性和载荷分散性时,通常认为飞机结构对数疲劳寿命也服从对数正态分布,其概率密度函数为

$$f(x) = \frac{1}{\sqrt{2\pi}\,\sigma_0}\exp\left[-\frac{1}{2}\left(\frac{x-\mu}{\sigma_0}\right)^2\right] \tag{5.16}$$

式中: μ 为综合结构分散性和载荷分散性的对数疲劳寿命数学期望; σ_0 为综合结构分散性和载荷分散性的对数疲劳寿命标准差,是所有飞机结构疲劳寿命分散

性的反映,综合对数疲劳寿命标准差 σ_0 为 0.15、0.176、0.2 等[11-13]。可以在数学上证明,当仅考虑结构分散性的飞机结构疲劳寿命与仅考虑载荷分散性的飞机结构疲劳寿命都服从对数正态分布,且均可用相互独立的连续型随机变量描述时,综合考虑结构分散性和载荷分散性的疲劳寿命也服从对数正态分布,且满足

$$\begin{cases} E(x) = \mu_0 \\ \sqrt{D(x)} = \sqrt{\sigma_L^2 + \sigma_s^2} = \sigma_0 \end{cases} \tag{5.17}$$

根据上述分析可知,给定可靠度 P 与置信度 $1-\gamma$ 下的载荷分散系数为

$$(L_f)_L = 10^{\left(\frac{u_\gamma}{\sqrt{n}} - u_P\right)\sigma_L} \tag{5.18}$$

载荷分散系数一般对应着90%可靠度和90%置信度[14]。

给定可靠度 P 与置信度 $1-\gamma$ 下的结构分散系数为

$$(L_f)_s = 10^{\left(\frac{u_\gamma}{\sqrt{n}} - u_P\right)\sigma_s} \tag{5.19}$$

结构分散系数一般对应着99.9%的可靠度和90%的置信度[14]。

根据式(5.17),在给定可靠度 P 与置信度 $1-\gamma$ 的情况下,综合考虑结构分散性和载荷分散性的疲劳分散系数可表示为

$$L_f = 10^{\left(\frac{u_\gamma}{\sqrt{n}} - u_P\right)\gamma_0} = 10^{\left(\frac{u_\gamma}{\sqrt{n}} - u_P\right)\sqrt{\sigma_L^2 + \sigma_s^2}} \tag{5.20}$$

综合考虑结构分散性和载荷分散性的疲劳分散系数一般对应着99.9%的可靠度和90%的置信度。

假设综合考虑结构分散性和载荷分散性的疲劳分散系数可靠度为 P_0 与置信度为 $1-\gamma_0$,结构分散系数可靠度为 P_s 与置信度为 $1-\gamma_s$,载荷分散系数可靠度为 P_L 与置信度为 $1-\gamma_L$,样本容量为 n 的情况下,综合考虑结构分散性和载荷分散性的疲劳分散系数等于结构分散系数与载荷分散系数乘积的充要条件为

$$\frac{\sigma_s}{\sigma_L} = \begin{cases} \dfrac{bc + a\sqrt{b^2 + c^2 - a^2}}{a^2 - c^2} & (a > c, b^2 + c^2 > a^2) \\ \dfrac{bc - a\sqrt{b^2 + c^2 - a^2}}{a^2 - c^2} & (a > b, b^2 + c^2 > a^2, a \neq c) \\ \dfrac{a^2 - b^2}{2ab} & (a = c, a > b) \end{cases} \tag{5.21}$$

式中

$$a = \left(\frac{u_{\gamma_0}}{\sqrt{n}} - u_{P_0}\right)$$

$$b = \left(\frac{u_{\gamma_L}}{\sqrt{n}} - u_{P_L}\right)$$

$$c = \left(\frac{u_{\gamma_s}}{\sqrt{n}} - u_{P_s} \right)$$

式(5.21)的充分必要性易证,在此不给出具体证明过程。值得说明的是,式(5.21)只给出了满足条件的数学解析解,并没有考虑工程中置信度、可靠度取值的实际情况。特别地,综合考虑结构分散性和载荷分散性的疲劳分散系数与结构分散系数可靠度均为 P_0,载荷分散系数可靠度为 P_L,置信度都为 $1 - \gamma$(且满足 $P_0 > P_L$)以及样本容量为 n 的情况下(即满足式(5.21)中 $(a = c, a > b)$ 情形),疲劳分散系数等于结构分散系数与载荷分散系数乘积的充要条件为

$$\frac{\sigma_s}{\sigma_L} = \frac{\left(\frac{u_\gamma}{\sqrt{n}} - u_{P_0} \right)^2 - \left(\frac{u_\gamma}{\sqrt{n}} - u_{P_L} \right)^2}{2\left(\frac{u_\gamma}{\sqrt{n}} - u_{P_0} \right)\left(\frac{u_\gamma}{\sqrt{n}} - u_{P_L} \right)} \tag{5.22}$$

式(5.22)的必要性容易证明得到,在此略去。充分性简单证明如下:

根据式(5.22)可得

$$2\frac{\sigma_s}{\sigma_L}\left(\frac{u_\gamma}{\sqrt{n}} - u_{P_0} \right)\left(\frac{u_\gamma}{\sqrt{n}} - u_{P_L} \right) = \left(\frac{u_\gamma}{\sqrt{n}} - u_{P_0} \right)^2 - \left(\frac{u_\gamma}{\sqrt{n}} - u_{P_L} \right)^2 \tag{5.23}$$

$$2\frac{\sigma_s}{\sigma_L}\left(\frac{u_\gamma}{\sqrt{n}} - u_{P_0} \right)\left(\frac{u_\gamma}{\sqrt{n}} - u_{P_L} \right) + \left(\frac{u_\gamma}{\sqrt{n}} - u_{P_0} \right)^2 \left(\frac{\sigma_s}{\sigma_L} \right)^2$$

$$= \left(\frac{u_\gamma}{\sqrt{n}} - u_{P_0} \right)^2 - \left(\frac{u_\gamma}{\sqrt{n}} - u_{P_L} \right)^2 + \left(\frac{u_\gamma}{\sqrt{n}} - u_{P_0} \right)^2 \left(\frac{\sigma_s}{\sigma_L} \right)^2 \tag{5.24}$$

于是有

$$\left(\frac{u_\gamma}{\sqrt{n}} - u_{P_0} \right)\sqrt{\sigma_L^2 + \sigma_s^2} = \left(\frac{u_\gamma}{\sqrt{n}} - u_{P_L} \right)\sigma_L + \left(\frac{u_\gamma}{\sqrt{n}} - u_{P_0} \right)\sigma_s \tag{5.25}$$

则有

$$10^{\left(\frac{u_\gamma}{\sqrt{n}} - u_{P_0} \right)\sqrt{\sigma_L^2 + \sigma_s^2}} = 10^{\left(\frac{u_\gamma}{\sqrt{n}} - u_{P_L} \right)\sigma_L + \left(\frac{u_\gamma}{\sqrt{n}} - u_{P_0} \right)\sigma_s} \tag{5.26}$$

$$10^{\left(\frac{u_\gamma}{\sqrt{n}} - u_{P_0} \right)\sqrt{\sigma_L^2 + \sigma_s^2}} = 10^{\left(\frac{u_\gamma}{\sqrt{n}} - u_{P_L} \right)\sigma_L} 10^{\left(\frac{u_\gamma}{\sqrt{n}} - u_{P_0} \right)\sigma_s} \tag{5.27}$$

根据式(5.20)和式(5.27)可知

$$L_f = (L_f)_L \cdot (L_f)_s \tag{5.28}$$

可见,在可靠度、置信度及样本容量给定的情况下,只有当载荷分散性导致的疲劳寿命标准差 σ_L 与结构分散性导致的疲劳寿命标准差 σ_s 满足式(5.21)或式(5.22)时,才有式(5.28)的成立。

在 γ 为 10%,P_0 为 99.87%,P_L 为 90% 时,当取典型的 $\sigma_L = 0.110, 0.120,$ 0.130, 0.150 和 $\sigma_s = 0.08, 0.10, 0.11, 0.12$,根据疲劳分散系数计算公式可计算出 L_f、$(L_f)_L$ 和 $(L_f)_s$ 值,如表5.1~表5.4 所列。

表 5.1　σ_L 为 0.11，σ_s =0.08,0.10,0.11,0.12 时的 L_f、$(L_f)_L$ 和 $(L_f)_s$ 值

σ_L	0.11	0.11	0.11	0.11
$(L_f)_L$	1.914 4	1.914 4	1.914 4	1.914 4
σ_s	0.08	0.1	0.11	0.12
$(L_f)_s$	2.200 7	2.680 4	2.958 1	3.264 7
σ_0	0.136 0	0.148 7	0.155 6	0.162 8
L_f	3.836 9	4.347 9	4.654 9	4.999 6
$(L_f)_L \cdot (L_f)_s$	4.2130	5.1314	5.6630	6.2500

表 5.2　σ_L 为 0.12，σ_s =0.08,0.10,0.11,0.12 时的 L_f、$(L_f)_L$ 和 $(L_f)_s$ 值

σ_L	0.12	0.12	0.12	0.12
$(L_f)_L$	2.0309	2.0309	2.0309	2.0309
σ_s	0.08	0.1	0.11	0.12
$(L_f)_s$	2.2007	2.6804	2.9581	3.2647
σ_0	0.1442	0.1562	0.1628	0.1697
L_f	4.1612	4.6845	4.9996	5.3534
$(L_f)_s \cdot (L_f)_L$	4.4694	5.4436	5.0076	6.6303

表 5.3　σ_L 为 0.13，σ_s =0.08,0.10,0.11,0.12 时的 L_f、$(L_f)_L$ 和 $(L_f)_s$ 值

σ_L	0.13	0.13	0.13	0.13
$(L_f)_L$	2.1544	2.1544	2.1544	2.1544
σ_s	0.08	0.1	0.11	0.12
$(L_f)_s$	2.2007	2.6804	2.9581	3.2647
σ_0	0.1526	0.1640	0.1703	0.1769
L_f	4.5225	5.0604	5.3846	5.7491
$(L_f)_s \cdot (L_f)_s$	4.7712	5.7747	6.3729	7.0334

表 5.4　σ_L 为 0.15，σ_s =0.08,0.10,0.11,0.12 时的 L_f、$(L_f)_L$ 和 $(L_f)_s$ 值

σ_L	0.15	0.15	0.15	0.15
$(L_f)_L$	2.4244	2.4244	2.4244	2.4244
σ_s	0.08	0.1	0.11	0.12
$(L_f)_s$	2.2054	2.6875	2.9581	3.2647
σ_0	0.1700	0.1803	0.1860	0.1921
L_f	5.3690	5.9432	6.2898	6.6797
$(L_f)_L \cdot (L_f)_s$	5.3468	6.5156	7.1716	7.9149

根据表5.1~5.4的计算结果可知,综合考虑结构分散性和载荷分散性的疲劳分散系数一般情况下并不等于载荷分散系数和结构分散系数的乘积,并且综合考虑结构分散性和载荷分散性的疲劳分散系数大于载荷分散系和结构分散系数,因此,如果只采用结构分散系数来对机群飞机结构定寿,就会得到危险的结果。只有当载荷分散性导致的疲劳寿命标准差 σ_L 与结构分散性导致的疲劳寿命标准差 σ_s 满足式(5.21)或式(5.22)时,综合考虑结构分散性和载荷分散性的疲劳分散系数才等于载荷分散系数和结构分散系数的乘积。

当综合考虑结构分散性和载荷分散性的飞机结构疲劳寿命服从双参数威布尔分布时,也可采用上述方法对综合考虑结构分散性和载荷分散性的疲劳分散系数、载荷分散系数和结构分散系数之间的关系进行分析。

2. 不同载荷谱下飞机结构疲劳寿命服从双参数威布尔分布的分散系数

假设当综合考虑结构分散性和载荷分散性的飞机结构疲劳寿命服从威布尔分布时,威布尔函数的参数可以根据实际数据统计得到,则疲劳分散系数的表达式与式(4.28)相同。此时疲劳分散系数一般对应着95%的可靠度和95%的置信度[15]。

当综合考虑结构分散性和载荷分散性的疲劳寿命不服从威布尔分布时,此时疲劳分散系数就无法得到,可采用下面的方法进行分析计算。

5.3.2.2　不同载荷谱下飞机结构疲劳寿命不服从同一分布的分散系数

假设综合考虑结构分散性与载荷分散性后同型飞机结构疲劳寿命不服从对数正态分布或威布尔分布时,由于结构分散性而引起的同一载荷谱下飞机结构疲劳寿命通常仍认为服从对数正态分布或威布尔分布,可以看出由于载荷分散性而引起的飞机结构疲劳寿命将难以确定其分布规律。事实上,由于飞机(特别是军用飞机)使用的复杂性往往要准确得到由于载荷分散性而引起的飞机结构疲劳寿命分布规律是困难的[16]。

由于使用载荷的差异而导致飞机结构疲劳寿命不服从对数正态分布或威布尔分布,因此无法计算得到载荷分散系数,进而无法计算综合考虑载荷分散性和结构分散性的疲劳分散系数。

一般认为在同一载荷谱下飞机结构疲劳寿命服从对数正态分布或威布尔分布。对于军用飞机结构,则大多认为在同一载荷谱下同型飞机结构疲劳寿命服从对数正态分布;对于民用飞机结构,则大多认为在同一载荷谱下同型飞机结构疲劳寿命服从威布尔分布。此时,仅能得到结构分散系数,可以将不同服役载荷谱环境下的飞机结构疲劳寿命等损伤的当量转化为相同服役载荷谱环境下的飞机结构疲劳寿命,则机群服役飞机结构的疲劳寿命可以认为是在同一载荷谱下的结果,其来自同一个母体,服从同一分布。此时,疲劳分散系数就是结构分散系数。

5.4 不同材料(结构)的对数疲劳寿命标准差统计分析及疲劳分散系数

5.4.1 不同材料(结构)的对数疲劳寿命标准差统计分析

由于飞机结构材料性能及加工工艺的不同,飞机结构材料疲劳寿命的分散性是不同的,从而其疲劳寿命的对数标准差不同。对于正态分布而言,对数寿命标准差的大小直接影响着飞机结构疲劳定寿时所用疲劳分散系数的大小。本节对部分飞机结构常用材料及结构疲劳寿命对数标准差进行统计分析,确定对数标准差的分布及大小。这里统计材料疲劳寿命的范围为工程常用范围($10^3 \sim 10^5$循环数),所统计的数据并不完全,仅为飞机结构疲劳定寿工作疲劳分散系数的取值提供参考。部分铝合金材料及结构、钢材、复合材料的统计结果如表5.5~表5.7所列。其中,采用正态概率纸对对数寿命标准差的分布进行了分布检验。

表5.5 铝合金材料及结构疲劳寿命的对数标准差统计结果

材料种类		对数寿命数据	对数寿命标准差	对数寿命标准差所服从的分布	对数寿命标准差的均值	对数寿命标准差的标准差
LY12CZ	材料	附录Ⅱ.1	附录Ⅱ.1	正态分布	0.121	0.0367
	连接件	附录Ⅱ.1	附录Ⅱ.1	正态分布	0.1638	0.0373
LY12CS	材料	附录Ⅱ.2	附录Ⅱ.2	正态分布	0.1207	0.0501
2024 - T3	材料	附录Ⅱ.6	附录Ⅱ.6	正态分布	0.0598	0.0333
	连接件	附录Ⅱ.6	附录Ⅱ.6	正态分布	0.1284	0.0475
7050 - T7451	材料	附录Ⅱ.7	附录Ⅱ.7	正态分布	0.0763	0.0445
	连接件	附录Ⅱ.7	附录Ⅱ.7	正态分布	0.0955	0.0473
2524 - T3	连接件	附录Ⅱ.8	0.2038			
AL - Li - S - 4	连接件	附录Ⅱ.9	0.1125			
6156 - T6	连接件	附录Ⅱ.10	0.1015			
2198 - T8	连接件	附录Ⅱ.11	0.0836			
2524 - T3 和 7150 - T77511	连接件	附录Ⅱ.12	0.1498			
6156 - T6 和 6056 - T4511	连接件	附录Ⅱ.13	0.179			
AL - Li - S - 4 和 2099 - T83	连接件	附录Ⅱ.14	0.1285			
2198 - T8 和 2196 - T8511	连接件	附录Ⅱ.15	0.1144			

表 5.6　钢材疲劳寿命的对数标准差统计结果

材料种类		对数寿命数据	对数寿命标准差	对数寿命标准差所服从的分布	对数寿命标准差的均值	对数寿命标准差的标准差
40CrNiMoA	材料	附录Ⅱ.3	附录Ⅱ.3	正态分布	0.1263	0.073
30CrMnSiNi2A	材料	附录Ⅱ.4	附录Ⅱ.4	正态分布	0.1013	0.0492
30CrMnSi2A	材料	附录Ⅱ.5	附录Ⅱ.5	正态分布	0.2136	0.1589

表 5.7　复合材料疲劳寿命的对数标准差统计结果

材料种类		对数寿命数据	对数寿命标准差	对数寿命标准差所服从的分布	对数寿命标准差的均值	对数寿命标准差的标准差
T700/QY8911	材料	附录Ⅱ.16	附录Ⅱ.16	正态分布	0.2243	0.1649

根据表 5.5～表 5.7 中的统计结果可知，由于材料性能及加工精度等因素，国内铝合金材料疲劳寿命对数标准差大于国外铝合金材料疲劳寿命对数标准差；结构件疲劳寿命对数标准差大于材料疲劳寿命对数标准差；钢材疲劳寿命对数标准差大于铝合金材料疲劳寿命对数标准差；复合材料疲劳寿命对数标准差大于铝合金和钢材料疲劳寿命对数标准差。这里的飞机结构（材料）对数疲劳寿命也可简称为对数寿命。

这里值得说明的是，上述各组统计结果均是以同一种载荷谱作用下同一种试验件的试验结果为依据，如果载荷谱发生了变化，疲劳寿命值将发生显著的变化，其即使服从同一分布规律，分散性也将显著增大。如一般经验告诉我们，对于铝合金而言，在等幅载荷谱作用下，应力比不变，当最大应力增大 20% 时，疲劳寿命值将缩短大约一半。而载荷谱与飞机使用环境、航线、飞行科目以及飞行员的操纵有关，其对疲劳寿命的影响是显著的，因而这里的建议是采用单机载荷监测（或载荷实测）方法得到每架飞机的实际载荷历程，以消除载荷谱的分散性。

5.4.2　不同材料(结构)的疲劳分散系数取值

对于飞机结构疲劳寿命服从对数正态分布的情况，疲劳分散系数的取值决定着安全寿命的长短，而疲劳分散系数的取值又与对数疲劳寿命标准差的大小密切相关。机群飞机结构定寿时的疲劳分散系数实质上就是仅考虑材料或结构分散性的疲劳分散系数。

这里取可靠度为 99.9%，置信度为 90%，根据 5.4.1 节中不同材料（结构）的对数寿命标准差统计分析结果（表 5.5～表 5.7）计算不同材料或结构的疲劳分散系数值。在机群飞机结构定寿时，全机疲劳试验机一般为 1 架，也就是说样本容量为 1，而对数寿命标准差是经过大量的试验数据统计而来的，样本量较大，为了说明不同材料或结构具有的分散性，因此，这里在计算疲劳分散系数时样本容量也取为1。计算结果如表5.8~表5.10所列。

表5.8 铝合金材料及结构的疲劳分散系数值

材料种类		对数寿命标准差	疲劳分散系数
LY12CZ	材料	0.121	3.3806
	连接件	0.1638	5.2012
LY12CS	材料	0.1207	3.3704
2024 – T3	材料	0.0598	1.8257
	连接件	0.1284	3.6420
7050 – T7451	材料	0.0763	2.1556
	连接件	0.0955	2.6152
2524 – T3	连接件	0.2038	7.7799
AL – Li – S – 4	连接件	0.1125	3.1033
6156 – T6	连接件	0.1015	2.7780
2198 – T8	连接件	0.0836	2.3200
2524 – T3 和 7150 – T77511	连接件	0.1498	4.5175
6156 – T6 和 6056 – T4511	连接件	0.179	6.0611
AL – Li – S – 4 和 2099 – T83	连接件	0.1285	3.6457
2198 – T8 和 2196 – T8511	连接件	0.1144	3.1633

表5.9 钢材的疲劳分散系数值

材料种类		对数寿命标准差	疲劳分散系数
40CrNiMoA	材料	0.1263	3.5658
30CrMnSiNi2A	材料	0.1013	2.7724
30CrMnSi2A	材料	0.2136	8.5865
平均值			4.9749

表5.10 复合材料的疲劳分散系数值

材料种类		对数寿命标准差	疲劳分散系数
T700/QY8911	材料	0.2243	9.5630

根据表5.8~表5.10中疲劳分散系数的结果可知,国内铝合金材料疲劳寿命的分散系数大于国外铝合金材料疲劳寿命的分散系数;国内铝合金结构疲劳寿命的分散系数总体上大于国外铝合金结构疲劳寿命的分散系数;结构件(连接件)疲劳寿命的分散系数大于材料疲劳寿命的分散系数;钢材疲劳寿命的分散系数大于铝合金材料疲劳寿命的分散系数;复合材料疲劳寿命的分散系数大于铝合金和钢材料疲劳寿命的分散系数。

以上分析的部分原始数据列入附录Ⅱ中,虽不完全但也具有一定的代表性。当然,随着材料与加工技术的进步,材料(结构)的疲劳分散性会进一步降低,其对数疲劳寿命标准差及疲劳分散系数均会相应地减少。

5.5　飞机结构疲劳分散系数的应用

在飞机定寿及寿命管理工作中,疲劳分散系数的大小对飞机结构的安全寿命及寿命管理有很大的影响。在实际工作中疲劳分散系数的取值是在理论分析的基础上并结合工程经验确定的,疲劳分散系数在寿命管理工作中的应用主要集中在以下两个方面。

1. 用于新机结构定寿工作中确定全机疲劳/耐久性试验周期

在新机结构设计使用寿命给定后,需要对设计使用寿命进行全机疲劳/耐久性试验验证,可根据设计使用寿命指标和疲劳分散系数确定全机疲劳/耐久性试验周期,从而达到考核和验证设计使用寿命的目的。

2. 用于现役飞机结构寿命管理

主要有以下几种情况:

(1) 当综合考虑结构分散性和载荷分散性的疲劳寿命不服从同一分布,而由于结构分散性引起的飞机结构疲劳寿命服从某一分布时,可从飞机结构本身的分散性出发,由于结构分散性而引起的飞机结构疲劳寿命服从某一分布时,计算试验载荷谱下的结构分散系数,并以此作为疲劳分散系数求得飞机结构安全寿命值。将此安全寿命作为当量基准寿命值,对服役飞机进行单机寿命监控管理。计算每架服役飞机的当量飞行小时数,当服役飞机当量飞行小时数到达当量基准寿命值时可认为飞机到寿。

(2) 当综合考虑结构分散性和载荷分散性的疲劳寿命服从同一分布时,计算疲劳分散系数,求得飞机结构安全寿命。将此安全寿命作为基准寿命值,对服役飞机进行寿命管理。当每架服役飞机实际飞行小时数到达基准寿命值时可认为飞机到寿。

(3) 当综合考虑结构分散性和载荷分散性的疲劳寿命服从同一分布时,为了消除载荷分散性对飞机结构疲劳寿命的影响,提高寿命管理的准确性,仍可采用(1)中的方法对每架飞机寿命进行管理。

参考文献

[1] JSSG—2006. 美国国防部联合使用规范指南—飞机结构[S]. 中国飞行试验研究院译,2009.

[2] Freudenthal A M. The scatter factor in the reliability assessment of aircraft structures[J]. Journal of Aircraft, 1977,14(2):202-208.

[3] 高镇同. 疲劳应用统计学[M]. 北京：国防工业出版社,1986.

[4] UK Ministry of Defence. Design and airworthiness requirements for service aircraft part 11 Engines. DEF STA-NOO-970 Part 11. 2006.

[5] 美国交通部联邦航空管理局. 咨询通报 AC 号:25. 571-1D:结构损伤容限和疲劳评定[R]. 2011.

[6] 贺小帆,董彦民,刘文珽. 结构和载荷谱分散性分离的疲劳寿命可靠性[J]. 航空学报,2010,31(4)：732-737.

[7] 王智,刘文珽,王磊. 单机结构疲劳分散系数研究[J]. 机械强度,2009,31(1)：150-154.

[8] New Technology in Aircraft Design[M]. Xian：Airforce Engineering Universtity,2010.

[9] 张福泽. 疲劳分散系数的分类及其取值[J]. 航空学报,1987,8(6)：B239-B244.

[10] 施耐康. 规范疲劳寿命及其标准差[J]. 航空学报,1987,8(10)：B467-B474.

[11] 刘静安,谢水生. 铝合金材料的应用于技术开发[M]. 北京：冶金工业出版社,2004.

[12] 刘文珽,王智,隋福成. 单机寿命监控技术指南[M]. 北京：国防工业出版社,2010.

[13] 中国飞机强度研究所. 军用飞机结构耐久性/损伤容限分析和设计指南(第一册:耐久性)[M]. 2008.

[14] 傅惠民,张勇波. 正态分布定时无失效寿命分散系数[J]. 航空动力学报,2011,26(8)：1836-1840.

[15] 张勇波,傅惠民,王治华. Weibull 分布定时无失效数据寿命分散系数[J]. 航空动力学报,2012,27(4)：795-800.

[16] 《飞机结构疲劳定寿文集》编审委员会. 飞机结构疲劳定寿文集(第五集)[M]. 北京:航空航天工业部科学技术委员会,1996.

第 ❻ 章

飞机结构疲劳/耐久性安全寿命常用延寿方法

飞机的寿命主要是由飞机结构的寿命决定的,飞机的服役/使用寿命管理也主要是以飞机结构的服役/使用寿命管理为主。对于一些老旧飞机,由于不能记录保存飞机在实际使用中的载荷与环境信息,通常认为飞机的基准服役/使用条件就是对实际服役/使用条件的代表,并近似地认为飞机结构的实际服役/使用周期就等于在基准服役/使用条件下的当量服役/使用周期。对于能记录并保存飞机在实际使用中的载荷与环境信息的飞机,则通常依据损伤相当的原则将飞机结构的实际服役/使用周期等效转化为在基准服役/使用条件下的当量服役/使用周期进行管理。当机群飞机结构当量服役/使用周期达到初始给定的当量服役/使用寿命限制(初始安全寿命)后即认为飞机结构初始到寿。一般来说,当飞机结构初始到寿后,都会对机群飞机结构服役/使用寿命进行延长(延寿),或者说放宽飞机结构服役/使用寿命限制。

由于飞机结构的寿命品质在本质上就是飞机结构可靠性品质的反映,因此,飞机结构的延寿实际上有两方面的有效途径:一方面是通过更换、深度修理改善提高飞机结构的物理属性来改善提高飞机结构可靠性品质,从而改善提高飞机结构的寿命品质,使得飞机结构服役/使用寿命延长;另一方面,机群飞机结构可靠性品质一定的情况下,机群飞机结构的寿命品质也就客观固定了,可以通过其服役/使用寿命限制值确定过程中的可靠性试验/分析方法的改进来进一步释放飞机结构的可靠性潜能,从而扩大飞机结构的服役/使用寿命限制值,使得飞机结构服役/使用寿命延长。在机群飞机结构服役到寿后,可以采用第一条延寿途径,即通过结构修理、加强或更换等手段来延长飞机结构的物理寿命,从而达到延长机群飞机结构服役/使用寿命的目的;或者采用飞机结构的第二类延寿途径,即在维持飞机结构物理寿命不显著变化的情况下,也就是不对结构采用显著影响飞机结构传力路线及载荷分布的修理(耐久性修理)的情形下,目前常采用领先使用法、相似结构类比法、使用试验数据统计法、试验验证法等方法研究分析并延长机群飞机结构疲劳/耐久性安全寿命(当量服役/使用寿命限制),从而延长机群飞机结构的服役/使用寿命周期。当然,对于已经延长了物理寿命的飞机结构,也常采用上述分析方法来确定或验证其延长的服役/使用寿命期。对于目前常采用几种飞机结构延寿分析方法下面分别进行简述。

6.1 领先使用法

在理论分析或试验工作都不尽完善时,通过已到寿飞机的领先使用来开展机群飞机结构疲劳/耐久性安全寿命延寿是一种常用的延寿方法。对于同型机群飞机而言,一般根据新机结构全机疲劳/耐久性试验和相应的疲劳分散系数给出飞机结构初始安全寿命(T_0)。在飞机定型出厂并服役后,当飞机结构当量服役/使用周期达到初始给定安全寿命时,这时,可从已使用到寿的机群飞机中抽取 n 架已使用到寿的飞机进行领先使用,领先使用时间均为 T。这时,可将已使用到寿飞机的领先使用可认为是领先使用载荷环境下的继续的全机疲劳试验,领先使用时间 T 则为全机疲劳试验持续时间的均值。则根据已使用到寿飞机的领先使用时间与疲劳分散系数可以给出已初步到寿机群飞机结构重新确定的新的疲劳/耐久性安全寿命 T_1(这里认为飞机结构寿命服从对数正态分布)。

$$T_1 = \frac{T_0 + T}{L_f} \tag{6.1}$$

其中,L_f 可根据式(4.15)进行计算,只不过此时 L_f 中的样本容量 n 应为领先使用的飞机架数。则可给出机群飞机初始到寿后可以再延寿长的安全寿命值为($T_1 - T_0$),其可表示为

$$T_1 - T_0 = \frac{T - (L_f - 1) T_0}{L_f} \tag{6.2}$$

由式(6.2)可见,只有当领先使用时间 $T > (L_f - 1) T_0$ 时才有意义。其原因是上述分析过程中只利用了领先使用飞机的信息之故,如果将其余飞机的使用及试验信息纳入考虑,则要重新进行可靠性分析,可参见第7章相关内容。

在飞机领先使用过程中,确定飞机结构暴露出的问题,根据领先使用中飞机结构发生的问题,进一步改进机群飞机结构维护条件,制定相应的维修方案,从而保证机群飞机结构在安全寿命($T_1 - T_0$)内服役时不发生失效破坏。通过领先使用法可使已到寿机群飞机结构疲劳/耐久性安全寿命由 T_0 延长至 T_1。由于疲劳分散系数值的大小与样本容量相关,因此可通过增加领先使用飞机数量来减小疲劳分散系数,从而使得已到寿机群飞机结构可延长的疲劳/耐久性安全寿命变长。此时领先使用法的延寿流程图如图6.1所示。特别地,当 $T_0 = 0$ 时,则表示的为新飞机结构直接依据领先使用来定寿了。

当然,如果将到寿飞机的剩余寿命作为随机变量来分析时,则通过 n 架到寿飞机的领先使用平均时间 T 可得到机队飞机可以延寿的安全寿命值 T',其可表示

$$T' = \frac{T}{L_f} \tag{6.3}$$

只不过这里的疲劳分散系数 L_f 是以初步到寿的机队飞机结构的服从对数正态分布的剩余寿命母体分析得到的,其分析方法可详见第 7 章内容。

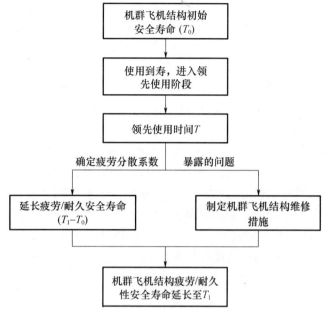

图 6.1 领先使用法的延寿流程图

目前,采用领先使用法延长已到寿机群飞机结构疲劳/耐久性安全寿命时仍存在一些不足。在领先使用法中,疲劳分散系数是一个非常重要的因素,然而领先使用法的实际使用过程中,人们常常忽略了机群飞机结构疲劳/耐久性寿命的分散性,或并没有充分考虑已到寿飞机结构在领先使用阶段所对应的疲劳分散系数与所选用的可靠性分析方法有关,而是直接将已到寿飞机的领先使用时间 T 作为已到寿机群飞机结构可延长的使用寿命,此时,相当于领先使用阶段所对应的疲劳分散系数为 1,从而导致已到寿机群飞机在领先使用时间内服役使用时存在较大的风险。实际上,可以按照新机结构定寿原则,将领先使用时间 T 与初步到寿的使用时间 T_0 之和 $(T+T_0)$ 当作原定寿试验持续时间来处理,或者将领先使用时间 T 当作机群飞机结构剩余疲劳/耐久性寿命母体分布中的个体试验时间来对待,就可以求得相应的疲劳分散系数。这里认为机群飞机结构疲劳/耐久性寿命与机群飞机结构剩余疲劳/耐久性寿命服从不同的对数正态分布或不同的威布尔分布(在第 7 章中将加以分析)。至于领先使用的飞机本身的使用安全则是通过较多的仔细检查/维修保证的,其理论的分析工作见第 8 章。如果机队每架飞机都按领先使用的飞机那样频繁的检查/维修,均可以得到较长的延寿寿命,但这在实际工作中将难以承受的(特殊情况下不得不如此除外)。如果用领先使用飞机的领先使用飞行小时数来确定正常使用时机队飞机的延寿情况,则必须考虑分散系数的影响。

6.2　相似结构类比法

由于同类型飞机一般继承性很大,某一具有相同或相似功能的飞机,虽有多种型号或改型,但仔细分析其结构、材料、使用环境、使用载荷后就会发现,它们基本上是一脉相承的。因此,可以在充分研究不同型号飞机相似结构寿命指标合理性的基础上来确定并延长不同型号飞机相似结构的寿命指标。

采用相似结构类比法开展机群飞机结构疲劳使用寿命延寿工作时,要抓住以下几个问题:一是两个相似结构有"亲缘"关系,即新结构是在老结构的基础上发展来的(只是做了些适应性改进),技术上没有大的变化;二是两个相似结构重要度相同,即功能失效后的后果是相同的;三是两个结构的工作环境应基本相同;四是两个相似结构的使用载荷(应力水平)应基本相同;五是两个相似结构的损伤类比分析结论是基本相同的。相似结构类比法的基本假设是采用同种材料制造的相似结构细节,如果其局部应力—应变场相同,则其疲劳寿命相同。采用相似结构类比法进行飞机结构延寿的流程如图6.2所示。

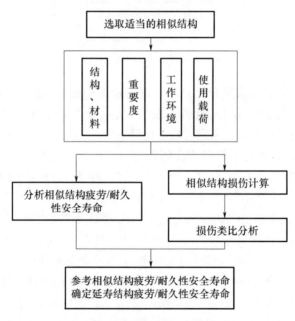

图6.2　相似结构类比法延寿流程图

在确定了两个相似结构后,认为在相同载荷水平下两个相似结构的疲劳寿命也是基本相同的。这时,可分析相似结构在某一载荷谱下的疲劳/耐久性安全寿命,并计算相似结构的损伤值,通过损伤类比方法确定并延长延寿结构在使用载荷环境下的疲劳/耐久性安全寿命值。当然,这种方法显然是在没有详细的试验与分析评定工作时的一种工程补救办法,在延寿结构的实际使用过程中,还应加强结构检查及维修,以保证飞机结构的使用安全。

6.3　试验验证法

通过试验验证法开展机群飞机结构疲劳使用寿命延寿工作,主要是从已到寿机群飞机中抽取1架或多架已到寿飞机在试验载荷谱下进行全机或部件疲劳试验,并依据试验结果来分析延长飞机结构的服役/使用寿命(安全寿命)。用于疲劳试验的已到寿飞机在到寿之前的飞行使用过程可看作为实际载荷环境下的真实全机疲劳试验,将其已飞飞行小时数通过等损伤原理当量为试验载荷谱下的当量飞行小时数[1,2]。将疲劳试验结果及已飞当量飞行小时数的和作为试验飞机结构的疲劳试验总寿命数据[3]。疲劳分散系数值的选取与原机群飞机结构定寿时的疲劳分散系数值的选取方法相同,这时可根据试验飞机结构的疲劳试验总寿命数据与疲劳分散系数计算机群飞机结构的新的服役/使用寿命限制值(新的安全寿命值),从而延长机群飞机结构服役/使用寿命。试验验证法延寿流程图如图6.3所示。

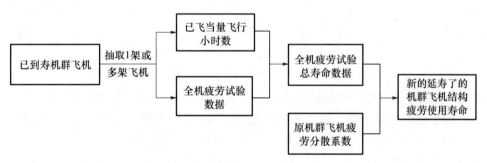

图6.3　试验验证法延寿流程图

假设飞机结构疲劳寿命服从对数正态分布,延寿飞机全机疲劳试验结果均值为 t_1,其已使用飞行的当量飞行小时数为 t_2,原机群飞机结构疲劳分散系数为 L_f,则延寿飞机全机疲劳试验总时间均值为

$$t = t_1 + t_2 \tag{6.4}$$

根据安全寿命的定义,则新的机群飞机结构疲劳安全寿命为

$$N = \frac{t_1 + t_2}{L_f} \tag{6.5}$$

其中,L_f 可根据式(4.15)进行计算,样本容量 n 应为用于延寿试验的全机疲劳试验的飞机架数。这样做的目的是使新得到的机群飞机结构疲劳安全寿命值大于原定的机群飞机结构疲劳安全寿值,从而实现飞机结构的延寿。在实际工作中,往往是先根据需要进行初步分析评估确定一个延寿目标,也就是先确定新的机群

飞机结构疲劳安全寿命 N，再由式(6.5)反推得到需要进行的延寿飞机全机疲劳试验周期 t_1，最后由延寿飞机进行全机疲劳试验验证。如果延寿疲劳试验能够顺利达到试验周期 t_1，则考核验证了原定延寿目标的可行性，故该延寿方法也称为试验验证法。

试验验证法是将原机群飞机结构的疲劳/耐久性寿命作为母体进行分析，在理论上是正确的，但是应用此方法在保证机群飞机结构具有高可靠度的同时使可延长的使用寿命值一般较短。

美国民航飞机一般也采用试验验证法对已到寿飞机进行延寿[4]。在美国交通部联邦航空管理局发布的 ACNo:25.571-1D 咨询通报[5]附录2"全机疲劳试验"中明确规定，对修理和型号设计更改，如果保守地假设一架飞机在尚未累积使用时间之前就完成了修理或型号设计更改，建议的试验周期为 LOV(飞机结构使用有效性限制，本质就是使用寿命限制或安全寿命值)的 3 倍。然而，考虑到要修理或设计更改的飞机已经使用过一段时间，可以缩短试验持续时间。例如，对使用时间已经达到相当于 75% LOV 的飞机的修理或设计更改，规定申请人必须证明所修理或设计更改的飞机至少在剩余的 25% 的 LOV 期间不会发生 WFD(广布疲劳损伤)。在这个例子中，建议的试验时间为 75% 的 LOV(即 3 倍 25% LOV 的时间)。这就是说，对于修理和型号设计更改的飞机结构，其有效的 LOV 值是由修理或型号更改后的全机疲劳/耐久性试验值除以分散系数 3 得到的(对于一架试验飞机情况)。这里隐含的是修理或型号设计更改的飞机结构其疲劳关键部位已经发生了变化，需要可靠性验证考核的结构是那些新改结构，其完全可以看成是新的飞机结构，其疲劳试验时分散系数取为新机结构的分散系数值；而对于没有更改的原机老结构在余下的 25% LOV 服役时间则不需要再做任何验证考核工作，因为前面已经通过了原机结构可以有效使用 1 倍 LOV 服役时间的验证考核(即已进行了 3 倍 LOV 时间的试验验证)。对于已经服役到 LOV 的飞机结构怎么再延长其服役使用寿命，仍然要依据全机疲劳试验，而且疲劳分散系数取 3，只不过这时飞机结构的考核验证试验周期为飞机结构原考核试验周期再加上后续试验周期的和或已到寿飞机已飞当量飞行小时数再加上已到寿飞机后续试验周期的和，也就是用飞机结构从新机开始总的试验周期来进行分析处理。这种延寿分析方法本质上是对飞机结构疲劳/耐久性寿命母体进行分析研究，只不过是根据需要分阶段进行罢了。俄罗斯在飞机结构的延寿工作也常常采此方法进行，并称为"step-by-step"方法。

6.4　试验/使用数据统计法

试验/使用数据统计法主要是利用飞机结构的试验和外场使用统计数据对结构进行寿命评估，也可以认为根据结构试验和使用数据进行其可靠性参数再估计。寿命评估对象包括：参数平均寿命、使用寿命、安全寿命与最低安全寿命、突然死亡寿命等[5]。可靠性参数分为可靠度、不可靠度、故障率等。一般情况下，需要进行延寿工作的飞机结构使用均不超过其物理寿命，否则，延寿工作便失去了意义。这样一来，所获得的外场飞机结构使用寿命数据大部分为不完全寿命数据，如何通过大量不完全寿命数据估算并延长机群飞机结构的疲劳/耐久性安全寿命值，则需要引入"无失效数据(zero - failure data)"分析方法[6]，并根据飞机结构试验数据和外场使用数据来重新评估并延长机群飞机结构的疲劳/耐久性安全寿命值。当然，这种方法一般仅应用于评估分析或为飞机结构延寿提供理论依据，飞机结构的延寿最终结果还要通过飞机结构疲劳试验来加以验证考核。

6.5　常用延寿方法存在的不足

从上述分析可知，在保持飞机结构物理寿命不变的情况下，可从上述四种常用的飞机结构疲劳/耐久性安全寿命延寿方法中选择一种或几种方法对已到寿机群飞机结构进行分析延寿。最常用的一般为试验验证法和领先使用法，但是这两种延寿方法可延长的机群飞机结构的使用寿命较短，且领先使用法在日常使用时存在对疲劳分散系数考虑不足的问题[7]。相似结构类比法和试验/使用数据统计法虽然也可以用来延长机群飞机结构的服役/使用寿命，但存在所确定的延长使用寿命值不太准确的问题，且相对于试验验证法和领先使用法而言，这两种延寿方法在飞机结构延寿工作中使用较少，除非由于客观条件原因不得不采用这两种方法。

这里需要指出的是，即便对于同一型号的飞机结构，采用不同的延寿分析方法，当可靠性要求指标取值完全一致时，所得的延寿结论往往也是不一样的，但是在原理上它们都是正确的，都是满足可靠性要求的结果。值得说明的是，在满足相同的可靠度与置信度要求时，采用不同的分析方法可以得到不同的安全寿命值，这在理论上是完全成立的。例如，现有一个飞机结构部件的疲劳寿命样本(100h,300h,400h,450h,500h,600h,700h,800h,1000h)，当可靠度要求为90%时的安全寿命值可以是101h到299h之间的任意值(取1h为最小寿命单位)。只不过一般人们用一种可靠性分析方法得到的安全寿命值是一个定值而已，这是由于方法本身的特性决定的(事实上当样本容量、可靠度与置信度取值不一样时所得到安全寿命值是不一样的)。对于飞机结构的延寿工作，人们总是希望在保证可靠性要求的前提下尽量得到较长的服役/使用寿命值，从而提高飞机服役/使用的经济性。

6.6　结构疲劳延寿中容易存在的误解

在飞机结构服役/使用过程中，对于当量服役/使用周期已经达到初始给定使用寿命限制(初始安全寿命值，或是初始当量服役/使用寿命限制值)的机群飞机

(简称已到寿机群飞机),在进行飞机结构疲劳延寿时,经常会用已经到寿的老龄飞机作为延寿试验机。延寿试验机通常都是随机从到寿机群中抽取的,并将延寿试验机(修理后)在试验载荷谱下进行全机疲劳试验。一般情况下,已到寿机群飞机结构的延寿目标是综合各种因素后给定的,延寿试验机的全机疲劳试验只是对延寿目标的一种验证性试验。延寿试验机的全机疲劳试验持续时间通常为延寿目标与疲劳分散系数的乘积,那么,如何给定疲劳分散系数的值呢?

人们容易误认为已到寿机群飞机结构的疲劳寿命(即机群飞机结构剩余疲劳/耐久性寿命)所对应的疲劳分散系数就是按规范规定的疲劳分散系数取值。然而,目前的规范标准中给定的飞机结构进行全机疲劳/耐久性试验时的分散系数(或目标寿命试验周期的倍数)取值是针对给定机群飞机新结构在确定初始服役/使用寿命限制值时所采用的疲劳分散系数值,它是新机定寿时为达到所要求的可靠度与置信度的体现。对于已经到达初始服役/使用寿命限制的延寿试验机进行全机疲劳/耐久性试验以对延寿目标进行试验验证时,确定试验周期的分散系数时应该以机群飞机剩余疲劳/耐久性寿命为随机变量来对机群飞机结构剩余疲劳/耐久性寿命母体进行分析。如果在飞机结构延寿试验中直接采用现行规范规定的疲劳分散系数取值则将存在严重的问题,虽然结果表面上看也可以延长机群飞机结构的服役/使用寿命,但实则是降低了延寿机群飞机结构在后续使用中的可靠性,不能完全保证延寿机群飞机结构在延寿寿命期内的使用安全。下面通过相关理论分析和应用举例来加以说明。

6.6.1　延寿机群飞机剩余疲劳/耐久性寿命分布特性分析

在对到寿机群飞机进行延寿工作时往往需要对延寿机群飞机的剩余疲劳/耐久性寿命分布特性进行分析。对延寿机群飞机剩余疲劳/耐久性寿命分布特性进行分析研究时,应该选取剩余疲劳/耐久性寿命为随机变量,其仍然服从对数正态分布或威布尔分布。根据相关分析可知,机群飞机结构剩余疲劳/耐久性寿命的分布特性与原机群飞机结构总的疲劳/耐久性寿命的分布特性是不同的,具体表现在分布参数是不同的。例如,如果原机群飞机结构总的疲劳/耐久性寿命服从对数正态分布,也即寿命取对数后服从正态分布 $N(\mu,\sigma^2)$;机群飞机结构达到初始安全寿命 N_0 后剩余疲劳/耐久性寿命仍然服从对数正态分布,也即剩余寿命取对数后服从正态分布 $N(\mu',(\sigma')^2)$,很容易得知 μ' 小于 μ 且 σ' 大于 σ,机群飞机结构剩余疲劳/耐久性寿命的分散性要大于原机群飞机结构总的疲劳/耐久性寿命的分散性。在样本容量、可靠度和置信度都不变的情况下,机群飞机剩余疲劳/耐久性寿命的分散系数值大于原机群飞机疲劳/耐久性寿命的分散系数值。

当机群飞机当量飞行小时数达到初始安全寿命值时,用机群飞机的对数疲劳/耐久性寿命减去对数初始安全寿命,得到机群飞机剩余对数疲劳/耐久性寿命。对延寿机群飞机剩余疲劳/耐久性寿命分布特性进行分析研究时往往容易错误地直接选取这个机群飞机结构剩余对数疲劳/耐久性寿命为随机变量进行分析研究,并将结果直接应用于延寿工作,这将得到错误的结果,具体分析如下。

1. 机群飞机(初始)到寿

这里假设同型号机群飞机结构在同一载荷谱下疲劳/耐久性寿命服从对数正态分布。将服役机群飞机的实际服役/使用周期等损伤地当量折算到同一载荷环境(如新机全机疲劳/耐久性试验载荷谱)下的服役/使用周期,即当量服役/使用周期。飞机的当量服役/使用周期达到初始安全寿命值时,认为飞机结构(初始)到寿。

2. 机群飞机剩余对数疲劳/耐久性寿命

假设原机群飞机的数量为 n,疲劳/耐久性寿命分别为 $N_1, N_2, \cdots, N_n$,且服从对数正态分布,对数寿命数学期望为 μ,对数寿命标准差 σ,初始安全寿命为 N_P。当机群飞机当量飞行小时数达到初始安全寿命 N_P 时,对机群飞机的对数疲劳/耐久性寿命减去对数初始安全寿命,得到机群飞机剩余对数疲劳/耐久性寿命:
$\lg N_1 - \lg N_P, \lg N_2 - \lg N_P, \cdots, \lg N_n - \lg N_P$。

3. 机群飞机剩余对数疲劳/耐久性寿命的分布特性

下面对机群飞机剩余对数疲劳/耐久性寿命分布的数学期望和方差进行讨论。

1) 机群飞机剩余对数疲劳/耐久性寿命的数学期望

根据概率论统计学可知,无论两个随机变量 ξ 和 δ 各自服从何种分布,也无论 ξ 和 δ 是否相互独立,$\xi \pm \delta$ 的数学期望等于 ξ 的数学期望与 δ 的数学期望之和/差,即

$$E(\xi \pm \delta) = E(\xi) \pm E(\delta) \tag{6.6}$$

以机群飞机剩余对数疲劳/耐久性寿命 $\lg N_i - \lg N_P$ 为随机变量,其由两个随机变量组成 $\lg N_i$ 和 $\lg N_P$。$\lg N_i$ 的数学期望为 μ,$\lg N_P$ 的数学期望为 $\lg N_P$,则机群飞机剩余对数疲劳/耐久性寿命的数学期望为

$$E(\lg N_i - \lg N_P) = E(\lg N_i) - E(\lg N_P) = \mu - \lg N_P \tag{6.7}$$

所以机群飞机剩余对数疲劳/耐久性寿命的数学期望为 $\mu - \lg N_P$。

2) 延寿机群飞机剩余对数疲劳/耐久性寿命的方差

根据概率论统计学可知,无论两个随机变量 ξ 和 δ 各自服从何种分布,当 ξ 和 δ 相互独立时,$\xi + \delta$ 与 $\xi - \delta$ 的方差是相等的,其值均为 ξ 的方差与 δ 的方差之和,即

$$\mathrm{Var}(\xi \pm \delta) = \mathrm{Var}(\xi) + \mathrm{Var}(\delta) \tag{6.8}$$

以机群飞机剩余对数疲劳/耐久性寿命 $\lg N_i - \lg N_P$ 为随机变量,其由两个随机变量组成 $\lg N_i$ 和 $\lg N_P$。这里可以认为 $\lg N_i$ 和 $\lg N_P$ 是两个独立的随机变量,因为 $\lg N_i$ 是机群飞机的固有对数疲劳/耐久性寿命值,$\lg N_P$ 是机群飞机已经使用消

耗掉的对数疲劳/耐久性寿命值,本质上说消耗掉的寿命值可以是任意值,也就是说当机群飞机还有剩余寿命存在时,任意消耗掉的寿命 $\lg N_P$ 是与 $\lg N_i$ 无关的。$\lg N_i$ 的方差为 σ^2,$\lg N_P$ 的方差为 0(因为 $\lg N_P$ 为常数),则机群飞机剩余对数疲劳/耐久性寿命的方差为

$$\text{Var}(\lg N_i - \lg N_P) = \text{Var}(\lg N_i) + \text{Var}(\lg N_P) = \sigma^2 + 0 = \sigma^2 \qquad (6.9)$$

因此,机群飞机剩余对数疲劳/耐久性寿命的方差为 σ^2,与原机群飞机对数疲劳/耐久性寿命母体的方差相同,这表明机群飞机剩余对数疲劳/耐久性寿命母体与原机群飞机对数疲劳/耐久性寿命母体的分散性相同。在样本容量、可靠度和置信度都不变的情况下,机群飞机剩余对数疲劳/耐久性寿命对应的分散系数值与原机群飞机对数疲劳/耐久性寿命对应的分散系数值相同。

鉴于以上分析结果,人们容易错误地认为,在样本容量、可靠度和置信度都不变的情况下,到达初始安全寿命后的延寿机群飞机的剩余疲劳/耐久性寿命的分散系数值与原机群飞机疲劳/耐久性寿命的分散系数值相同,并将其应用于飞机结构的延寿工作中,即在飞机结构延寿试验及分析中直接采用现行规范规定的新机疲劳/耐久性试验分析所采用的疲劳分散系数值。

事实上,机群飞机结构剩余对数疲劳/耐久性寿命($\lg N_i - \lg N_P$)经过进一步变形可有

$$\lg N_i - \lg N_P = \lg(N_i/N_P) \qquad (6.10)$$

机群飞机结构剩余对数疲劳/耐久性寿命($\lg N_i - \lg N_P$)本质上表征的是原机群飞机疲劳/耐久性寿命 N_i 与初始安全寿命 N_P 的比值的对数,这里安全寿命 N_P 是一个常数。根据概率论统计学可知,式(6.9)和式(6.10)表明随机变量 N_i 除以一个常数 N_P(或 N_i 放大或缩小相同倍数)后再取对数构成一个新的随机变量 $\lg(N_i/N_P)$,这个新的随机变量 $\lg(N_i/N_P)$ 的方差与原机群飞机结构对数疲劳/耐久性寿命 $\lg N_i$ 的方差相同。可见,式(6.10)并不能反映机群飞机剩余疲劳/耐久性寿命 $N_i - N_P$ 的分布特性。正如前面所言,可以分析检验得知当初始安全寿命 N_P 与机群飞机疲劳/耐久性寿命 N_i 相比不太大时,机群飞机剩余疲劳/耐久性寿命 $N_i - N_P$ 与原机群飞机疲劳/耐久性寿命 N_i 服从同类型的分布规律,不过分布特性参数则完全不同了。在样本容量、可靠度和置信度都不变的情况下,机群飞机剩余疲劳/耐久性寿命 $N_i - N_P$ 的分散系数值也就不同于原机群飞机确定初始疲劳/耐久性安全寿命寿命 N_P 的分散系数取值了。可见,飞机结构的剩余寿命和剩余对数寿命在本质上是完全不同的,不能用飞机结构的剩余对数寿命分布特性来代替分析飞机结构的剩余寿命的分布特性。具体的分析工作将在第 7 章中进行。

6.6.2　应用举例说明

假设某型飞机原新机结构的全机疲劳试验持续时间为 12000 飞行小时数,疲劳分散系数按规范规定取值为 4.0(对应于一架疲劳试验机),则给定该型机群飞

机结构疲劳使用安全寿命为 3000 飞行小时数。当该型机群飞机结构当量使用寿命达到 3000 飞行小时数时,则认为机群飞机结构已初步到寿。

为了充分挖掘该型飞机结构的寿命潜力,需要对该机型飞机结构进行疲劳延寿,并将延寿目标定为 2250 飞行小时数。从已到寿机群飞机中随机抽取一架老龄飞机作为延寿试验机,并在原新机结构的全机疲劳试验载荷谱下进行全机疲劳延寿试验,疲劳分散系数同取值为原新机结构全机疲劳试验时的 4.0,则延寿试验机的全机疲劳试验持续时间应为 9000 飞行小时数。延寿试验机已使用的飞行小时数可认为也是一种全机疲劳试验持续时间,并可设定延寿试验机在使用中的载荷环境与原新机结构全机疲劳试验载荷谱相当。所以,延寿试验机的总的全机疲劳试验持续时间为 12000(3000 + 9000)飞行小时数。而此时给出了该型机群飞机结构的疲劳使用寿命为 5250(3000 + 2250)飞行小时数。也就是说,根据延寿试验机 12000 飞行小时数的总的全机疲劳试验时间给出了 5250 飞行小时数的该机型机群飞机结构疲劳使用寿命,相当于疲劳分散系数的取值为 2.286,如表 6.1 所列。

表 6.1　示例疲劳分散系数分析情况

全机疲劳试验持续时间	机群飞机结构使用寿命	疲劳分散系数
新机 12000 飞行小时数	3000 飞行小时数	4.0
老龄飞机(3000 + 9000)飞行小时数	5250 飞行小时数	2.286

从上述例子可以看出,如果已到寿机群飞机结构延寿时疲劳分散系数仍按目前规范规定的新机疲劳试验时所采用的疲劳分散系数取值,则会出现都是采用一架飞机进行试验,却由相同的全机疲劳试验(使用)周期给出了不同的飞机结构安全寿命值的结果。这显然是不合理的。如果这样进行延寿工作,其实质上是在机群飞机结构延寿过程中把疲劳分散系数降低了,从而导致机群飞机结构在实际使用中的可靠性降低,从而不能保证延寿机群飞机结构在延长的寿命期内的安全性水平。至于在飞机结构的延寿工作中应如何选取疲劳分散系数的问题,将在第 7 章中加以讨论。

参考文献

[1] 邵青,何宇廷,魏鹏. 机载产品延长日历寿命综合分析决策方法[J]. 航空维修与工程,2010(6):64 – 66.

[2] 刘文珽,王忠波. 一种飞机结构日历寿命延寿方法[J]. 北京航空航天大学学报,2005,31(6):642 – 645.

[3] 孟祥飞,王瑛,薛俊杰. 基于修正 Corten – Dolan 模型的机体结构延寿方法研究[J]. 兵器科学与工程,2014(3):113 – 117.

[4] 吴学仁. 飞机结构金属材料力学性能手册(第 1 卷:静强度·疲劳/耐久性)[M]. 北京:航空工业出版

社,1996.

[5] 美国交通部联邦航空管理局. 咨询通报 AC 号:25. 571 – 1D:结构损伤容限和疲劳评定[R]. 2011.

[6] 美国交通部联邦航空管理局. 咨询通报 AC 号:120 – 104:为防止广布疲劳损伤制定并执行的有效性限制[R]. 2011.

[7] 张勇波,傅惠民,王治华. Weibull 分布定时无失效数据寿命分散系数[J]. 航空动力学报,2012,27(4):795 – 800.

第 **7** 章

飞机结构疲劳/耐久性安全寿命延寿方法
——当量延寿法

目前,飞机的服役/使用疲劳寿命限制仅是采用随机抽取的新机全机/部件疲劳/耐久性试验结果结合相关分析确定的,其本质上是对应于试验载荷谱下满足一定可靠度与置信度要求的同型飞机服役/使用寿命限制值,或者是在不同使用载荷条件下当量服役/使用寿命限制值(将实际服役载荷环境当量折算为试验载荷环境),也就是通常所说的安全寿命值,它并没有将机队实际服役飞机的服役/使用信息考虑进去。为了在不影响飞行安全的情况下充分挖掘飞机的服役/使用寿命潜力,需要延长飞机的当量服役/使用疲劳寿命,延长飞机的当量服役/使用疲劳寿命其本质就是扩大飞机的服役/使用寿命限制。

这里提出了一种通过改进可靠性分析方法对机群飞机结构的寿命特性进行分析并延长飞机结构疲劳/耐久性安全寿命的方法——当量延寿法。

7.1 当量延寿法的基本思想

假定飞机结构仅受疲劳载荷作用,且忽略日历时间对金属材料疲劳性能的影响,由已有经验可知飞机结构在同一载荷谱环境下其疲劳/耐久性寿命服从对数正态分布或威布尔分布。传统的新飞机结构的疲劳/耐久性安全寿命的确定(验证)常常是通过少量的飞机全尺寸结构/部件结构(如随机抽取的一架飞机全尺寸结构)进行基准载荷谱(或严重载荷谱)下的疲劳/耐久性试验再结合相关分析工作进行的,得到的结果是飞机结构的基准安全寿命值。这个基准安全寿命值往往就是被验证(修正)了的飞机结构设计寿命值,在后面的飞机服役/使用管理中也就是各单架飞机结构的当量服役/使用寿命限制值。当飞机结构的当量服役/使用周期达到初始确定的当量服役/使用寿命限制值时,认为飞机结构初始到寿。之后,一般都会对机群飞机结构服役/使用寿命进行延长(延寿),或者说放宽飞机结构服役/使用寿命限制,在本书中对"延寿"与"放宽服役/使用寿命限制"不再做严格的区分。由于第 6 章所述几种飞机结构延寿分析方法存在一些各种各样的不足,于是这里提出了飞机结构疲劳/耐久性安全寿命的延寿方法——当量延寿法。

机群飞机当量延寿法可表述为:将同种型号机队飞机结构的试验数据与服役/使用数据当量为同一载荷环境(载荷谱)下的当量服役/使用数据并进行数据融合,再对机群飞机结构疲劳/耐久性寿命或剩余疲劳/耐久性寿命进行可靠性综合分析,以重新评定并延长飞机结构的疲劳/耐久性安全寿命的方法。该方法可以通俗地理解为:"先当量,后延寿"。当然,从偏保守的角度考虑,也可以仅用试验数据进行分析处理。飞机服役/使用疲劳寿命延寿的本质就是延长飞机结构的疲劳/耐久性安全寿命,也即放宽飞机结构的服役/使用疲劳寿命限制。从原理上讲,飞机服役/使用疲劳寿命的管理均应以同一载荷谱(如基准使用载荷谱或全机疲劳/耐久性试验载荷谱)对应的当量服役/使用疲劳寿命为基础。

飞机结构真实寿命可称为物理寿命,是飞机出厂时就已经赋予飞机的固有寿命,是飞机服役/使用寿命确定的基础和前提。在不同的载荷使用环境下,同型机队飞机结构的物理寿命是不同的,甚至对于每架飞机而言也是不同的。飞机结构可通过结构修理、更换结构等手段延长其物理寿命,从而可相应地延长飞机结构使用寿命。当量延寿法则指的是在不显著改变飞机结构物理寿命情况下通过机群飞机结构疲劳寿命或剩余疲劳寿命的可靠性再分析,从而延长飞机结构服役/使用寿命或安全寿命,释放飞机结构的可靠性潜力的一种方法。

当量延寿法的基本流程[1]如图 7.1 所示。

当量延寿法[1,2]包括三部分内容:

第一部分,新机结构初始疲劳/耐久性安全寿命(即机群飞机结构当量服役/使用疲劳寿命限制值)的确定。根据新机全机/部件疲劳/耐久性试验/分析结果来确定飞机结构初始疲劳/耐久性安全寿命。

第二部分,初步放宽飞机结构当量服役/使用疲劳寿命限制。当服役飞机当量飞行小时数到达新机结构初始疲劳/耐久性安全寿命时,把机群服役飞机结构状态信息纳入考虑分析,并将服役飞机当量飞行小时数当作无失效疲劳试验数据,与新机全机/部件疲劳/耐久性试验/分析数据进行数据融合,从而扩大样本容量,再重新分析确定机群飞机结构服役/使用疲劳安全寿命,更新机群飞机当量服役/使用疲劳寿命限制值,也就是初步放宽飞机结构当量服役/使用疲劳寿命限制。

第三部分,再次放宽飞机结构当量服役/使用疲劳寿命限制。当服役飞机当量飞行小时数再次达到初步放宽使用限制所确定的飞机结构当量服役/使用疲劳寿命限制值时,则随机抽取 1 架或多架再次到寿的服役飞机进行全机/部件疲劳/耐久性试验,将试验信息与飞机机群服役使用信息进行融合,也就是将试验数据与机群飞机当量飞行小时数进行融合,从而再评定机群飞机结构服役/使用疲劳安全寿命,也就是再次放宽机群飞机结构当量服役/使用疲劳寿命限制。理论上讲,该部分工作可以不断重复进行,只不过后面就不经济了。

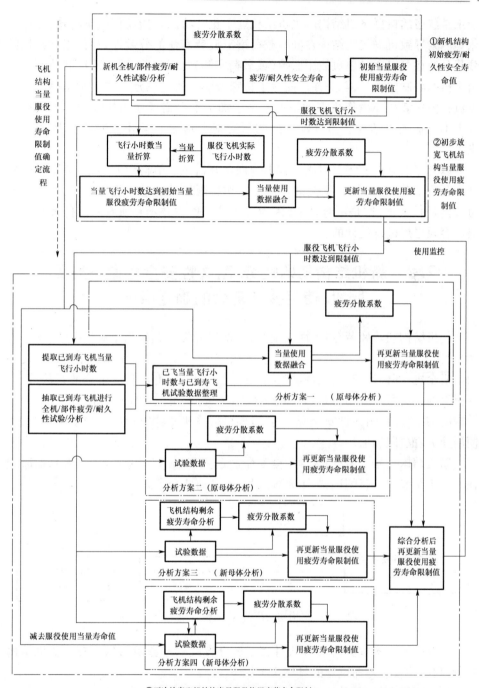

图7.1 当量延寿法基本流程图

在使用当量延寿法对机群飞机结构进行疲劳延寿时,其对象仅为飞机结构处于正常状态的机群飞机结构。飞机结构处于正常状态是指仅仅由于材料、加工工艺等因素导致机群飞机结构在同一载荷谱下疲劳寿命的分散性,并且正常使用的载荷分散性可以通过单机使用监控(或载荷实测)加以清除,而且使用载荷不会超出飞机的限制要求。因此,在后面除了特殊说明外所讨论延寿方法时均是指同型飞机在同一载荷环境作用下的情况。由于加工不合格或使用超规定的飞机结构属于不正常飞机结构。当量延寿法的研究对象应是剔除不正常飞机后的机群飞机。

以上三部分内容将在后面内容中分别展开讨论。值得说明的是:美军在飞机结构延寿工作中,依据飞机关键部件是损伤容限设计的基本思想,将飞机安全寿命直接延长 1 倍,这是不合理的,因为飞机结构件中并不是所有的部件都是按照损伤容限思想进行设计的。

7.2 新机结构初始疲劳/耐久性安全寿命—当量服役/使用疲劳寿命的确定原理

新机结构初始疲劳/耐久性安全寿命(即机群飞机结构当量服役/使用疲劳寿命)确定方法的基本思想就是传统的新机结构疲劳安全寿命的定寿思想,是仅采用新机全机/部件疲劳/耐久性试验结果确定疲劳中值寿命和疲劳分散系数,计算分析得到一定可靠度与置信度下的新机结构疲劳/耐久性安全寿命,也就是新机结构的初始疲劳/耐久性安全寿命值,也即机群飞机寿命管理中的初始当量服役/使用疲劳寿命限制值。

新机结构初始疲劳/耐久性安全寿命确定流程如图 7.2 所示。定寿基本原理在本书 4.4 节中已有阐述,为了系统的目的,再简要介绍如下。

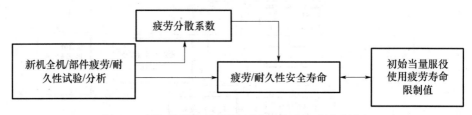

图 7.2　新机结构初始疲劳/耐久性安全寿命确定流程

假设飞机结构疲劳寿命服从对数正态分布或双参数威布尔分布。新机结构疲劳/耐久性安全寿命确定的具体步骤如下。

(1) 新机全机/部件疲劳/耐久性试验,确定疲劳中值寿命$[N_{50}]$。

(2) 根据试验样本容量、可靠度、置信度以及分布函数的参数计算疲劳分散系数。

对于对数正态分布:

$$L_f = 10^{\left(\frac{u_\gamma}{\sqrt{n}} - u_P\right)\sigma_0} \tag{7.1}$$

式中：L_f 为疲劳分散系数；σ_0 为对数疲劳寿命标准差；u_P 为标准正态分布上 P 分位数，由选用的可靠度 P 确定；u_γ 为标准正态分布上 γ 分位数，由选用的置信度 $1-\gamma$ 确定；n 为样本容量，也就是用作试验的飞机/部件的数量。

对于双参数威布尔分布：

$$L_f = S_c \cdot \left(\frac{-\ln P}{\ln 2}\right)^{-\frac{1}{m}} \tag{7.2}$$

式中：L_f 为疲劳分散系数；m 为曲线形状参数；S_c 为置信系数；P 为可靠度。

当 m 已知时，S_c 可通过下式得到：

$$\int_0^{S_c} \frac{m \cdot n^n}{\Gamma(n)} x^{mn-1} \cdot e^{-n \cdot x^m} \mathrm{d}x = 1 - \gamma \tag{7.3}$$

当置信度为 95% 时，S_c 可近似表达为（当 $S_c \geq 1$ 时，取 $S_c = 1$）

$$S_c = 3^{\frac{1}{m}} - \frac{1}{m}\lg n \tag{7.4}$$

（3）确定新机结构疲劳/耐久性安全寿命。

对于对数正态分布：

$$N_P = \frac{[N_{50}]}{L_f} = \frac{[N_{50}]}{10^{\left(\frac{u_\gamma}{\sqrt{n}} - u_p\right)\sigma_0}} \tag{7.5}$$

对于双参数威布尔分布：

$$N_P = \frac{[N_{50}]}{L_f} = \frac{[N_{50}]}{S_c \cdot \left(\dfrac{-\ln P}{\ln 2}\right)^{-\frac{1}{m}}} \tag{7.6}$$

新机全机/部件疲劳/耐久性试验通常是随机选取 1 架飞机来完成，也就是说样本容量为 1。我国大多型号定寿时取疲劳分散系数为 4.0，对于飞机结构疲劳寿命服从对数正态分布时其对应着以对数寿命标准差 0.1377、可靠度 99.9%、置信度 90% 和样本容量为 1 的情况。采用新机全机/部件全尺寸结构疲劳/耐久性试验结果，即机群飞机机构疲劳中值寿命除以疲劳分散系数作为新机结构初始疲劳/耐久性安全寿命，具有 99.9% 的可靠度可以保证在 1000 架正常使用的飞机中，仅有 1 架飞机结构的实际服役/使用寿命小于给定的新机结构初始疲劳/耐久性安全寿命值，其余 999 架飞机结构的服役/使用寿命大于或等于给定的新机结构初始疲劳/耐久性安全寿命。

值得指出的是，在现行相关规范中，给出了新飞机结构定寿时全机疲劳/耐久性验证试验的持续时间倍数，其表示的基本概念就是疲劳分散系数，其本质上是要保证飞机在服役/使用过程中满足一定的可靠性要求，如对于军用飞机满足

99.9%可靠度与90%置信度(其寿命服从对数正态分布),对于民用飞机则满足95%可靠度与95%置信度(其寿命服从威布尔分布)。

7.3 初步放宽飞机结构当量服役/使用疲劳寿命限制

当服役飞机当量飞行小时数达到新机结构初始疲劳/耐久性安全寿命时,为了更充分地挖掘飞机结构的寿命潜力,可以初步放宽飞机结构当量服役/使用疲劳寿命限制。

初步放宽飞机结构当量服役/使用疲劳寿命限制的基本思想是将服役飞机的飞行小时数等损伤也折算为试验载荷条件下的当量飞行小时数,当当量飞行小时数达到新机结构初始疲劳/耐久性安全寿命时,如果机群飞机没有正常失效的飞机结构,可将到寿飞机的当量飞行小时数(也就是新机结构初始疲劳/耐久性安全寿命值)作为无失效数据,也就是服役数据;将原新机全机/部件疲劳/耐久性试验结果作为失效数据,也就是试验数据;将失效数据与无失效数据进行融合建模,确定飞机结构疲劳中值寿命与疲劳分散系数,重新计算一定可靠度与置信度下的飞机结构疲劳/耐久性安全寿命值(也就是机群寿命管理中的当量服役/使用疲劳寿命)。失效数据与无失效数据组成不完全数据,所以此方法也称为基于不完全数据的飞机结构可靠性分析方法。初步放宽飞机结构当量服役/使用疲劳寿命限制流程如图7.3所示。

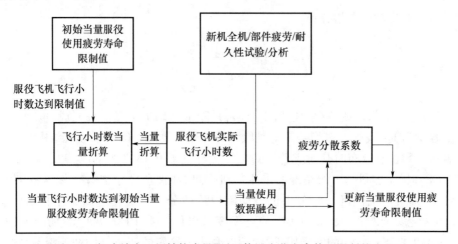

图 7.3　初步放宽飞机结构当量服役/使用疲劳寿命使用限制的流程图

飞机定型交付使用后,服役/使用飞机数量多,而且可以认为服役/使用的飞机也是在实际服役/使用环境下的真实疲劳寿命试验飞机。可以将服役飞机的状态信息纳入考虑,并将全机/部件疲劳/耐久性试验分析结果与服役飞机对应于试验载荷条件下的当量飞行小时数进行数据融合,用于飞机结构疲劳服役/使用安全寿命计算。此时则相当于增大样本容量,减小疲劳分散系数,提高飞机结构当量疲劳服役/使用寿命限制值。

由于同型服役飞机与试验飞机是在不同的使用方法及使用条件下工作的,则它们的疲劳寿命数据不能直接用来进行同一载荷谱下飞机结构可靠性分析,它们属于不同的母体,而且用试验载荷环境下飞机试验疲劳寿命结果来分析预测实际服役/使用载荷环境下飞机结构服役疲劳寿命结果会存在较大误差。如何利用服役飞机的服役/使用数据与试验飞机试验数据来分析飞机结构可靠性,是一个变母体分析问题。因此,必须找到一个中间量,经过处理以后可以把它们的数据转化成相同条件下的数据,这样就可以近似认为同型服役飞机与试验飞机的寿命数据来自同一个母体,也就可以进行飞机结构寿命可靠性分析计算了。

将不同的飞机实际服役载荷谱依据等损伤原理当量转化为初步定寿时的新飞机结构疲劳/耐久性试验载荷谱,则试验飞机与服役飞机可以认为是在同一载荷谱(试验载荷谱)下来自同一个母体,试验飞机与当量为试验载荷谱下服役飞机的疲劳寿命服从同一分布。具体分析方法如下。

7.3.1　疲劳损伤当量化计算方法

疲劳损伤当量化计算模型有很多,可在相关文献[3-8]中查到,下面简要介绍几种常用模型。

1. 基于线性累计疲劳损伤理论的当量损伤模型

线性累积疲劳损伤理论中最典型的理论是 Miner – Palmgren 理论[3]（简称Miner 理论）,其基本要点有以下几方面。

（1）一个循环造成的损伤为

$$D_1 = \frac{1}{N} \tag{7.7}$$

式中:N 是对应于当前疲劳载荷水平的疲劳寿命。

（2）等幅载荷下 n 个循环造成的损伤为

$$D_n = \frac{n}{N} \tag{7.8}$$

l 级变幅载荷（第 i 级载荷下有 n_i 个循环）造成的损伤为

$$D_{n,l} = \sum_{i=1}^{l} \frac{n_i}{N_i} \tag{7.9}$$

式中:N_i 是对应于载荷水平 S_i 的疲劳寿命。

采用 Miner 理论对飞机结构在服役过程中疲劳损伤当量计算的步骤。

（1）采用雨流计数法等计数方法将飞机在服役过程中的随机载荷谱转化为 l 级变幅载荷谱,且第 i 级等幅载荷谱的循环数为 n_i。

（2）查材料 $S-N$ 曲线,用飞机结构的疲劳寿命估算方法(如名义应力法、局部应力应变法、广义局部应力应变法、细节疲劳额定值法等),分别计算每一级载荷谱下的疲劳寿命 N_i。

（3）采用 Miner 理论将不同级载荷谱下的当量损伤进行累积相加,得出飞机在该随机载荷谱下的当量损伤 $D_{n,l}$。

2. 基于非线性累计疲劳损伤理论的当量损伤模型

对于非线性累计疲劳损伤理论,Corten – Dolan 理论最具代表性[3]。变幅载荷下, n 个循环造成的损伤:

$$D = \sum_{i=1}^{P} \frac{n_i}{N_1 \left(\dfrac{S_1}{S_i}\right)^d} \qquad (7.10)$$

式中: S_1 为本次载荷循环的载荷系列中最大一次的载荷; N_1 为对应于 S_1 的疲劳寿命; n_i 为第 i 级载荷 S_i 的循环次数,且 $\sum_{i=1}^{P} n_i = n$; d 为材料常数,Corten 和 Dolan 基于疲劳试验数据建议,对于高强度钢取 $d = 4.8$;其他材料取 $d = 5.8$。

3. 基于奥丁变换公式的当量损伤模型

脉动循环($R_i = 0$)中一个谱块的当量损伤可以表示为

$$D = \sum_{i=1}^{n} D_i = \sum_{i=1}^{n} f\left((G_{\max})_{0i}\right) = \sum_{i=1}^{n} (G_{\max})_{0i}^{m} \qquad (7.11)$$

式中: $(G_{\max})_{0i}$ 为脉动循环下的最大过载。

根据不同平均应力(或应力比)对 $S-N$ 曲线的影响[4],并假设飞机结构应力与过载呈线性关系,根据奥丁变换公式[5,6]将载荷谱中的随机循环($\Delta G_i, R_i$)等损伤地折算为脉动循环:

$$(G_{\max})_{0i} = \sqrt{G_{\max,i}(G_{\max,i} - G_{\min,i})} = \frac{\Delta G_i}{\sqrt{1 - R_i}} \qquad (7.12)$$

将式(7.12)代入式(7.11)从而建立当量损伤计算公式,于是有

$$D = \sum_{i=1}^{n} \left(\frac{\Delta G_i}{\sqrt{1 - R_i}}\right)^m \qquad (7.13)$$

式中: $\Delta G_i = G_{\max,i} - G_{\min,i}$ 为第 i 次循环的过载变程; $R_i = G_{\min,i}/G_{\max,i}$ 为第 i 次循环的循环特征(过载比); n 为循环次数; m 为损伤指数, m 值大概在 3.5 ~ 5.0 范围内,具体取值由试验确定。

4. 基于索德伯格(Soderberg)公式的当量损伤模型

基于等寿命曲线(索德伯格公式)的当量损伤计算方法中的 $(G_{\max})_{0i}$ 计算公式由等寿命曲线公式导出[5]。建立该方法的关键就是要给出基于索德伯格公式的等损伤折算关系,然后可计算得到当量损伤值。

仍假设应力与过载呈线性关系,且所设计的结构关键部件满足飞机静强度设计要求时,即在限制过载 G_{xz} 作用下结构关键部件应力不高于屈服极限 σ_s,偏保守地取 σ_s 对应着 G_{xz}。

于是有

$$D = \sum_{i=1}^{n} \left(\frac{\Delta G_i}{1 - R_i \dfrac{\Delta G_i}{G_{xz}(1 - R_i)}} \right)^m \tag{7.14}$$

式中:$\Delta G_i = G_{\max,i} - G_{\min,i}$ 为第 i 次循环的过载变程;$R_i = \dfrac{G_{\min,i}}{G_{\max,i}}$ 为第 i 次循环的循环特征(过载比);n 为循环次数;m 为损伤指数,m 值大概在 $3.5 \sim 5.0$ 范围内。

5. 基于裂纹形成寿命类比法的损伤计算模型

张福泽院士于 1982 年提出了裂纹形成寿命的类比估算模型[7,8]:

$$\lambda \sum_{i=1}^{K} n_i \Delta S_i^m = \lambda' \sum_{i=1}^{K'} n'_i \Delta S_i'^m \tag{7.15}$$

式中:λ 为已知寿命部件的循环周期数;n_i 为已知寿命部件在载荷谱的一个周期内第 i 级载荷循环数;ΔS 为已知寿命部件的载荷应力幅值;λ' 为未知寿命部件的循环周期数;n'_i 为未知寿命部件在载荷谱的一个周期内第 i 级载荷循环数;$\Delta S'$ 为未知寿命部件的载荷应力幅值;m 为材料常数,可通过试验测得。

实际上,式(7.15)是在已知寿命和未知寿命部件的结构形式、载荷性质、加载顺序以及材料类型基本相同的情况下根据损伤相同原则得到的,式(7.15)等式两边计算的是已知寿命部件的损伤和未知寿命部件的损伤。所以,由式(7.15)可知,当某部件的寿命为 λ 时,部件的损伤计算模型可表示为

$$D = \lambda \sum_{i=1}^{K} n_i \Delta S_i^m \tag{7.16}$$

由于基于线性累计疲劳损伤理论的当量损伤模型和基于非线性累计疲劳损伤理论的当量损伤模型计算出的当量损伤值一般均小于 1,考虑到损伤计算过程误差特性,在计算精度不能保证的情况下一般不建议采用这两种模型进行损伤当量计算。上述其余几个损伤模型在疲劳损伤计算过程中其当量损伤值大于 1,在计算过程中误差较小,所以在载荷谱的当量折算中建议采用。

上述五种疲劳损伤当量计算方法中,方法 1、2、5 是基于应力水平的疲劳当量损伤计算方法,计算得到是绝对损伤值;而方法 3、4 是基于过载的疲劳损伤当量计算方法,计算得到的是相对损伤值,其只适用于同型号飞机。

7.3.2　服役飞机在同一试验载荷谱下的当量飞行小时数

在编制基准试验载荷谱时,每个基准试验载荷谱块都对应着一定的飞行小时数,基准试验载荷谱由每个基准试验载荷谱块所组成,则全机疲劳试验飞机

所经历的试验周期飞行小时数为各基准试验载荷谱块所对应飞行小时数的总和。根据当量损伤计算模型计算全机疲劳试验飞机在基准试验载荷谱下所经历的飞行小时数 N_1 的当量损伤 D_1。计算基准使用载荷谱每单位飞行小时对应的当量损伤值,称为"每飞行小时当量损伤基准值"。则其每飞行小时当量损伤基准值为

$$k_1 = \frac{D_1}{N_1} \tag{7.17}$$

采用相同的当量损伤计算模型计算服役飞机载荷历程对应的当量损伤值 D_i,实时计算服役飞机已飞飞行小时数 N_i 下载荷历程对应的每飞行小时数平均当量损伤值:

$$k_i = \frac{D_i}{N_i} \tag{7.18}$$

则飞行小时数的折算系数为

$$k_{i,1} = \frac{k_i}{k_1} \tag{7.19}$$

则服役飞机当量飞行小时数为

$$N_{i,1} = k_{i,1} \cdot N_i \tag{7.20}$$

利用服役飞机实际飞行小时数乘以折算系数就得到该架飞机对应在全机疲劳试验载荷谱下的当量飞行小时数。每架服役飞机的当量飞行小时数与全机疲劳试验飞机所经历的试验周期飞行小时数可以组成一组随机右截尾寿命数据,从而可以认为其服从同一分布(对数正态分布或威布尔分布),也就可以较好地开展可靠性分析了。

7.3.3 随机右截尾情形下的最大似然估计

设疲劳寿命 N 的分布函数为 $F(N|\theta)$($\theta \in \Theta$),密度函数为 $f(N|\theta)$,Θ 是 R^m 中的非空开集。随机右截尾试验指的是,从分布函数为 $F(N|\theta)$ 的总体中,随机抽取 n 个个体,进行寿命试验(或观测),对于每个个体(寿命是 X_i,$i = 1, 2, \cdots, n$),相应地有截尾时间 $Y_i(i = 1, 2, \cdots, n)$。对于第 i 个个体得到的观测值 $X_i \wedge Y_i$(取最小值)。令 $t_i = X_i \wedge Y_i$,$\delta_i = I_{(X_i < Y_i)}$,这样就可以得到数据 $(t_i, \delta_i)(i = 1, 2, \cdots, n)$,$\delta_i = 1$ 表示 t_i 是试验失效数据,$\delta_i = 0$ 表示 t_i 是非失效数据。则数据 $(t_1, \delta_1), \cdots, (t_n, \delta_n)$ 的似然函数为[9]

$$L(\theta) = \prod_{i=1}^{n} f(t_i \mid \theta)^{\delta_i} \left[1 - F(t_i \mid \theta) \right]^{1 - \delta_i} \tag{7.21}$$

根据式(7.21)可对一组随机右截尾数据进行极大似然估计,从而确定疲劳寿命分布函数参数的估计值。下面分别对疲劳寿命服从对数正态分布和双参数威布尔分布的情形进行分析。

7.3.3.1　对数正态分布的极大似然估计

设飞机结构疲劳寿命 N 服从对数正态分布,则可记为

$$\lg N = X \sim N(\mu, \sigma^2) \tag{7.22}$$

式中: μ 为对数寿命的数学期望; σ 为对数寿命标准差。

随机变量 X 的分布函数和密度函数分别为

$$F(x) = \int_0^x \frac{1}{\sqrt{2\pi}\sigma} e^{-\frac{(t-u)^2}{2\sigma^2}} \mathrm{d}t \tag{7.23}$$

$$f(x) = \frac{1}{\sqrt{2\pi}\sigma} e^{-\frac{(x-\mu)^2}{2\sigma^2}} \tag{7.24}$$

根据式(7.21)可知, $r(r<n)$ 个完全数据与 $(n-r)$ 个右截尾数据构成的样本的似然函数为

$$L(\mu,\sigma) = \frac{1}{(\sqrt{2\pi}\sigma)^r} e^{-\sum\limits_{i=1}^r \frac{(x_i-\mu)^2}{2\sigma^2}} \prod\limits_{i=r+1}^n \left[\int_{x_i}^\infty \frac{1}{\sqrt{2\pi}\sigma} e^{-\frac{1}{2}\left(\frac{t-\mu}{\sigma}\right)^2} \mathrm{d}t \right] \tag{7.25}$$

式(7.25)取对数后分别对 μ 和 σ 求偏导:

$$\frac{\partial \ln L}{\partial \mu} = \sum_{i=1}^r \frac{(x_i-\mu)}{\sigma^2} + \sum_{i=r+1}^n \frac{\dfrac{1}{\sqrt{2\pi}\sigma} e^{-\frac{1}{2}\left(\frac{x_i-\mu}{\sigma}\right)^2}}{\int_{x_i}^\infty \frac{1}{\sqrt{2\pi}\sigma} e^{-\frac{1}{2}\left(\frac{t-\mu}{\sigma}\right)^2} \mathrm{d}t} \tag{7.26}$$

$$\frac{\partial \ln L}{\partial \sigma} = -\frac{r}{\sigma} + \sum_{i=1}^r \frac{(x_i-\mu)^2}{\sigma^3} + \sum_{i=r+1}^n \frac{\dfrac{1}{\sqrt{2\pi}\sigma} e^{-\frac{1}{2}\left(\frac{x_i-\mu}{\sigma}\right)^2} \dfrac{(x_i-\mu)}{\sigma}}{\int_{x_i}^\infty \frac{1}{\sqrt{2\pi}\sigma} e^{-\frac{1}{2}\left(\frac{t-\mu}{\sigma}\right)^2} \mathrm{d}t} \tag{7.27}$$

分别令 $\dfrac{\partial \ln L}{\partial \mu}=0$, $\dfrac{\partial \ln L}{\partial \sigma}=0$,则有

$$\sum_{i=1}^r \frac{(x_i-\mu)}{\sigma^2} + \sum_{i=r+1}^n \frac{\dfrac{1}{\sqrt{2\pi}\sigma} e^{-\frac{1}{2}\left(\frac{x_i-\mu}{\sigma}\right)^2}}{\int_{x_i}^\infty \frac{1}{\sqrt{2\pi}\sigma} e^{-\frac{1}{2}\left(\frac{t-\mu}{\sigma}\right)^2} \mathrm{d}t} = 0 \tag{7.28}$$

$$-\frac{r}{\sigma} + \sum_{i=1}^r \frac{(x_i-\mu)^2}{\sigma^3} + \sum_{i=r+1}^n \frac{\dfrac{x_i-\mu}{\sqrt{2\pi}\sigma^2} e^{-\frac{1}{2}\left(\frac{x_i-\mu}{\sigma}\right)^2}}{\int_{x_i}^\infty \frac{1}{\sqrt{2\pi}\sigma} e^{-\frac{1}{2}\left(\frac{t-\mu}{\sigma}\right)^2} \mathrm{d}t} = 0 \tag{7.29}$$

当 σ 已知时,可由式(7.28)估计数学期望 μ 值,当 μ、σ 均未知时,可由式(7.28)、式(7.29)联合求解得出 μ、σ 的估计值。

7.3.3.2　威布尔分布的极大似然估计

设飞机结构疲劳寿命 N 服从双参数威布尔分布,分布函数和密度函数分别为

$$F(N) = 1 - e^{-\left(\frac{N}{\eta}\right)^m} \tag{7.30}$$

$$f(N) = \frac{m}{\eta^m} N^{m-1} e^{-\left(\frac{N}{\eta}\right)^m} \tag{7.31}$$

式中:m 为双参数威布尔分布的形状参数;η 为特征寿命。

则随机右截尾情形下的似然函数为

$$L(\theta) = \prod_{i=1}^{n} f(N_i, \theta)^{\delta_i} \left[1 - F(N_i, \theta)\right]^{1-\delta_i} = \frac{m^r}{\eta^{rm}} e^{-\sum_{i=1}^{n}\left(\frac{N_i}{\eta}\right)^m} \prod_{i=1}^{r} N_i^{m-1} \tag{7.32}$$

$$\ln L = r\ln m - rm\ln\eta - \sum_{i=1}^{n} \left(\frac{N_i}{\eta}\right)^m + (m-1)\sum_{i=1}^{r} \ln N_i \tag{7.33}$$

式(7.33)分别对 η 和 m 求偏导:

$$\frac{\partial \ln L}{\partial \eta} = -\frac{mr}{\eta} + m\sum_{i=1}^{n} \frac{N_i^m}{\eta^{m+1}} \tag{7.34}$$

$$\frac{\partial \ln L}{\partial m} = \frac{r}{m} - r\ln\eta - \sum_{i=1}^{n} \left[\left(\frac{N_i}{\eta}\right)^m \ln\left(\frac{N_i}{\eta}\right)\right] + \sum_{i=1}^{r} \ln N_i \tag{7.35}$$

分别令 $\frac{\partial \ln L}{\partial \eta} = 0, \frac{\partial \ln L}{\partial m} = 0$,则有

$$-r + \sum_{i=1}^{n} \frac{N_i^m}{\eta^m} = 0 \tag{7.36}$$

$$\frac{r}{m} - r\ln\eta - \sum_{i=1}^{n} \left[\left(\frac{N_i}{\eta}\right)^m \ln\left(\frac{N_i}{\eta}\right)\right] + \sum_{i=1}^{r} \ln N_i = 0 \tag{7.37}$$

当 m 已知时,可由式(7.36)估计特征寿命 η 值;当 m、η 均未知时,可由式(7.36)、式(7.37)联合求解,得到 m、η 估计值。

7.3.4 飞机结构疲劳分散系数与疲劳/耐久性安全寿命

飞机结构疲劳分散系数和疲劳/耐久性安全寿命与飞机结构疲劳/耐久性寿命分布类型以及分布函数的参数值密切相关,疲劳分散系数定义为疲劳中值寿命 $[N_{50}]$ 与疲劳/耐久性安全寿命 N_P 的比值,即

$$L_f = \frac{[N_{50}]}{N_P} \tag{7.38}$$

根据式(7.38)可得

$$[N_{50}] = L_f \cdot N_P \tag{7.39}$$

本节利用7.3.3节中寿命服从不同分布情形下的极大似然估计方程并结合疲劳分散系数和安全寿命的定义分析考虑飞机结构服役/使用数据的疲劳分散系数和疲劳/耐久性安全寿命。

7.3.4.1 对数正态分布下的疲劳分散系数与疲劳/耐久性安全寿命

实际工作中,当 μ 与 σ 未知时可对式(7.28)与式(7.29)联立求解得到其点

估计值。由于结构疲劳寿命标准差 σ 常常可根据大量试验数据统计获得,记为 σ_0,则根据上述计算求得的随机右截尾寿命数据与式(7.28)就可以对分布函数参数 μ 进行最大似然估计,得到估计值 $\hat{\mu}$。这样就可以得到飞机结构疲劳寿命 N 服从对数正态分布时的分布函数:

$$F(N) = \frac{\lg e}{\sqrt{2\pi}\sigma_0}\int_0^N \frac{\exp\left(-\frac{(\lg t - \hat{\mu})^2}{2\sigma_0^2}\right)}{t}\mathrm{d}t = \Phi\left(\frac{\lg N - \hat{\mu}}{\sigma_0}\right) \qquad (7.40)$$

可知服从对数正态分布的对数安全寿命为

$$\lg[N_p] = \hat{\mu} + u_p\sigma_0 \qquad (7.41)$$

由于 μ 的实际值未知,计算时需要代入估计值,因此疲劳/耐久性安全寿命的计算需要引入置信度。先对 μ 进行区间估计,用置信区间的下端点代替 $\hat{\mu}$,从而求出对应一定置信度和可靠度下的疲劳/耐久性安全寿命值。分析可知 μ 的置信下限为 $\hat{\mu} - u_\gamma\dfrac{\sigma_0}{\sqrt{n}}$,用 μ 的置信下限代替 μ,便可得到对应可靠度 P 和置信度 $1-\gamma$ 的对数安全寿命为

$$\lg[N_{P,\gamma}] = \hat{\mu} - u_\gamma\frac{\sigma_0}{\sqrt{n}} + u_P\sigma_0 = \hat{\mu} + \left(u_P - \frac{u_\gamma}{\sqrt{n}}\right)\sigma_0 \qquad (7.42)$$

则可靠度 P 和置信度 $1-\gamma$ 对应的飞机结构疲劳/耐久性安全寿命为

$$N_{P,\gamma} = 10^{\hat{\mu} + \left(u_P - \frac{u_\gamma}{\sqrt{n}}\right)\sigma_0} \qquad (7.43)$$

则疲劳分散系数为

$$L_f = \frac{[N_{50}]}{N_{P,\gamma}} = \frac{10^{\hat{\mu}}}{10^{\hat{\mu} + \left(u_P - \frac{u_\gamma}{\sqrt{n}}\right)\sigma_0}} = 10^{\left(\frac{u_\gamma}{\sqrt{n}} - u_P\right)\sigma_0} \qquad (7.44)$$

飞机结构疲劳中值寿命一般可通过试验结果获得,根据式(7.44)可计算飞机结构疲劳分散系数值,在得知疲劳中值寿命和疲劳分散系数值后可计算飞机结构安全寿命值。在飞机结构定寿时,疲劳分散系数是决定安全寿命长短的重要参数。对于军用飞机结构而言,其安全寿命具有的可靠度一般为 99.9%,置信度一般为 90%。当可靠度为 99.9%,置信度为 90% 时,式(7.44)可表示为

$$L_f = 10^{\left(\frac{u_\gamma}{\sqrt{n}} - u_P\right)\sigma_0} = 10^{\left(\frac{1.2816}{\sqrt{n}} + 3.0902\right)\sigma_0}$$

在上式中,当样本容量 n 和对数寿命标准差已知时则可计算此情况下的疲劳分散系数值。样本容量 n 可根据全机/部件疲劳试验件得到,对数寿命标准差一般可通过经验或大量的试验数据统计得到,可认为是已知的。当分散系数与样本量已知时,也可以反推出对数疲劳寿命标准差,如在传统定寿工作中取一架飞机进行试验,则 $n=1$,规范取 L_f 为 4,则可反推得到 σ_0 为 0.1377。

7.3.4.2　威布尔分布下的疲劳分散系数与疲劳/耐久性安全寿命

实际工作中,当 m 与 η 未知时可对式(7.36)与式(7.37)联立求解得到其点

估计值。曲线形状参数 m 常常可以根据大量试验数据统计获得,则根据上述计算求得的随机右截尾寿命数据与式(7.36)就可以对分布函数特征寿命参数 η 进行最大似然估计,得到估计值 $\hat{\eta}$。

从少量的试验数据得不到理论值 η,得到的 η 估计值 $\hat{\eta}$ 与理论值 η 相差较大,必须引入置信度 $1-\gamma$,取 $\hat{\eta}$ 的置信下限代替 η,即

$$P\left\{\eta \geqslant \frac{\hat{\eta}}{S_c}\right\} = 1-\gamma \tag{7.45}$$

$$\eta = \frac{\hat{\eta}}{S_c} \tag{7.46}$$

式中:S_c 为置信系数,并且满足

$$P\left\{\frac{\hat{\eta}}{\eta} < S_c\right\} = 1-\gamma \tag{7.47}$$

可见,要确定 S_c,必须先找到 $\hat{\eta}/\eta$ 的概率分布。

已经证明了下述渐近分布成立:

$$2n\left(\frac{\hat{\eta}}{\eta}\right)^m \sim \chi^2(2n) \tag{7.48}$$

已知参数为 $2n$ 的 χ^2 分布的概率密度函数为

$$f_{\chi^2}(y) = \begin{cases} \dfrac{1}{2^n \Gamma(n)} y^{n-1} \mathrm{e}^{-\frac{y}{2}} & ,y > 0 \\ 0 & ,y \leqslant 0 \end{cases} \tag{7.49}$$

利用求随机变量函数概率分布的法则,可求出 $X = \hat{\eta}/\eta$ 的概率分布密度函数为

$$f_X(x) = \begin{cases} \dfrac{mn^n}{\Gamma(n)} x^{mn-1} \exp\left[-nx^m\right] & ,x > 0 \\ 0 & ,x \leqslant 0 \end{cases} \tag{7.50}$$

因此,可得到

$$\int_0^{S_c} \frac{m \cdot n^n}{\Gamma(n)} x^{mn-1} \cdot \mathrm{e}^{-n \cdot x^m} \mathrm{d}x = 1-\gamma \tag{7.51}$$

当样本容量 n、曲线形状参数 m 和置信度 $1-\gamma$ 已知时,可通过上述积分计算出 S_c。

当置信度为 95% 时,S_c 可近似表达为(当 $S_c \geqslant 1$ 时,取 $S_c = 1$)

$$S_c = 3^{\frac{1}{m}} - \frac{1}{m}\lg n \tag{7.52}$$

按照威布尔分布的伪直线表达式:

$$\ln\ln\frac{1}{1-F(N)} = \ln\ln\frac{1}{P} = -m\ln\eta + m\ln N_P = -m\ln\frac{\eta}{N_P} \tag{7.53}$$

可得在可靠度 P 和置信度 $1-\gamma$ 下的飞机结构疲劳/耐久性安全寿命为

$$N_{P,\gamma} = \frac{\eta}{\left(\ln \dfrac{1}{P}\right)^{-\frac{1}{m}}} = \frac{\hat{\eta}}{S_c \cdot \left(\ln \dfrac{1}{P}\right)^{-\frac{1}{m}}} \tag{7.54}$$

又

$$[N_{50}] = \frac{\hat{\eta}}{\left(\ln \dfrac{1}{0.5}\right)^{-\frac{1}{m}}} = \frac{\hat{\eta}}{(\ln 2)^{-\frac{1}{m}}} \tag{7.55}$$

则疲劳分散系数为

$$L_f = \frac{[N_{50}]}{N_{P,\gamma}} = \frac{\dfrac{\hat{\eta}}{(\ln 2)^{-\frac{1}{m}}}}{\dfrac{\hat{\eta}}{S_c \cdot \left(\ln \dfrac{1}{P}\right)^{-\frac{1}{m}}}} = S_c \cdot \left(\frac{-\ln P}{\ln 2}\right)^{-\frac{1}{m}} \tag{7.56}$$

在实际工作中,飞机结构疲劳/耐久性安全寿命 $N_{P,\gamma}$ 往往是采用估计得到的疲劳中值寿命 $[N_{50}]$ 除以疲劳分散系数 L_f 得到的。所以一般先计算疲劳分散系数 L_f,再根据疲劳分散系数与疲劳中值寿命计算疲劳/耐久性安全寿命 $N_{P,\gamma}$。

对于同型机群飞机,全机疲劳试验飞机结构的试验寿命值可认为是失效寿命数据,样本容量一般为 1。实际服役的飞机数量众多,且一般都为未失效寿命数据,也就是说未失效寿命数据的数量比较多,因而会出现失效寿命数据数量较少、未失效寿命数据数量较多的情况。根据可靠性数据分析理论可知,对于不完全数据的分析处理中,在同一种分析方法下,通常当未失效个数一定、失效数据个数越多时,分析结果精准度越高;当失效数据个数一定,未失效数据个数越多时,则分析结果精准度(或精度)越差。那么,如何确定未失效寿命数据的数量才合理呢?

一般情况下,对于式(7.51)而言,应当有置信系数 $S_c \leqslant 1$。为了满足置信度为 95%,在 m 确定的情况下,S_c 就只与样本容量 n 有关,所以根据 $S_c \leqslant 1$ 以及应用经验公式(7.52)可估算不完全数据样本容量的最大值为

$$n = 10^{m(3^{\frac{1}{m}} - 1)} \tag{7.57}$$

此时,根据式(7.57)可以确定最大允许的样本容量 n 的值(理论上 n 越大越好,只不过 n 太大,此式就没有意义了),从而确定未失效数据的数量。值得注意的是,这里 n 是包含失效数据在内的样本容量。如对于铝合金 $m = 4.0$,可求得 $n_{\max} = 18$。

对于对数正态分布,由于当样本容量 n 足够大时,其概率分布函数与双参数威布尔分布函数基本相似,因此在工程上也可以采用上述方法来近似确定不完全数据的样本容量。

根据上述分析方法可在理论上确定不完全数据的允许样本容量。一般来

说,随着未失效数据的不断增多,考虑未失效数据的可靠性分析结果误差就越大,这时就需要对分析结果进行修正,这将在 7.3.5 节、7.3.6 节和 7.3.7 节进行讨论。

7.3.5 基于不完全数据的飞机结构可靠性分析方法的精度分析

飞机结构的失效数据与无失效数据组成不完全数据,根据随机右截尾情形下的似然函数对不完全数据进行融合,对分布函数中未知参数进行估计,进而确定疲劳/耐久性安全寿命 $N_{P,\gamma}$,此方法称为基于不完全数据的飞机结构可靠性分析方法。

显然,通过上述理论分析可知,同一组失效数据引入右截尾数数据后,相同可靠度和置信度下基于不完全数据的飞机结构可靠性分析方法确定的安全寿命比传统方法(不含右截尾数据)确定的安全寿命长,也就是将服役飞机的使用信息纳入可靠性分析后,同样可靠度与置信度下飞机结构的安全寿命将延长,但是其可信度即分析精度将降低。所以迫切需要提高这种基于不完全数据飞机结构可靠性分析方法的精度,以便将基于不完全数据飞机结构可靠性分析方法确定的飞机结构安全寿命用于飞机寿命管理工作中。从理论分析的角度虽确定了采用不完全数据进行可靠性分析时的允许样本容量取值,但如何提高其分析结果的精准度仍是一个难题!这里从工程的角度对这一问题进行再次分析。

1. 基于不完全数据的飞机结构可靠性分析方法的精度分析基本原理

设全部失效试验数据为 $N_1, N_2, \cdots, N_n$,理论上飞机结构寿命母体的疲劳/耐久性安全寿命 N_P 是指根据所有失效试验数据确定的疲劳/耐久性安全寿命值来代替的。

传统上确定飞机结构疲劳/耐久性安全寿命时,是随机抽取 1 架或几架飞机结构进行试验,得到失效试验数据,用于寿命分析。相当于从飞机结构中所有失效试验数据中随机抽取部分失效试验数据(即样本)进行分析,估计确定其疲劳/耐久性安全寿命为 N_P'。

设部分失效试验数据为 $N_1, N_2, \cdots, N_r (r \leq n)$。当 r 为 1 时,即从所有失效数据中每次随机抽取 1 个失效试验数据(这里指不放回抽样)作为样本用于分析疲劳/耐久性安全寿命,这样一共可以得到 n 组不重复的样本数据。当 r 为 2 时,即从所有失效数据中每次随机抽取 2 个失效试验数据(这里指不放回抽样)作为样本用于分析疲劳/耐久性安全寿命,这样一共可以得到 C_n^2 组不重复的样本数据。依此类推,从所有失效数据中每次随机抽取 r 个失效试验数据(这里指不放回抽样)作为样本用于分析疲劳/耐久性安全寿命,这样一共可以得到 C_n^r 组不重复的样本数据。根据每组的失效数据(样本数据)可计算得到相应的疲劳/耐久性安全寿命估计值 N_P'。

在实际飞机寿命管理中,从偏安全的角度来分析,把根据每个样本失效数据估计确定的疲劳/耐久性安全寿命估计值 $N_P{'}$ 与根据所有失效试验数据估计确定的母体疲劳/耐久性安全寿命 N_P(即认为母体真值)来比较。设由所有样本估计得到的 $N_P{'}$ 个数为 n_1，$N_P{'}$ 小于或等于 N_P 的个数 m_1，则根据概率论与数理统计方法，将存活率定义为

$$P_1 = \frac{m_1}{n_1} \tag{7.58}$$

可用存活率 P_1 表示采用传统方法确定飞机结构疲劳/耐久性安全寿命的可信度(即精度)。显然，这里认为当 $N_P{'} \leqslant N_P$ 时得到的结果有效，其是偏安全的结果。

将飞机结构服役/使用信息纳入考虑，根据不完全试验数据确定飞机结构疲劳/耐久性安全寿命 $N_{Pd}{''}$ 是指在上述传统的依靠小样本试验数据的基础上将飞机服役的无失效数据纳入，从而扩大样本容量，以此进行疲劳/耐久性安全寿命的分析的结果。不完全数据由失效试验数据与无失效数据共同组成。失效试验数据从所有失效试验数据中随机抽取，无失效数据为服役飞机的使用信息(即当量飞行小时数)。

设选取的样本容量与所有试验失效数据分析时相同，为 n。设失效试验数据为 $N_1, N_2, \cdots, N_r (r \leqslant n)$，无失效数据为 $N_{r+1}{'}, N_{r+2}{'}, \cdots, N_n{'}$。当 r 为 1 时，即从所有失效数据中每次随机抽取 1 个失效试验数据作为样本中的失效数据，与无失效数据组成样本数据，用于分析疲劳/耐久性安全寿命，这样不放回抽样一共可以得到 n 组样本数据。当 r 为 2 时，即从所有失效数据中每次随机抽取 2 个失效试验数据(不放回抽样)作为选择的样本中的失效数据，并与无失效数据一起组成样本数据，用于分析疲劳/耐久性安全寿命，这样一共可以得到 C_n^2 组样本数据。依此类推，从所有失效数据中每次随机抽取 r 个失效试验数据(不放回抽样)作为样本中的失效数据，与无失效数据一起组成样本数据，用于分析疲劳/耐久性安全寿命，这样一共可以得到 C_n^r 组样本数据。由每组的不完全数据(样本数据)可计算得到相应的安全寿命估计值 $N_P{''}$。

当飞机结构服役到 $N_P{''}$ 并未发生失效，则可将 $N_P{''}$ 再作为无失效数据与失效数据融合作为新的不完全数据，同样根据基于不完全数据的飞机结构可靠性分析方法可再确定新的疲劳/耐久性安全寿命，如此反复迭代最后确定收敛的疲劳/耐久性安全寿命值为 $N_{Pd}{''}$。

在实际飞机寿命管理中，从偏安全的角度来分析，把所有根据基于不完全数据飞机结构可靠性分析方法确定的疲劳/耐久性安全寿命估计值 $N_{Pd}{''}$ 与根据所有失效试验数据确定的母体疲劳/耐久性安全寿命 N_P(即认为母体真值)来比较。设 $N_{Pd}{''}$ 个数为 n_2，$N_{Pd}{''}$ 小于或等于 N_P 的个数 m_2，则根据概率论与数理统计方法，将此时的存活率定义为

$$P_2 = \frac{m_2}{n_2} \tag{7.59}$$

存活率 P_2 表示相同样本容量下基于不完全数据飞机结构可靠性分析方法确定飞机结构疲劳/耐久性安全寿命的可信度(即精度)。

经过数据计算分析可知,采用基于不完全数据飞机结构可靠性分析方法计算求得疲劳/耐久性安全寿命的可信度(精度)不如仅完全采用失效数据求得的机群飞机结构疲劳/耐久性安全寿命的可信度高。也就是说,尽管 N_{Pd}'' 大于 N_P',但是使用风险较大。为了控制该计算方法的风险,保持必要的可信度,需对基于不完全数据飞机结构可靠性分析方法计算结果进行修正。这里采用对每个 N_{Pd}'' 取一定的精度修正系数 k 进行修正,计算修正后的 N_{Pd}'' 值与存活率,使修正后 N_{Pd}'' 的存活率与 N_p' 的存活率基本相同。此时,修正后的 N_{Pd}''(考虑了机群飞机已经使用的飞行小时数)用于飞机寿命管理时的风险与采用 N_P'(仅由试验失效数据确定)时是基本相同的。

2. 基于不完全数据的飞机结构可靠性分析方法的精度分析基本步骤

根据大数定理,当子样容量 n 大于一定的数时,就可以用样本估计值来表示母体参数,可靠性工程中一般认为 $n \geq 50$ 是大子样。为方便起见,可随机产生 50 组服从对数正态分布/双参数威布尔分布的随机数,用来模拟表示飞机结构的寿命分布特征,每组随机数的样本容量为 50,则第 i 组随机数中的 50 个随机数可表示为:$N_{i,1}, N_{i,2}, \cdots, N_{i,50}(1 \leq i \leq 50)$(在此选用 50 作为随机数的组数和各组数据的样本量个数)。50 组随机数则代表 50 组飞机结构失效试验数据,而每组随机数中的 50 个随机数代表每组有 50 个飞机结构失效试验数据,则求得精度修正系数 k 的步骤如下。

(1)设第 i 组中的 50 个随机数为 $N_{i,1}, N_{i,2}, \cdots, N_{i,50}(1 \leq i \leq 50)$,将第 i 组中的 50 个随机数当作所有失效试验数据。

(2)根据 50 个失效试验数据确定理论上的原飞机结构寿命母体的疲劳/耐久性安全寿命 N_P。

(3)从所有 50 个失效试验数据中随机抽取 r 个试验数据(这里指不放回抽样)作为失效试验数据样本,即:$N_{i,1}, N_{i,2}, \cdots, N_{i,r}(1 \leq r \leq 50)$。将 $N_{i,1}, N_{i,2}, \cdots, N_{i,r}$ $(1 \leq r \leq 50)$ 可看作为飞机结构疲劳/耐久性试验结果,利用传统可靠性方法估计确定飞机结构疲劳/耐久性安全寿命值 N_P'。这样一共可以得到 C_{50}^r 个失效数据样本,可计算得到 C_{50}^r 个 N_P' 值,即

$$n_{i,1} = C_{50}^r \tag{7.60}$$

(4)根据上述所确定的 N_P、N_P' 值,统计 N_P' 小于等于 N_P 的个数 $m_{i,1}$,则可确定 N_P' 的存活率 $P_{i,1}$:

$$P_{i,1} = \frac{m_{i,1}}{n_{i,1}} \tag{7.61}$$

（5）将（3）中的样本失效数据 $N_{i,1},N_{i,2},\cdots,N_{i,r}$（$1\leqslant r\leqslant 50$）作为不完全数据中的失效数据，无失效数据来自服役飞机的使用信息。取无失效数据大小为传统安全寿命 N_P'，即假定飞机服役到 N_P' 时结构不失效，无失效数据个数为（$50-r$）。r个失效数据 $N_{i,1},N_{i,2},\cdots,N_{i,r}$ 与（$50-r$）个无失效数据 N_P' 就组成了一组不完全数据，将其作为一个新的样本。这时可根据基于不完全数据的飞机结构可靠性分析方法重新估计确定飞机结构疲劳/耐久性安全寿命值 N_{Pd}''。这样一共可以得到 C_{50}^r 个不完全数据样本，即可计算得到 C_{50}^r 个疲劳/耐久性安全寿命 N_{Pd}'' 值。即

$$n_{i,2} = C_{50}^r \tag{7.62}$$

（6）根据上述所确定的 N_P、N_{Pd}''，统计 N_{Pd}'' 小于等于 N_P 的个数 $m_{i,2}$，确定 N_{Pd}'' 的存活率 $P_{i,2}$：

$$P_{i,2} = \frac{m_{i,2}}{n_{i,2}} \tag{7.63}$$

相同地，可根据上述方法确定每组随机数的 $P_{i,1}$ 和 $P_{i,2}$（$1\leqslant i\leqslant 50$），而且 $P_{i,1}>P_{i,2}$。

（7）对第 i 组数据 C_{50}^r 个 N_{Pd}'' 值都同除以一个系数进行修正，统计修正后的 N_{Pd}'' 小于等于 N_P 的个数，再重新确定 $P_{i,2}$，使修正后的 $P_{i,2}$ 与 $P_{i,1}$ 相当，这个系数则称为精度修正系数，第 i 组数据对应的精度修正系数用 k_i 表示。相同地，可确定每组数据 N_{Pd}'' 的精度修正系数 k_i（$1\leqslant i\leqslant 50$）。

（8）对 50 组数据 N_{Pd}'' 的精度修正系数 k_i 取平均值可作为 N_{Pd}'' 的精度修正系数 k：

$$k = \frac{\sum\limits_{i=1}^{50} k_i}{50} \tag{7.64}$$

可利用精度修正系数 k 对飞机结构安全寿命值 N_{Pd}'' 进行修正。对飞机结构疲劳/耐久性安全寿命 N_{Pd}'' 除以精度修正系数 k 就可以得到修正后的基于不完全数据的飞机结构疲劳/耐久性安全寿命值 N_{Pd}''。这时用修正后的 N_{Pd}'' 进行机群飞机寿命管理，其可信度与采用完全失效数据确定的飞机结构疲劳/耐久性安全寿命 N_P' 时的可信度相当。

3. 基于不完全数据的飞机结构可靠性分析所需最少试件数确定

对于正态分布母体，母体平均值 μ 即为母体中值，由母体中抽取的子样的平均值 $\bar{x}$ 即为母体中值估计量。设已知一个母体的 n 个观测值 $x_1,x_2,\cdots,x_n$，则子样平均值和标准差分别为

$$\bar{x} = \frac{1}{n}\sum_{i=1}^{n} x_i \tag{7.65}$$

$$s = \sqrt{\dfrac{\sum\limits_{i=1}^{n} x_i^2 - \dfrac{1}{n}\left(\sum\limits_{i=1}^{n} x_i\right)^2}{n-1}} \qquad (7.66)$$

由于 $\dfrac{(\bar{x}-\mu)\sqrt{n}}{s} \sim t(n-1)$ 分布，因此，在置信水平 $1-\gamma$ 下母体平均值 μ 的区间估计式为[10]

$$\bar{x} - \dfrac{s}{\sqrt{n}}t_{\frac{\gamma}{2}}(n-1) < \mu < \bar{x} + \dfrac{s}{\sqrt{n}}t_{\frac{\gamma}{2}}(n-1) \qquad (7.67)$$

经移项后，上式还可写成：

$$-\dfrac{s}{\bar{x}\sqrt{n}}t_{\frac{\gamma}{2}}(n-1) < \dfrac{\mu-\bar{x}}{\bar{x}} < \dfrac{s}{\bar{x}\sqrt{n}}t_{\frac{\gamma}{2}}(n-1) \qquad (7.68)$$

式中 $(\mu-\bar{x})/\bar{x}$ 表示子样均值和母体真值 μ 的相对误差。令 δ 表示相对误差限度（绝对值）：

$$\delta = \dfrac{s}{\bar{x}\sqrt{n}}t_{\frac{\gamma}{2}}(n-1) \qquad (7.69)$$

δ 为一小量，根据实际情况选取 $1\% \sim 10\%$，一般取 $\delta = 5\%$。当 $\bar{x}$、s、n 满足上式条件时，表明：用子样平均值作为母体中值的估计量（或用子样特征寿命值作为母体特征寿命值）时，以 $1-\gamma$ 的置信度，相对误差不超过 $\pm\delta$。这样，则可给出最少观测值个数，即最少有效试验件个数（或最少有效试验值个数）。

从严格意义上直接把 $(\mu-\bar{x})/\bar{x}$ 称为相对误差是不合理的，真正的相对误差应该表示为 $(\mu-\bar{x})/\mu$。由式（7.68）和式（7.69）可知 $(\mu-\bar{x})/\bar{x}$ 为介于 $\pm\delta$ 之间的某一小数 δ'，令

$$\dfrac{\mu-\bar{x}}{\bar{x}} = \delta' \qquad (7.70)$$

则有：

$$\mu = (1+\delta')\bar{x} \qquad (7.71)$$

可以改写成：

$$\dfrac{\mu-\bar{x}}{\mu} = \dfrac{\mu-\bar{x}}{\bar{x}}\left(\dfrac{1}{1+\delta'}\right) \qquad (7.72)$$

由于 δ' 是一个远小于 1 的数值，故有

$$\dfrac{\mu-\bar{x}}{\mu} \approx \dfrac{\mu-\bar{x}}{\bar{x}} \qquad (7.73)$$

当给定置信度 $1-\gamma$ 时，可由 t 分布数值表（附表7）查得 $t_{\frac{\gamma}{2}}(n-1)$，在给定 δ 时，可由式（7.69）求得变异系数 $s/\bar{x}$ 与 n 的对应关系。当 $\delta = 5\%$ 时变异系数 $s/\bar{x}$ 与 n 的对应关系如表7.1所列[10]。这样可直接由变异系数 $s/\bar{x}$ 查出所需的最少有效试件个数。

表 7.1　变异系数 $s/\bar{x}$ 与 n 的对应关系（置信度 $1-\gamma=90\%$，误差限度 $\delta=5\%$）

变异系数 $s/\bar{x}$ 范围	最少有效试验件个数 n
小于　0.0297	3
0.0297～0.0425	4
0.0425～0.0524	5
0.0524～0.0608	6
0.0608～0.0681	7
0.0681～0.0746	8
0.0746～0.0806	9
0.0806～0.0863	10
0.0863～0.0915	11
0.0915～0.0946	12
0.0946～0.1012	13
0.1012～0.1056	14
0.1056～0.1099	15

　　对于双参数威布尔分布而言,其母体中值与子样均值相对误差的区间估计无法得到如式(7.68)所示的精确数学解析式,因此也就无法直接通过理论计算得到如表 7.1 所示的变异系数与最小有效试验件个数的关系。从概率论与数理统计学上,判断一组数据所服从的分布类型,通常是在假设检验中通过对比不同假设分布相关系数的估计值大小,进而确定更吻合那种分布类型;但对于通过假设检验确定服从威布尔分布的一组疲劳寿命而言(通常认为疲劳寿命服从对数正态分布或威布尔分布),其服从威布尔分布的相关系数略高于对数正态分布对应的相关系数。因此基于以上分析可以近似将其当作对数正态分布处理,也可通过查阅表 7.1 近似确定变异系数 $s/\bar{x}$ 与 n 的对应关系。以上是针对威布尔分布的最小试件数确定的工程近似方法。

　　根据前述分析可知,根据不完全数据最少试件数的具体步骤为:

　　(1) 根据随机右截尾情形下的极大似然函数对不完全数据对分布函数的参数值进行估计;

　　(2) 根据分布函数参数的极大似然估计值确定子样对数平均值 $\bar{x}$;

　　(3) 对数疲劳寿命标准差可通过大量试验寿命值统计得到或由已知的分散系数值经反推得到,作为对数子样标准差;

　　(4) 根据子样对数平均值和子样对数标准差计算变异系数值;

　　(5) 根据变异系数值与表 7.1 可确定最少试件数。

　　需要指出的是,在进行不完全数据统计分析时,当失效数据一定,无失效数据增多而使样本容量扩大时,分析的误差将进一步扩大。因此可以把样本容量取为最少试验件数,一方面可以满足置信度的要求,另一方面又能控制分析结果的误差,这是一种不得已的工程解决方法。

4. 基于不完全数据的飞机结构可靠性分析方法的可行性验证

为了验证上述所确定的精度修正系数 k 及最少试件数 n 的可行性,选取服从对数正态分布/双参数威布尔分布的试验数据以及随机生成服从对数正态分布/双参数威布尔分布的随机数(代表试验值)两种情况进行精度修正系数 k 及最少试件数 n 可行性的验证。

服从对数正态分布/双参数威布尔分布的试验数据以及随机生成服从对数正态分布/双参数威布尔分布的随机数代表飞机结构失效试验数据。根据所有飞机结构失效试验数据确定飞机结构寿命母体的疲劳/耐久性安全寿命 N_P。

从所有失效试验数据(随机数)中随机抽取 $r(r \leq n)$ 个数据(不放回抽样)作为样本失效数据,利用传统方法确定飞机结构疲劳/耐久性安全寿命 $N_P{}'$。

无失效数据来自服役飞机的使用信息(当量飞行小时数),无失效数据的个数为 $n-r$。r 个失效数据与 $n-r$ 个无失效数据组成不完全数据。根据基于不完全数据的飞机结构可靠性分析方法确定飞机结构疲劳/耐久性安全寿命 $N_{Pd}{}''$。

对飞机结构疲劳/耐久性安全寿命 $N_{Pd}{}''$ 利用上述所确定的精度修正系数 k 进行修正,依据确定 $N_P{}'$ 的存活率(即可靠度或精度)P_1 和修正后 $N_{Pd}{}''$ 的存活率 P_2。

比较 P_1 与 P_2 的大小,当 P_1 与 P_2 基本上相同时,说明上述所确定的精度修正系数 k 及最少试件数 n 的选取是可行的。

通过分析可知,上述分析方法是可行的,其具体示例将在下面给出。

7.3.6 基于 1 个失效数据的不完全数据可靠性分析方法的精度分析示例

1. 基于 1 个失效数据的不完全数据可靠性分析方法与精度分析

为了说明本方法的广泛适用性,对于基于 1 个失效数据的不完全数据可靠性分析方法与精度进行分析时,数据既有取自实测的试验数据,也有取自随机生成的随机数(代表试验值)。根据从 1981 年北京航空材料研究所编著的《航空金属材料疲劳性能手册》中选取的 9 组(第 137～166 页)服从对数正态分布的试验数据(具体数据见附录Ⅲ)与随机生成 5 组以 4.0791 为对数疲劳寿命数学期望和 0.1377 为对数疲劳寿命标准差的服从对数正态分布的随机数。为了节省篇幅,这里不对试验数据和随机数一一示出,这样总共有 14 组数据[11]。每组试验数据(或随机数)代表所有失效试验数据,可以理论上用来进行母体疲劳/耐久性安全寿命 N_P 的估计计算。

传统方法上确定飞机结构疲劳/耐久性安全寿命中,随机抽取 1 架飞机结构进行试验,得到失效试验数据,进行寿命分析。这实际上相当于从所有失效试验数据中随机抽取 1 个失效试验数据(即样本)进行分析,确定其疲劳/耐久性安全寿命为 $N_P{}'$。

利用传统方法计算基于 1 个失效数据的飞机结构疲劳/耐久性安全寿命 $N_P{}'$,

确定 N_P' 的存活率 P_1，计算结果如表 7.2 所列(计算过程略去)。

表 7.2　每组数据的存活率 P_1

组数	1	2	3	4	5	6	7	8	9	10	11	12	13	14
$P_1/\%$	83	90	80	81.8	87.5	80	60	83	80	85	82.5	91.7	87.5	90

可知,利用传统方法确定基于 1 个失效数据的疲劳/耐久性安全寿命 N_P' 的存活率 P_1 基本上为 80% 左右。

不完全数据中的失效数据为利用传统方法计算飞机结构疲劳/耐久性安全寿命时的 1 个失效数据,无失效数据取值为传统疲劳/耐久性安全寿命 N_P',根据基于不完全数据的飞机结构可靠性分析方法迭代计算每组数据的疲劳/耐久性安全寿命 N_{Pd}'',确定 N_{Pd}'' 的存活率 P_2,计算结果如表 7.3 所列。

表 7.3　每组数据的存活率 P_2

组数	1	2	3	4	5	6	7	8	9	10	11	12	13	14
$P_2/\%$	50	40	50	54.5	50	50	50	50	60	50	42.5	45	41.3	39

易知,利用基于不完全数据飞机结构可靠性分析方法确定的疲劳/耐久性安全寿命 N_{Pd}'' 的存活率 P_2 基本上为 50% 左右。

2. 基于 1 个失效数据的飞机结构可靠性分析方法的精度修正系数 k 的确定

根据大数定理,当子样容量 n 大于一定的数时,就可以用样本估计值来表示母体,一般认为 $n \geqslant 50$ 的子样是大子样。所以以 4.0791(由于全机疲劳/耐久性试验时间/周期取值为 12000 小时,由 $\lg(12000) = 4.0791$ 可得,使用该方法时,要针对不同的具体情况输入该参数值)为对数寿命数学期望,0.1377 为对数寿命标准差,随机产生 50 组服从对数正态分布的随机数,每组随机数的样本容量为 50。50 组随机数则代表有 50 组飞机结构失效试验数据,而每组随机数中的 50 个随机数代表每组有 50 个飞机结构失效试验数据,则不完全数据可靠性分析方法的精度修正系数 k 可由以下步骤求得。

(1) 设第 i 组随机数中的 50 个随机数为 $N_{i,1}, N_{i,2}, \cdots, N_{i,50}(1 \leqslant i \leqslant 50)$,将第 i 组中的 50 个随机数作为所有失效试验数据。

(2) 根据所有 50 个失效试验数据估计理论上的飞机结构寿命母体的疲劳/耐久性安全寿命 N_P。

(3) 从 $N_{i,1}, N_{i,2}, \cdots, N_{i,50}(1 \leqslant i \leqslant 50)$ 中随机抽取 1 个失效试验数据(不放回抽样)作为样本失效数据用于分析疲劳/耐久性安全寿命,这样一共可以得到 50 个不重复样本数据,即就是可以计算得到 50 个 N_P',即 $n_{i,1} = 50$。

(4) 根据上述所确定的 N_P、N_P' 值,统计 N_P' 小于等于 N_P 的个数 $m_{i,1}$,确定 N_P' 的存活率 $P_{i,1}$:

$$P_{i,1} = \frac{m_{i,1}}{n_{i,1}} \tag{7.74}$$

(5) 对应地，从 $N_{i,1}, N_{i,2}, \cdots, N_{i,50} (1 \leqslant i \leqslant 50)$ 中随机抽取 1 个失效试验数据（不放回抽样）作为失效数据，与 $l(l=0,1,2,\cdots)$ 个无失效数据组成新的样本数据，用于分析疲劳/耐久性安全寿命，这样对应 l 下一共可以组成 50 个不重复的新样本数据，即可以计算得到 50 个 N_{Pd}''。即

$$n_{i,2} = 50 \tag{7.75}$$

(6) 根据上述所确定的 N_P、N_{Pd}''，统计 N_{Pd}'' 小于等于 N_P 的个数 $m_{i,2}$，确定 N_{Pd}'' 的存活率 $P_{i,2}$：

$$P_{i,2} = \frac{m_{i,2}}{n_{i,2}} \tag{7.76}$$

相应地，可根据上述方法确定每组随机数的 $P_{i,1}$ 和 $P_{i,2} (1 \leqslant i \leqslant 50)$。

(7) 对第 i 组数据 50 个 N_{Pd}'' 都除以一个系数进行修正，统计修正后的 N_{Pd}'' 小于等于 N_P 的个数，重新确定 $P_{i,2}$，使修正后的 $P_{i,2}$ 与 $P_{i,1}$ 相当，这个系数则称为精度修正系数，用 k_i 表示。采用相同的方法可确定每组数据 N_{Pd}'' 的精度修正系数 k_i $(1 \leqslant i \leqslant 50)$。

(8) 重复步骤(1)-(7)可确定 50 组数据 N_{Pd}'' 的精度修正系数 k_i，取其平均值可作为 N_{Pd}'' 的精度修正系数 k：

$$k = \frac{\sum\limits_{i=1}^{50} k_i}{50} \tag{7.77}$$

通过改变步骤(5)中 l 的大小（l 取值为 0,1,2,3,4,5,6,7,8,9），重复步骤(1)~(8)10 次，则可得到在实际工程中当样本容量（$l+1$）为 1~10 时精度修正系数 k 的计算结果如表 7.4 所列（具体过程数据略去）。

表 7.4 不同样本容量的精度修正系数 k 值

样本容量	1	2	3	4	5	6	7	8	9	10
k	1	1.0302	1.0606	1.1084	1.142	1.1604	1.1718	1.2	1.2168	1.2448

3. 考虑服役/使用信息的飞机结构疲劳/耐久性安全寿命估算

我国大多型号飞机定寿均取疲劳分散系数取 4.0。当可靠度为 99.9%、置信度为 90%、子样容量为 1 时，采用对数正态分布的疲劳分散系数计算公式可得对数疲劳寿命标准差为 0.1377。所以本节中计算飞机结构疲劳/耐久性安全寿命时，对数疲劳寿命标准差取值为 0.1377。

假设某型飞机结构疲劳寿命服从对数正态分布，仅随机选取 1 架飞机的全机疲劳/耐久性试验寿命为 12000h，服役飞机的安全寿命（当量飞行小时数限制值）为 3000h，对数疲劳寿命标准差为 0.1377。

以 12000 h 为失效数据，3000 h 为无失效数据（此时，认为机群飞机初始到寿），样本容量分别取 2~10（其中只有一个失效数据，其余为未失效数据），根据

基于不完全数据的飞机结构可靠性分析方法迭代计算可靠度99.9%与置信度90%下没有修正的安全寿命N_{Pd}''，如表7.5所列。

表7.5　不同样本容量的飞机结构疲劳/耐久性安全寿命　　　　(h)

样本容量	1	2	3	4	5	6	7	8	9	10
N_{Pd}''	3000	3586	3702	3793	3854	3903	3943	3976	4013	4038

利用上述确定的精度修正系数k(表7.4所示)对飞机结构疲劳/耐久性安全寿命N_{Pd}''进行修正。对飞机结构疲劳/耐久性安全寿命N_{Pd}''除以相应样本容量的精度修正系数k就可以得到修正后的疲劳/耐久性安全寿命N_{Pd}''，如表7.6所列。

表7.6　修正后的飞机结构疲劳/耐久性安全寿命　　　　(h)

样本容量	1	2	3	4	5	6	7	8	9	10
N_{Pd}''	3000	3586	3702	3793	3854	3903	3943	3976	4013	4038
精度修正系数k	1	1.0302	1.0606	1.1084	1.142	1.1604	1.1718	1.2	1.2168	1.2448
修正后N_{Pd}''	3000	3481	3491	3422	3375	3364	3365	3313	3298	3244

4. 基于1个失效数据的飞机结构可靠性分析所需最少试件数确定

取子样标准差s为0.1377，当样本容量为3，失效数据为12000h，2个无失效数据为3000h时，根据极大似然估计法估算的$\hat{\mu}$为4.079，计算变异系数$s/\bar{x}$为0.0343，根据表7.1可知在置信度为90%时最少有效试件的个数为4(显然，也在式(7.57)分析的n的范围内)。当样本容量为4，失效数据为12000h，3个无失效数据为3000h时，根据极大似然估计法估算的$\hat{\mu}$为4.079，计算变异系数$s/\bar{x}$为0.0343，根据表7.1可知在置信度为90%时最少有效试件的个数为4。此时，将利用极大似然估计得到的$\hat{\mu}$作为母体中值的估计量时，以90%的置信度，相对误差不超过±5%。也就是说，此时取$n=4$来分析是合理的。结合上面分析可知，用一个失效数据12000h外加3个3000h未失效数据组成的样本，采用前述不完全数据分析方法在考虑到寿飞机的服役/使用情况(已飞3000h)后可以重新给出机队飞机3422h的安全寿命值，即是机队飞机安全寿命值可以再延寿422h。

5. 基于1个失效数据的飞机结构可靠性分析方法的可行性验证

为了说明上述所确定的精度修正系数k及最少试件数n的可行性，选取服从对数正态分布的试验数据以及随机生成服从对数正态分布的随机数(代替试验数据)两种数据进行精度修正系数$k=1.1084$及最少试件数$n=4$可行性的验证。

第一组数据：从高镇同编著的《疲劳应用统计学》(第9页中表1－1，1986年1月由国防工业出版社出版)中选取98个服从对数正态分布的失效试验数据[10]。根据98个失效试验数据确定母体疲劳/耐久性安全寿命N_P为251024.3(循环数)。

从98个失效试验数据中随机抽取1个数据作为样本失效数据，利用传统方法确定飞机结构疲劳/耐久性安全寿命N_P'。

无失效数据取值为传统安全寿命 N_P'，无失效数据的个数为 3。1 个失效数据与 3 个无失效数据组成不完全数据样本。根据基于不完全数据的飞机结构可靠性分析方法确定其疲劳/耐久性安全寿命 N_{Pd}''。

对疲劳/耐久性安全寿命 N_{Pd}'' 利用上述方法所确定的样本容量为 4 时的精度修正系数 k 进行修正，再确定 N_P' 的存活率（即可靠度或精度）P_1 和修正后 N_{Pd}'' 的存活率（即可靠度或精度）P_2。从计算结果可以看出，N_P' 存活率 P_1 为 89.7%，修正后 N_{Pd}'' 存活率 P_2 为 87.8%（为节省篇幅，详细计算过程略去）。

可见 P_1 与 P_2 基本上相当，说明上述所确定的精度修正系数 k 及最少试件数 n 是可行的。

第二组数据：以 4.0791 为对数疲劳寿命数学期望，0.1377 为对数疲劳寿命标准差，随机产生 1 组服从对数正态分布的随机数，样本容量为 50，代表飞机结构失效试验数据。根据 50 个失效试验数据确定母体疲劳/耐久性安全寿命 N_P。

从 50 个失效试验数据中随机抽取 1 个数据作为样本失效数据，利用传统方法确定飞机结构疲劳/耐久性安全寿命 N_P'。

无失效数据取值为传统安全寿命 N_P'，无失效数据的个数为 3。1 个失效数据与 3 个无失效数据组成不完全数据样本。根据基于不完全数据的飞机结构可靠性分析方法确定飞机结构疲劳/耐久性安全寿命 N_{Pd}''。

对飞机结构疲劳/耐久性安全寿命 N_{Pd}'' 利用前述方法所确定的样本容量为 4 时的精度修正系数 $k=1.1084$ 进行修正，再确定 N_P' 的存活率（即可靠度或精度）P_1 和修正后 N_{Pd}'' 的存活率（即可靠度或精度）P_2。从计算结果可以看出，N_P' 存活率 P_1 为 86%，修正后 N_{Pd}'' 存活率 P_2 为 80%。

可见 P_1 与 P_2 基本上相当，说明上述所确定的精度修正系数 $k=1.1084$ 及最少试件数 $n=4$ 是具有可行性的。

6. 结论

将机群飞机的服役/使用信息纳入考虑并进行延寿分析，其本质就是扩大样本容量。利用基于不完全数据的飞机结构可靠性分析方法得到的疲劳/耐久性安全寿命后，再对疲劳/耐久性安全寿命值除以该算法的精度修正系数 k，就可以得到考虑机群飞机服役/使用信息后的新的安全寿命值（当量服役/使用疲劳寿命限制值）。这时采用基于不完全数据的可靠性分析方法计算疲劳/耐久性安全寿命的精度与仅采用失效数据计算疲劳/耐久性安全寿命的精度相当，这样就可以初步放宽飞机结构当量服役/使用疲劳寿命限制，而且还能保证飞机结构服役过程中的可靠性与安全性水平不明显降低。当然，对于不止一个失效数据的情况，其分析方法是类似的。

根据初步放宽飞机结构当量服役/使用疲劳寿命限制所得的延寿结论主要是通过计算分析得到的，对于延寿飞机在安排试验工作期间保证机群飞机正常的安全使用提供了理论分析依据。在实际延寿工作中，为安全起见，也可以忽略这部分延寿结果,直接依靠试验结果给出延寿结论,这部分工作将在下面进行讨论。

值得说明的是,上述修正系数 k 是对于选定的疲劳寿命值再加上仿真分析得到的,是一种工程分析结果,当采用不同的数据分析计算时可能得到的结果有些偏差,但不会有显著差别。

7.3.7 基于 2 个失效数据的不完全数据可靠性分析方法的精度分析示例

1. 基于 2 个失效数据的不完全数据可靠性分析方法与精度分析

为了说明本方法的广泛适用性,对基于 2 个失效数据的不完全数据可靠性分析方法与精度进行分析时,数据既有取自真实的试验数据,也有取自随机生成的随机数据。根据从 1981 年北京航空材料研究所编著的《航空金属材料疲劳性能手册》中选取的 1 组服从对数正态分布的试验数据与随机生成 10 组以 4.0791 为数学期望和 0.1377 为对数标准差的服从对数正态分布的随机数(代表试验数据),为了节省篇幅,这里不对试验数据和随机数据一一示出,这样总共有 11 组数据[11]。每组试验数据(随机数)代表所有失效试验数据,可以理论上用来进行母体疲劳/耐久性安全寿命 N_P 的计算。

传统上确定飞机结构疲劳/耐久性安全寿命时,这里是随机抽取 2 架飞机结构进行试验,得到失效试验数据,用于寿命分析。这实际上相当于从所有失效试验数据中随机抽取 2 个失效试验数据(即样本)进行分析,据此确定其疲劳/耐久性安全寿命为 N_P'。

利用传统方法计算基于 2 个失效数据的飞机结构疲劳/耐久性安全寿命 N_P',确定 N_P' 的存活率 P_1,计算结果如表 7.7 所列。

表 7.7 每组数据的存活率 P_1

组数	1	2	3	4	5	6	7	8	9	10	11
$P_1/\%$	80	93.3	84.4	86.7	91.1	77.8	83.3	70	80	80.1	77.8

可知,利用传统方法确定基于 2 个失效数据的疲劳/耐久性安全寿命 N_P' 的存活率 P_1 基本上为 82% 左右。

不完全数据中的失效数据为利用传统方法计算飞机结构疲劳/耐久性安全寿命时的 2 个失效数据,无失效数据取值为传统疲劳/耐久性安全寿命 N_P',根据基于不完全数据的飞机结构可靠性分析方法迭代计算每组数据的疲劳/耐久性安全寿命 N_{Pd}'',确定 N_{Pd}'' 的存活率 P_2,计算结果如表 7.8 所列。

表 7.8 每组数据的存活率 P_2

组数	1	2	3	4	5	6	7	8	9	10	11
$P_2/\%$	53.3	57.8	51	51	51	53.3	50	52.7	52.8	44.4	52.8

可知,利用基于不完全数据飞机结构可靠性分析方法确定的疲劳/耐久性安全寿命 N_{Pd}'' 的存活率 P_2 基本上为 52% 左右。

2. 基于 2 个失效数据的飞机结构可靠性分析方法的精度修正系数 k 的确定

根据大数定理,当子样容量 n 大于一定的数时,就可以用样本估计值来表示母体,一般认为 $n \geqslant 50$ 的子样是大子样。所以以 4.0791(由于全机疲劳/耐久性试验时间周期为 12000h,由 $\lg(12000) = 4.0791$ 可得,使用该方法时,要针对不同的实际情况输入该参数值)为对数疲劳寿命数学期望,0.1377 为对数疲劳寿命标准差,随机产生 50 组服从对数正态分布的随机数,每组随机数的样本容量为 50。50 组随机数则代表有 50 组飞机结构失效试验数据,而每组随机数中的 50 个随机数代表每组有 50 个飞机结构失效试验数据,则不完全数据可靠性分析方法的精度修正系数 k 可由以下步骤求得。

(1) 设第 i 组随机数中的 50 个随机数为 $N_{i,1}, N_{i,2}, \cdots, N_{i,50}(1 \leqslant i \leqslant 50)$,将第 i 组随机数中的 50 个随机数作为所有失效试验数据。

(2) 根据第 i 组所有 50 个失效试验数据估计理论上的飞机结构寿命母体的疲劳/耐久性安全寿命 N_P。

(3) 从 $N_{i,1}, N_{i,2}, \cdots, N_{i,50}(1 \leqslant i \leqslant 50)$ 中随机抽取 2 个失效试验数据(这里指不放回抽样)作为样本失效数据用于分析疲劳/耐久性安全寿命,这样一共可以得到 $C_{50}^2 = 1225$ 个不重复的样本数据,即可计算得到 1225 个 N_P',即 $n_{i,1} = 1225$。

(4) 根据上述所确定的 N_P、N_P' 值,统计服役飞机处于安全状态的 N_P' 小于等于 N_P 的个数 $m_{i,1}$,确定 N_P' 的存活率 $P_{i,1}$。

(5) 对应地,从 $N_{i,1}, N_{i,2}, \cdots, N_{i,50}(1 \leqslant i \leqslant 50)$ 中随机抽取 2 个失效试验数据(这里指不放回抽样)作为失效数据,与 $l(l = 0,1,2,\cdots)$ 个无失效数据组成新的样本数据,用于分析新的疲劳/耐久性安全寿命值,这样一共可以组成 1225 个不重复的新样本数据,即可计算得到 1225 个 N_{Pd}''。

(6) 根据上述所确定的 N_P、N_{Pd}'',统计(偏安全的) N_{Pd}'' 小于等于 N_P 的个数 $m_{i,2}$,确定 N_{Pd}'' 的存活率 $P_{i,2}$。

相应地,可根据上述方法确定每组随机数的 $P_{i,1}$ 和 $P_{i,2}(1 \leqslant i \leqslant 50)$。

(7) 对第 i 组数据 1225 个 N_{Pd}'' 都除以一个系数进行修正,统计修正后的 N_{Pd}'' 小于等于 N_P 的个数,重新确定 $P_{i,2}$,使修正后的 $P_{i,2}$ 与 $P_{i,1}$ 相当,这个系数则称为精度修正系数,用 k_i 表示。采用相同的方法可确定每组数据 N_{Pd}'' 的精度修正系数 $k_i(1 \leqslant i \leqslant 50)$。

(8) 重复步骤(1) - (7)可确定 50 组数据 N_{Pd}'' 的精度修正系数 k_i,取其平均值可作为 N_{Pd}'' 的精度修正系数 k。

通过改变步骤(5)中 l 的大小(l 取值分别为 0,1,2,3,4,5),重复步骤(1) ~ (8)6 次,则可得到当样本容量 $(l+2)$ 为 2 ~ 7 时精度修正系数的计算结果如表 7.9 所列(具体过程数据略去)。

表 7.9　不同样本容量的精度修正系数 k 值

样本容量	2	3	4	5	6	7
k	1	1.0116	1.0446	1.0748	1.0996	1.1234

3. 基于 2 个失效数据的飞机结构可靠性分析所需最少试件数确定

取子样对数疲劳寿命标准差 s 为 0.1377，当样本容量为 3，2 个失效数据为 12000h，1 个无失效数据为 3000h 时，根据极大似然估计法估算的对数疲劳寿命数学期望 $\hat{\mu}$ 为 4.0791，计算变异系数 $s/\bar{x}$ 为 0.0337，根据表 7.1 可知在置信度为 90% 时最少有效试件的个数为 4。当样本容量取为 4，2 个失效数据为 12000h，2 个无失效数据为 3000h 时，根据极大似然估计法估算的 $\hat{\mu}$ 为 4.0791，计算变异系数 $s/\bar{x}$ 为 0.0337，根据表 7.1 可知在置信度为 90% 时最少有效试件的个数为 4。此时，将利用极大似然估计得到的 $\hat{\mu}$ 作为母体中值的估计量时，以 90% 的置信度，相对误差不超过 ±5%。也就是说，此时取 $n=4$ 来分析是合理的。

4. 基于 2 个失效数据的飞机结构可靠性分析方法的可行性验证

为了说明上述所确定精度修正系数 k 及最少试件数 n 方法的可行性，选取服从对数正态分布的试验数据以及随机生成服从对数正态分布的随机数（代表试验数据）两种数据进行精度修正系数 $k=1.0446$ 及最少试件数 $n=4$ 可行性的验证。

第一组数据：从高镇同编著的《疲劳应用统计学》中选取 10 个服从对数正态分布的失效试验数据（第 133 页表 8 – 2）[10]。根据 10 个失效试验数据确定母体疲劳/耐久性安全寿命 N_P 为 116438.7（循环数）。

从 10 个失效试验数据中随机抽取 2 个数据（不放回抽样）作为样本失效数据，利用传统方法确定飞机结构疲劳/耐久性安全寿命 N_P'。

无失效数据取值为传统安全寿命 N_P'，无失效数据的个数为 2。2 个失效数据与 2 个无失效数据组成不完全数据样本。根据基于不完全数据的飞机结构可靠性分析方法确定其疲劳/耐久性安全寿命 N_{Pd}''。

对疲劳/耐久性安全寿命 N_{Pd}'' 利用上述方法所确定的样本容量为 4 时的精度修正系数 $k=1.0446$ 进行修正，再确定 N_P' 的存活率（即可靠度或精度）P_1 和修正后 N_{Pd}'' 的存活率（即可靠度或精度）P_2。从计算结果可以看出，N_P' 存活率 P_1 为 82.2%，修正后 N_{Pd}'' 存活率 P_2 为 80%（为节省篇幅，详细计算过程略去）。

可见 P_1 与 P_2 基本上相当，说明上述所确定的精度修正系数 k 及最少试件数 n 是具有可行性的。

第二组数据：以 4.0791 为对数疲劳寿命数学期望，0.1377 为对数疲劳寿命标准差，随机产生 1 组服从对数正态分布的随机数，样本容量为 10，代表飞机结构失效试验数据。根据 10 个失效试验数据确定母体疲劳/耐久性安全寿命 N_P。

从 10 个失效试验数据中随机抽取 2 个数据作为样本失效数据，利用传统方法确定飞机结构疲劳/耐久性安全寿命 N_P'。

无失效数据取值为传统安全寿命 $N_P{}'$，无失效数据的个数为 2。2 个失效数据与 2 个无失效数据组成不完全数据样本。根据基于不完全数据的飞机结构可靠性分析方法确定飞机结构疲劳/耐久性安全寿命 $N_{Pd}{}''$。

对飞机结构疲劳/耐久性安全寿命 N_{Pd} 利用前述方法所确定的样本容量为 4 时的精度修正系数 $k = 1.0446$ 进行修正，再确定 $N_P{}'$ 的存活率（即可靠度或精度）P_1 和修正后 $N_{Pd}{}''$ 的存活率（即可靠度或精度）P_2。从计算结果可以看出，$N_P{}'$ 存活率 P_1 为 75.6%，修正后 $N_{Pd}{}''$ 存活率 P_2 为 73.3%。

可见 P_1 与 P_2 基本上相当，说明上述所确定的精度修正系数 $k = 1.0446$ 及最少试件数 $n = 4$ 是具有可行性的。

在 7.3.6 节和 7.3.7 节中对基于 1 个失效数据和 2 个失效数据的不完全数据可靠性分析方法的精度分析示例进行分析时，仅以 12000h 的对数值为失效数据估计得到的样本均值为 4.0791 为数学期望和 0.1377 为对数标准差分析了基于 1 个失效数据和 2 个失效数据不完全数据可靠性分析方法的精度修正系数。在实际工程中，可根据实际情况并参考上述方法对基于 1 个失效数据和 2 个失效数据的不完全数据可靠性分析方法的精度修正系数进行分析。当失效数据超过 3 时，往往可以直接用失效数据作为样本进行寿命分析了。

7.3.8 初步放宽飞机结构当量服役/使用疲劳寿命限制的算例分析

假设某型飞机结构疲劳寿命服从对数正态分布，在飞机定寿时疲劳分散系数取值为 4.0，一架新机全机疲劳试验的结果为 12000 试验飞行小时数，则给定其初始安全寿命为 3000 飞行小时数。该型飞机在服役/使用时，发现目前已有多架飞机的当量飞行小时数达到了 3000 飞行小时，可认为其已经到寿，但要做进一步的延寿工作。

用于全机疲劳试验验证机的数量为 1 架，全机疲劳试验持续时间为 12000 试验飞行小时数，一般可偏安全地按失效数据对待。机群飞机结构定寿时的疲劳分散系数取 4.0，对应着可靠度为 99.9%、置信度为 90% 和样本容量为 1，所以机群飞机结构疲劳寿命的对数标准差可根据式（4.15）分散系数公式反推得到，计算得对数寿命疲劳标准差为 0.1377，可认为该型飞机结构疲劳寿命的对数寿命标准差是已知的。当服役飞机的飞行小时数达到 3000 飞行小时数时可认为飞机到寿，然而，因为到寿飞机并没有发生破坏，所以可将 3000 飞行小时数作为未失效数据处理。失效数据与未失效数据共同组成了一组不完全数据，根据基于不完全数据的飞机结构可靠性分析方法的精度分析结果，样本容量选取为 4。根据前述方法对飞机结构对数疲劳寿命数学期望进行极大似然估计，可得估计结果为 4.08。根据数学期望的估计值计算疲劳中值寿命为

$$[N_{50}] = 10^{\bar{\mu}} = 10^{4.08} \approx 12023（飞行小时）$$

由于样本容量 n 为 4，对数疲劳寿命标准差取值为 0.1377，则可靠度 99.9%

和置信度90%下的疲劳分散系数为

$$L_f = 10^{\left(\frac{u_\gamma}{\sqrt{n}} - u_P\right)\bar{r}} = 10^{\left(\frac{1.2816}{\sqrt{4}} + 3.0902\right)0.1377} \approx 3.2641$$

根据上述计算的疲劳中值寿命值和疲劳分散系数值可知,疲劳安全寿命为

$$N_{P,\gamma}^0 = \frac{[N_{50}]}{L_f} = \frac{12023}{3.2641} \approx 3683.4(飞行小时)$$

根据前述的基于不完全数据的飞机结构可靠性分析方法的精度分析结果可知,当样本容量为4时,此时精度修正系数 k 为1.1084,因此考虑飞机服役信息(已飞小时数)后的疲劳/耐久性安全寿命为3323.2飞行小时。

所以,通过基于试验数据与使用数据融合的飞机结构疲劳安全寿命延寿技术可将该型飞机结构的疲劳安全寿命在初始安全寿命(3000飞行小时数)的基础上延长323.2飞行小时数。也就是说,机群飞机初始安全寿命为3000飞行小时,当机群飞机(多余4架飞机)初始到寿(当量飞行小时数达到3000飞行小时数)后没有出现非正常的结构破坏,则可以将机群飞机结构的安全寿命值再延长323.2飞行小时数,在此延寿期间,可以保证飞机结构的可靠性不降低。

当飞机结构疲劳/耐久性寿命服从威布尔分布时,也可通过相似的方法来初步放宽飞机结构当量服役/使用疲劳寿命限制。

7.4　再次放宽飞机结构当量服役/使用疲劳寿命限制

7.4.1　再次放宽飞机结构当量服役/使用疲劳寿命限制的基本思想

再次放宽飞机结构当量服役/使用疲劳寿命限制的基本思想是当服役机群飞机当量飞行小时数达到初步放宽使用限制所确定的当量服役/使用疲劳寿命时,可利用1架或多架再次到寿的服役飞机进行全机/部件疲劳/耐久性延寿试验分析,并将外场服役飞机结构状态信息(如飞行小时数)纳入考虑,则可再次放宽飞机结构当量服役/使用疲劳寿命限制。当然,实际工作中可提前抽取领先使用到寿的服役飞机进行试验研究,以保证工作的连续性。需要说明的是,选取的试验飞机在进行疲劳/耐久性试验前一般需要进行耐久性修理,也就是不改变飞机结构传力特性的经济修理。相应的修理措施在延寿机群飞机继续服役使用时应该加以贯彻。如果由于特殊需要而加大修理深度,如更换主要结构件或改变了结构传力路径等,则其就不是耐久性修理了,修理后飞机结构的剩余寿命问题则应该按改型结构寿命问题来处理。

7.4.2　再次放宽飞机结构当量服役/使用疲劳寿命限制的分析方法与流程

再次放宽飞机结构当量服役/使用疲劳寿命限制,也就是再次延长机群飞

结构的疲劳安全/耐久性寿命值(后面不再赘述)。再次放宽飞机结构当量服役/使用疲劳寿命限制的基本方法是当飞机再次到寿时,则从到寿机群飞机中随机抽取1架或多架飞机进行全机/部件疲劳/耐久性试验,直至结构破坏(或达到预计的验证试验周期),得到试验结果(如试验周期飞行小时数)。可以将原新机疲劳试验结果以及机群飞机服役/使用信息一并考虑,从而扩大样本容量,或者对到寿服役机群飞机的剩余疲劳/耐久性寿命进行单独的可靠性分析等,就可以得到延长了的并在继续使用期间内满足可靠度要求的机群飞机结构安全寿命值。这里可选择四种分析方案来分析飞机结构疲劳服役/使用寿命,最后再综合分析确定再次放宽使用限制后服役飞机的当量服役/使用疲劳寿命(安全寿命)值。流程如图7.4所示。

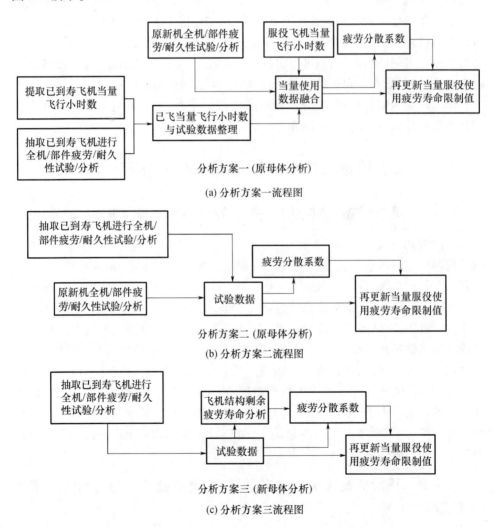

(a) 分析方案一流程图

(b) 分析方案二流程图

(c) 分析方案三流程图

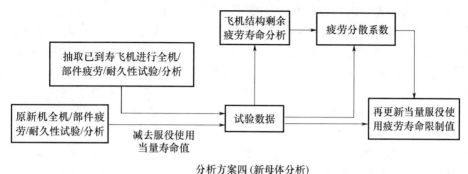

分析方案四(新母体分析)

(d) 分析方案四流程图

图 7.4　再次放宽飞机结构当量服役/使用疲劳寿命限制流程图

这里的新母体分析与原母体分析都是针对同一型号飞机而言的。在理论上，原母体分析针对的是同一型号飞机结构总的疲劳/耐久性寿命值，失效数据考虑了服役飞机的已飞当量飞行小时数，与原新机全机/部件疲劳/耐久性试验结果类似；新母体分析针对的是服役飞机当量飞行小时数达到初步放宽使用限制所确定的当量服役/使用疲劳寿命限制值时的同一型号服役飞机结构剩余疲劳/耐久性寿命值，失效数据不再考虑服役飞机的已飞当量飞行小时数，与原新机全机/部件疲劳/耐久性试验结果不同，类似于原新机全机/部件疲劳/耐久性试验结果减去某一段试验飞行小时数后剩余的试验飞行小时数结果，是一组新的剩余寿命数据。

在工程上，按照耐久性修理方案进行维修的飞机，也就是平常所说的经过维修(包括大修)的飞机，由于其修理并没有引起飞机结构及传力路线的显著改变，因此仍可以认为是同一型号飞机。但是，如果对一些关键部件进行特别加强与更换修理，改变了飞机主要结构，原则上它们在这里就不属于同一型号的飞机了，此时，需按改型结构的飞机进行分析了。

7.4.2.1　第一种分析方案

第一种分析方案的基本思想是当服役飞机当量飞行小时数达到初步放宽使用限制所确定的当量服役/使用疲劳寿命时，如果机群飞机没有正常失效的飞机结构，将服役飞机当量飞行小时数与抽取的该服役飞机进行全机/部件疲劳/耐久性试验的数据合并整理为失效数据，原新机全机/部件疲劳/耐久性试验结果作为另一个失效数据。失效数据个数增加，再将失效数据与服役飞机当量飞行小时数(已飞小时数)进行融合，这些数据构成一个新的样本，用其代表原母体进行分析计算并延长飞机结构当量服役/使用疲劳寿命(即安全寿命值)。具体分析步骤如下。

(1) 当服役飞机当量飞行小时数达到初步放宽使用寿命限制所确定的当量

服役/使用疲劳寿命时,从服役飞机中随机抽取 1 架或多架飞机在原新机疲劳(定寿)试验载荷环境(或当量为原新机疲劳(定寿)试验载荷环境)下进行全机/部件延寿疲劳/耐久性试验,延寿疲劳试验飞机所经历的试验飞行小时数(即试验时间折算的飞行小时数,下同)与其使用中已完成的当量飞行小时数的和作为失效数据,而原新机全机/部件疲劳/耐久性试验结果作为另一个失效数据。当机群飞机没有正常失效的飞机结构时,根据初步放宽使用限制所确定的当量服役/使用疲劳寿命作为无失效数据。要说明的是,这里所有要研究分析的试验结果及使用结果(飞行小时数)均应当量为同一载荷谱(原新机疲劳定寿试验载荷谱)下来分析,此时机群飞机结构的疲劳寿命才服从同一分布规律。后面的分析情况也是一样的要求。

(2) 根据(1)中所得到的失效数据与无失效数据构成一个新的样本,采用初步放宽飞机结构当量服役/使用疲劳寿命限制中的不完全数据分析方法估算分布函数中的参数,计算疲劳中值寿命$[N_{50}]$。

对于对数正态分布:

$$[N_{50}] = 10^{\hat{\mu}} \tag{7.78}$$

对于双参数威布尔分布:

$$[N_{50}] = \frac{\hat{\eta}}{\left(\ln\dfrac{1}{0.5}\right)^{-\frac{1}{m}}} \tag{7.79}$$

(3) 根据样本容量及分布函数的参数,计算一定可靠度与置信度下的疲劳分散系数。

对于对数正态分布:

$$L_f = 10^{\left(\frac{u_\gamma}{\sqrt{n}} - u_P\right)\sigma_0} \tag{7.80}$$

式中:n_P 为标准正态分布上 P 分位点;u_γ 为标准正态分布上 γ 分位点。

对于双参数威布尔分布:

$$L_f = S_c \cdot \left(\frac{-\ln P}{\ln 2}\right)^{-\frac{1}{m}} \tag{7.81}$$

式中:S_c 为置信系数,具体取值依据式(4.3)进行。

(4) 根据(2)中的疲劳中值寿命$[N_{50}]$与(3)中的疲劳分散系数计算疲劳/耐久性安全寿命。

对于对数正态分布:

$$N_{P,\gamma} = \frac{[N_{50}]}{L_f} = 10^{\hat{\mu} + \left(u_P - \frac{u_\gamma}{\sqrt{n}}\right)\sigma_0} \tag{7.82}$$

对于双参数威布尔分布:

$$N_{P,\gamma} = \frac{[N_{50}]}{L_f} = \frac{\hat{\eta}}{S_c \cdot \left(\ln\dfrac{1}{P}\right)^{-\frac{1}{m}}} \tag{7.83}$$

7.4.2.2　第二种分析方案

第二种分析方案的基本思想是当服役飞机当量飞行小时数达到初步放宽使用限制所确定的当量服役/使用疲劳寿命限制值时,如果机群飞机没有正常失效的飞机结构,将服役飞机当量飞行小时数与抽取的该服役飞机进行全机/部件疲劳/耐久性试验的数据合并整理为失效数据,原新机全机/部件疲劳/耐久性试验结果为另一个失效数据。由这些失效数据构成了一个新的样本,用其代表原母体进行分析。失效数据个数增加,从而扩大了样本容量,可利用这些失效数据计算确定新的飞机结构当量服役/使用疲劳寿命限制值(安全寿命)。具体分析步骤如下。

(1)当服役飞机当量飞行小时数达到初步放宽使用限制所确定的当量服役/使用疲劳寿命时,从到寿服役飞机中随机抽取 1 架或多架飞机在原新机疲劳(定寿)试验载荷环境(或当量为原新机疲劳(定寿)试验载荷环境)下进行全机/部件延寿疲劳/耐久性试验,疲劳试验飞机所经历的试验飞行小时数(即试验时间折算的飞行小时数)与其已使用完成的当量飞行小时数的和作为失效数据,原新机全机/部件(定寿)疲劳/耐久性试验结果作为另一个失效数据,从而构成一个新的样本(各数据均是在同一个载荷谱下得到的),用于计算疲劳中值寿命$[N_{50}]$。

(2)根据样本容量及分布函数的参数,计算一定可靠度与置信度下的疲劳分散系数。

对于对数正态分布:

$$L_f = 10^{\left(\frac{u_\gamma}{\sqrt{n}} - u_P\right)\sigma_0} \tag{7.84}$$

对于双参数威布尔分布:

$$L_f = S_c \cdot \left(\frac{-\ln P}{\ln 2}\right)^{-\frac{1}{m}} \tag{7.85}$$

(3)根据(1)中的疲劳中值寿命$[N_{50}]$与(2)中的疲劳分散系数计算新的疲劳/耐久性安全寿命。

对于对数正态分布:

$$N_{P,\gamma} = \frac{[N_{50}]}{L_f} = 10^{\hat{\mu} + \left(u_P - \frac{u_\gamma}{\sqrt{n}}\right)\sigma_0} \tag{7.86}$$

对于双参数威布尔分布:

$$N_{P,\gamma} = \frac{[N_{50}]}{L_f} = \frac{\hat{\eta}}{S_c \cdot \left(\ln\frac{1}{P}\right)^{-\frac{1}{m}}} \tag{7.87}$$

7.4.2.3　第三种分析方案

第三种分析方案的基本思想是将再次到寿后抽取的服役飞机进行全机/部件

延寿疲劳/耐久性试验的结果作为剩余寿命的失效数据,并构成一个新的样本。用其代表机群飞机结构剩余疲劳/耐久性寿命,将剩余疲劳/耐久性寿命作为新的寿命母体,对新的寿命母体进行分析,从而计算飞机结构剩余的当量服役/使用疲劳寿命限制值(安全寿命),飞机结构在此寿命期间继续服役仍可以保证应有的可靠度与置信度水平。具体分析步骤如下。

(1) 当服役飞机当量飞行小时数达到初步放宽使用限制所确定的当量服役/使用疲劳寿命时,从到寿服役飞机中随机抽取 1 架或多架飞机在原新机疲劳(定寿)试验载荷环境(或当量为原新机疲劳(定寿)试验载荷环境)下进行全机/部件延寿疲劳/耐久性试验,将随机抽取的服役飞机试验寿命作为新的寿命母体进行分析,计算疲劳中值寿命$[N_{50}]$。

(2) 根据样本容量及分布函数的参数,计算一定可靠度与置信度下的疲劳分散系数。

对于对数正态分布:

$$L_f = 10^{\left(\frac{u_\gamma}{\sqrt{n}} - u_P\right) r_0} \tag{7.88}$$

对于双参数威布尔分布:

$$L_f = S_c \cdot \left(\frac{-\ln P}{\ln 2}\right)^{-\frac{1}{m}} \tag{7.89}$$

(3) 根据(1)中的疲劳中值寿命$[N_{50}]$与(2)中的疲劳分散系数计算疲劳/耐久性安全寿命。

对于对数正态分布:

$$N_{P,\gamma} = \frac{[N_{50}]}{L_f} = 10^{\hat{\mu} + \left(u_P - \frac{u_\gamma}{\sqrt{n}}\right) r_0} \tag{7.90}$$

对于双参数威布尔分布:

$$N_{P,\gamma} = \frac{[N_{50}]}{L_f} = \frac{\hat{\eta}}{S_c \cdot \left(\ln \frac{1}{P}\right)^{-\frac{1}{m}}} \tag{7.91}$$

7.4.2.4 第四种分析方案

第四种分析方案的基本思想是将原新机全机/部件疲劳/耐久性试验结果减去初步放宽使用限制所确定的当量服役/使用疲劳寿命限制值后的数据作为一个剩余寿命失效数据,抽取到寿的服役飞机进行全机/部件延寿疲劳/耐久性试验的结果作为新的剩余寿命失效数据。这些失效数据构成了一个新的样本,用其代表机群飞机结构剩余寿命新的母体进行分析,计算得到新的飞机结构疲劳服役/使用寿命限制值。具体分析步骤如下。

(1) 将新机全机/部件(定寿)疲劳/耐久性试验结果减去初步放宽使用限制所确定的当量服役/使用疲劳寿命值,得到一个(剩余寿命)试验值,并作为一个失效数据,其等价于对 1 架当量飞行小时数达到初步放宽使用限制所确定的当量服役/使用疲劳寿命限制值的服役飞机进行全机/部件疲劳/耐久性试验而得到的剩余寿命值。

(2) 当服役飞机当量飞行小时数达到初步放宽使用限制所确定的当量服役/使用疲劳寿命时,从服役飞机中随机抽取 1 架或多架飞机在原新机疲劳(定寿)试验载荷/环境(或当量为原新机疲劳(定寿)试验载荷/环境)下进行全机/部件疲劳/耐久性试验,试验结果为剩余寿命值,作为新的失效数据。这些失效数据构成一个新的样本,用其可代表机队飞机的剩余当量服役/使用疲劳寿命新的母体进行分析。

(3) 根据(1)中的试验寿命值与(2)中的疲劳试验结果构成的样本分析计算疲劳中值寿命。

(4) 根据样本容量及分布函数的参数,计算一定可靠度与置信度下的疲劳分散系数。

对于对数正态分布:

$$L_f = 10^{\left(\frac{u_\gamma}{\sqrt{n}} - u_P\right)\sigma_0} \tag{7.92}$$

对于双参数威布尔分布:

$$L_f = S_c \cdot \left(\frac{-\ln P}{\ln 2}\right)^{-\frac{1}{m}} \tag{7.93}$$

(5) 根据(3)中的疲劳中值寿命 $[N_{50}]$ 与(4)中的疲劳分散系数计算疲劳/耐久性安全寿命。

对于对数正态分布:

$$N_{P,\gamma} = \frac{[N_{50}]}{L_f} = 10^{\hat{\mu} + \left(u_P - \frac{u_\gamma}{\sqrt{n}}\right)\sigma_0} \tag{7.94}$$

对于双参数威布尔分布:

$$N_{P,\gamma} = \frac{[N_{50}]}{L_f} = \frac{\hat{\eta}}{S_c \cdot \left(\ln\frac{1}{P}\right)^{-\frac{1}{m}}} \tag{7.95}$$

以上四种分析方案中,方案一是将原新机疲劳试验结果、老机(延寿飞机)疲劳试验结果及服役飞机使用信息(已使用的飞行小时数目)一并考虑组成飞机结构总寿命样本并进行可靠性分析;方案二仅将原新机疲劳试验结果与老机疲劳试验结果组成飞机结构总寿命样本并进行可靠性分析;方案三是选取"到寿"老机进行疲劳试验得到的飞机结构剩余寿命构成飞机结构剩余寿命样本进行可靠性分析;方案四则是将原新机疲劳试验结果折算得到的剩余寿命与"到寿"老机通过疲劳试验得到的飞机结构剩余寿命共同构成飞机结构剩余寿命样本(扩大了样本容量)并进行可靠性分析。在理论上这四种方案均是可行的,计算结果均能满足可靠性与置信度的要求。但从本质上讲,同一型号飞机在维修水平相同的情况下,服役/使用周期越短,其安全性水平越高。因此,到底选取哪一种方案给出飞机结构的延寿结论,要根据飞机结构体的重要度和是否有特殊要求确定。结合传统的定寿及延寿工作方法,这里推荐方案三,其给出的结论与通过大子样失效数据得到的原机群飞机结构的安全寿命特征更具有一致性,而且工作量也比较少。

7.4.3 再次放宽飞机结构当量服役/使用疲劳寿命的使用限制时疲劳分散系数分析

7.4.3.1 理论分析

从理论上讲,仅有载荷环境对飞机结构疲劳寿命产生影响时,在同一载荷谱下机群飞机结构的疲劳寿命服从对数正态分布或威布尔分布。从统计学上讲随机抽取 1 架已到寿飞机进行疲劳试验至结构失效,其疲劳寿命值取得中值寿命的概率最大。因此可根据已到寿(即达到使用寿命限制)飞机的全机疲劳试验寿命结果确定机群飞机结构剩余疲劳寿命的中值寿命。

假设原机群飞机的数量为 n,机群飞机结构疲劳寿命分别为 $N_1, N_2, \cdots, N_n$,初始疲劳/耐久性安全寿命为 $N_{P,\gamma}$。当机群飞机的(当量)飞行小时数达到 $N_{P,\gamma}$ 时,则机群飞机结构剩余疲劳寿命为 $(N_1 - N_{P,\gamma}), (N_2 - N_{P,\gamma}), \cdots, (N_n - N_{P,\gamma})$,这些作为一个新的母体进行统计分析。这里分别对机群飞机结构剩余疲劳寿命服从对数正态分布和双参数威布尔分布两种情形(可通过假设检验验证)下的疲劳分散系数进行理论分析。值得说明的是:应用对数正态分布进行分析时,是将寿命母体转化为对数寿命母体进行分析;应用威布尔分布进行分析时,是对寿命母体直接进行分析。这两个母体虽然不同,但存在一一对应的关系,所以一般不作特别说明,并且这里讨论的疲劳寿命值均是在同一载荷谱下得到的。

1. 机群飞机结构剩余疲劳寿命服从对数正态分布的情形

当机群飞机结构剩余疲劳寿命服从对数正态分布时,对机群飞机结构剩余疲劳寿命取对数后可得机群飞机结构对数剩余疲劳寿命:$\lg(N_1 - N_{P,\gamma}), \lg(N_2 - N_{P,\gamma}), \cdots, \lg(N_n - N_{P,\gamma})$。机群飞机结构对数剩余疲劳寿命服从正态分布,即

$$\lg(N_i - N_{P,\gamma}) \sim N(\mu, \sigma^2) \tag{7.96}$$

式中:μ 为对数剩余疲劳寿命的数学期望;σ 为对数剩余疲劳寿命的标准差。

则机群飞机结构对数剩余疲劳寿命的子样均值与标准差分别为

$$\overline{X} = \frac{1}{n} \sum_{i=1}^{n} \lg(N_i - N_{P,\gamma}) \tag{7.97}$$

$$s = \sqrt{\frac{1}{n-1} \left\{ \sum_{i=1}^{n} \left[\lg(N_i - N_{P,\gamma}) \right]^2 - n\overline{X}^2 \right\}} \tag{7.98}$$

由于子样均值是母体数学期望的无偏估计,因此可将子样平均值 $\overline{X}$ 作为母体

数学期望 μ 的估计值。机群飞机结构对数剩余疲劳寿命标准差的无偏估计量可根据式(4.16)与式(7.98)进行计算。根据机群飞机结构对数剩余疲劳寿命的数学期望估计值和标准差估计值,同时结合式(4.15)和式(4.14)可计算机群飞机结构剩余疲劳寿命服从对数正态分布时的疲劳分散系数和安全寿命(或称为剩余安全寿命)。

2. 机群飞机结构剩余疲劳寿命服从双参数威布尔分布的情形

当机群飞机结构剩余疲劳寿命服从双参数威布尔分布时,其分布函数为式(4.20)所示。参数 m 和 η 一般是通过数学期望 μ 和方差 σ^2 来估算的。数学期望 μ 和方差 σ^2 都直接出现在正态概率密度函数中,但在双参数威布尔密度函数中并不包含有 μ 和 σ^2,因此只能通过威布尔分布的两个参数 m 和 η 来表达 μ 和 σ^2 的值。

双参数威布尔分布变量的数学期望可表示为

$$\mu = \eta \Gamma \left(1 + \frac{1}{m} \right) \tag{7.99}$$

双参数威布尔分布变量的方差可表示为

$$\sigma^2 = \eta^2 \left[\Gamma \left(1 + \frac{2}{m} \right) - \Gamma^2 \left(1 + \frac{1}{m} \right) \right] \tag{7.100}$$

利用机群飞机结构剩余疲劳寿命分别确定其数学期望 μ 和方差 σ^2 的估计量。借助计算机求解式(7.99)和式(7.100)二元联立方程组,即可求出双参数威布尔分布参数 m 和 η 的估计量。

根据机群飞机结构剩余疲劳寿命的特征寿命参数估计值和曲线形状参数估计值,同时结合式(4.34)和式(4.33)可计算机群飞机结构剩余疲劳寿命服从双参数威布尔分布时的疲劳分散系数和安全寿命(或称为剩余安全寿命)。

在对剩余寿命的取值上最好是利用已到寿的飞机结构(试件)直接进行疲劳试验得到,并由此得到剩余寿命的母体分布规律(如 μ、σ 等);在剩余寿命试验数据获取比较困难时,也可以采用如下数值仿真方法进行仿真分析。

7.4.3.2　数值仿真分析

在机群飞机结构疲劳定寿中,一般只随机选取 1 架或多架飞机进行全机疲劳试验,也就是说只知道机群飞机结构疲劳寿命中的一个寿命值(通常全尺寸结构疲劳/耐久性试验为验证性试验,但从偏安全的角度,可将试验终止时的试验周期视为失效数据看待)。所以,对于整个机群飞机而言,机群飞机结构疲劳寿命和剩余疲劳寿命都是未知的。基于此,这里提出了数值仿真方法来确定机群飞机结构疲劳寿命和剩余疲劳/耐久性安全寿命。该方法的核心思想是:如果一组实际疲劳寿命的分布规律(分布参数)与一组仿真疲劳寿命数值的分布规律(分布参数)相同,则可认为它们是两个相当或同一总体的分布,那么当实际疲劳寿命值未知时,就可用仿真疲劳寿命数值来代替进行其相关分布特性(如安全寿命值)的分析。

在确定机群飞机结构疲劳寿命和剩余疲劳寿命时,首先应知道机群飞机结构疲劳寿命的分布函数。根据上述分析可知,当飞机结构疲劳/耐久性寿命服从对数正态分布时,可取全机疲劳试验寿命结果的对数值作为机群飞机结构对数疲劳寿命的数学期望值,因为随机抽取获得中值寿命试验件的概率最大(对于正态分布而言,中值与均值是相同的)。

在确定机群飞机结构初始疲劳/耐久性安全寿命时,所采用的疲劳分散系数是根据可靠度、置信度、样本容量和对数标准差所得到的。因此,在可靠度、置信度和样本容量已知的情况下机群飞机结构疲劳寿命的对数标准差可根据由机群飞机结构初始疲劳/耐久性安全寿命分析时所采用的疲劳分散系数值反推得到或根据实际试验结果统计得到,所以可认为机群飞机结构对数疲劳寿命的标准差是已知的。也就是说,机群飞机结构对数疲劳寿命对应的分布参数是已知的。

双参数威布尔分布的情况与此情形类似,可根据全机疲劳试验寿命结果估计特征寿命参数的值,曲线形状参数可根据由机群飞机结构初始疲劳/耐久性安全寿命分析时所采用的疲劳分散系数值反推得到或根据实际试验结果统计得到。

在实际工作中,由于定寿疲劳试验机是用于确定新机安全寿命的一个试件,在同一载荷谱作用下的一组疲劳试验件,它们的寿命是有较大分散性的,但是它们遵循对数正态分布规律。根据对数正态分布规律,其寿命是最大和最小的概率是极低的,趋于中值或平均值的概率是极高的,这就是说,在这种疲劳试验件中,随机抽取一个试验件的寿命趋于平均值的概率是极大的。所以,这里我们选取原新机全机/部件疲劳/耐久性试验结果的对数值作为原正态母体数学期望值。当飞机定寿取疲劳分散系数为 4.0 时,则对应着以数学标准差 0.1377 和可靠度 99.9%、置信度 90% 为依据。所以,可将 0.1377 作为正态原母体的数学标准差。

假设服役飞机疲劳寿命服从双参数威布尔分布。当飞机定寿取疲劳分散系数为 4.0,对应着以曲线形状参数 2.6706、可靠度 95%、置信度 95% 和样本容量 1 为依据。所以,可将 2.6706 作为原机群飞机寿命母体的曲线形状参数,且以原新机全机/部件疲劳/耐久性试验结果为依据求得原机群飞机寿命母体的特征寿命参数值。因此,可根据分布函数参数值确定原机群飞机结构疲劳/耐久性寿命分布函数。

根据大数定理,当样本容量 n 大于一定的数时,就可以用样本估计值来表示母体参数,一般认为 $n \geq 50$ 的子样是大子样。根据上述方法确定的原机群飞机结构疲劳/耐久性寿命分布函数随机产生 l($l \geq 50$)组服从对数正态分布或双参数威布尔分布的数值,即获得 l 组样本,每组随机数样本的样本容量为 $n(n \geqslant 50)$。则 l 组随机数代表有 l 组机群飞机结构疲劳寿命,而每组随机数中的 n 个随机数代表每组样本有 n 个飞机结构疲劳寿命值。

机群飞机结构剩余疲劳/耐久性安全寿命的数值仿真分析方法基本思想为:根据机群飞机结构疲劳寿命的仿真值减去初始安全寿命值,得到到寿机群飞机结构剩余疲劳寿命的仿真值,再将其作为一个新的母体进行统计分析,确定机群飞机结构剩余疲劳寿命的对数标准差,进而计算机群飞机结构剩余疲劳寿命的疲劳分散系数和安全寿命值。当飞机在这个确定的安全寿命(即剩余安全寿命)期限内使用时,可以保证相应的可靠度与置信度不降低。

利用 l 组机群飞机结构疲劳寿命的数值仿真值,可通过以下步骤确定机群飞机结构剩余疲劳寿命的疲劳分散系数和安全寿命。

步骤 1:对每组机群飞机结构疲劳寿命值中的各随机数都减去初始疲劳/耐久性安全寿命值(即初始当量服役/使用寿命限制值),得到 l 组新的随机数,即获得 l 个新样本,代表 l 组机群飞机结构剩余疲劳寿命样本;通过假设检验得知在剩余寿命不太短的绝大多数情况下,每组机群飞机结构剩余疲劳寿命服从新的对数正态分布或双参数威布尔分布,每组新随机数样本的样本容量为 n。

步骤 2:计算拟合每组机群飞机结构剩余疲劳寿命的对数标准差/威布尔分布曲线形状参数,得到 l 个新的对数标准差/威布尔分布曲线形状参数值。

步骤 3:对 l 个新的对数标准差/威布尔分布曲线形状参数值取平均值,即可得到新对数正态分布/威布尔分布函数的标准差/曲线形状参数,用其代表机群飞机结构剩余疲劳寿命分布函数的参数值(对数标准差/威布尔分布曲线形状参数)。

步骤 4:将延寿飞机全机疲劳试验机的数量作为飞机结构剩余疲劳/耐久性寿命样本容量,根据步骤 3 中得到的机群飞机结构剩余疲劳寿命的对数标准差/威布尔分布曲线形状参数计算一定可靠度与置信度下机群飞机结构剩余疲劳寿命的疲劳分散系数。

步骤 5:机群飞机结构剩余疲劳寿命的中值寿命可依据延寿飞机全机疲劳试验寿命结果确定,再根据步骤 4 中机群飞机结构剩余疲劳寿命的疲劳分散系数计算机群飞机结构剩余疲劳寿命的安全寿命值(剩余安全寿命值)。飞机在这个安全寿命限制值内使用时,是可以使其保持相应的安全性水平的。

需要指出的是在工程实际中通过数值仿真分析方法给出的延寿结论最好要得到飞机结构疲劳(耐久性)试验考核验证,如果由于特殊情况的限制,不能得到试验验证时,在飞机结构延寿使用周期内则必须要有针对性的维修检查措施,以保证飞机结构在后续服役使用过程中的安全。

7.4.3.3　数值仿真方法的试验验证

根据机群飞机结构剩余疲劳寿命的安全寿命数值仿真分析可知,在利用数值仿真方法确定机群飞机结构剩余疲劳寿命的安全寿命时,其根本就是利用数值仿真方法确定机群飞机结构剩余疲劳寿命的对数标准差或威布尔分布曲线形状参数。为了说明采用数值仿真方法确定机群飞机结构剩余疲劳寿命的对数标准差或威布尔分布曲线形状参数的可行性,本节采用铝合金试验件开展疲劳试验并对其进行验证。

1. 试验件及试验条件

试验件材料为 7B04 - T651 铝合金,试验件形状和尺寸如图 7.5 所示,试样厚度为 6mm。疲劳试验在 MTS - 810 - 500kN 疲劳试验机上进行,试验载荷谱为等幅载荷谱,试验应力水平为 224MPa,轴向加载,加载频率为 20Hz,应力比 R 为 -1。以两种不同的试验方法先后进行两组疲劳试验,每组试验件数量为 14 件。第一组疲劳试验是将试样从开始疲劳试验至断裂破坏,获得疲劳寿命。第二组疲劳试验是将试验件从开始疲劳试验至初始疲劳/耐久性安全寿命值,停止试验,检查试样状态,再继续疲劳试验至断裂,获得剩余疲劳寿命值。所有的疲劳试验均在室温下开展。

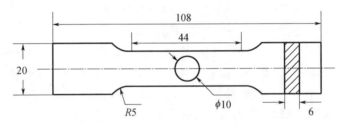

图 7.5　试验件形状及尺寸(mm)

2. 第一组疲劳试验验证

对该组的 14 件试验件进行疲劳试验,直至断裂(图 7.6),试验结果如表 7.10 所列。

图 7.6　疲劳断裂试验件

表 7.10　试验件疲劳寿命

序号	1	2	3	4	5	6	7
疲劳寿命/cycle	272699	151865	341769	406053	262356	347615	127201
对数疲劳寿命	5.44	5.18	5.53	5.61	5.42	5.54	5.10
序号	8	9	10	11	12	13	14
疲劳寿命/cycle	367341	221211	201953	542525	225741	516060	382958
对数疲劳寿命	5.57	5.34	5.31	5.73	5.35	5.71	5.58

　　对表 7.10 中的对数疲劳寿命进行分布检验,其正态概率纸如图 7.7 所示。可见,该组试验件的疲劳寿命服从对数正态分布。

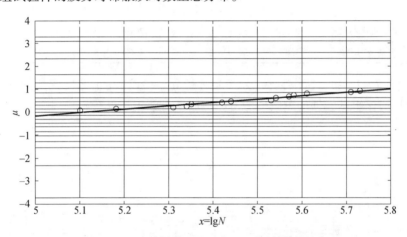

图 7.7　试验件对数疲劳寿命的正态概率纸检验

　　利用表 7.10 中的疲劳寿命计算对数疲劳寿命的子样均值与子样标准差为

$$\overline{X} = \frac{1}{n}\sum_{i=1}^{n} \lg N_i = 5.4588$$

$$s = \sqrt{\frac{1}{n-1}\Big[\sum_{i=1}^{n}(\lg N_i)^2 - n\overline{X}^2\Big]} = 0.1869$$

　　可将子样平均值 $\overline{X}$ 作为母体数学期望 μ 的估计值,记为 $\hat{\mu}$。查表可知当样本容量 n 为 14 时的标准差修正系数 k 为 1.020,则疲劳寿命对数标准差的无偏估计值为

$$\hat{\sigma} = ks = 0.1906$$

　　根据式(4.15)可计算得到样本容量 $n=14$、可靠度 99.9% 和置信度 90% 下的疲劳分散系数为

$$L_f = 10^{\left(\frac{u_\gamma}{\sqrt{n}} - u_P\right)\hat{\sigma}} = 4.3362$$

　　则该组试验件的初始疲劳安全寿命为

$$N_{P,\gamma} = \frac{\left[N_{50}\right]}{L_f} = 10^{\hat{\mu} + \left(u_P - \frac{u_\gamma}{\sqrt{n}}\right)\hat{\sigma}} = 66327(\text{cycle})$$

由表 7.10 中的疲劳试验数据可知,当试验件的试验循环数达到初始疲劳安全寿命(66327 循环数)时并没有试样失效断裂。对所有试验件疲劳寿命减去初始疲劳安全寿命值,得到的数据可认为是该组试样试验循环数达到初始疲劳安全寿命后的剩余疲劳寿命(表 7.11)。

表 7.11　试验件剩余疲劳寿命

序号	1	2	3	4	5	6	7
剩余疲劳寿命/cycle	206372	85538	275442	339726	196029	281288	60874
对数剩余疲劳寿命	5.31	4.93	5.44	5.53	5.29	5.45	4.78
序号	8	9	10	11	12	13	14
剩余疲劳寿命/cycle	301014	154884	135626	476198	159414	449733	316631
对数剩余疲劳寿命	5.48	5.19	5.13	5.68	5.20	5.65	5.50

对表 7.11 中的对数剩余疲劳寿命进行分布检验,其正态概率纸如图 7.8 所示。可见,该组试验件的剩余疲劳寿命也服从对数正态分布。

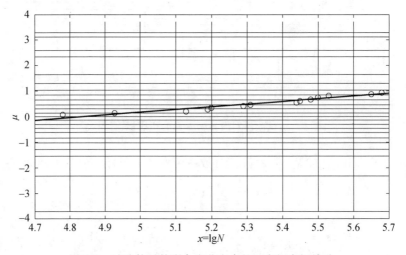

图 7.8　试验件对数剩余疲劳寿命的正态概率纸检验

利用表 7.11 中的剩余疲劳寿命数据计算剩余疲劳寿命的子样对数均值和对数标准差为

$$\overline{X} = \frac{1}{n}\sum_{i=1}^{n} \lg N_i = 5.3257$$

$$s = \sqrt{\frac{1}{n-1}\left[\sum_{i=1}^{n}(\lg N_i)^2 - n\overline{X}^2\right]} = 0.2595$$

可知当样本容量 n 为 14 时,标准差修正系数 k 等于 1.020,则剩余疲劳寿命对数标准差的无偏估计值为

$$\hat{\sigma} = ks = 0.2647$$

所以,该组试验件剩余疲劳寿命的对数标准差估计值为 0.2647,而该组试验件总疲劳寿命的对数标准差为 0.1906。可见,该组试验件疲劳寿命的对数标准差与对数剩余疲劳寿命的标准差是不同的,剩余疲劳寿命的对数标准差明显大于总疲劳寿命的对数标准差。

这里再采用前述的数值仿真方法仿真计算该组试验件对数剩余疲劳寿命的标准差。根据试验件疲劳寿命分布函数参数产生随机数,以疲劳对数中值寿命 5.4588 为对数寿命数学期望、以对数寿命标准差 0.1906 为标准差,产生 50 组服从对数正态分布的随机数,每组随机数的样本容量为 50。则 50 组随机数代表有 50 组试验件疲劳寿命值,而每组随机数中的 50 个随机数代表每个样本有 50 个试验件疲劳寿命值。对每组随机数同时减去初始疲劳安全寿命值(66327 循环数),代表该组试验件的剩余疲劳寿命,再计算拟合每组剩余疲劳寿命的对数标准差,得到 50 个剩余疲劳寿命的对数标准差,然后取平均值就可得到该批试验件剩余疲劳寿命分布函数的对数标准差。经数值仿真计算可得其剩余疲劳寿命的对数标准差为 0.2634(具体中间过程数据略去)。

可见,根据疲劳试验数据所确定的该组试验件剩余疲劳寿命的对数标准差 0.2647 与利用数值仿真方法所确定的剩余疲劳寿命对数标准差 0.2634 基本相同,相对误差为 0.49%。

3. 第二组疲劳试验验证

在与第一组试验相同的试验条件下进行第二组疲劳试验,当试验进行到第一组试验所确定的初始疲劳/耐久性安全寿命(66327 循环数)时,停止试验,卸下试验件,检查试验件状态(图 7.9)。

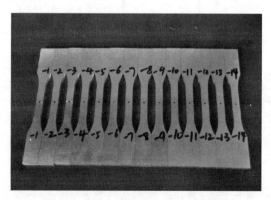

图 7.9　第二组疲劳试验件状态检查

可见,当疲劳循环数达到初始疲劳/耐久性安全寿命时并没有试验件失效,将

没有失效的试验件在疲劳试验机上继续进行疲劳试验(载荷谱不变),直至疲劳断裂(图 7.10),剩余疲劳寿命试验结果如表 7.12 所列。

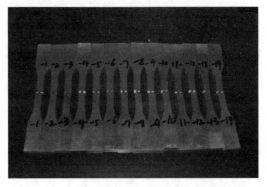

图 7.10　第二组断裂疲劳试验件

表 7.12　第二组试验件的剩余疲劳寿命

序号	1	2	3	4	5	6	7
剩余疲劳寿命/cycle	294475	148085	288929	228471	341357	234724	361767
对数剩余疲劳寿命	5.47	5.17	5.46	5.36	5.53	5.37	5.56
序号	8	9	10	11	12	13	14
剩余疲劳寿命/cycle	385709	276652	293473	141086	408376	313303	319818
对数剩余疲劳寿命	5.59	5.44	5.47	5.15	5.61	5.50	5.51

对表 7.12 中的对数剩余疲劳寿命进行分布检验,其正态概率纸如图 7.11 所示。可见,该组试验件的剩余疲劳寿命服从对数正态分布。

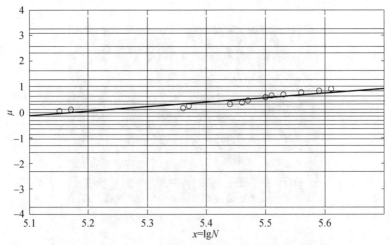

图 7.11　试验件对数剩余疲劳寿命的正态概率纸检验

利用表 7.12 中的试验数据计算该组试验件对数剩余疲劳寿命的子样均值与子样标准差为

$$\overline{X} = \frac{1}{n} \sum_{i=1}^{n} \lg N_i = 5.4413$$

$$s = \sqrt{\frac{1}{n-1} \left[\sum_{i=1}^{n} (\lg N_i)^2 - n \overline{X^2} \right]} = 0.1390$$

可知当样本容量 n 为 14 时，标准差修正系数 k 等于 1.020，则剩余疲劳寿命对数标准差的无偏估计值为

$$\hat{\sigma} = ks = 0.1418$$

所以，该组试验件剩余疲劳寿命的对数标准差估计值为 0.1418。

对表 7.12 中的剩余疲劳寿命加上初始疲劳安全寿命（66327 循环数），可得到该组试验件的总疲劳寿命（表 7.13）。

表 7.13　第二组试验件总疲劳寿命

序号	1	2	3	4	5	6	7
疲劳寿命/cycle	360802	214412	355256	294798	407684	301051	428094
对数疲劳寿命	5.56	5.33	5.55	5.45	5.61	5.48	5.63
序号	8	9	10	11	12	13	14
疲劳寿命/cycle	452036	342979	359800	207413	474703	379630	386145
对数疲劳寿命	5.66	5.54	5.56	5.32	5.68	5.58	5.59

对表 7.13 中的对数疲劳寿命进行分布检验，其正态概率纸如图 7.12 所示。可见，该组试验件的疲劳寿命服从对数正态分布。

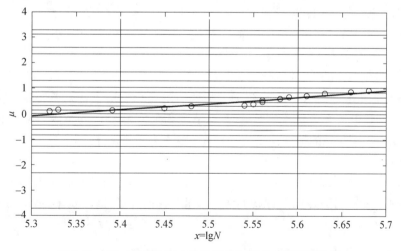

图 7.12　第二组试验件对数疲劳寿命的正态概率纸检验

利用表 7.13 中的疲劳寿命计算对数疲劳寿命的子样均值与子样标准差为

$$\overline{X} = \frac{1}{n} \sum_{i=1}^{n} \lg N_i = 5.5382$$

$$s = \sqrt{\frac{1}{n-1} \Big[\sum_{i=1}^{n} (\lg N_i)^2 - n\overline{X}^2 \Big]} = 0.1080$$

同理可知当样本容量 n 为 14 时,标准差修正系数 k 等于 1.020,则疲劳寿命对数标准差的无偏估计值为

$$\hat{\sigma} = ks = 0.1102$$

所以,该组试验件疲劳寿命的对数标准差估计值为 0.1102,而对数剩余疲劳寿命的标准差为 0.1418。可见,该组试验件疲劳寿命的对数标准差与剩余疲劳寿命的对数标准差也是不同的,剩余疲劳寿命的对数标准差明显大于总疲劳寿命的对数标准差。

再采用前述的数值仿真方法计算该组试验件对数剩余疲劳寿命的标准差。根据试验件疲劳寿命分布函数参数产生随机数,以疲劳对数中值寿命 5.5382 为对数疲劳寿命数学期望,以疲劳寿命对数疲劳寿命标准差 0.1102 为标准差,随机产生 50 组服从对数正态分布的随机数,每组随机数的样本容量为 50。50 组随机数则代表有 50 组试验件的疲劳寿命,而每组随机数中的 50 个随机数代表每个样本有 50 个试验件的疲劳寿命值。对每组随机数同时减去一个初始疲劳安全寿命值(66327 循环数),代表该组试验件的剩余疲劳寿命。计算拟合每组剩余疲劳寿命的对数标准差,得到 50 个剩余疲劳寿命的对数标准差,然后取平均值就可得到该组试验件剩余疲劳寿命分布函数的对数标准差。经数值仿真计算可得该组试验件剩余疲劳寿命的对数标准差为 0.1387。

可见,根据试验数据所确定的第二组试验件剩余疲劳寿命的对数标准差 0.1418 与利用数值仿真方法所确定的该组试验件剩余疲劳寿命的对数标准差 0.1387 基本吻合,相对误差为 2.19%。

根据上述两组不同的试验结果分析可知,利用数值仿真方法所确定的剩余疲劳寿命对数标准差与依据试验结果分析所得的剩余疲劳寿命对数标准差基本相同,说明了数值仿真方法确定机群飞机结构剩余疲劳寿命分布函数参数的可行性,所以可采用前述的数值仿真方法计算求得机群飞机结构剩余疲劳寿命分布函数的参数值。

对于一些很难通过试验获得剩余寿命的工程结构,在对其剩余寿命进行可靠性评估时,可采用前述的数值仿真方法获得其剩余寿命分布规律,从而对其剩余寿命进行可靠性评估,不但节省了大量费用,还节省了大量的时间和人力。

7.4.4 再次放宽飞机结构当量服役/使用疲劳寿命限制的说明

从疲劳试验件的状态上分析,作为到寿机群延寿试验的飞机,它的原始状

态是新机,它的原寿命是从新机状态下使用出来的,因此在处理延寿机原寿命时,应按新机状态。而它作为延寿机群剩余寿命试验件时,它的初始状态是到寿的老机,在处理延寿后续试验寿命时,应按老机状态。在统计数学中,在数据统计和处理时,都是对同状态下的一组或几组试验件试验结果进行统计和处理,不同状态下的试验件试验结果是不能混在一起进行数据处理的。但是经过等损伤当量化处理后,对于疲劳关键件(或不考虑日历时间与环境对结构疲劳性能的影响时),可以将不同状态下的试验结果转化为同状态下的试验结果,试验结果可以一起用来统计分析处理。

对飞机结构总疲劳寿命进行原寿命母体(简称为原母体)分析时,第一种分析方案需要服役飞机的数据,所以在服役飞机服役/使用数据完整的情况下,且没有非正常失效的飞机结构时,可以采用第一种分析方案确定飞机结构新的安全寿命(或当量服役/使用疲劳寿命限制值);而在服役飞机服役/使用数据不完整的情况下,则采用第二种分析方案确定飞机结构新的当量服役/使用疲劳寿命限制值较为合适。当采用第一种分析方案和第二种分析方案时,理论上只是针对飞机结构疲劳关键件,同时忽略日历时间对结构材料疲劳性能衰退作用,其对象为整个机队所有的飞机,计算得到的新的安全寿命值为整个机队服役飞机的新的当量服役/使用疲劳寿命限制值,其指的是从新机服役开始计及的当量服役/使用疲劳寿命。对于飞机结构达到初始服役/使用寿命限制后的剩余疲劳寿命新母体(简称为新母体)分析时,在结构剩余疲劳寿命服从同一分布不变的情形下,第三种分析方案既适用于飞机结构疲劳关键件,也适用于受环境影响的飞机结构关键件(这里假设环境作用影响相同)。所以,当考虑日历时间对结构材料疲劳性能衰退作用时,则可以采用第三种分析方案确定飞机结构剩余当量服役/使用疲劳寿命限制。第四种分析方案理论上只是针对飞机结构疲劳关键件,同时忽略日历时间对结构材料疲劳性能衰退作用。当采用第三种分析方案和第四种分析方案时,首先去掉按可靠性要求未达到初步放宽的使用寿命限制(按当量服役/使用疲劳寿命计算)的飞机,然后将已经达到初步放宽使用寿命限制的各架飞机的剩余疲劳/耐久性寿命进行重新统计分析处理,计算得到的新的当量服役/使用疲劳寿命限制为机队飞机初始到寿后可延长使用的剩余当量服役/使用疲劳寿命限制值(必须在当量为同一载荷谱如原新机疲劳试验载荷谱等条件下处理),机队飞机在此寿命期内继续使用可以保证结构可靠度与置信水平不降低。

一般来说,采用第一种和第二种分析方法时,是对飞机结构总疲劳寿命原母体进行统计分析,所得的结果反映的是原机队飞机从新机服役开始时满足可靠性要求的疲劳/耐久性安全寿命值。采用第三种与第四种分析方法时,是对飞机结构剩余疲劳寿命新母体进行分析,所得的结果反映的是达到初步放宽使用寿命限制后机队剩余飞机在满足可靠性要求时可用的剩余疲劳/耐久性安全寿命值,也即疲劳寿命达不到初步放宽使用寿命限制给定的当量服役/使用疲劳寿命值的飞机已经不在新的母体分析之中了。上述四种分析方案在原理上都是正确的,在实际延寿工作中推荐使用第三种延寿方案,这是因为第三种分析方案得到的结果与机群飞机结构疲劳寿命母体分析得到的结果接近且偏于安全。

在上述四种分析方案中,采用原母体分析得到的机群飞机结构总安全寿命值小于基于新母体分析得到的机群飞机结构总安全寿命值,但是原母体分析和新母体分析的可靠性是相同的。此处举例进行说明。

假设某机群飞机有 10 架飞机,机群飞机结构的疲劳寿命为 2000、4950、5000、6000、7000、6500、6800、7500、8000、8500 飞行小时,且服从对数正态分布。以飞机结构原寿命母体为研究对象,可近似计算 90% 可靠度和 90% 置信度下的安全寿命为 3072.2 飞行小时(表 7.14)。可见,疲劳寿命为 2000 飞行小时的飞机寿命在达到安全寿命之前已经到寿了,按照可靠度要求剔除已经失效的飞机,这时机群剩余飞机为 9 架飞机。此时,机群飞机的结构剩余疲劳寿命分别为 1877.8、1927.8、2927.8、3927.8、3427.8、3727.8、4427.8、4927.8、5427.8 飞行小时,且服从对数正态分布。再以飞机结构剩余寿命母体为研究对象,计算 90% 可靠度和 90% 置信度下的剩余安全寿命为 1870.3 飞行小时(表 7.14),可以看出所有的机群剩余飞机在达到 1870.3 飞行小时时都是安全的,没有发生失效。在飞机结构总寿命达到 4942.2 时,机群飞机仅有 1 架飞机结构失效。通过上述分析可知,虽然采用原母体得到的总安全寿命短,采用新母体得到的总安全寿命长,但是其机群飞机结构的可靠性并没有发生改变,都可以保证飞机结构的安全。

表 7.14 原寿命母体与剩余寿命母体安全寿命计算结果对比

	寿命母体	剩余寿命母体
疲劳中值寿命/h	6225	3622.2
对数标准差	0.1814	0.1648
疲劳分散系数	2.0262	1.9367
剩余安全寿命/h	—	1870.3
总安全寿命/h	3072.2	4942.5

就理论分析而言,随机抽取的原新机疲劳试验结果反映中值寿命的概率最大,当再次放宽飞机结构当量服役/使用疲劳寿命限制时,随机抽取的初始到寿服役飞机进行疲劳试验的结果反映服役飞机平均状况的概率最大。如果不考虑腐蚀环境与日历时间对飞机结构的影响,理论上,上述试验飞机破坏时的当量疲劳/耐久性寿命相差不大。运用前述的四种分析方法所得结果均是可信的,只是其针对的关注对象不同而已。最终评定时可以对四种方案的结果进行综合对比分析,选择最符合实际情况的结果用于飞机的服役/使用寿命的管理。但在实际工程应用中,尽管概率小,但也可能出现随机抽取的原新机与服役飞机达到破坏时的当

量疲劳/耐久性寿命值相差较大的情况,此时,应用上述四种分析方法分析时,可能会得到甚至矛盾的结果。这时,可根据四种方法所得的结果,结合服役使用飞机的实际情况加以综合评判分析,给出偏于安全的结果用于机群飞机的服役/使用寿命的管理。

当服役飞机当量飞行小时数达到初步放宽使用限制确定的当量服役/使用疲劳寿命限制值时,服役飞机可继续按再次放宽使用限制所确定的当量服役/使用疲劳寿命值控制飞行使用。当飞机结构的当量服役/使用疲劳寿命延长时,依据实际使用情况可相应地延长飞机结构的实际服役/使用寿命。

需要指出的是,在实际延寿工作中,出于偏安全考虑,当机群飞机达到初始安全寿命(由新机全机疲劳/耐久性试验确定的初始服役/使用寿命限制)时,也可以不依据外场使用数据进行初步放宽机群飞机的当量服役/使用寿命限制,而直接采用再次放宽飞机当量服役/使用寿命限制的方法进行延寿工作。如果在延寿工作中,可以完成的试验越多、样本容量越大,相应地可以得到满足可靠度要求的且相对较长的当量服役/使用寿命限制值,从而更进一步提高飞机结构寿命的利用率。

事实上,飞机结构延寿工作是理论分析与工程实际相结合的复杂工作,通常是以理论分析为基础结合工程实际需求给出延寿的结论,在后续的飞机服役使用过程中通过有效的维修工作来确保延寿周期内飞机的使用安全。

7.5　当量延寿法的模拟试验件疲劳试验验证

本节利用飞机结构疲劳/耐久性安全寿命延寿方法——当量延寿法分析单片通孔疲劳试验件的当量服役/使用疲劳寿命,从而验证当量延寿法的正确性和有效性。这里进行7件单片通孔试验件的疲劳(耐久性)试验,并对单片通孔试验件的试验结果进行分析,再与当量延寿法确定的单片通孔试验件当量服役/使用疲劳寿命限制值进行对比分析,从而说明当量延寿法的有效性及可用性。

7.5.1　单片通孔试验件疲劳试验及试验结果

单片通孔疲劳试验件形状及尺寸如图7.13所示,材料为7050 - T7451。疲劳试验机为MTS - 810 - 500kN疲劳试验机,试验使用的载荷谱为随机载荷谱,加载最高应力水平为180.4MPa,加载频率为20Hz。在相同的载荷谱和应力水平下进行了疲劳试验,试验件数量为7件。

按照实际情况,单片通孔试验件的疲劳寿命试验结果如表7.15所列。

在对一组数据进行分布检验时可采用多种方法,而概率纸方法是最常用的方法[12]。这里采用正态概率纸对单片通孔试验件的对数疲劳寿命分布规律进行检验。

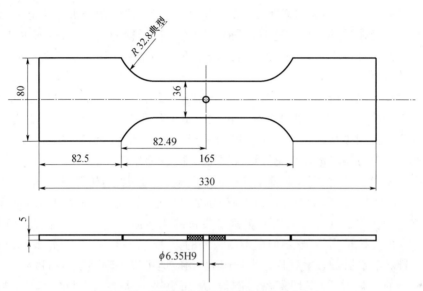

图 7.13　单片通孔试验件形状及尺寸(mm)

表 7.15　单片通孔试验件疲劳寿命试验结果

编号	1	2	3	4	5	6	7
疲劳寿命/cycle	253386	209239	238588	297081	312959	229826	334043
对数疲劳寿命	5.4038	5.3206	5.3776	5.4729	5.4955	5.3614	5.5238

根据图 7.14 可知,该组单片通孔试验件的疲劳寿命服从对数正态分布。

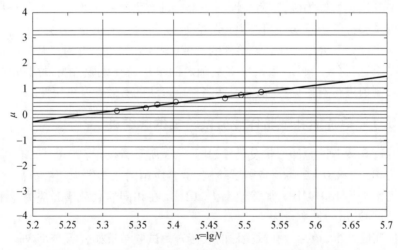

图 7.14　单片通孔试验件疲劳寿命的对数正态概率纸检验

7.5.2　基于当量延寿法的单片通孔试验件当量服役/使用疲劳寿命分析

试验件的当量服役/使用寿命也就是在同一载荷谱下的安全寿命值,后面不再赘述。根据表7.15中的疲劳寿命,计算对数疲劳寿命子样平均值与子样标准差分别为

$$\bar{X} = \frac{1}{n} \sum_{i=1}^{n} \lg N_i = 5.4222$$

$$s = \sqrt{\frac{1}{n-1} \Big[\sum_{i=1}^{n} (\lg N_i)^2 - n\bar{X}^2 \Big]} = 0.0759$$

当 $n = 7$ 时,查标准差精度修正系数表可知精度修正系数 k 为1.042。所以正态分布母体标准差无偏估计量为

$$\hat{\sigma} = ks = 1.042 \times 0.0759 \approx 0.0791$$

对于飞机结构而言,一般通过全机疲劳试验结果除以疲劳分散系数来确定机群飞机结构的疲劳/耐久性安全寿命,其样本容量为1,全机疲劳试验结果作为疲劳中值寿命。为了将机群飞机结构疲劳定寿的情况反映到该组单片通孔试验件中,可对该组单片通孔试验件的疲劳寿命做如下处理。

对于服从对数正态分布的疲劳寿命,随机抽取一个样本,其样本均值取中值附近的概率最大。因此,可从表7.15中选取最接近单片通孔试验件平均疲劳寿命的试验件的疲劳寿命作为该组单片通孔试验件的疲劳中值寿命,其值为253386循环数,可认为其余试验件的疲劳寿命都未知。此时,样本容量为1。该组单片通孔试验件疲劳寿命的对数标准差可认为是已知的,取0.0791。

1. 单片通孔试验件初始当量服役/使用疲劳寿命—疲劳/耐久性安全寿命的确定

为了分析单片通孔试验件的初始疲劳/耐久性安全寿命,按照飞机结构传统定寿方法,从试验件中随机抽取一件单片通孔试验件进行耐久性试验,如前述耐久性试验寿命周期为253386(N)。样本容量为1,可靠度为99.9%,置信度为90%下的疲劳分散系数取2.1813,则初定某单片通孔试验件的当量服役/使用疲劳寿命—疲劳/耐久性安全寿命为116160(N)。

2. 初步放宽单片通孔试验件当量服役/使用疲劳寿命限制

当某单片通孔试验件当量飞行小时数达到116160(N)时初步到寿,根据初步放宽飞机结构当量服役/使用寿命限制的延寿方法计算单片通孔试验件的当量服役/使用疲劳寿命。样本容量的大小依据前述基于不完全数据的飞机结构可靠性分析方法的精度分析方法选取为4。

单片通孔试验件耐久性试验结果作为1个失效数据,为253386(N),而3个初始单片通孔试验件疲劳/耐久性安全寿命值作为无失效数据,都为116160(N)。对数疲劳寿命标准差取值为0.0791,根据前述基于不完全数据的飞机结构可靠性

分析方法,计算 99.9% 可靠度、90% 置信度下的单片通孔试验件的新的当量服役/使用疲劳寿命为 129418.7(N)。

再根据基于不完全数据的飞机结构可靠性分析方法的精度分析可知,当样本容量为 4 时,基于不完全数据的飞机结构可靠性分析方法的精度修正系数 k 为 1.1084(查表 7.6,严格意义上讲对于此种情况时,该 k 值为一个近似值),则修正后的单片通孔试验件当量服役/使用疲劳寿命为 116760(N)。

即根据初步放宽飞机结构当量服役/使用疲劳寿命限制的方法,可以将该组单片通孔试验件的当量服役/使用疲劳寿命从 116160(N)放宽到 116760(N)。

3. 再次放宽单片通孔试验件当量服役/使用疲劳寿命限制

当服役单片通孔试验件的当量飞行小时数达到初步放宽使用寿命限制所确定的当量服役/使用疲劳寿命时,可利用服役单片通孔试验件继续耐久性试验结果(即剩余疲劳寿命值)与原新的单片通孔试验件总的耐久性试验结果再次放宽某单片通孔试验件的当量服役/使用疲劳寿命限制。当然实际工作中该项工作可提前开始,以保证服役单片通孔试验件寿命控制的连续性。

当许多单片通孔试验件当量使用时间已接近 116760(N)时,需要再次放宽单片通孔试验件的当量服役/使用疲劳寿命限制。单片通孔试验件从使用过的到寿单片通孔试验件中抽取,随机抽取 1 件到寿单片通孔试验件进行相同载荷谱环境下的耐久性试验(这里实际上是选取试验结果),单片通孔试验件编号定为 2。将新单片通孔试验件的编号定为 1。

试验件的耐久性寿命情况如表 7.16 所列。

表 7.16　单片通孔试验件耐久性寿命情况统计

编号	原始使用时间/N	耐久性寿命/N
1	0	253386
2	116760	92479

第一种分析方案:

2 号试验件的总耐久性寿命值可作为一个失效数据。1 号试验件的总疲劳寿命值作为另一个失效数据,2 个无失效数据为初步放宽使用寿命限制所确定的当量服役/使用疲劳寿命值。作为总疲劳寿命原母体分析,采用基于不完全数据(2 个失效数据 +2 个无失效数据)的飞机结构可靠性分析方法计算单片通孔试验件当量服役/使用疲劳寿命(安全寿命)。

表 7.17　采用方案一分析时的单片通孔试验件当量服役/使用疲劳寿命(N)

失效数据	253386、209239
无失效数据	116760、116760
当量服役/使用疲劳寿命	118031

第二种分析方案：

2 号试验件的总疲劳寿命值可作为一个失效数据。1 号试验件的总疲劳寿命值作为另一个失效数据。作为原母体分析,仅采用 2 个失效数据计算单片通孔试验件当量服役/使用疲劳寿命。

表 7.18　采用方案二分析时的单片通孔试验件当量服役/使用疲劳寿命(N)

失效数据	253386、209239
疲劳分散系数	2.0371
当量服役/使用疲劳寿命	112459

第三种分析方案：

当该单片通孔试验件当量使用时间达到 116760(N)时,对 2 号试验件的总耐久性寿命减去初步放宽使用寿命限制所确定的当量服役/使用疲劳寿命 116760(N),其差值(剩余寿命)作为一个失效数据。作为剩余寿命新母体分析,仅采用 1 个失效数据分析再次放宽单片通孔试验件的当量服役/使用疲劳寿命限制。

假设单片通孔试验件剩余疲劳寿命服从对数正态分布,那么如何得到单片通孔试验件剩余疲劳寿命的对数疲劳寿命标准差呢?

采用前述的数值仿真方法,这里我们假设第一个试验件对数寿命 5.4038 作为原母体的对数疲劳寿命数学期望,以 0.0791 为原母体的对数疲劳寿命标准差,随机生成 50 个服从对数正态分布的随机数,每组有 50 个随机数,代表单片通孔试验件试验失效疲劳寿命数据。对所有试验失效数据都减去初步放宽使用寿命限制所确定的当量服役/使用疲劳寿命 116760(N),作为单片通孔试验件剩余疲劳寿命的数据,统计分析每组单片通孔试验件剩余寿命数据的对数疲劳寿命标准差,新母体对数寿命标准差则为此 50 组对数疲劳寿命数据标准差的平均值。经计算与统计分析可知(中间过程数据略去),新母体的对数疲劳寿命标准差为 0.1513(实质上是估计值)。

当样本容量为 1,可靠度为 99.9%,置信度为 90% 时,疲劳分散系数为

$$L_f = 10^{\left(\frac{u_\gamma}{\sqrt{n}} - u_P\right)\sigma_0} = 10^{\left(\frac{1.2816}{\sqrt{1}} + 3.0902\right)0.1513} \approx 4.5862$$

计算再次放宽单片通孔试验件当量服役/使用疲劳寿命限制结果如表 7.19 所列。

表 7.19　采用方案三分析时的单片通孔试验件再次放宽的使用寿命限制值

失效数据	92479
疲劳分散系数	4.5862
再次放宽当量服役/使用疲劳寿命限制值/N	20165
放宽使用限制后总当量服役/使用疲劳寿命/N	136925

第四种分析方案：

当该单片通孔试验件当量使用时间到达116760(N)时,对2号试验件的总疲劳寿命减去初步放宽使用限制所确定的当量服役/使用疲劳寿命116760(N),其差值作为一个失效数据。1号试验件的总疲劳寿命减去初步放宽使用限制所确定的当量服役/使用疲劳寿命116760(N),作为另一个失效数据。作为新母体分析,仅采用2个失效数据分析再次放宽单片通孔试验件当量服役/使用寿命限制。

当样本容量为2,可靠度为99.9%,置信度为90%,对数疲劳寿命标准差为0.1513时,疲劳分散系数为

$$L_f = 10^{\left(\frac{u_\gamma}{\sqrt{n}} - u_P\right)r_0} = 10^{\left(\frac{1.2816}{\sqrt{2}} + 3.0902\right)0.1513} = 4.0240$$

计算再次放宽单片通孔试验件当量服役/使用疲劳寿命限制结果如表7.20所列。

表7.20 采用方案四分析时的单片通孔试验件再次放宽的使用寿命限制值

失效数据	92479、136626
疲劳分散系数	4.0240
再次放宽当量服役/使用疲劳寿命使用限制/N	27934
再次放宽使用限制后总当量服役/使用疲劳寿命/N	144694

通过上述四种分析方案得到的单片通孔试验件再次放宽使用寿命限制值可知,四种方案得到的再次放宽使用寿命限制值并不相同,方案一的结果大于方案二的结果,方案二的结果小于方案三的结果,方案三的结果小于方案四的结果。下面通过对单片通孔试验件的试验数据进行分析,并与四种方案得到的再次放宽使用寿命限制值进行对比分析,从而选择最佳的分析方案。

7.5.3 单片通孔试验件当量服役/使用疲劳寿命试验分析

现对7.5.1节中的试验结果进行可靠性分析,确定单片通孔试验件的当量服役/使用疲劳寿命值。

1. 原母体试验数据分析

单片通孔试验件的疲劳寿命情况如表7.15所列。

当样本容量为7,可靠度为99.9%,置信度为90%时,疲劳分散系数为

$$L_f = 10^{\left(\frac{u_\gamma}{\sqrt{n}} - u_P\right)r_0} = 10^{\left(\frac{1.2816}{\sqrt{7}} + 3.0902\right)0.0791} \approx 1.9176$$

单片通孔试验件试验中值寿命计算如下:

$$\overline{X} = \frac{1}{n}\sum_{i=1}^{n} \lg N_i = 5.4222$$

$$[N_{50}] = 10^{\overline{x}} = 10^{5.4222} \approx 264360(\text{N})$$

则单片通孔试验件当量服役/使用疲劳寿命(安全寿命)为

$$N_{P,\gamma} = \frac{[N_{50}]}{L_f} = \frac{264360}{1.9176} \approx 137860(\text{N})$$

可见,作为试验件疲劳寿命原母体分析,根据 7 个试验数据计算得到的单片通孔试验件的安全寿命(当量服役/使用疲劳寿命)为 137860(N),该值可以认为代表的是真值。

2. 新母体试验数据分析

当服役单片通孔试验件使用寿命周期达到 116760(N)(原初步给定的使用寿命限制值)时,对 7 件试验件的总疲劳寿命减去初步放宽使用寿命限制所确定的当量服役/使用疲劳寿命 116760(N),得到在相同载荷谱条件下单片通孔试验件剩余疲劳寿命,并作为疲劳剩余寿命新母体进行分析,如表 7.21 所列。

表 7.21　单片通孔试验件剩余疲劳寿命情况统计

编号	剩余耐久性寿命/N	对数剩余耐久性寿命
1	136626	5.135533
2	92479	4.966043
3	121828	5.085747
4	180321	5.256046
5	196199	5.292697
6	113066	5.053332
7	217283	5.337026

经检验可知单片通孔试验件的剩余耐久性寿命服从对数正态分布。

对数剩余疲劳寿命子样平均值与子样标准差分别为 $\bar{x} = 5.1609$ 和 $s = 0.1374$。当 $n = 7$ 时,查标准差精度修正系数表可知精度修正系数 $\bar{k} = 1.042$。正态分布母体标准差无偏估计量为

$$\hat{\sigma} = \bar{k}s = 1.042 \times 0.1374 \approx 0.1432$$

当样本容量为 7,可靠度为 99.9%,置信度为 90% 时,疲劳分散系数为

$$L_f = 10^{\left(\frac{u_\gamma}{\sqrt{n}} - u_P\right)\gamma_0} = 10^{\left(\frac{1.2816}{\sqrt{7}} + 3.0902\right)0.1432} \approx 3.2500$$

单片通孔试验件的试验中值寿命为

$$[N_{50}] = 10^{\bar{x}} = 10^{5.1609} \approx 144840(N)$$

则单片通孔试验件剩余当量服役/使用疲劳寿命(剩余安全寿命)为

$$N_{P,\gamma}^{'} = \frac{[N_{50}]}{L_f} = \frac{144840}{3.2500} \approx 44566(h)$$

可见,作为试验件剩余疲劳寿命新母体分析时,根据 7 个试验数据计算结果可知,单片通孔试验件剩余当量服役/使用疲劳寿命为 44566(N)。那么,单片通孔试验件总的当量服役/使用疲劳寿命可以达到 161326(116760 + 44566 = 161326)(N)。

7.5.4 结论分析

通过上述分析可知,当量延寿法确定单片通孔试验件的当量服役/使用疲劳寿命结果如表7.22所列。

表 7.22 单片通孔试验件当量服役/使用疲劳寿命(N)

初始单片通孔试验件当量服役/使用疲劳寿命				
	116160			
初步放宽使用限制后总的当量服役/使用疲劳寿命	116760			
再次放宽当量服役/使用疲劳寿命/增量	方案一	方案二	方案三	方案四
	118031	112459	20165(增量)	27934(增量)
再次放宽使用寿命限制后总的当量服役/使用疲劳寿命(安全寿命)	118031	112459	136925	144694
试验分析总的当量服役/使用疲劳寿命	137860(原母体分析)		161326(新母体分析)	

当采用第一种分析方案和第二种分析方案时,作为原母体分析,其对象为所有的单片通孔试验件,计算得到的当量服役/使用疲劳寿命为所有单片通孔试验件的当量服役/使用疲劳寿命(安全寿命),其指的是从零开始的当量服役/使用疲劳寿命。当采用第三种分析方案和第四种分析方案时,作为新母体分析,计算得到的当量服役/使用疲劳寿命为单片通孔试验件剩余当量服役/使用疲劳寿命。根据单片通孔试验件的实际使用情况与延寿对象的不同,从第一种分析方案、第二种分析方案、第三种分析方案和第四种分析方案中选取合适的方案进行延寿分析。

综合以上分析可以看出,再次放宽使用限制后总当量服役/使用疲劳寿命采用第二种分析方案所得到的结果比初步放宽使用寿命限制后总当量服役/使用疲劳寿命值要短,显然这是不合常理的,而第一种方法所得到的结果与初步放宽使用限制后总当量服役/使用疲劳寿命值基本相同,究其原因,是因为随机抽取的用于再次放宽使用限制后的试验件(第二件)的总寿命较短而引起的(尽管发生的概率较小)。采用第三种分析方案和第四种分析方案所得到的结果比较合理,两者相比可取较为保守的结果,即方案三所确定的136925(N)为单片通孔试验件的最终疲劳/耐久性安全寿命值。可以看出,其小于用试验结果分析得到的单片通孔试验件的总的当量服役/使用疲劳寿命值137860(N)(原母体分析)和161326(N)(新母体分析),是偏于安全的结果。实际上,从理论上讲,只要服役/使用周期小于161326(N)(按新母体分析)均是安全的,在使用过程中都能达到相应的可靠度与置信度要求。

7.6　当量延寿法的全机疲劳试验验证

我国某型飞机设计使用安全寿命为 3000 飞行小时。经过多年的服役,目前有些飞机的服役时间已达到设计使用安全寿命值,由于工作的需要,需对其进一步延寿 600 飞行小时的安全寿命值。在确定延寿目标后,需要从已到寿机群飞机中抽取一架飞机在试验载荷谱下(可认为等价于原新机定寿疲劳试验载荷谱)进行全机疲劳试验,对延寿目标进行试验验证,这时就需要确定延寿试验机的全机疲劳试验持续时间,以验证延寿目标实现的可行性。直接采用 7.4.2 节当量延寿法中再次放宽飞机结构当量服役/使用疲劳寿命限制中的第三种分析方案对该飞机结构的剩余疲劳寿命进行分析,确定延寿试验机的全机疲劳试验持续时间。这里,可不考虑初步放宽飞机结构当量服役/使用疲劳寿命的使用限制,也就是当飞机结构当量飞行小时数达到新机结构疲劳安全寿命 3000h 时,直接采用第三种分析方案对机群飞机结构的剩余疲劳寿命进行分析,这会得到一个偏安全的结果。

7.6.1　当量延寿法的理论分析结果

可认为该飞机结构疲劳寿命服从对数正态分布,新机全机疲劳试验持续时间为 12000 飞行小时,可作为中值寿命。疲劳分散系数取 4.0,对应着可靠度为99.9%、置信度为 90%、样本容量为 1,寿命母体的对数标准差可根据疲劳分散系数计算公式(4.15)反推得到,可计算得飞机结构疲劳寿命母体的对数寿命标准差为 0.1377。所以可认为机群飞机结构疲劳寿命母体的对数寿命标准差是已知的。

根据当量延寿法,以 4.0792(即 12000h 的对数值)为对数寿命数学期望,以0.1377 为对数寿命标准差,产生 50 组服从对数正态分布的随机数,每组随机数的样本容量为 50。50 组随机数则代表有 50 组机群飞机结构疲劳寿命,而每组随机数中的 50 个随机数代表每组有 50 架飞机结构的疲劳寿命值。对每组随机数同时减去服役飞机在新机全机疲劳试验载荷谱下的总当量飞行小时数 3000h(初始安全寿命),代表延寿机群飞机结构剩余疲劳寿命,根据数值仿真分析方法计算每组延寿机群飞机剩余疲劳寿命的对数标准差,得到 50 个对数寿命标准差后取其均值,即为机群飞机结构剩余疲劳寿命的对数寿命标准差,该型飞机的计算结果为0.1884(计算过程从略)。

当样本容量为 1,延寿机群飞机结构剩余疲劳寿命的对数标准差 σ 为0.1884 时,在可靠度 99.9% 和置信度 90% 下某型飞机结构剩余疲劳寿命的疲劳分散系数为

$$L_f = 10^{\left(\frac{u_\gamma}{\sqrt{n}} - u_P\right)\sigma} = 10^{\left(\frac{1.2816}{\sqrt{1}} + 3.0902\right)0.1884} = 6.6627$$

由于安全寿命延寿目标为 600 飞行小时,机群飞机结构剩余疲劳寿命的疲劳

分散系数为 6.66，则机群飞机延寿时延寿试验飞机的疲劳试验持续时间为

$$T = 6.6627 \times 600 = 3998 (飞行小时)$$

因此，在此情形下可由 T 给出的开展全机疲劳延寿试验的持续时间来组织飞机结构全机疲劳延寿试验工作了。某型飞机要延长 600 飞行小时的寿命（安全寿命），延寿试验持续时间必须达到 3998 飞行小时结构不破坏。

7.6.2　某型飞机延寿试验机全机疲劳试验结果

为了对 7.6.1 节中的当量延寿法分析结果进行考核验证，从某型已到寿机群飞机中随机抽取一架飞机作为延寿试验机，在试验载荷谱（与原新机全机疲劳试验载荷谱相当）下进行全机疲劳试验（图 7.15）。当试验进行到 3980 飞行小时时，试验机的机身 16 框接头 $\phi 10$ 连接螺栓断裂，试验系统启动自动保护且停止工作。由于此试验属于验证性试验且继续修理损坏结构也难度较大，为了节省经费，故停止试验，认为试验验证飞机已经破坏失效，因此可认为试验机的全机疲劳延寿验证试验持续时间为 3980 飞行小时。

图 7.15　某型飞机全机疲劳试验验证现场

7.6.3　理论分析结果与试验结果的对比

根据 7.6.1 节中当量延寿法的理论分析结果可知，采用当量延寿法可得到某型机群飞机在达到了 3000 飞行小时安全寿命后再延寿 600 飞行小时的安全寿命时，延寿试验机应开展的全机疲劳延寿试验时间为 3998 飞行小时。根据 7.6.2 节中的全机疲劳延寿试验验证结果可知，试验验证飞机的全机疲劳试验持续时间为

3980 飞行小时。可见,采用当量延寿法的结果和全机疲劳延寿试验验证结果基本吻合(误差为 0.45%),进一步验证了当量延寿法的正确性。

7.7　当量延寿法在飞机结构疲劳安全寿命延寿目标确定中的应用

7.7.1　飞机结构的初始疲劳安全寿命

假定某飞机结构仅受疲劳载荷作用,且忽略日历时间对金属材料疲劳性能的影响,则结构疲劳/耐久性寿命服从对数正态分布。

根据 4.4 节中基于疲劳/耐久性安全寿命设计思想的飞机结构疲劳定寿原理,在给定飞机结构设计使用寿命后,需对设计使用寿命进行全机疲劳试验验证,从而确定飞机结构的初始疲劳/耐久性安全寿命值。具体分析流程如图 7.16 所示。

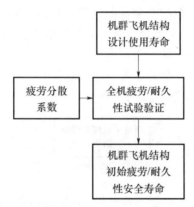

图 7.16　机群飞机结构初始疲劳/耐久性安全寿命确定流程图

如某型飞机结构采用安全寿命设计思想对机群飞机结构疲劳定寿,其设计使用寿命为 2000 飞行小时,疲劳试验分散系数根据相关规范取 4.0。编制全机疲劳试验载荷谱,任选取一架新飞机结构在全机疲劳试验载荷谱下进行全机疲劳试验,对设计使用寿命进行试验验证,当全机疲劳试验进行到 8000 试验飞行小时时,整机没有破坏,停止试验。因此,给出了某型飞机结构的初始疲劳安全寿命为 2000 飞行小时数。显然,这是一个保守的结果,从偏安全的角度认为 8000 试验飞行小时为破坏值。

7.7.2　飞机结构疲劳安全寿命延寿目标的确定

该飞机经过多年的服役使用,目前已有多架飞机的结构服役使用寿命达到了初始疲劳安全寿命 2000 飞行小时(由于该型飞机没有飞参记录系统,无法记录实际载荷情况,故近似认为飞机实际服役载荷环境与全机疲劳试验载荷谱相当)。为继续挖掘该飞机结构的寿命潜力,需对其结构进行进一步的疲劳延寿。那么,如何确定机群飞机结构疲劳安全寿命的延寿目标呢?首先应该确定一个可能的最长的延寿目标,然后依据实际情况给定一个合适的延寿目标。本节结合本章提出的当量延寿法,提出两种结构疲劳安全寿命延寿目标(即最长的目标)的确定方案,用于指导确定延寿目标。根据7.5节中的验证结果可知,在再次放宽飞机结构使用寿命限制时,第三种分析方案最为简单,也比较合理,所以本节采用前述第三种分析方案对某型飞机结构安全寿命延寿目标进行分析。

7.7.2.1 第一种疲劳安全寿命延寿目标确定方案

该飞机结构疲劳安全寿命延寿目标确定方案的总体思路为:当飞机结构飞行小时数达到初始疲劳安全寿命 2000h(没有飞参等载荷测试手段时常采用试验载荷谱或平均载荷谱来代替飞机的实际服役载荷环境,飞机的寿命消耗直接按飞行小时数计算)后,先采用基于试验数据与使用数据融合的飞机结构疲劳安全寿命延寿技术对飞机结构进行初步安全寿命延寿;当飞机结构使用寿命达到初步安全寿命延寿结果时,再采用基于剩余疲劳寿命分析的飞机结构疲劳安全寿命延寿技术对飞机结构剩余疲劳寿命的安全寿命进行分析计算,结合初步安全寿命延寿结果确定飞机结构疲劳安全寿命总延寿目标,最后用已“到寿”的老龄飞机全机疲劳试验对总延寿目标进行试验验证。具体流程如图7.17所示。

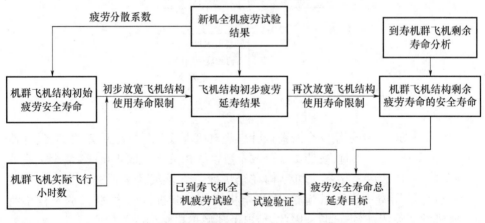

图 7.17　某型飞机结构疲劳安全寿命延寿目标确定方案

1. 基于试验数据与使用数据融合的飞机结构疲劳安全寿命延寿

根据7.7.1节可知参与全机疲劳试验的验证机数量为1,试验持续时间为8000h,一般可偏安全地按失效数据对待。机群飞机结构疲劳寿命的对数标准差的数学解析式可根据式(4.15)反推得到(认为飞机结构疲劳寿命服从对数正态分布），当机群飞机结构疲劳分散系数取 4.0，可靠度为 99.9%、置信度为 90%、样本容量为 1 时，计算得对数疲劳寿命标准差为 0.1377，据此可认为该型飞机结构疲劳寿命的对数寿命标准差是已知的。当服役飞机的飞行小时数达到 2000 飞行小时时认为飞机到寿，但到寿飞机并没有发生失效破坏，所以可将 2000 飞行小时数作为未失效数据处理。根据基于不完全数据的飞机结构可靠性分析方法的精度分析结果，样本容量应选取为 4。

将全机疲劳试验结果（8000 试验飞行小时数）作为 1 个失效数据，将初始安全寿命（2000 飞行小时数）作为未失效（截尾）数据，其数量为 3 个，一个失效数据和三个未失效数据组成不完全数据样本[13,14]。对数疲劳寿命标准差取值为 0.1377，根据 7.3.3 节中式（7.28）对对数疲劳寿命数学期望进行极大似然估计，可得估计结果 $\hat{\mu}$ 为 3.900。根据数学期望的估计值计算疲劳中值寿命为

$$\left[N_{50} \right] = 10^{\hat{\mu}} = 10^{3.9} \approx 7943（飞行小时）$$

样本容量 n 为 4，对数疲劳寿命标准差取值为 0.1377，可靠度 99.9%、置信度 90% 下的疲劳分散系数为

$$L_{f0} = 10^{\left(\frac{u_{\gamma}}{\sqrt{n}} - u_P \right)\hat{\sigma}} = 10^{\left(\frac{1.2816}{\sqrt{4}} + 3.0902 \right)0.1377} \approx 3.2641$$

根据上述计算的疲劳中值寿命值和疲劳分散系数值可知，疲劳安全寿命为

$$N_{P,\gamma}^0 = \frac{\left[N_{50} \right]}{L_f} = \frac{7943}{3.2641} \approx 2433（飞行小时）$$

根据前述的基于不完全数据的飞机结构可靠性分析方法的精度分析结果可知，当样本容量为 4 时，精度修正系数 k 为 1.1084，因此考虑飞机服役信息后的疲劳/耐久性安全寿命取值为 2195 飞行小时。

所以，通过基于试验数据与使用数据融合的飞机结构疲劳安全寿命延寿技术可将某型飞机结构的疲劳安全寿命在初始疲劳安全寿命（2000 飞行小时）的基础上延长 195 飞行小时。

2. 飞机结构剩余疲劳寿命的疲劳安全寿命

根据基于试验数据与使用数据融合的飞机结构疲劳安全寿命延寿技术可将某型飞机结构疲劳安全寿命延长 195 飞行小时数，所以某型飞机结构可服役至 2195 飞行小时。再采用基于剩余疲劳寿命分析的飞机结构疲劳安全寿命延寿技术对该型飞机结构剩余疲劳寿命进行分析，可确定剩余疲劳寿命的疲劳分散系数和安全寿命值。

由于飞机结构疲劳寿命服从对数正态分布，且新机全机疲劳试验样本量为 1，因此可将新机全机疲劳试验结果（8000 试验飞行小时数）作为机群飞机结构疲劳寿命的中值寿命，其对数值为 3.9031。该型飞机结构疲劳寿命的对数标准差已得到为 0.1377，并经过基于试验数据与使用数据融合的飞机结构疲劳安全寿命延寿技术延寿后的该型飞机结构疲劳安全寿命为 2195 飞行小时。

采用仿真方法,以 3.9031 为某型飞机结构对数疲劳寿命的数学期望、0.1377 为其对数疲劳寿命的标准差,生成 50 组服从对数正态分布的随机数,每组的 50 个随机数代表该型飞机结构的疲劳寿命,所有产生的随机数减去 2195 飞行小时,得到该型飞机结构的剩余疲劳寿命。统计计算每组飞机结构剩余疲劳寿命的对数标准差,再将这 50 组标准差的平均值作为该型飞机结构剩余寿命对数值新母体标准差。经计算可知,该型飞机结构的对数剩余疲劳寿命标准差为 0.2104(中间过程数据略去)。

原则上选取一架已到寿飞机进行延寿飞机全机疲劳试验。飞机的实际使用是随机的,所以哪架飞机到寿也是随机的,因此这种"选取"也是随机的(样本容量 n 为 1),但选取为中值寿命的那架飞机概率最大。当可靠度为 99.9%、置信度为 90% 时,飞机结构剩余疲劳寿命的疲劳分散系数为

$$L_{fl} = 10^{\left(\frac{u_\gamma}{\sqrt{n}} - u_P\right)\mathcal{F}} = 10^{\left(\frac{1.2816}{\sqrt{1}} + 3.0902\right).2104} \approx 8.3143$$

当飞机结构使用达到 2195 飞行小时数安全寿命时,应从已到寿机群飞机中随机抽取一架飞机进行全机疲劳延寿试验。依据基于剩余疲劳寿命分析的飞机结构疲劳安全寿命延寿技术,飞机全机疲劳延寿试验结果预测时也可用原新机全机疲劳试验结果(8000 飞行小时数)减去基于试验数据与使用数据融合的飞机结构疲劳安全寿命延寿结果(2195 飞行小时数)代替(理论上不会有太大误差的概率极大),为 5805 飞行小时数。因为机群飞机结构剩余疲劳寿命一般也服从对数正态分布,所以可将飞机全机疲劳延寿试验结果(5805 飞行小时数)作为该型飞机结构剩余疲劳寿命的中值寿命。

根据飞机结构剩余疲劳寿命的中值寿命和疲劳分散系数计算该型飞机结构剩余疲劳寿命的安全寿命为

$$N_{P,\gamma}^1 = \frac{[N_{50}]}{L_{fl}} = \frac{5805}{8.3143} \approx 698(飞行小时)$$

3. 飞机结构疲劳安全寿命总延寿目标

根据上述分析可知,采用基于试验数据与使用数据融合的某型飞机结构疲劳安全寿命技术可将其疲劳安全寿命延长 195 飞行小时,再采用基于剩余疲劳寿命分析的飞机结构疲劳安全寿命延寿技术又可将其疲劳安全寿命在 195 飞行小时数的基础上再延长 698 飞行小时数,所以某型飞机结构疲劳安全寿命总延寿目标估算为

$$N_{P,\gamma} = N_{P,\gamma}^0 + N_{P,\gamma}^1 = 195 + 698 = 893(飞行小时)$$

在确定某型飞机结构疲劳安全寿命总延寿目标后,需根据到寿飞机(随机选取 1 架)的全机疲劳试验对总延寿目标进行试验验证。那么,如何确定其延寿试验机的全机疲劳延寿试验周期呢?试验周期通常采用延寿目标与疲劳分散系数的乘积来确定,不同的是这里的疲劳分散系数应分两部分考虑,第一部分为采用

试验数据与使用数据融合时的疲劳分散系数,第二部分为飞机结构剩余疲劳寿命分析时所对应的疲劳分散系数。根据上述计算结果知,采用试验数据与使用数据融合时的疲劳分散系数为3.2641,延长的安全寿命为195飞行小时数,飞机结构剩余疲劳寿命分析时所对应的疲劳分散系数为8.3143,延长的安全寿命为698飞行小时数。则延寿试验机的全机疲劳延寿试验周期为

$$N = N_{P,\gamma}^0 \cdot L_{f0} + N_{P,\gamma}^1 \cdot L_{f1} = 195 \times 3.2641 + 698 \times 8.3143 = 6440(\text{试验飞行小时数})$$

或从偏安全的角度出发,保守地估计延寿试验机的全机疲劳试验周期为

$$N = N_{P,\gamma}^0 \cdot L_{f0} + N_{P,\gamma}^1 \cdot L_{f1} = 195 \times 4 + 698 \times 9 = 7062(\text{试验飞行小时数})$$

如果延寿试验机的全机疲劳试验周期达到估算值并没有发生破坏失效,则延寿目标可以实现。

7.7.2.2 第二种疲劳安全寿命延寿目标确定方案

飞机结构疲劳安全寿命延寿目标第二种分析方案的总体思路为:当飞机结构使用寿命达到初始疲劳安全寿命后,直接采用基于剩余疲劳寿命分析的飞机结构疲劳安全寿命延寿技术对其剩余疲劳寿命的安全寿命进行分析,确定该型飞机结构疲劳安全寿命延寿目标,再利用"到寿"老龄飞机全机疲劳延寿试验对延寿目标进行试验验证[15],[2]。该方案的具体流程如图7.18所示。

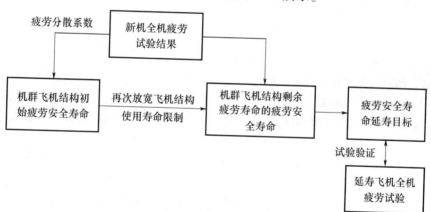

图7.18 某型飞机结构疲劳安全寿命延寿目标确定的第二种方案

采用基于剩余疲劳寿命分析的飞机结构疲劳安全寿命延寿技术对"到寿"飞机结构剩余疲劳寿命的疲劳分散系数和安全寿命进行分析。

由于该飞机结构疲劳寿命服从对数正态分布,且新机全机疲劳试验样本容量为1,因此可将新机全机疲劳试验结果(8000试验飞行小时数)作为机群飞机结构疲劳寿命的中值寿命,其对数值为3.9031。如前所述,该型飞机结构疲劳寿命的对数标准差为0.1377,其初始疲劳安全寿命值为2000飞行小时。

以3.9031为某型飞机结构对数疲劳寿命的数学期望,以0.1377为其对数疲

劳寿命的标准差,随机生成 50 组服从对数正态分布的随机数,每组的 50 个随机数代表该型飞机结构的疲劳寿命值,所有的随机数都减去 2000 飞行小时,所得的差即为该型飞机结构的剩余疲劳寿命值,统计计算每组飞机结构剩余疲劳寿命的对数标准差,所得的 50 组标准差的平均值可作为该型飞机剩余疲劳寿命的对数标准差。经计算与统计分析可知,该对数疲劳寿命标准差为 0.1850(中间过程数据略去)。

老龄飞机全机疲劳延寿试验,样本容量为 1 情形下,当可靠度为 99.9%、置信度为 90% 时,飞机结构剩余疲劳寿命的疲劳分散系数为

$$L_f = 10^{\left(\frac{u_{\frac{\gamma}{n}} - u_P}{\gamma}\right)} = 10^{\left(\frac{1.2816}{\sqrt{1}} + 3.0902\right)0.1850} \approx 6.4385$$

当飞机结构使用达到 2000 飞行小时数时,从已到寿机群飞机中抽取 1 架飞机结构进行全机疲劳延寿试验。根据基于剩余疲劳寿命分析的飞机结构疲劳安全寿命延寿技术,该型飞机全机疲劳延寿试验结果预测时可用原新机全机疲劳试验结果(8000 飞行小时数)减去初始疲劳安全寿命值(2000 飞行小时数)得到的估计值代替,为 6000 飞行小时数。由于机群飞机结构剩余疲劳寿命一般也服从对数正态分布,因此可将该型飞机全机疲劳延寿试验结果估计值(6000 飞行小时数)作为该型机群飞机结构剩余疲劳寿命的中值寿命。

根据某型飞机结构剩余疲劳寿命的中值寿命和疲劳分散系数计算机群飞机结构剩余疲劳寿命的安全寿命,估计值为

$$N_{P,\gamma} = \frac{[N_{50}]}{L_f} = \frac{6000}{6.4385} \approx 931.9(飞行小时)$$

因此可将某型飞机结构疲劳安全寿命的延寿目标定为 931 飞行小时数,其总的安全寿命目标为 2931 飞行小时。在确定飞机结构疲劳安全寿命延寿目标后,需选取已到寿飞机进行全机疲劳试验对延寿目标进行试验验证,其考核试验周期为 6000 试验飞行小时数。

第一种延寿目标确定方案和第二种延寿目标确定方案都是正确的,都可以在保证安全的前提下确定机群飞机结构疲劳安全寿命延寿目标。第一种延寿目标确定方案是基于当量延寿法中初次放宽服役/使用寿命限制及再次放宽服役/使用寿命限制中的方案三分析方法,第二种延寿目标确定方案则是直接基于再次放宽服役/使用寿命限制中的方案三分析方法。从简化且偏安全的角度考虑,这里推荐采用第二种延寿目标确定方案。当然,待全机疲劳延寿试验结束后,还可以利用当量延寿法再重新评定延寿结果。在飞机结构疲劳延寿工程应用中,可根据其实际服役情况从两种延寿方案中合理地选取其中一种延寿目标确定方案,待延寿试验考核验证结束后,直接按原定目标使用飞机将是一种偏安全的做法。

对于采用耐久性/损伤容限设计思想设计的飞机结构在达到初始耐久性安全寿命时要延长其耐久性安全寿命(或放宽其服役/使用寿命限制),可采用类似的

方法进行分析,只不过在此过程中还要保证损伤容限关键件在放宽的服役/使用寿命限制期内的安全性。

在工程实际中,上述分析方法所得结果代表的是飞机最大的延寿潜力。实际放宽使用限制目标值是根据机队更替规律以及飞机的技术状态等因素综合确定的,所需的放宽目标值有可能低于飞机最大潜力值(所需放宽的目标值不大于最大潜力值即为合理),确定目标值后需要根据放宽限制目标值与疲劳分散系数确定全机疲劳/耐久性试验持续时间。当放宽限制目标值小于飞机最大潜力值时,相当于将最大延寿潜力值分割成两个部分($N_{P,\gamma1}$代表目标值、$N_{P,\gamma2}$代表剩余部分),则该型飞机全机疲劳延寿试验结果估计值(6000飞行小时数)可表示如下:

$$[N_{50}] = L_f \cdot N_{P,\gamma} = L_f(N_{P,\gamma1} + N_{P,\gamma2}) = L_f \cdot N_{P,\gamma1} + L_f \cdot N_{P,\gamma2}$$

放宽目标值$N_{P,\gamma1}$对应的全机疲劳/耐久性试验持续时间,用目标值$N_{P,\gamma1}$乘以$N_{P,\gamma1}$时间段对应的疲劳分散系数$N_{P,\gamma1}$确定。根据前述内容分析可知,放宽限制目标值$N_{P,\gamma1}$对应的疲劳分散系数小于最大延寿潜力值$N_{P,\gamma}$对应的疲劳分散系数L_f,在工程中可以将最大延寿潜力$N_{P,\gamma}$对应的疲劳分散系数L_f作为放宽使用限制值$N_{P,\gamma1}$对应的疲劳分散系数,在此情形下得到的全机疲劳/耐久性试验持续时间是偏安全的。当需要再次放宽限制使用限制时,可以据此方法得到一个偏安全的试验方案(需要开展的全机疲劳/耐久性试验持续时间值)。

前面所述内容均是针对同型号飞机而言的,但是在工程实际中经常遇到飞机改型,改型而产生的新机型以及新旧机型混合机群的当量延寿思想与同型机群存在诸多不同点。

7.8　相关改型机群飞机当量延寿的基本思想

针对工程实际中的飞机结构改型,产生了与旧机型有一定继承性的新机型,改型后的机群飞机的当量延寿思想也应该进行深入探讨研究。按照延寿对象和数据信息来源的不同可将与改型相关的延寿工作分类为:依据新机型信息对新机型机群飞机当量延寿;依据新、旧机型信息对新机型机群飞机当量延寿;依据新、旧机型信息对混型机群飞机(特指该机群中既有新机型又有旧机型)当量延寿。下面就上述三种情况的延寿思想分别进行简要说明。

7.8.1　依据新机型数据的新机型机群飞机当量延寿基本思想

当服役飞机当量飞行小数到达依据改型之后产生的新机型全机疲劳/耐久性试验确定机群飞机结构的初始疲劳/耐久性安全寿命时,可以依据新机型在服役/使用中的信息作为数据来源,采用本章7.1节中所述的当量延寿思想对新机型机群飞机进行当量延寿,进而确定初步放宽使用限制值和再次放宽使用限制值。在本质上依据新机型数据对新机型机群飞机当量延寿,还属于同型机群延寿,基本思想可以借鉴前述内容,具体步骤如下。

第一部分,新机型机群飞机结构初始疲劳/耐久性安全寿命(即新机型机群飞机结构当量服役/使用疲劳寿命限制值)的确定。根据新机型全机/部件疲劳/耐久性试验试验结果确定新机型机群飞机结构初始疲劳/耐久性安全寿命。

第二部分,初步放宽新机型机群飞机结构当量服役/使用疲劳寿命限制。当服役飞机当量飞行小数到达新机型机群飞机结构的初始疲劳/耐久性安全寿命时,采用试验数据与使用数据融合的办法进行初步延寿。将新机型的全机/部件疲劳/耐久性试验结果作为失效数据(这是一种偏安全的处理方法),新机型的使用数据作为右截尾数据,进而达到扩大样本容量目的,再重新分析确定改型机群飞机结构服役/使用疲劳安全寿命(关键环节是利用含随机右截尾数据进行参数估计来确定新型机群飞机的中值寿命),更新新机型机群飞机结构当量服役/使用疲劳寿命限制值,也就是初步放宽飞机结构当量服役/使用疲劳寿命限制。

第三部分,再次放宽新机型机群飞机结构当量服役/使用疲劳寿命限制。当新机型机群飞机服役当量飞行小时数再次达到初步放宽使用限制所确定的飞机结构当量服役/使用疲劳寿命限制值时,则从新机型机群中随机抽取 1 架或多架再次到寿的服役飞机进行全机/部件疲劳/耐久性试验,将试验信息(失效数据、完全数据)与飞机机群服役使用信息(右截尾数据、不完全数据)进行融合,也就是将试验数据与机群飞机当量飞行小时数进行融合,从而再评定机群飞机结构服役/使用疲劳安全寿命,也就是依据新机型机群飞机数据再次放宽新机群飞机结构当量服役/使用疲劳寿命限制。

7.8.2　依据新、旧机型信息对新机型机群飞机当量延寿的基本思想

新机型飞机是对旧机型飞机结构的继承和发展,可以将旧机型的相关试验、使用信息作为新机型的信息,这是一种偏安全的处理方法。据此可以得到依据新、旧机型数据对新机型机群飞机当量延寿的基本方法如下。

第一部分,新机型机群飞机结构初始疲劳/耐久性安全寿命(即新机型机群飞机结构当量服役/使用疲劳寿命限制值)的确定。根据新机型全机/部件疲劳/耐久性试验试验结果确定新机型机群飞机结构初始疲劳/耐久性安全寿命。

第二部分,依据新、旧机型相关信息初步放宽新机型机群飞机结构当量服役/使用疲劳寿命限制。当机群服役飞机当量飞行小数到达新机型机群飞机结构的初始疲劳/耐久性安全寿命时,将新、旧机型的全机/部件疲劳/耐久性试验结果作为失效数据,新、旧机型的服役/使用数据作为右截尾数据,再重新分析确定新机型机群飞机结构服役/使用疲劳安全寿命,更新新机型机群飞机结构当量服役/使用疲劳寿命限制值,也就是初步放宽新机型机群飞机结构当量服役/使用疲劳寿命限制。值得说明的是:将旧机型信息作为失效数据是一种偏安全的处理方法;该方法确定的初步放宽使用限制值可能大于 7.8.1 节中确定的初步放宽使用限

制值,也可能小于。

第三部分,再次放宽新机型机群飞机结构当量服役/使用疲劳寿命限制。当新机型机群飞机服役当量飞行小时数再次达到初步放宽使用限制所确定的飞机结构当量服役/使用疲劳寿命限制值时,则从新机型机群中随机抽取 1 架或多架再次到寿的服役飞机进行全机/部件疲劳/耐久性试验,将试验信息(失效数据、完全数据)与新、旧飞机机群服役使用信息(右截尾数据、不完全数据)进行融合,也即将试验数据与机群飞机当量飞行小时数进行融合,从而再评定机群飞机结构服役/使用疲劳安全寿命,也就是依据新机型机群飞机数据再次放宽新机群飞机结构当量服役/使用疲劳寿命限制。

7.8.3　依据新、旧机型信息对混型机群飞机当量延寿的基本思想

本书 4.4.1.2 节中分析指出,满足一定条件下新机型与旧机型的疲劳/耐久性寿命数据直接融合下产生的新样本依然服从对数正态分布,这是进行混型机群飞机当量延寿的理论基础和前提条件。利用新、旧机型信息对混型机群飞机当量延寿法的基本思想如下。

第一部分,混型机群飞机结构初始疲劳/耐久性安全寿命(即混型机群飞机结构当量服役/使用疲劳寿命限制值)的确定。根据新机型全机/部件疲劳/耐久性试验试验结果和旧机型全机/部件疲劳/耐久性试验结果,依据 4.4.1.2 节中改型机群飞机结构疲劳/耐久性安全寿命确定方法,确定混型机群飞机结构初始疲劳/耐久性安全寿命。

第二部分,初步放宽混型机群飞机结构当量服役/使用疲劳寿命限制。当服役飞机当量飞行小数到达混型机群飞机结构的初始疲劳/耐久性安全寿命时,将旧机型、新机型的全机/部件疲劳/耐久性试验结果作为失效数据(这是一种偏安全的处理方法),新、旧机型的使用数据是右截尾数据,再重新分析确定改型机群飞机结构服役/使用疲劳安全寿命(关键环节是利用含随机右截尾数据进行参数估计来确定改型机群飞机的中值寿命),更新机群飞机结构当量服役/使用疲劳寿命限制值,也就是初步放宽飞机结构当量服役/使用疲劳寿命限制。

第三部分,再次放宽改型机群飞机结构当量服役/使用疲劳寿命限制。当混型机群服役飞机当量飞行小时数再次达到初步放宽使用限制所确定的飞机结构当量服役/使用疲劳寿命限制值时,则分别从新、旧机型中随机各抽取 1 架或多架再次到寿的服役飞机进行全机/部件疲劳/耐久性试验,将试验信息(失效数据、完全数据)与飞机机群服役使用信息(右截尾数据、不完全数据)进行融合,也就是将试验数据与机群飞机当量飞行小时数进行融合,从而再评定机群飞机结构服役/使用疲劳安全寿命,也就是再次放宽机群飞机结构当量服役/使用疲劳寿命限制。

以上三种情形涉及的相关技术细节可以参考前述内容。

需要说明的是,机群飞机结构的寿命分析是一个可靠性分析过程,目的是要保证机群飞机在给定的寿命期内服役使用时满足高可靠性要求。但即使满足了高可靠性要求也不能完全保证每架飞机的飞行安全,特别是对于混型机群飞机,其个体差异变大。因此,为保证飞行安全,此时还应采用损伤容限的方法对关乎飞行安全的关键结构部件进行分析评定、加装结构健康监控系统以及制定相应的使用维修措施。

参考文献

[1] 高潮. 飞机结构疲劳安全寿命延寿技术和不同厚度 2A12 – T4 铝合金板疲劳裂纹扩展特性研究[D]. 西安:空军工程大学,2015.

[2] 何宇廷,高潮,张腾,等. 飞机结构疲劳/耐久性安全寿命延寿方法[J]. 空军工程大学学报(自然科学版),2015(6):1 – 6.

[3] 李曙林. 飞机与发动机强度[M]. 北京:国防工业出版社,2007.

[4] Military Standardisation Handbook, Metallic materials and elements for aerospace vehicle strucrure, MIL – HDBK – 5D,1983.

[5] 刘文珽,王智,隋福成. 单机寿命监控技术指南[M]. 北京:国防工业出版社,2010.

[6] 隋福成,刘文珽. 飞机等幅疲劳试验载荷谱编制技术研究[J]. 机械强度,2008(2):266 – 269.

[7] 张福泽. 裂纹形成寿命的类比计算法[J]. 航空学报,1982,3(2):51 – 60.

[8] 张福泽. 裂纹扩展寿命的类比计算法[J]. 航空学报,1985,6(2):194 – 200.

[9] 陈家鼎. 生存分析与可靠性[M]. 北京:北京大学出版社,2005.

[10] 高镇同. 疲劳应用统计学[M]. 北京:国防工业出版社,1986.

[11] 北京航空材料研究所. 航空金属材料疲劳性能手册[M]. 北京,1981.

[12] 陈传尧. 疲劳与断裂[M]. 武汉:华中科技大学出版社,2002.

[13] 何宇廷,高潮,安涛,等. 试验与服役数据融合的飞机结构安全寿命分析[J]. 空军工程大学学报(自然科学版),2015(1):1 – 5.

[14] 何宇廷,高潮. 基于试验数据与使用数据融合的产品寿命可靠性分析方法[J]. 航空工程进展,2015(2):205 – 210 + 126.

[15] 何宇廷,高潮,张腾,等. 一种老龄飞机疲劳(耐久性)延寿试验周期的确定方法[J]. 空军工程大学学报(自然科学版),2014(3):1 – 4.

第 8 章

基于检查修理次数的飞机结构疲劳/
耐久性安全寿命延寿方法

通常而言,飞机结构疲劳/耐久性安全寿命是根据新机全机疲劳/耐久性试验结果和疲劳分散系数给定的,飞机结构在安全寿命期内服役使用将满足规定的可靠度与置信度要求,当飞机结构的当量服役使用周期达到安全寿命时认为飞机到寿[1]。实际上,在飞机的当量服役使用周期达到安全寿命时,可以通过对飞机结构的耐久性修理,使其在一定的周期内继续服役使用,飞机结构在继续服役使用周期内同样满足规定的可靠度与置信度要求,也就是说可以继续适当延长飞机结构的疲劳/耐久性安全寿命。实际上,将飞机结构的检查修理次数信息纳入考虑后,是可以适当地延长飞机结构服役/使用寿命的。因此,本章在数理统计学的基础上将检查修理次数纳入考虑,提出了基于检查修理次数的飞机结构疲劳/耐久性安全寿命延寿方法,并通过示例说明了基于检查修理次数的飞机结构疲劳/耐久性安全寿命延寿方法的可行性。

8.1 基于检查修理次数的飞机结构疲劳安全寿命延寿原理

根据全机疲劳试验结果确定的不需要检查修理(从理论上讲是如此)的初始疲劳安全寿命为 N_P^1,可靠度为 P,显著性水平为 γ,如图 8.1 所示。在该安全寿命期内服役飞机结构具有很高的可靠性,不需要对飞机结构进行检查修理。当飞机结构的疲劳寿命达到安全寿命 N_P^1 时,对飞机结构进行检查修理,如果没有正常失效的飞机结构,说明小概率失效事件在安全寿命 N_P^1 内没有发生;如果发现失效破坏的结构,对其进行更换或维修,则该飞机还可以继续服役使用。从图 8.1 可以看出,当飞机结构的疲劳寿命服从对数正态分布时,总是可以合理地安排检查修理间隔,使得飞机结构在某次检查修理后的一段间隔期内工作时仍然具有相同的可靠度与置信水平,这些间隔期就是安全寿命期。因此,初始安全寿命到寿后,维修检查结构,可再计算后续使用中在可靠度 P 与显著性水平 γ 下的结构安全寿命期(维修检查间隔期),以此循环下去。根据图 8.1 可知,随着飞机结构总的寿命期的延长,机群飞机结构总寿命期内的总可靠度降低了,但可以保证每段安全寿命期内的可靠度不变。

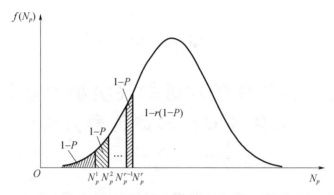

图8.1 飞机结构对数疲劳寿命正态分布函数图

8.2 基于检查修理次数的飞机结构疲劳/耐久性安全寿命延寿方法

飞机结构疲劳使用寿命是具有极高可靠度的,在此寿命期内可保证飞机结构在实际服役环境下的安全。此时是靠高可靠度来保证飞机结构的服役安全,但是其使用寿命较短。一般来说,对飞机结构经常进行检查(包括采用结构健康监控系统或结构损伤原位检测系统进行检测),可提高飞机结构的安全性,即使是已经达到使用寿命的飞机结构,如果其在使用寿命期内没有发生破坏,在达到使用寿命后,对结构进行经常性检查维修,则可继续使用,且保证其安全性[2]。也就是说,可通过检查修理次数的增加来保证服役飞机结构的安全性。

为了进一步完善飞机结构疲劳安全寿命延寿方法,本节提出一种基于检查修理次数的飞机结构疲劳安全寿命延寿方法,以便为延长飞机结构服役/使用寿命、保证飞机安全飞行提供一套理论方法。基于检查修理次数的飞机结构疲劳安全寿命延寿方法是在确定飞机结构疲劳安全寿命时将飞机结构检查修理信息纳入考虑。

本节提出的一种基于检查修理次数的飞机结构疲劳安全寿命延寿方法具体步骤[3]如下。

1. 步骤 1:疲劳中值寿命$[N_{50}]$的确定

根据新机全机疲劳试验结果确定疲劳中值寿命$[N_{50}]$。

对于疲劳寿命服从对数正态分布:一般只选取 1 架飞机进行全机疲劳试验,所以新机全机疲劳试验结果就是疲劳中值寿命$[N_{50}]$。

对于疲劳寿命服从双参数威布尔分布:一般只选取 1 架飞机进行全机疲劳试

验,而双参数威布尔的特征寿命参数的点估计 $\hat{\eta}$ 为

$$\hat{\eta} = \left[\frac{1}{n} \left(\sum_{i=1}^{n} N_i^m \right) \right]^{\frac{1}{m}} \tag{8.1}$$

式中:n 为试验件个数;m 为威布尔分布曲线形状参数;N_i 为第 i 架飞机的疲劳寿命。

可见,当参与试验的飞机架数 n 为 1 时,双参数威布尔的特征寿命参数的点估计 $\hat{\eta}$ 就是疲劳试验结果,根据式(4.27)易知疲劳中值寿命为

$$[N_{50}] = \frac{\hat{\eta}}{(\ln 2)^{-\frac{1}{m}}} \tag{8.2}$$

2. 步骤 2:确定疲劳分散系数

(1) 疲劳寿命 N 服从对数正态分布时的分布函数:

$$F(N) = \frac{1}{\sqrt{2\pi}\sigma_0} \int_0^N \frac{\exp\left(-\frac{(\lg t - \mu)^2}{2\sigma_0^2} \right)}{t} \mathrm{d}t = \Phi\left(\frac{\lg N - \mu}{\sigma_0} \right) \tag{8.3}$$

式中:μ 为对数正态分布数学期望;σ_0 为对数正态分布标准差。

则可靠度为

$$R(N_0) = P(N > N_0) = 1 - F(N_0) \tag{8.4}$$

根据全机疲劳试验结果确定的不需要检查修理的初始安全寿命为 N_P^1,如图 8.1 所示。当飞机服役/使用寿命达到安全寿命 N_P^1 时,对飞机结构进行检查修理,如果发现失效破坏的结构,对其进行更换或维修,并计算后续使用中在可靠度 P 与显著性水平 γ 下的结构安全寿命,以此循环下去,这样就可以保证每两次检查修理之间疲劳寿命期内飞机结构在使用过程中的可靠度都为 P。则检查修理 $r-1$ 次后飞机结构的总安全寿命值为 N_P^r,而达到 N_P^r 时飞机结构实际的可靠度为

$$1 - \Phi\left(\frac{\lg N_P^r - \mu}{\sigma_0} \right) = 1 - r(1 - P) \tag{8.5}$$

由于 μ 未知,计算时需要代入其估计值,因此耐久性安全寿命的计算需要引入置信度。先对 μ 进行区间估计,用置信区间的下端点代替 μ,从而求出对应一定置信度和可靠度下的疲劳安全寿命值。

由前述可知 μ 的置信下限为 $\hat{\mu} - u_\gamma \frac{\sigma_0}{\sqrt{n}}$,用 μ 的置信下限代替 μ,可得

$$1 - \Phi\left(\frac{\lg N_P^r - \mu}{\sigma_0} \right) = 1 - \Phi\left(\frac{\lg N_P^r - \hat{\mu} + \frac{u_\gamma}{\sqrt{n}}\sigma_0}{\sigma_0} \right) = 1 - r(1 - P) \tag{8.6}$$

而疲劳中值寿命 $[N_{50}]$ 为

$$[N_{50}] = 10^{\hat{\mu}} \tag{8.7}$$

可得

$$\Phi^{-1}(1-(1-r)-rP) = \frac{\lg N_P^r - \lg[N_{50}] + \frac{u_\gamma}{\sqrt{n}}\sigma_0}{\sigma_0} \tag{8.8}$$

$$\lg N_P^r - \lg[N_{50}] = \sigma_0\Phi^{-1}(1-(1-r)-rP) - \frac{u_\gamma}{\sqrt{n}}\sigma_0 \tag{8.9}$$

$$\lg\frac{[N_{50}]}{N_P^r} = \frac{u_\gamma}{\sqrt{n}}\sigma_0 - \sigma_0\Phi^{-1}(1-(1-r)-rP) = \left[\frac{u_\gamma}{\sqrt{n}} - \Phi^{-1}(1-(1-r)-rP)\right]\sigma_0 \tag{8.10}$$

$$\lg\frac{[N_{50}]}{N_P^r} = \left(\frac{u_\gamma}{\sqrt{n}} - u_{rP+(1-r)}\right)\sigma_0 \tag{8.11}$$

即

$$L_f^r = \frac{[N_{50}]}{N_P^r} = 10^{\left(\frac{u_\gamma}{\sqrt{n}} - u_{rP+(1-r)}\right)\sigma_0} \tag{8.12}$$

式中:$r-1$ 为检查修理次数;L_f^r 为疲劳分散系数;σ_0 为对数寿命标准差;$u_{rP+(1-r)}$ 为标准正态分布上 $rP+(1-r)$ 分位点,由选用的可靠度确定;u_γ 为标准正态分布上 γ 分位点,由选用的置信度确定;n 为样本容量。

当检查修理次数 r 趋于 $1/(1-P)$ 时,即进行无休止的检查修理,$u_{rP+(1-r)}$ 趋近于 $+\infty$、$(u_\gamma/\sqrt{n} - u_{rP+(1-r)})\sigma_0$ 趋近于 $-\infty$,则有疲劳分散系数 L_f^r 趋近于 0,也即可以说通过检查修理来可以充分发挥、挖掘飞机结构疲劳/耐久性安全寿命潜力。

(2)疲劳寿命 N 服从双参数威布尔分布时的分布函数

$$F(N) = 1 - e^{-\left(\frac{N}{\eta}\right)^m} \tag{8.13}$$

式中:η 为特征寿命参数;m 为威布尔分布曲线形状参数。

则可靠度为

$$R(N_0) = P(N > N_0) = 1 - F(N_0) \tag{8.14}$$

根据全机疲劳试验结果确定的不需要检查修理的初始安全寿命为 N_P^1,如图8.2所示。当飞机服役/使用寿命达到安全寿命 N_P^1 时,对飞机结构进行检查修理,如果发现失效破坏的结构,对其进行更换或维修,并计算后续使用中在可靠度 P 与显著性水平 γ 下的结构安全寿命,以此循环下去,这样就可以保证每两次检查修理之间疲劳寿命期内飞机结构使用时的可靠度都为 P。则检查修理 $r-1$ 次后飞机结构的总安全寿命为 N_P^r,而达到 N_P^r 时的飞机结构的实际可靠度为

$$1 - (1 - e^{-\left(\frac{N_P^r}{\eta}\right)^m}) = 1 - r(1-P) \tag{8.15}$$

$$e^{-\left(\frac{N_P^r}{\eta}\right)^m} = 1 - r(1-P) \tag{8.16}$$

从少量的试验数据得 η 的估计值 $\hat{\eta}$ 与理论值 η 相差较大,必须引入显著性水

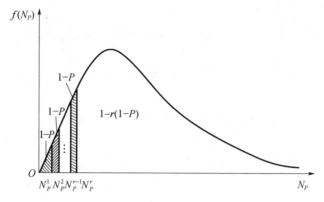

图 8.2　飞机结构疲劳寿命双参数威布尔分布函数图

平 γ,取 $\hat{\eta}$ 的置信下限代替 η,即

$$P\left\{\eta \geqslant \frac{\hat{\eta}}{S_c}\right\} = 1 - \gamma \tag{8.17}$$

$$\eta = \frac{\hat{\eta}}{S_c} \tag{8.18}$$

式中:S_c 为置信系数 $(S_c \leqslant 1)$。

当 m 已知时,S_c 可通过下式得到[4]:

$$\int_0^{S_c} \frac{m \cdot n^n}{\Gamma(n)} x^{mn-1} \cdot e^{-n \cdot x^m} dx = 1 - \gamma \tag{8.19}$$

当置信度为 95% 时,S_c 可近似表达为(当 $S_c \geqslant 1$ 时,取 $S_c = 1$):

$$S_c = 3^{\frac{1}{m}} - \frac{1}{m} \lg n \tag{8.20}$$

可知 η 的置信下限为 $\frac{\hat{\eta}}{S_c}$,用 η 的置信下限代替 η,由式(8.16)可得

$$\exp\left(-\left[N_P^r \Big/ \left(\frac{\hat{\eta}}{S_c}\right)\right]^m\right) = 1 - r(1 - P) \tag{8.21}$$

取对数可得

$$-\left(\frac{S_c N_P^r}{\hat{\eta}}\right)^m = \ln[1 - r(1 - P)] \tag{8.22}$$

则有

$$N_P^r = \frac{\hat{\eta}(-\ln[1 - r(1 - P)])^{\frac{1}{m}}}{S_c} \tag{8.23}$$

而疲劳中值寿命 $[N_{50}]$ 为

$$[N_{50}] = \frac{\hat{\eta}}{(\ln 2)^{-\frac{1}{m}}} \tag{8.24}$$

可得

$$L_f^r = \frac{[N_{50}]}{N_P^r} = S_c \cdot \left(\frac{-\ln[1 - r(1-P)]}{\ln2} \right)^{-\frac{1}{m}} \tag{8.25}$$

式中:$r-1$ 为检查修理次数;L_f^r 为疲劳分散系数;m 为威布尔分布曲线形状参数;S_c 为置信系数;P 为可靠度。

3. 步骤3:基于检查修理次数的飞机结构疲劳安全寿命

根据步骤1中确定的疲劳中值寿命 $[N_{50}]$ 与步骤2中确定的疲劳分散系数 L_f^r,计算经过 $r-1$ 次检查修理后的飞机结构总的疲劳安全寿命为

$$N_P^r = \frac{[N_{50}]}{L_f^r} \tag{8.26}$$

当疲劳寿命服从不同分布时的疲劳安全寿命 N_P^r 呈现不同形式,当疲劳寿命服从对数正态分布时的安全寿命:

$$N_P^r = \frac{[N_{50}]}{L_f^r} = \frac{[N_{50}]}{10^{\left(\frac{u_\gamma}{\sqrt{n}} - u_{rP+(1-r)} \right) r_0}} \tag{8.27}$$

任意相邻检查修理时间的间隔为 $N_P^z - N_P^{z-1}$(检查次数 z 为自然数,且满足 $2 \leqslant z \leqslant r$),则检查修理间隔为

$$N_P^z - N_P^{z-1} = \frac{[N_{50}]}{L_f^z} - \frac{[N_{50}]}{L_f^{z-1}} = \frac{[N_{50}]}{10^{\left(\frac{u_\gamma}{\sqrt{n}} - u_{zP+(1-z)} \right) r_0}} - \frac{[N_{50}]}{10^{\left(\frac{u_\gamma}{\sqrt{n}} - u_{(z-1)P+(2-z)} \right) r_0}} \tag{8.28}$$

疲劳寿命服从双参数威布尔分布时的安全寿命:

$$N_P^r = \frac{[N_{50}]}{L_f^r} = \frac{[N_{50}]}{S_c \cdot \left(\frac{-\ln[1 - r(1-P)]}{\ln2} \right)^{-\frac{1}{m}}} \tag{8.29}$$

任意相邻检查修理的间隔为 $N_P^z - N_P^{z-1}$(检查次数 z 为自然数,且满足 $2 \leqslant z \leqslant r$),则检查修理间隔为

$$N_P^z - N_P^{z-1} = \frac{[N_{50}]}{L_f^z} - \frac{[N_{50}]}{L_f^{z-1}}$$

$$= \frac{[N_{50}]}{S_c \cdot \left(\frac{-\ln[1 - z(1-P)]}{\ln2} \right)^{-\frac{1}{z}}} - \frac{[N_{50}]}{S_c \cdot \left(\frac{-\ln[1 - (z-1)(1-P)]}{\ln2} \right)^{-\frac{1}{m}}}$$

$$\tag{8.30}$$

本节的方法也可用来确定其他类似设备结构疲劳安全寿命以及耐久性安全寿命。耐久性安全寿命是指由耐久性试验结果与疲劳分散系数给出的,并支持执行结构维修计划所得到的服役/使用寿命,在此寿命期内结构失效的概率极低且按照规定的维修计划可以进行检查维修。而基于检查修理次数的结构耐久性安全寿命确定方法中的检查修理是指达到每个耐久性安全寿命节点时所进行的检

查修理,其中每个耐久性安全寿命的节点是根据本节中的公式计算得出的。

需要说明的是,在每一段耐久性寿命周期内飞机结构是需要按照与损伤容限相结合而制订的检查计划执行结构检查并进行适当的耐久性修理,这些耐久性修理次数并没有纳入飞机结构安全寿命延寿分析之中。同时,在飞机结构延长的耐久性安全寿命周期内,必须要通过分析与试验考核的手段证明损伤容限关键件的安全性。

8.3　基于检查修理次数的飞机结构疲劳/耐久性安全寿命延寿方法的示例分析

为了使基于检查修理次数的飞机结构疲劳/耐久性安全寿命延寿方法更加清楚明白,以下通过示例分析,对本节进行进一步说明,此处仅以飞机结构疲劳寿命服从对数正态分布为例,飞机结构疲劳寿命服从双参数威布尔分布的情形与此类似。

假设某型飞机在试验载荷谱条件下的新机全机/部件疲劳/耐久性试验所经历的试验飞行小时数为 10000h,确定检查修理 19 次后的飞机结构疲劳/耐久性安全寿命以及每两次检查修理的间隔,并保证每段检查修理间隔内安全寿命对应的可靠度为 99.9%,置信度为 90%。一般情况下我国大多型号定寿均取疲劳分散系数为 4.0,对于飞机结构疲劳寿命服从对数正态分布的疲劳分散系数,对应着以对数寿命数学标准差 0.1402、可靠度 99.9%、置信度 90% 和样本容量 1 为依据,所以本节中对数疲劳寿命标准差取值为 0.1377。

1.　步骤 1:疲劳中值寿命 $[N_{50}]$ 的确定

1 架飞机全机疲劳/耐久性试验结果就是疲劳中值寿命 $[N_{50}]$:

$$[N_{50}] = 10000(\text{h})$$

2.　步骤 2:确定疲劳分散系数

当检查修理次数为 19 次时,可靠度 99.9% 与置信度 90% 下的疲劳分散系数为

$$L_f^{20} = 10^{\left(\frac{u_\gamma}{\sqrt{n}} - u_{rP+(1-r)}\right)r_0} = 10^{\left(\frac{1.282}{\sqrt{1}} - 1.9431\right) \times 0.1377} \approx 2.8325$$

3.　步骤 3:基于检查修理次数的飞机结构总的疲劳/耐久性安全寿命

根据步骤 1 中确定的疲劳中值寿命 $[N_{50}]$ 与步骤 2 中确定的疲劳分散系数 L_f^{20},计算经过 19 次检查修理后的飞机结构总的疲劳/耐久性安全寿命 N_P^{20} :

$$N_P^{20} = \frac{[N_{50}]}{L_f^{20}} = \frac{10000}{2.8325} = 3530.5(\text{h})$$

任意相邻检查修理的时间间隔为 $N_P^z - N_P^{z-1}$(检查次数 z 为自然数,且满足 $2 \leqslant z \leqslant r$),则检查修理间隔为

$$N_P^z - N_P^{z-1} = \frac{[N_{50}]}{L_f^z} - \frac{[N_{50}]}{L_f^{z-1}} = \frac{[N_{50}]}{10^{\left(\frac{u_\gamma}{\sqrt{n}} - u_{zP} + (1-z)\right)\sigma_0}} - \frac{[N_{50}]}{10^{\left(\frac{u_\gamma}{\sqrt{n}} - u_{(z-1)P} + (2-z)\right)\sigma_0}}$$

根据上式可求得疲劳/耐久性安全寿命与检查修理次数的关系,如图 8.3 所示。

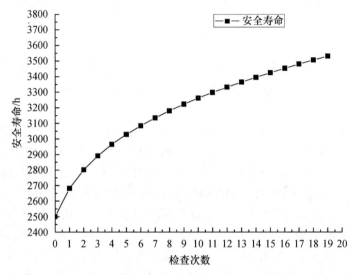

图 8.3　飞机结构疲劳/耐久性安全寿命与检查修理次数关系图

根据上式可求得每次检查修理的间隔,如表 8.1 所列。可得检查修理次数与检查修理间隔的关系图,如图 8.4 所示。

表 8.1　检查修理次数与检查修理间隔

检查修理次数	1	2	3	4	5	6	7	8	9	10
检查修理间隔/h	2500	181.5	118.4	90.3	74.2	63.5	55.9	50.1	45.6	42
检查修理次数	11	12	13	14	15	16	17	18	19	
检查修理间隔/h	39	36.4	34.3	32.5	30.8	29.4	28.1	26.9	25.9	

通过上述分析可知,对该型飞机结构按照表 8.1 中的检查修理间隔进行检查修理,当不检查修理时,其安全寿命为 2500h,检查修理 19 次后,该型飞机结构安全寿命可达到 3530.5h。

可见,对飞机结构经常性进行检查修理,可以在保证安全的情况下延长飞机结构的服役使用寿命。同理,缩短检查维修间隔,可以提高检查维修间隔期内的任务可靠度,这也就是人们通常为了保证飞行安全而加大飞机检查力度的理论基础。飞机结构加装健康监控系统(PHM)可实现对飞机结构损伤的实时监测,也就是对飞机结构时刻都在进行着检查,发现裂纹损伤即可对飞机结构进行适当的修理,也就是说飞机结构检查修理次数理论上可以无限增加,所以飞机结构在采用

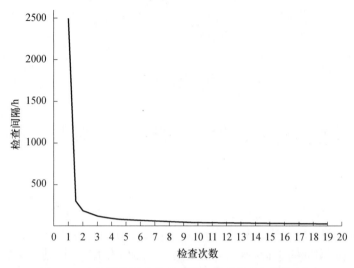

图 8.4　飞机结构检查修理次数与检查修理间隔关系图

健康监控系统后可在保证飞机结构安全的情况下延长飞机结构的服役使用寿命周期。平常在飞机使用中采用的领先使用情况,常常也要求要加强检查并缩短检查间隔期,这样就能更好地保证安全,其本质上的理论基础也正是本章所分析的内容。实际上对于关键结构采用健康监控系统时,其安全服役使用寿命期至少可以一直持续到工程可检裂纹出现为止。对于损伤容限结构件当检测到初始裂纹时,其还仍然具有相应的安全服役寿命周期。当然我们也可以看出,将裂纹检测传感器安装在准确的危险部位是一项必不可少的基础性工作。

　　对于损伤容限结构件,由于设计时就假设从飞机服役开始时新结构就拥有初始裂纹 a_0,事实上损伤容限结构件同时设计成耐久性结构件。很显然是实际飞机结构中从一开始服役就存在初始裂纹 a_0 的概率极低,对于这些结构件当达到一个寿命周期(达到初始寿命限制期)时,经过检查如果结构没有初始裂纹,则该结构可以自动再延长一个服役寿命期,在延长的寿命周期中,损伤容限结构仍然是可以保证安全的。

参考文献

[1] 李曙林. 飞机与发动机强度[M]. 北京:国防工业出版社,2007.

[2] 蔺国民. 军用飞机机群继生阶段寿命与费用研究[D]. 西安:西北工业大学,2008.

[3] 高潮. 飞机结构疲劳安全寿命延寿技术和不同厚度 2A12 – T4 铝合金板疲劳裂纹扩展特性研究[D]. 西安:空军工程大学,2015.

[4] 中国飞机强度研究所. 军用飞机结构耐久性/损伤容限分析和设计指南(第一册:耐久性)[M]. 2008.

第 **9** 章

飞机结构疲劳关键件实际服役/使用寿命调控技术

对于飞机结构疲劳关键件,当其安全寿命(或当量服役/使用寿命限制值)确定后,即可在其服役/使用过程中采用损伤累计控制的方法对其剩余安全寿命进行预测,并对其实际的服役/使用寿命值(实际服役/使用周期)进行调控。

9.1　飞机结构疲劳关键件剩余疲劳安全寿命预测

疲劳关键件是指在飞机全寿命使用过程中不发生腐蚀仅考虑疲劳载荷作用的关键结构。事实上,日历时间对疲劳关键件的疲劳寿命是有影响的,只是影响较小,这里可以忽略不计。对于那些在气候干燥或者寒冷且没有空气污染的地区服役/使用的飞机,基本可以忽略环境对金属结构的腐蚀作用,飞机的金属结构均可以作为疲劳关键件来对待。对于复合材料结构,由于其腐蚀(老化)作用主要来自于温度、湿度及紫外线环境等,相应情况应该另外分析。

在飞机的服役/使用过程中,往往需要对飞机结构疲劳关键部位进行疲劳寿命预测,也需要对飞机结构在服役/使用过程中的剩余安全寿命进行预测,以便为飞机结构的寿命管理与控制提供依据。对于飞机结构疲劳关键件的疲劳寿命预测,已经发展了很多方法,如名义应力法、局部应力—应变法、场强法和能量法等预测飞机结构疲劳寿命的计算方法[1]。对于试验得到或预测得到的结构疲劳寿命,再经过考虑可靠性要求的折算后就得到了相应的安全寿命值。对于已服役/使用的飞机结构,结合其已经服役/使用的周期(或已有的损伤度),即可以确定其剩余安全寿命值了。

一般来说,名义应力法是通过 $S-N$ 曲线来分析结构疲劳寿命,原理简单直观,计算过程容易掌握,而且适用于各种寿命段的疲劳问题。但该方法基本假设与疲劳机理不尽相符,不能考虑缺口根部的局部塑性和加载次序的影响,结构与标准件疲劳特性的关系难于确定,结构的分散性大且需要大量的材料原始疲劳性能数据等。

一般认为结构疲劳寿命小于 10^4 次循环为低周疲劳,也称应变疲劳。受载严重的先进军用战斗机由于其结构关键部位应力水平较高,其疲劳分析往往属于应变疲劳分析的范畴,现在常用的方法为局部应力—应变法及广义局部应力—应变法等。统计分析表明在低周疲劳阶段,结构的疲劳寿命在同一载荷谱下往往服从对数正态分布或威布尔分布。结构疲劳寿命大于 10^4 次循环为高周疲劳,也称为应力疲劳。现在通常又将疲劳寿命大于 10^7 次循环称为超高周疲劳。对民机结构而言,其应力水平较低,关键部位的局部应力一般不会达到屈服极限,并且造成主要损伤的应力水平的疲劳寿命多在 $10^4 \sim 10^6$ 次循环之间,属于应力疲劳分析的范畴,统计分析表明其疲劳寿命往往服从双参数威布尔分布或对数正态分布,在此基础上常用的疲劳寿命分析方法为细节疲劳额定值(DFR)法[2,3]。

下面就目前比较常用的几种方法及相关原理加以简要介绍。

9.1.1　线性累积损伤理论基本原理

疲劳累积损伤理论研究在变幅疲劳载荷作用下疲劳损伤的累积规律和疲劳破坏准则,对疲劳寿命的预测十分重要。目前,有多种疲劳累计损伤理论,但工程上常用的仍是线性累计损伤理论。

线性累积损伤理论是指在循环载荷作用下,疲劳损伤与载荷循环数的关系是线性的,而且疲劳损伤可以线性累加,各个应力之间相互独立、互不相关;当累加的损伤达到某一数值时,试件或构件就发生疲劳破坏。线性累积损伤理论认为临界疲劳损伤度为1。当各级载荷的损伤累积值到达临界疲劳损伤值时认为结构发生疲劳失效。

9.1.2　几种常用疲劳寿命估算方法

要对服役飞机结构的剩余寿命进行预测,就必须对飞机结构在当前服役载荷环境下的服役寿命进行预测,或对结构已经历过的载荷环境所造成的损伤度进行预测。飞机结构几种常用疲劳寿命估算方法的实施步骤简介如下。

1. 名义应力法

名义应力法是经典的疲劳分析方法,常在结构危险部位的筛选中使用,其基本假设为:对任一结构,只要应力集中系数相同,载荷谱(名义应力谱)相同,则它们的寿命相同[4]。名义应力法的具体实施步骤为:

(1)飞机重复载荷环境的确定。

(2)飞机重心处载荷—时间历程的确定。

(3)飞机结构危险部位元件(修理前后)的应力谱确定。

(4)材料元件试验的 $S-N$ 曲线获取。

(5)对应于危险部位应力谱的 $S-N$ 曲线获取。

(6)结构危险部位累积损伤计算。

(7)结构危险部位疲劳寿命估算。

（8）结构危险部位疲劳寿命考虑可靠度与置信度要求的修正。

2. 局部应力—应变法

应用应变疲劳的方法计算结构寿命,是从疲劳危险位的局部真实应变和 $\varepsilon - N$ 曲线计算结构的损伤,常用的方法是局部应力—应变法或广义局部应力—应变法[4]等。应用局部应力—应变法分析飞机结构疲劳寿命的具体实施步骤为:

（1）飞机重复载荷环境的确定。

（2）飞机重心处载荷—时间历程的确定。

（3）飞机结构危险部位元件（修理前后）的载荷谱确定。

（4）结构载荷与局部应变的关系确定。

（5）结构局部应变谱计算。

（6）材料元件试验的 $\varepsilon - N$ 曲线获取。

（7）对应于应变谱的 $\varepsilon - N$ 曲线获取。

（8）结构危险部位载荷谱造成的损伤计算。

（9）结构危险部位疲劳寿命计算。

（10）结构危险部位疲劳寿命考虑可靠度与置信度要求的修正。

3. 广义局部应力—应变法

采用广义局部应力—应变法分析结构的疲劳寿命时,主要是考虑了结构件三维尺寸效应的影响[1],其主要分析步骤如下:

（1）飞机重复载荷环境的确定。

（2）飞机重心处载荷—时间历程的确定。

（3）飞机结构危险部位元件（修理前后）的载荷谱确定。

（4）采用三维有限元软件计算载荷作用下结构疲劳危险部位的三维应力集中系数 $K_t(B)$。

（5）利用修正后的 Peterson 公式[1]进行疲劳缺口系数 K_f 的求解。

（6）结构载荷与局部应变的关系确定。

（7）后续分析步骤与局部应力—应变法一致。

4. 结构细节疲劳额定值（DFR）法

细节疲劳额定值是结构细节固有的疲劳性能特征值,是一种对构件质量和耐重复载荷能力的度量,与使用载荷无关。针对民用飞机结构（结构细节寿命服从威布尔分布）,该值是当应力比 $R = 0.06$ 时,能够达到 10^5 次循环寿命（对应 95% 置信度和 95% 的可靠度）的最大应力值（MPa）[3]。细节疲劳额定值法是应力疲劳分析的一种常用方法,其的具体实施步骤为:

（1）飞机重复载荷环境的确定。

（2）飞机重心处载荷—时间历程的确定。

（3）飞机结构危险部位元件（修理前后）的载荷谱确定。

（4）根据疲劳载荷谱确定当量等幅载荷。

（5）计算目标寿命对应的当量等幅载荷循环数。

（6）确定结构 DFR 许用值。

（7）计算当量等幅载荷最大过载对应的许用应力。

（8）疲劳裕度计算与评估。

（9）结构可靠寿命计算与评估。

（10）确立应力水平控制曲线。

9.1.3　基于当量损伤的剩余安全寿命预测方法

在飞机的实际服役/使用过程中,对飞机结构的寿命管理而进行的剩余安全寿命预测一般是以飞机结构基准安全寿命值为依据。因为飞机结构的当量服役/使用周期达到基准安全寿命值(当量服役/使用寿命限制值)时,飞机结构将停止使用或进行延寿工作。基于当量损伤的飞机结构剩余安全寿命预测主要有两部分工作:首先利用第 7 章中的当量损伤计算模型计算飞机结构在基准载荷谱下基准安全寿命期内的损伤值,得到飞机结构基准损伤值;再选用统一的当量损伤计算模型计算飞机结构在实际服役/使用载荷谱下实际服役/使用寿命期内的当量损伤值,得到飞机结构实际当量损伤值,其与飞机结构基准损伤值的差值即可用于确定飞机结构剩余安全寿命值。

飞机结构的疲劳损伤计算所使用数据的获取主要有两种途径:一种是针对飞机结构整体的损伤计算,通过重心过载等相关飞参记录系统记录的各种飞参数据,将飞机视为一个整体(质点)进行分析,选取某一个基准部位(如重心部位)作为分析对象,利用记录得到的载荷谱转化为应力(应变)数据,再进行损伤计算。二是针对飞机结构具体部位的损伤计算,它又包含三种具体方法:一种方法是将飞机结构看成一个刚体,综合飞参记录系统记录得到的飞机重心过载谱及相关参数折算得到飞机结构各危险部位的载荷谱并转化为应力(应变)谱,再进行损伤计算;第二是考虑飞机结构的弹性,综合飞参记录系统记录得到的飞机重心过载参数及相关参数和飞机结构关键部位的实测应力(应变)数据建立危险部位的载荷方程(即飞参数据与危险部位应力(应变)的对应关系方程),然后利用飞参数据通过载荷方程给出各危险部位的应力(应变)数据,进而计算得到各部位的损伤;第三种方法是在条件许可的情况下,直接在疲劳关键部位安装应力(应变)测量设备,直接获取飞机在服役/使用过程中疲劳关键部位的应力(应变)数据,进行损伤计算。下面就这些方法途径作一简要介绍。

1. 基于重心过载飞参数据的飞机结构整体剩余安全寿命预测方法

基于重心过载飞参数据的飞机结构整体剩余安全寿命预测方法,是将飞机结构整体作为一个对象加以分析研究,仅以飞机重心过载飞参数据为依据对结构总的损伤加以分析,进而确定剩余安全寿命。这种方法途径在工程上简单易行,可操作性强,缺点是比较粗略,不够精细准确。该方法的本质是把飞机结构作为一个刚体,飞机结构的疲劳损伤是以某个具有代表性的部位(关键部位)的损伤来表示的,该代表部位的应力(应变)与飞机重心过载呈线性关系。因此,该代表部位的损伤也可以直接由重心过载谱计算得到。这里以 Soderberg 公式模型为例,采用单机实测飞参数据进行等损伤折算,计算得到当量损伤,进而实现对累积疲劳损伤的计算和剩余安全寿命的预测。

一个谱块的当量损伤 D 是过载循环 $(\Delta G_i, R_i)$ $(i=1,2,\cdots,n)$ 的函数,在不考虑载荷间的相互作用和承认线性累积损伤理论的条件下,D 的一般表达式可记为

$$D = \sum_{i=1}^{n} f(\Delta G_i, R_i) \tag{9.1}$$

式中:$f(\Delta G_i, R_i)$ 为第 i 次循环作用的当量损伤,定义为等于一个综合描述第 i 次循环的特征参数 $\Delta G_{T,i}(\Delta G_i, R_i)$ 的 m 次幂;$R_i = G_{\min,i}/G_{\max,i}$ 为第 i 次循环的循环特征比(过载比);$\Delta G_i = G_{\max,i} - G_{\min,i}$ 为第 i 次循环的过载变程。这里之所以可以用 ΔG 来描述损伤 D,是因为对于同一种飞机来讲单位过载对应的应力水平是一个常数值,过载与应力是一一对应的。当然这里给的结构损伤本质上来说是一种"相对"损伤值。$\Delta G_{T,i}(\Delta G_i, R_i)$ 定义为脉动循环 $(R_i = 0)$ 下的最大过载,记为 $(G_{\max})_{0i}$,则第 i 次循环的当量损伤可表示为[5]

$$f(\Delta G_i, R_i) = (G_{\max})_{0i}^{m} \tag{9.2}$$

式中:m 为损伤指数,m 值大概在 $3.5 \sim 5.0$ 范围内,m 由试验确定。

根据 Soderberg 公式,可以将任意循环 $(\Delta G_i, R_i)$ 折算为脉动循环,其具体步骤如下:

(1) 由 Soderberg 公式

$$S_a = S_{-1}\left(1 - \frac{S_m}{\sigma_s}\right) \tag{9.3}$$

式中:S_{-1} 为应力比 $R = -1$ 对应的疲劳极限;S_a 为应力幅值;S_m 为应力均值;σ_s 为材料的屈服极限。

第 i 次循环对应着

$$(S_a)_i = S_{-1}\left[1 - \frac{(S_m)_i}{\sigma_s}\right] \tag{9.4}$$

(2) S_m 与 S_a 之间存在如下关系:

$$S_m = S_a \frac{1+R}{1-R} \tag{9.5}$$

则式(9.4)变为

$$(S_a)_i = S_{-1}\left[1 - \frac{(S_a)_i \dfrac{1+R_i}{1-R_i}}{\sigma_s}\right] \tag{9.6}$$

与其寿命相等的脉动应力循环($R=0$)幅值记为$(S_a)_{0i}$,则有

$$(S_a)_{0i} = S_{-1}\left[1 - \frac{(S_a)_{0i}}{\sigma_s}\right] \tag{9.7}$$

由式(9.6)和式(9.7)可以导出

$$(S_a)_{0i} = \frac{(S_a)_i}{1 - \dfrac{2R_i(S_a)_i}{\sigma_s(1-R_i)}} \tag{9.8}$$

(3)假设应力与过载呈线性关系(单位过载对应的应力为σ_1),且结构满足静强度要求,则有

在脉动循环中,第i次循环应力幅值为

$$(S_a)_{0i} = \frac{(G_{\max})_{0i} - 0}{2} \cdot \sigma_1 \tag{9.9}$$

同理,在任意循环中($\Delta G_i, R_i$)中,第i次循环应力幅值为

$$(S_a)_i = \frac{(G_{\max})_i - (G_{\min})_i}{2} \cdot \sigma_1 = \frac{\Delta G_i}{2} \cdot \sigma_1 \tag{9.10}$$

在限制过载G_{xz}作用下,结构关键部位的应力不超过材料的屈服极限,偏保守的取σ_s对应着G_{xz},则材料的屈服极限σ_s与限制过载G_{xz}满足如下关系:

$$\sigma_s = G_{xz} \cdot \sigma_1 \tag{9.11}$$

则任意循环($\Delta G_i, R_i$)折算为脉动循环的等损伤折算关系式(9.8)可变为

$$(G_{\max})_{0i} = \frac{\Delta G_i}{1 - R_i \dfrac{\Delta G_i}{G_{xz}(1-R_i)}} \tag{9.12}$$

将式(9.12)代入式(9.2)则可得到每次循环的当量损伤为

$$D_i = f((G_{\max})_{0i}) = (G_{\max})_{0i}^m = \left(\frac{\Delta G_i}{1 - R_i \dfrac{\Delta G_i}{G_{xz}(1-R_i)}}\right)^m \tag{9.13}$$

则一个谱块的当量损伤可表示为

$$D = \sum_{i=1}^{n} D_i = \sum_{i=1}^{n}(G_{\max})_{0i}^m = \sum_{i=1}^{n}\left(\frac{\Delta G_i}{1 - R_i \dfrac{\Delta G_i}{G_{xz}(1-R_i)}}\right)^m \tag{9.14}$$

(4)根据全机疲劳试验结果,可以确定飞机结构的当量损伤基准为

$$D_z = \lambda_c \sum_{i=1}^{n} \Delta G_{0i}^m \tag{9.15}$$

式中:λ_c为结构寿命对应的谱块数(周期);n为过载循环次数,其他参数同上。飞机结构在服役/使用中应该满足如下关系:

$$n_p = \frac{\displaystyle\sum_{i=1}^{T}\sum_{i=1}^{n} D_i}{D_z} = \frac{\displaystyle\sum_{i=1}^{T}(G_{\max})_{0i}^m}{D_z} \leqslant 1 \tag{9.16}$$

式中:T 为谱块个数;n 为 1 个谱块内的循环次数。

由此,将每次飞行计算得到的当量损伤值进行累积,当达到 D_z 时,结构到寿。在飞机服役/使用过程中,用基准载荷谱在基准安全寿命期内的基准损伤值减去飞机结构在之前每次飞行的当量损伤值之和就得到了飞机结构剩余的当量损伤值,进一步可由剩余的当量损伤值进行反向折算,得到飞机结构的剩余基准安全寿命及在某服役/使用条件下的实际剩余安全寿命值。

当然,还有其他损伤计算模型可用于飞机结构剩余安全寿命计算,可参考相关文献,这里不再赘述。

2. 基于局部应力/应变谱的飞机结构关键部位剩余安全寿命预测方法

基于重心过载飞参数据的当量损伤计算方法简单易行,但是存在一定的局限性。这是因为,该计算方法是建立在飞机关键部位的应力与过载呈线性关系这一基本假设的基础上的。对于飞机机翼下表面及重心附近区域而言,这种假设是可行的,当量损伤的计算方法也是适用的。但是由于飞机结构的弹性变形使其不完全是一个刚体,因而有些关键部位的应力(应变)与飞机重心过载不再呈线性关系,特别是飞机尾翼、操纵系统等部件的局部应力与重心过载更是相关性不大、甚至不相关,但是这部分结构同样属于疲劳关键部位。因此,在精细化要求下,有必要对飞机结构进行基于关键部位应力/应变谱数据的疲劳损伤计算并预测其剩余安全寿命。对飞机结构各关键部位的剩余安全寿命进行精准预测,可为飞机结构的维修计划制定(更改)及服役/使用寿命管理控制提供重要依据。

基于关键部位损伤的疲劳寿命计算方法是通过对飞机若干关键构件的损伤程度进行评估而展开的,其中关键部位应力/应变谱、损伤评估方法和材料疲劳性能参数是必不可缺的。对飞机结构关键部位剩余安全寿命预测的技术途径如下:

(1)采用相关技术方法获取关键部位的局部应力(应变)信息,如通过在关键部位或附件区域的若干特征点加装应变记录设备,记录飞机实际飞行中若干特征点的应变历程,并结合有关分析技术来获取关键部位的应力/应变谱。

(2)采用应力/应变分析及结构疲劳寿命预测方法,如名义应力法、应力严重系数法或局部应变法等,建立各关键部位的损伤评估方法并试验验证方法的可行性。

(3)对各关键部位在飞机服役/使用过程中的损伤进行评估,预测其剩余寿命及剩余安全寿命。

(4)综合关键部位的分析结果,给出(更改)飞机结构的维修计划并评估单机疲劳寿命消耗情况和剩余安全寿命。

需要说明的是,如果对飞机结构进行了修理,那么修理后的结构的寿命应该重新评估预测。为了能准确对损伤增量进行评估,并且在基准使用载荷谱下实现对关键部位的疲劳损伤预测,可采用关键部位的损伤率 $d(\Delta t_e)$ 来表征关键部位损伤的轻重程度,其是指在规定使用区间内关键部位的损伤增量与飞机飞行时间增量的比值,相关详细描述可参见文献[5],现简述如下。

以一个给定使用时间区间 Δt_e 为损伤计算单元,则有

$$d(\Delta t_e) = \frac{\sum\limits_{k=1}^{N_{fd}(\Delta t_e)} \Delta D_k}{\sum\limits_{k=1}^{N_{fd}(\Delta t_e)} \Delta FH_k} \qquad (9.17)$$

式中:$d(\Delta t_e)$ 为给定使用区间内(如两次飞行)的关键部位损伤率,是给定区间内飞行导致此关键部位损伤轻重的度量参数;$N_{fd}(\Delta t_e)$ 为给定使用区间 Δt_e 内的总飞行次数;ΔD_k 为给定使用区间 Δt_e 内第 k 次飞行导致关键部位的损伤增量;ΔFH_k 为给定使用区间 Δt_e 内第 k 次飞行的飞行时间。

以给定区间内全部飞行时间作为计算单元时的关键部位损伤率计算表达式

$$d(\Delta t_e) = \frac{\Delta D}{\sum\limits_{k=1}^{N_{fd}(\Delta t_e)} \Delta FH_k} \qquad (9.18)$$

式中:ΔD 为给定使用区间 Δt_e 内所有飞行导致关键部位的损伤增量。

基于关键部位损伤对飞机单机寿命进行监控管理时,通常要计算飞机结构的季度损伤率、年度损伤率和平均损伤率等,用以掌握单机结构疲劳寿命的消耗情况。为方便对比每架飞机的使用情况与基准使用情况的轻重关系,可引入基准载荷谱对应的基准损伤率 $d(D)$。在得到飞机结构关键部位的损伤率及服役/使用时间后就可以计算求得关键部位的已有累计损伤,利用该部位在基准载荷谱下基准安全寿命期内的基准损伤值减去已有累计损伤值即可得到剩余基准损伤值,进而可以转化得到飞机结构该关键部位在实际服役/使用情况下的剩余安全寿命。

工程上,更直观地用当量飞行小时数表征已飞历程导致的关键部位疲劳寿命消耗情况。当量飞行小时数是实际飞行载荷下关键部位的损伤按该部位基准载荷谱当量修正后得到的累计飞行小时数。将飞机在实际载荷谱下的真实飞行小时数折算到基准载荷谱使用情况下的当量飞行小时数,可以直接衡量飞机结构关键部位疲劳寿命的消耗情况,于是有

$$EFH(t_e) = \frac{d(T)}{d(D)} FH(t_e) = \frac{d(T)}{d(D)} \sum_{k=1}^{N_{fd}(t_e)} \Delta FH_k \qquad (9.19)$$

式中:$EFH(t_e)$ 为飞机服役至 t_e 时间时累积的当量飞行小时数;$FH(t_e)$ 为飞机服役至 t_e 时间的累积实际飞行小时数;$N_{fd}(\Delta t_e)$ 为飞机服役至 t_e 时间的累积飞行次数;ΔFH_k 为第 k 次飞行的实际飞行时间;$\dfrac{d(T)}{d(D)}$ 表示依据损伤相当的原则对飞机实际飞行时间按基准载荷谱的当量折算过程。

在得到飞机结构关键部位当量飞行小时数后,就很容易得到该部位的基准剩余安全寿命了。

事实上,采用关键部位损伤率或当量飞行小时数来描述关键部位的剩余安全

寿命在本质上是相同的,对结构而言两者也是一致的。

单机结构关键部位的剩余寿命为飞机服役至 t_e 时刻后,该关键部位按照给定的后续使用情况仍能保持安全可靠使用的最大期限,其值可以通过关键部位的剩余基准安全寿命反推得到,是衡量飞机结构部位使用潜能的重要指标。

综上所述,进行飞机结构疲劳关键件剩余寿命预测,通常采用的基准疲劳安全寿命为关键件在基准载荷谱下的疲劳安全寿命,而进行服役条件下飞机结构单机寿命监控管理时,需要将飞机结构的实际载荷/环境—时间历程通过当量化折算成基准载荷谱下的损伤值,以方便使用。对飞机结构各关键部位的剩余安全寿命的综合分析评判,可以确定(更改)飞机整体结构的耐久性维修计划及服役/使用寿命限制,并为飞机结构的寿命监控管理提供重要参考依据。需要强调的是,按飞机结构疲劳关键部位进行飞机结构寿命管理控制时,相关寿命预测结果应该得到试验的验证考核以确保所用剩余寿命结果是偏保守的;对于进行耐久性修理后的结构的疲劳寿命特性必须重新评定,以保证飞机的服役/使用安全。

9.2 飞机结构疲劳关键件服役/使用寿命监控技术途径

飞机结构疲劳关键件服役/使用寿命监控(跟踪)的技术途径依据飞机结构设计思想的不同而不同。以安全寿命思想设计的飞机结构疲劳关键件对应着以疲劳分析为基础的服役/使用寿命监控技术,而耐久性/损伤容限思想设计的飞机结构对应着以耐久性/损伤容限分析为基础的服役/使用寿命监控技术[5]。

当前,仅考虑疲劳载荷作用的飞机结构疲劳寿命的监控方法已经相对比较成熟,首先通过损伤计算方法计算机群飞机结构疲劳/耐久性安全寿命在基准载荷谱下所对应的损伤值(每单架飞机结构的寿命管理都是以这个损伤值为依据进行管理的);然后,通过获取每架服役飞机的载荷—时间历程,可以采用基于重心过载飞参数据或关键部位应力(应变)数据的方法来计算确定每架飞机结构的当量损伤;最后,采用线性累积损伤理论,计算得到每架服役飞机结构的总损伤度,进而确定剩余疲劳安全寿命(或剩余当量服役/使用寿命),并可以依此计算得到飞机结构在预期给定的后续服役/使用条件下的实际剩余服役/使用寿命周期。

需要说明的是,飞机结构的寿命主要是由耐久性关键结构件(如 WFD 敏感结构件等)的寿命决定的,因此,飞机结构的剩余安全寿命预测及服役/使用寿命监控也是针对耐久性关键结构部位而言的。

9.2.1 以疲劳分析为基础的飞机单机使用寿命监控的主要技术途径

对于采用安全寿命思想设计的飞机结构,单机寿命监控(跟踪)是用单机寿命管理思想对飞机结构寿命进行管理的基础和具体体现,单机使用寿命监控的基础则是机群飞机结构基准载荷谱和当量服役/使用寿命限制(即疲劳安全寿命或基准使用寿命）。目前,单机使用寿命监控的技术主要有:基于载荷(应变)的单机寿命监控技术;基于当量损伤的单机寿命监控技术;基于关键部位的单机寿命监控技术等。这些监控技术的本质都是以疲劳损伤相等为依据的。

1. 基于载荷(应变)的单机寿命监控技术

由于机群飞机结构的基准载荷谱和基准使用寿命(疲劳安全寿命)是单机监控的基础和前提,因此,首先必须编制基准载荷谱,获得基准使用寿命;其次,通过安装在飞机上的飞行参数数据采集系统对每架飞机的使用数据进行采集和处理,实时获取飞机使用的载荷(应变)历程;最后,根据单机真实使用载荷(应变)历程,实时评估飞机结构及其关键部位的疲劳损伤状态,计算其当量飞行小时数,并与基准使用寿命相比较,评估飞机结构的消耗寿命和剩余寿命,从而实现对单机寿命的监控。该方法实际上是针对飞机重点处结构或某一个代表结构部位来开展监控的。

2. 基于当量损伤的单机寿命监控技术

基于当量损伤的单机寿命监控技术是国内相关研究单位在吸收国外有关技术基础上形成的,其符合当前技术条件且简单易行,适用于使用中对称飞行占主导、各关键部位应力疲劳为主体的情况。

在采用基于当量损伤的单机寿命监控技术时,最主要的核心工作是确定当量飞行小时数,主要技术途径如下:

(1) 以应力疲劳的 $S-N$ 曲线幂函数公式为依据,推导出由载荷历程各级载荷变程与应力比构成的"当量损伤"(计算方法在上节中已讲过,其实是一个"相对"损伤值)。

(2) 计算基准使用载荷谱下每单位飞行小时所对应的当量损伤值,称为"每飞行小时当量损伤基准值"。

(3) 实时计算已使用飞行小时下载荷历程对应的每飞行小时平均当量损伤值,其与每飞行小时当量损伤基准值的比值为飞行小时的折算系数,将其乘以真实飞行小时数,即可得到当量飞行小时数。

该方法在本质上针对重心处结构来开展寿命监控工作的。

3. 基于关键部位损伤的单机寿命监控技术

基于关键部位损伤的单机寿命监控技术是飞机单机寿命监控技术的前沿技术,根据关键部位在使用载荷谱作用下局部应力水平的高低,又分为基于应力疲劳和应变疲劳的两种监控方法。采用基于关键部位损伤的单机寿命监控技术时,确定当量飞行小时数的主要技术难点包括关键部位应力谱的获取、疲劳损伤的计算和当量飞行小时数的确定,其中关键部位应力谱的获取是关键。其具体技术途径如下:

(1) 根据采集到的使用载荷数据历程确定关键部位的应力,得到关键部位的应力谱。

（2）根据关键部位应力水平的大小,选用名义应力法与应力严重系数法或局部应变法等计算关键部位疲劳损伤。

（3）对比关键部位在基准应力谱下的疲劳损伤与实际使用应力谱下的疲劳损伤值,得到真实使用谱和基准使用谱下飞行小时数的折算关系,从而得到当量飞行小时数。

（4）根据单机的当量飞行小时数和基准使用寿命实时评估各个关键部位的消耗寿命和剩余寿命。

该方法是针对飞机结构各个关键部位进行寿命监控,再结合相应的维修措施来最后确定全机结构的服役/使用寿命期。以疲劳分析为基础的疲劳关键件寿命监控技术途径如图9.1所示。

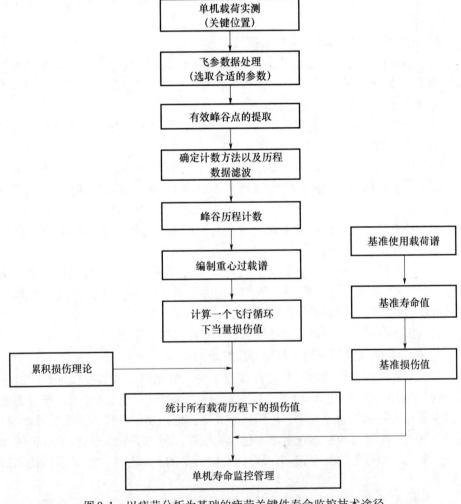

图9.1　以疲劳分析为基础的疲劳关键件寿命监控技术途径

在飞机的实际服役/使用寿命监控中,始终是以损伤当量为基础的,可以按照上述方法以当量飞行小时数(当量起落数或当量飞行架次数)监控飞机结构服役/使用疲劳寿命,或者可以直接按照当量过载次数(飞机结构累积经历的载荷转换为损伤当量的某一级别过载的次数)进行监控。

9.2.2 以耐久性分析/损伤容限分析为基础的疲劳关键件寿命监控技术途径

这里仍以飞机结构疲劳关键件为研究对象,仅考虑疲劳载荷对结构寿命的影响,即认为飞机结构在整个寿命周期内不发生腐蚀等,则耐久性关键件实际上就是服役/使用过程中可经济修理的疲劳关键件。在对耐久性关键件进行寿命监控时,同时也必须保证损伤容限关键件的服役/使用安全,从而保证飞机结构的安全性。因此,国外也称其为飞机结构关键件的疲劳/损伤容限分析。

飞机结构疲劳/耐久性寿命可以概括地说是飞机结构投入服役/使用到退役的整个疲劳行为过程。在设计使用载荷谱作用下,按照耐久性设计的机体结构,其耐久性使用寿命应大于设计使用寿命,并保证在整个设计寿命阶段具有良好的工作状态和较低的使用维修费用。如果耐久性结构从投入服役到出现广布疲劳损伤,修理它们已经不经济,但不修理又会引起功能性问题而影响工作状态时,则认为结构到寿。

通过获取每架服役飞机的载荷—时间历程,可以采用基于重心过载飞参数据或关键部位应力(应变)数据的方法来计算确定每架飞机结构的当量损伤,采用线性累积损伤理论,计算得到每架服役飞机结构的剩余当量疲劳使用寿命(当量飞行小时数、起落次数或过载次数)。当有飞机达到出厂给定的当量使用寿命限制值时,在考虑服役飞机实际使用情况的影响下,可修正基准疲劳/耐久性寿命(或当量使用寿命限制值),再判断飞机是否可延寿,如果可能,给出合理的延寿范围。

按照损伤容限设计的机体结构,在给定的未修理使用期内,应使因未能查出的缺陷、裂纹和其他损伤扩展造成的飞机失事概率减至最小,以保证机体结构的安全。对于损伤容限结构,飞机结构裂纹检测技术是全尺寸疲劳试验损伤检测及判定服役飞机结构是否安全的重要技术。通过裂纹检测技术,确定服役/使用状态下结构裂纹扩展尺寸,为确定检修周期和大修间隔提供参考。

为确保飞机疲劳关键件的使用安全,建立以疲劳/耐久性分析与损伤容限分析为基础的疲劳关键件疲劳使用寿命监控技术途径,流程如图9.2所示。

以耐久性/损伤容限分析为基础的疲劳关键件疲劳使用寿命监控技术途径如下。

1. 确定飞机结构基准疲劳/耐久性寿命(耐久性安全寿命)和损伤容限特性

主要步骤如下:

(1) 根据设计使用载荷谱,在全机/部件有限元分析等初始分析的基础上,开

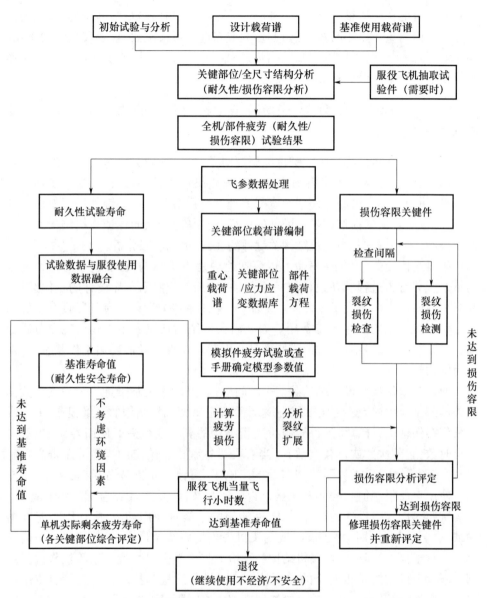

图 9.2　以疲劳/耐久性与损伤容限分析为基础的疲劳关键件疲劳使用寿命监控技术途径

展元件/关键部件/全尺寸结构在设计使用/基准使用载荷谱作用下的耐久性分析、试验,以验证机体结构能否满足基准使用寿命(耐久性安全寿命)要求,并验证设计分析所确定的关键部位的准确性,及时发现未能识别出的关键部位,验证飞机结构的裂纹扩展特性等。

（2）开展设计使用/基准使用载荷谱下全机/部件/元件疲劳损伤容限试验,进行元件/关键部位的损伤容限分析,确定损伤容限关键件的裂纹扩展特性、临界裂纹尺寸和剩余强度水平。

按照损伤容限设计的结构应满足安全性要求、功能性要求、检查和维修性要求等可接受的危险限制来确定其裂纹扩展寿命。根据损伤容限要求，即使机体结构和其他选定的结构在存在材料、制造及工艺缺陷以及在正常使用和维护中引起损伤的情况下，也应具有足够的剩余强度。

2. 服役条件下基于飞参数据和关键部位应力（应变）分析的当量损伤计算

主要步骤如下：

（1）根据飞行记录、飞行大纲和外场统计，确定典型飞行科目。

（2）通过飞参系统记录的飞参数据，采用伪数据去除、空值参数回补、峰谷点提取、滤波门槛值选取等技术统计分析数据，选取典型任务剖面的飞参数据编制重心过载谱；对于飞机尾翼等部件的局部应力与重心过载不相关或相关性不大的疲劳关键部位，可以通过相应的监测技术或规范得到此类关键部位的应力（应变）数据。

（3）根据重心过载谱或典型关键部位应力（应变）测量结果，连同已知的关键结构相关材料数据，通过相关分析计算，确定典型结构的载荷方程，编制关键部位载荷/应力谱。

（4）根据结构模拟件部件载荷谱试验或查相关手册，确定疲劳损伤计算模型相关参数，采用相应的当量损伤计算方法、局部应力应变法、应力严重系数法或名义应力法等对疲劳/耐久性关键件进行疲劳分析，对于运输机则可以使用细节疲劳额定值（DFR）法，计算得到每次飞行的当量损伤值。当累积的当量损伤达到耐久性安全寿命（基准服役/使用寿命限制值）所对应的损伤值时，可认为该飞机结构到寿。

3. 损伤容限关键件的损伤容限特性分析

主要步骤如下：

（1）对于损伤容限关键件，可以通过开展损伤容限模拟件在对应部件载荷谱下的裂纹扩展试验，分析计算得到裂纹扩展相关参数。

（2）计算并图示裂纹扩展性能、剩余强度性能。

（3）按剩余强度要求，确定达到相应裂纹尺寸的飞行时间。

（4）确定检查间隔期的不修理使用期。

（5）按规定的检查要求检查结构，发现裂纹损伤情况。

（6）确定损伤容限相关要求与控制计划大纲保持一致，保证损伤容限关键件的服役/使用安全。

4. 剩余疲劳/耐久性寿命评定

综合服役条件下各疲劳/耐久性关键部位的剩余当量疲劳/耐久性寿命状态，综合判定飞机结构的剩余当量疲劳/耐久性寿命，再依据实际服役环境计算得到在该服役环境下各疲劳/耐久性关键部位的实际剩余当量疲劳/耐久性寿命值，并能得到验证。

5. 飞机结构疲劳/耐久性延寿(或疲劳/耐久性使用寿命限制的扩展)(需要时)

如果部分飞机结构达到疲劳/耐久性基准寿命,在考虑服役飞机实际使用情况的影响下,可修正延长飞机结构的疲劳/耐久性寿命指标。如果飞机关键结构的总当量飞机小时数达到修正后的该结构疲劳/耐久性寿命,则该结构寿命到寿;如果可能,还可以进一步延寿。

在飞机的具体使用过程中,如果面临机队集中到寿并且需要进一步延寿时,可以通过随机抽取 1 架或数架服役飞机进行全机/部件疲劳试验,并纳入实际服役机群飞机结构的损伤信息,扩大分析样本容量,采用前述的当量延寿法等完成对飞机结构疲劳寿命的重新评定,或者对飞机结构进行深度修理(如加强、更换等)来进一步延寿其服役/使用寿命等,这里不再赘述。

9.3 飞机结构疲劳关键件实际服役/使用寿命调控方法

对于飞机结构的疲劳关键件,其实际服役/使用寿命的控制本质上就是控制其在实际使用载荷情况下的疲劳损伤。对于军用飞机和民用飞机,其结构疲劳关键件服役/使用寿命控制方法又不尽相同。

9.3.1 民用飞机结构疲劳关键件使用寿命调控方法

对于民用飞机结构疲劳关键件来说,主要通过对比试验载荷谱环境下基准使用寿命和实际使用环境下当量飞行小时数确定飞机结构的剩余当量使用寿命,根据剩余当量使用寿命的长短通过调整航线任务来控制飞机结构疲劳关键件的损伤程度和剩余使用寿命。

民用飞机结构疲劳关键件使用寿命调控方法流程如图 9.3 所示。其主要分析步骤如下。

(1) 根据新机全机疲劳/耐久性试验结果与疲劳分散系数确定飞机结构基准使用寿命(安全寿命),或根据前述当量延寿法确定延寿后的飞机结构基准使用寿命(安全寿命)。

(2) 根据飞机实际使用载荷谱和试验载荷谱,采用等损伤原理将实际载荷谱下的实际飞行小时数当量为试验载荷谱下的当量飞行小时数。

(3) 将基准使用寿命(安全寿命)与当量飞行小时数进行对比分析,确定飞机在试验载荷谱下的剩余使用寿命(即剩余当量寿命)。

(4) 根据剩余使用寿命的长短调整飞机航线任务,调节飞机在实际载荷谱下的疲劳损伤和剩余使用寿命,从而达到控制飞机结构疲劳关键件实际使用寿命的目的。例如,当剩余使用寿命较短时,可选择一些损伤较轻的航线任务进行飞行;当剩余使用寿命较长时,可选择一些损伤较严重的航线,使得飞机使用寿命能最

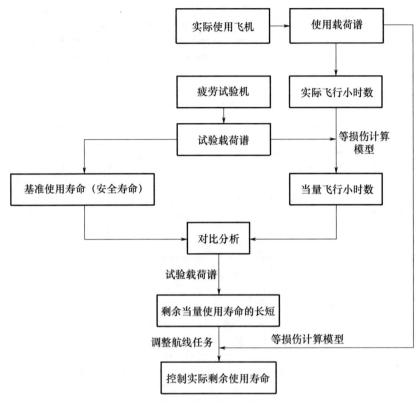

图 9.3 民用飞机结构疲劳关键件使用寿命调控方法流程图

大程度地被利用。

通过对飞机结构疲劳关键件使用寿命的调控可最大效率地使用飞机,提高其在使用期间的安全性与经济性。

9.3.2 军用飞机结构疲劳关键件服役寿命调控方法

对于军用飞机结构疲劳关键件来说,主要通过对比试验载荷环境下基准使用寿命和实际使用环境下当量飞行小时数确定飞机结构的剩余当量服役寿命,根据剩余当量服役寿命的长短通过调整飞行科目(任务剖面)来调控飞机结构疲劳关键件的服役寿命。

军用飞机结构疲劳关键件服役寿命调控方法流程如图 9.4 所示。其主要分析步骤如下。

(1)根据新机全机疲劳/耐久性试验结果与疲劳分散系数确定飞机结构基准使用寿命(安全寿命),或根据前述当量延寿法确定延寿后的飞机结构基准使用寿命(安全寿命)。

(2)根据飞机实际使用载荷谱和试验载荷谱,采用等损伤原理将实际载荷谱

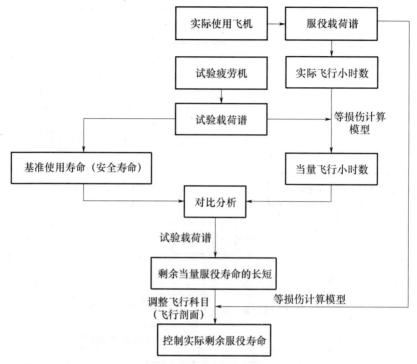

图 9.4　军用飞机结构疲劳关键件使用寿命调控方法流程图

下实际飞行小时数当量为试验载荷谱下的当量飞行小时数。

（3）将基准使用寿命（安全寿命）与当量飞行小时数进行对比分析，确定飞机在试验载荷谱下的剩余服役寿命（即剩余当量寿命）。

（4）根据剩余服役寿命的长短调整飞行科目（任务剖面），调节飞机在实际载荷谱下的疲劳损伤和剩余服役寿命，从而达到控制飞机结构疲劳关键件服役寿命的目的。例如，当剩余服役寿命（剩余当量寿命）较短时，可选择一些损伤较轻的飞行科目（任务剖面）执行；当剩余服役寿命较长时，可选择一些损伤较严重的飞行科目（任务剖面），使得飞机服役寿命能最大程度地被利用。

通过对飞机结构疲劳关键件服役寿命的调控可最大效率地使用飞机，提高其在使用期间的安全性与经济性，对于提高部队战斗力具有重要的作用。

值得说明的是，在较粗略的情况下（或对于没有加装飞机载荷测量系统的飞机），可近似地认为基准使用载荷谱就是实际使用载荷谱的代表，飞机实际飞行时间内的损伤与基准使用时间内的损伤相当。因此，可直接利用飞机结构的基准服役/使用寿命限制值来控制飞机结构的实际服役/使用时间周期。当然，这种情况下则必须加强飞机结构的检查，特别是对于一些经常飞行较重载荷谱情况科目的飞机结构，以保证飞机结构的服役/使用安全。

参考文献

［1］李峰.航空结构材料疲劳寿命预测模型研究［D］.西安：空军工程大学,2007.

［2］郑晓玲.民机结构耐久性与损伤容限设计手册：上册［M］.北京：航空工业出版社,2003.

［3］陈传尧.疲劳与断裂［M］.武汉：华中科技大学出版社,2002.

［4］李曙林.飞机与发动机强度［M］.北京：国防工业出版社,2007.

［5］刘文珽,王智,隋福成.单机寿命监控技术指南［M］.北京：国防工业出版社,2010.

第 三 篇

飞机结构腐蚀关键件寿命控制原理与技术

　　本篇主要针对飞机结构腐蚀关键件的寿命控制问题开展研究。基于可靠性的思想提出了飞机结构日历安全寿命的概念,分别建立了飞机结构防护体系、结构基体和结构整体的日历安全寿命确定方法;建立了结构防护体系可靠度与机群维修费用间的函数关系,给出了飞机结构防护体系日历安全寿命可靠度的确定方法,从而形成了腐蚀环境影响下飞机结构日历翻修期的确定方法,并建立了飞机结构腐蚀关键件的日历寿命监控方法。

第 ⑩ 章

飞机结构日历安全寿命定寿原理与方法

　　飞机结构是在大气环境下服役/使用的,除了一些由耐腐蚀材料(如钛合金、不锈钢、复合材料等)制成的结构和处于密闭环境的结构近似认为是受到纯疲劳作用外,大多数结构不可避免地会发生腐蚀损伤,甚至有些腐蚀损伤会导致灾难性后果,腐蚀防护仍是保护结构遭受环境弱化作用的首要手段。材料的腐蚀是一个与环境作用强度(环境腐蚀性)和作用时间相关的过程,与疲劳过程类似,环境腐蚀性的大小相当于疲劳加载强度,环境作用时间的长短相当于疲劳加载次数。因此,研究结构的疲劳过程有疲劳寿命,研究结构的腐蚀过程有日历寿命。工程应用中对结构疲劳问题是以疲劳安全寿命进行管理的,但是,对结构腐蚀问题还只是以日历寿命为准,较少存在统计分析的过程。

　　实际上,结构的腐蚀过程也存在分散性,主要体现在三个方面:一是材料分散性,如不同批次材料的元素成分、热处理过程可能存在差别,会导致材料的腐蚀敏感性不同;二是结构分散性,如加工装配过程的差别可能使一些配合较差或磨损严重的局部区域更易发生腐蚀;三是环境分散性,现阶段确定日历寿命的研究基本是在实验室加速条件下开展的,得到的结果与实际情况存在差异性,且同一地区不同年份的大气环境也会有所差别。因此,结构发生腐蚀失效的日历寿命也具有分散性,其服从一定的概率分布规律。腐蚀造成的飞机结构损伤同样会威胁飞行安全以及使用经济性,对于飞机结构日历寿命的确定,也应该贯彻可靠性设计思想。

　　本章针对飞机中受腐蚀影响结构(即腐蚀关键件和腐蚀疲劳关键件)的腐蚀问题,从可靠性角度出发提出了飞机结构日历安全寿命的概念,分别建立了飞机结构防护体系、飞机结构基体和飞机结构整体的日历安全寿命确定方法,通过建立结构防护体系可靠度与机群维修费用间的函数关系,给出了飞机结构防护体系日历寿命可靠度的确定方法。

　　日历安全寿命定寿原理与方法也可以用到腐蚀关键件和腐蚀疲劳关键件上,由于这部分内容的研究是从结构腐蚀问题的角度开展的,因此将本章内容放到了第三篇。

10.1 飞机结构日历安全寿命的概念

根据我国 GJB 775A—2011《军用飞机结构完整性大纲》[1]，飞机结构的疲劳安全寿命的概念是"用飞行小时、起落次数等表示的使用周期，在该周期内飞机结构由于疲劳开裂而发生破坏的概率极低"。美国《飞机结构完整性大纲》（Aircraft Structural Integrity Program）[2] 中对安全寿命（Safe life）的定义为"Safe - life of a structure is that number of events such as flights, landings, or flight hours, during which there is a low probability that the strength will degrade below its design ultimate value due to fatigue cracking"，与我国的"完整性大纲"给出的定义基本一致。《飞机结构载荷/环境谱》[3] 中给出的飞机结构疲劳安全寿命的概念是"安全寿命是采用大分散系数所获得的具有极低疲劳开裂概率的使用寿命，分散系数取决于疲劳可靠度（疲劳开裂概率）的要求和结构疲劳寿命分散性。按照安全寿命准则确定的疲劳寿命可以使飞机在该寿命期内结构疲劳破坏的概率很低，以确保结构的使用安全"。

可以看出，现在公认的"安全寿命"就是以安全寿命设计为准则，通过可靠性分析所确定的具有极低失效概率的寿命值。

因此，对飞机结构的日历安全寿命定义如下：飞机结构日历安全寿命是指飞机结构在实际服役/使用条件下，按照安全寿命设计准则所确定的飞机结构能够完成其使用功能的日历使用时间，也就是通过可靠性分析所获得的飞机结构具有极低失效概率的日历寿命限制[4]。

从上述定义可以看出，日历安全寿命实际上就是一个服役/使用日历限制周期，可以保证在该周期内，结构发生失效的概率极低。发生失效的原因可能是由腐蚀单独引起的，也可能是由腐蚀与疲劳共同作用引起的，或者是各种因素交替耦合作用引起的。对于腐蚀关键件，则就是由腐蚀原因单独作用引起的；对于疲劳关键件，只要确定了飞机的飞行强度，则疲劳安全寿命也可用日历安全寿命来表示；对于腐蚀疲劳关键件，则日历安全寿命应该反映疲劳与腐蚀共同作用的效应。从本质上说，飞机结构的"寿命"是其可否正常工作的周期的表征，是描述飞机结构在服役/使用过程中所允许损伤达到的一种状态。也就是说，飞机结构的日历寿命与其他寿命指标（如疲劳寿命等）存在一一对应的关系，用哪一个寿命指标来表征飞机结构的寿命特性都是可以的，都是飞机结构可正常工作的周期限制的表示。

飞机结构日历安全寿命的概念内涵如图 10.1 所示。

飞机机体的日历安全寿命取决于机体结构中易受腐蚀的主要结构件的日历寿命，准确选取飞机结构中具有代表性的易腐蚀主要结构件是确定飞机机体日历安全寿命的关键。

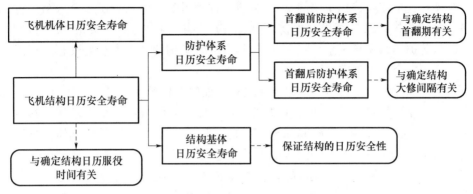

图 10.1　飞机结构日历安全寿命的概念内涵

对于具体的飞机结构,结构表面均有防护体系,起到隔离环境介质与基体材料的作用,在其有效期内,可以防止基体材料发生腐蚀。但当表面防护体系失效后,结构的基体材料就会与环境介质产生接触而发生腐蚀,如果防护体系未得到及时修复,随着服役时间的增长,基体材料的腐蚀会进一步发展,最终将导致结构的功能失效。因此,飞机结构的日历安全寿命是由防护体系的日历安全寿命和结构基体的日历安全寿命决定的。

结构表面防护体系的日历安全寿命是指表面防护体系在一定可靠度与置信度下不发生功能失效的使用时间限制。对影响飞行安全的关键结构以及基体材料抗腐蚀性特别差的结构(如起落架等),防护体系的日历安全寿命与结构的使用安全性直接相关,应选取较高的可靠度与置信度;对飞机的其他结构,防护体系失效后,结构基体发生腐蚀失效仍需要一定的时间,应综合考虑结构安全、大修时间、修理费用等因素,从最经济的角度出发确定防护体系的可靠度与置信度,因此,这些结构的防护体系日历安全寿命主要与使用经济性有关。

飞机结构的表面防护体系分很多类型,如面漆、底漆、缓蚀剂、阳极氧化层、镀锌层、包铝层等,各种类型的防护体系又分为很多不同的牌号。结构在出厂时,其防护体系最为完善,对结构基体的保护作用也最强;当飞机服役一段时间后,结构的表面防护体系遭到损伤,有的类型的防护体系在结构大修时是可以修复的,如面漆、底漆等,而有的类型的防护体系在结构大修时是无法修复的,如阳极氧化层、包铝层等。若表面防护体系在首次大修(首翻)前已腐蚀至内层,引起不可修复的防护层发生了损伤,则首翻后防护体系的状态要比飞机出厂时差,其日历安全寿命也要比首翻前防护体系的日历安全寿命短。因此,防护体系的日历安全寿命分为两种情况:首翻前结构防护体系日历安全寿命是指飞机出厂后的结构防护体系状态对应的具有特定腐蚀失效概率的日历寿命限制,其主要与结构首翻期的确定有关;首翻后结构防护体系日历安全寿命是指飞机在大修后的结构防护体系状态对应的具有特定腐蚀失效概率的日历寿命限制,其主要与结构大修间隔的确定有关。这里需要特别说明的是,首翻前与首翻后防护体系日历安全寿命的区别在于内层防护体系是否受到损伤,如果结构首翻时内层防护体系完好,在首翻时可以将防护体系修复至出厂状态,则首翻后进行结构的日历安全寿命管理仍以首翻前日历安全寿命为准。

结构基体的日历安全寿命是指在没有表面防护体系保护的情况下,结构基体在很高可靠度与置信度下不发生功能失效的使用时间限制。结构基体材料发生腐蚀,将直接影响结构整体的功能发挥,威胁飞行安全。因此,结构基体的日历安全寿命与结构的使用安全性相关,必须要选取一个很高的可靠度,使结构基体在其日历安全寿命期内具有极低的腐蚀失效概率,以确保结构的使用安全。

防护体系日历安全寿命和结构基体日历安全寿命组成了飞机结构的日历安全寿命。飞机结构日历安全寿命可以用于飞机结构的寿命管理,与确定飞机结构的日历服役时间有关,还应包括为达到此服役时间而进行的结构大修所对应的首翻期、大修间隔和维修措施等内容。

10.2　飞机结构防护体系日历安全寿命的确定原理与方法

飞机结构防护体系的日历安全寿命以服役年数为基本单位,若飞机在全寿命周期内所处的服役地区环境相近,则可以认为飞机在单一环境下进行服役,仅需要编制飞机所在服役地区的年腐蚀谱就可以通过试验和分析得到飞机结构防护体系的日历安全寿命;若飞机在其寿命期内在环境差异较大的不同地区服役,则认为飞机在多种环境下服役,需要编制不同地区的年腐蚀谱进行试验与分析得到结构防护体系日历安全寿命。

10.2.1　单一服役环境下飞机结构防护体系日历安全寿命的确定原理与方法

表面防护体系的日历安全寿命,与防护体系选用材料与工艺、飞机的使用环境与服役历程、结构所处部位、根据使用需求选取的可靠度与置信度等参数相关。其中,前三项参数决定了防护体系的真实失效时间,选取的可靠度与置信度决定了防护体系日历安全寿命的安全性水平。

选取防护体系日历安全寿命的可靠度与置信度时,应根据结构的重要程度,维修成本等综合考虑确定。具体方法将在10.3节中介绍。

对于飞机结构的关键承力部位或者对于结构基体材料抗腐蚀性特别差的部位,应该选取较高的可靠度水平,以保证防护体系在结构大修前发生失效的概率很低,从而保证基体结构在大修前不发生腐蚀失效。

对于一般结构,应主要从结构使用维修经济性的角度出发确定可靠度水平,维修频率既不能过高,使结构频繁修理,影响装备完好率和增大维修成本;也不能过低,使过多结构的基体腐蚀严重,导致结构的深度修理甚至换件,同样增大维修成本。

此外,结构防护体系可靠度的选取,必须要确保结构基体在此可靠度对应的日历周期内不发生断裂失效。

由于通过实际服役条件确定结构的日历寿命需要很长的试验周期,在工程上一般通过开展实验室加速条件下的等效试验进行腐蚀问题的研究。确定表面防护体系的日历安全寿命的技术途径如图10.2所示。有几项需要说明的主要工作如下。

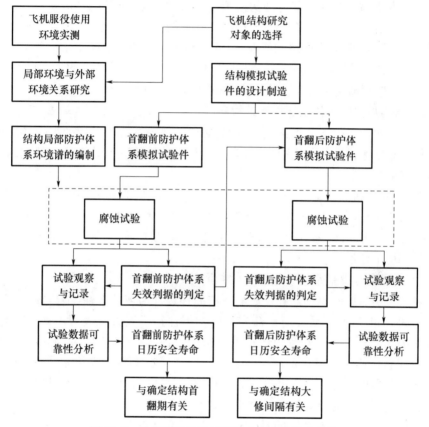

图 10.2　确定防护体系日历安全寿命的技术途径

1. 结构防护体系模拟试验件的设计与制造

应根据研究的目的选定防护体系日历安全寿命的研究对象,例如,确定飞机机体的日历安全寿命,通常要选取最易受腐蚀的主要构件作为研究对象。

进行防护体系模拟试验件的设计,需要遵循以下原则:① 试验件应使用与飞机实际结构一致的表面防护体系材料,包括相同的基体材料、相同的防护体系类型与材料牌号、相同的结构加工工艺和相同的防护层厚度等;② 试验件应与实际结构有相同的局部特征,如研究对象与其他结构通过铆钉相连,则试验件中应考虑对接触部位的设计,再如实际结构中存在凸台、圆孔等影响防护体系腐蚀规律的特征也应考虑;③ 生产一个机群的飞机将经历较长的时间,因此,实际机群所采用的防护体系材料可能不是一个批次生产出来的,在试验件加工时应尽量选择不同批次的同一牌号防护体系材料,以反映出材料的分散性。

生产模拟试验件时,应首先根据飞机结构出厂时的状态生产首翻前结构模拟件。当根据此模拟件确定了结构首翻前防护体系的失效判据后(即表面防护体系在首翻时可能达到的状态),可以再根据判据生产首翻后结构模拟件。例如,把结构包铝层发生腐蚀作为首翻前结构模拟件的失效判据,则按此日历安全寿命管理的飞机实际结构在大修时将有部分区域可能发生包铝层失效。由于在飞机结构大修时,一般只是重新涂刷底漆和面漆,包铝层和包铝层外的阳极氧化层并不能得到修复。因此,为了更合理地模拟首翻后防护体系状态,并从偏安全的角度出发,设计的首翻后结构模拟件应只进行底漆和面漆喷涂,不进行包铝和阳极氧化处理。

2. 结构局部防护体系环境谱的编制

进行实验室条件下的加速试验研究,必须要保证试验所采用的加速环境谱与飞机结构真实服役环境的腐蚀损伤作用等效,这就需要进行结构所在部位的局部加速环境谱的编制。

首先,对飞机的实际服役环境进行实测,确定飞机的外部环境特征;其次,建立所要研究结构所在的局部环境与外部环境的关系模型,具体方法可参见文献[4]和[5]等;再次,根据所确定的飞机结构局部环境特征,利用现有的方法编制结构局部环境加速谱[3,6,7]。

3. 首翻前与首翻后防护体系失效判据的判定

进行疲劳试验时结构断裂对应的载荷循环数即为疲劳寿命,但研究日历寿命与其不同,判断防护体系日历寿命到寿的判据往往不能直观表现出来。因此,要进行防护体系日历安全寿命的评定先要给出防护体系日历到寿的判据。防护体系失效即会造成结构基体的腐蚀,因此,可以把通过观察结构基体是否发生腐蚀损伤作为首翻前防护体系失效判据。同理,可以把通过观察内层不可修复防护体系是否发生损伤作为首翻后防护体系失效判据。

获取防护体系失效判据的具体过程,首先要开展不同周期的腐蚀试验,记录防护层的损伤特征和损伤的具体位置;而后通过显微镜直接观察、褪漆后观察、能谱分析等一些手段,判断结构基体(或不可修复防护层)是否受到腐蚀,并记录腐蚀的具体位置;最后,通过防护层损伤位置和基体(或不可修复防护层)腐蚀位置的对应关系,找到基体发生腐蚀时对应的防护层的损伤特征,从而得到首翻前(或首翻后)的防护体系失效判据。

4. 开展不同防护体系模拟件的腐蚀试验

在编制的加速环境谱下开展首翻前和首翻后防护体系模拟件的腐蚀试验。在试验过程中,每当等效腐蚀谱施加完一个周期(如等效一年)即进行一次试验件表面的观察与记录。当试验件表面防护体系出现失效判据所对应的损伤特征,即认为此件试验件的表面防护体系在此等效腐蚀年限时达到日历寿命限制值。

从节省试验成本的角度出发,首翻后结构模拟件的腐蚀试验可以省略不做。由于首翻前结构模拟件的防护体系比首翻后结构模拟件的要完善,首翻后结构模拟件的失效通常会在首翻前结构模拟件的失效之前发生(例如,漆层的损伤往往先于包铝层的损伤出现)。因此,可以只进行首翻前结构模拟件的腐蚀试验,每件试验件在上述两个判据出现时分别记录两次数据,以首翻后结构模拟件失效对应的日历时间作为首翻后结构防护体系的日历寿命。

5. 试验数据的可靠性分析与防护体系日历安全寿命的确定

从节省试验经费的角度出发,试验件通常只是做成能够反映实际结构特征的模拟件,而非实际结构件,通常试验件的结构表面积一般只有实际结构表面积的几分之一甚至更小。假设实际结构在关键部位的表面积为试验件关键部位表面积的 k 倍,则实际结构在服役环境中可以等效看作是 k 件试验件在同种等效加速谱环境下同时接受腐蚀,k 件中任意一件的表面防护体系失效都视为整个表面防护体系发生失效。因此,对试验件所选取的可靠度与实际结构的可靠度不同。研究实际结构表面防护体系的日历安全寿命时,必须要考虑到试验件与实际结构件在关键部位的表面积差别。

假设实际结构表面防护体系的日历安全寿命可靠度为 α,则对一个样本容量为 n 的实际结构样本来说,当达到防护体系日历安全寿命时,大约有 $n(1-\alpha)$ 个结构的表面防护体系发生失效。从偏于安全的角度考虑,对一个样本容量为 nk 的试验件样本(实际结构表面积为试验件表面积的 k 倍,则样本容量为 nk 的试验件样本相当于样本容量为 n 的实际结构样本)来说,当达到防护体系日历安全寿命时,仍然需要要求有 $n(1-\alpha)$ 个试验件的表面防护体系发生失效。假设以试验数据进行实际结构表面防护体系的日历安全寿命分析时,假设选取的日历安全寿命可靠度为 α',则有关系式 $nk(1-\alpha')=n(1-\alpha)$,可以求得

$$\alpha' = (k + \alpha - 1)/k \tag{10.1}$$

由试验数据根据可靠度 α' 得到的分析结果可以作为实际结构在可靠度为 α 下的防护体系日历安全寿命。

下面借助图 10.3 对以上问题予以进一步阐述(以下内容为偏安全分析)。

图 10.3 共有 4 件实际结构,序号分别为 Ⅰ ~ Ⅳ号,假设实际结构的表面积为试验件的 5 倍,则 4 件实际结构的表面积之和就相当于 20 件试验件的表面积和,试验件序号分别为 1 ~ 20 号。

再假设实际结构表面防护体系的日历安全寿命为 10 年,日历安全寿命可靠度为 75%,则意味着当 4 件结构服役/使用 10 年后,大约有 $4 \times (1 - 75\%) = 1$ 件结构的表面防护体系发生失效,如 Ⅰ号结构上的阴影部分所示。从偏于安全的角度考虑,对一个样本容量为 $4 \times 5 = 20$ 的试验件样本来说,当达到防护体系的日历

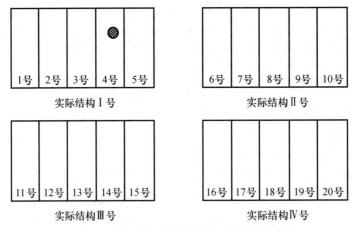

图 10.3　试验件与实际结构的比例关系示意图

安全寿命 10 年时,最多仍要求有 1 件试验件的表面防护体系发生失效,如 4 号试验件上的阴影部分所示,则试验件表面防护体系日历安全寿命可靠度为$(20-1)/20=95\%$。可以看出,由于试验件的表面积小于实际结构,试验件表面防护体系日历安全寿命可靠度明显大于实际结构。

在得到的试验结果和给出的可靠度下,确定结构防护体系的日历安全寿命应先确定防护体系日历寿命服从何种分布,而后根据确定分布的概率密度函数,得到满足给定可靠度与置信度的日历安全寿命值。由于确定分布形式和计算可靠度值的过程已有通用的方法,在这里就不再赘述。

10.2.2　多服役环境下飞机结构防护体系日历安全寿命的确定原理与方法

飞机在全寿命服役过程中,通常是在多个地区服役的。如民用飞机,通常是在所飞航线的多个城市间转换;军用飞机也经常会在不同地区调换使用。由于不同地区腐蚀环境的差异,仅凭某一地区的等效环境谱确定的结构防护体系日历安全寿命是无法用于多地区服役飞机的防护体系日历寿命管理的。

现有的研究表明,腐蚀对材料的损伤作用可以认为是服从线性规律[8,9]。在此基础上,可以通过线性累积损伤的计算方法进行多服役环境下飞机结构防护体系日历安全寿命的确定[10],具体步骤如下。

1. 编制不同服役地区的局部环境谱

根据不同服役地区的气候环境参数和选择的研究对象,编制飞机在不同地区服役时对应的防护体系局部环境谱。

例如,飞机将在甲、乙、丙、丁四个地区服役,其中,甲地与乙地的服役环境相近,则共需编制三种环境谱:甲地与乙地对应的环境谱 A、丙地对应的环境谱 B 和丁地对应的环境谱 C。

2. 确定防护体系在不同服役环境下的日历安全寿命

根据图 10.2 所示的流程,分别开展不同环境谱下的防护体系试验与分析,确定防护体系在不同环境谱下的日历安全寿命。

假设通过试验与分析,得到防护体系在环境谱 A 下对应的首翻前和首翻后日历安全寿命分别是 10 年和 9 年,在环境谱 B 下对应的首翻前和首翻后日历安全寿命分别是 5 年和 4 年,在环境谱 C 下对应的首翻前和首翻后日历安全寿命分别是 7 年和 6 年。

3. 根据使用计划进行日历安全寿命预测

根据线性累积损伤的计算方法,若防护体系在某一环境谱下的日历安全寿命为 T 年,飞机在其对应的地区服役/使用了 t 年($t < T$),则防护体系在此 t 年的损伤度为 t/T;当防护体系的累积损伤度达到 1 时,则认为防护体系达到了预期的安全使用周期限制,此时所对应的日历时间的总和即为多服役地区防护体系日历安全寿命值。

根据上述例子,若新飞机计划在甲地服役 5 年,在乙地服役 3 年,在丙地服役 5 年,在丁地服役 7 年,则防护体系在甲地和乙地的首翻前年损伤度为 1/10,首翻后年损伤度为 1/7;在丙地的首翻前年损伤度为 1/5,首翻后年损伤度为 1/4;在丁地的首翻前年损伤度为 1/7,首翻后年损伤度为 1/6。根据累积损伤计算结果,防护体系在甲地服役 5 年和乙地服役 3 年的首翻前累积损伤度为 0.8,防护体系还剩余 0.2 的累积损伤度即需开展首翻修理,也就是说飞机在丙地至多服役 1 年则需要对防护体系进行修理;经过首翻后,防护体系继续在丙地服役 4 年的首翻后累积损伤量刚好达到 1,则需要对其进行第二次修理;飞机大修后转至丁地服役,服役 6 年后需要对防护体系进行第三次修理,修理后的防护体系可以安全地在剩余的 1 年服役周期内使用。

需要说明的是,飞机结构的首翻期和大修间隔期通常是根据关键承力结构的疲劳安全寿命确定的,防护体系的日历安全寿命只是与首翻期和大修间隔期的制定过程有关,而不起决定性作用。当飞机结构到达大修期限,而防护体系尚未到达其使用限制时,一般也要把防护体系进行修理;而当防护体系到达其使用限制,飞机尚未达到大修期限时,则需要根据防护体系的损伤情况以及结构基体的日历安全寿命等问题综合分析,决定是否将结构大修时间提前。

10.3　飞机结构防护体系日历寿命可靠度的确定原理与方法

10.3.1　研究意义

现阶段制定飞机结构服役/使用寿命限制的疲劳安全寿命并不是指飞机结构破坏时的寿命,而是一个飞机具有高可靠度的服役/使用周期限制值。由于结构破坏会直接威胁飞行安全,其可靠度水平一般较高,例如,若飞机结构疲劳寿命服从对数正态分布,需要满足99.9%的可靠度与90%的置信度。但对于飞机结构的防护体系而言,其失效时并不会立即导致结构破坏,在确定其日历安全寿命时可以找到一个合适的可靠度水平,既能保证结构安全,又可以提高飞机结构的使用经济性。

飞机结构防护体系的日历安全寿命不仅与防护体系本身性能以及飞机的使用环境有关,还与可靠度的选取有关。若可靠度选取的偏低,则到达防护体系日历安全寿命时可能会有较多的结构防护体系发生失效,导致较多的结构基体材料发生腐蚀,从而在飞机大修时需要对较多的部位进行修理,甚至可能存在某些部位由于防护体系失效后未能得到及时修复而导致结构换件,既增加飞机的使用维护成本,又可能影响结构安全;若可靠度选取的偏高,将导致由此确定的防护体系日历安全寿命偏短,使得结构在全寿命期内频繁大修,不仅使飞机的检查维护成本增加,还影响了飞机的战备率。此外,结构防护体系日历寿命可靠度的选取,必须还要确保结构基体在此可靠度对应的日历周期内不发生失效。

因此,为飞机结构防护体系日历寿命选取一个合适的可靠度水平,对保证飞机结构安全,提高使用效率,减小维护成本具有重要意义。

10.3.2 飞机结构防护体系日历寿命可靠度的确定方法

为了合理地确定飞机结构防护体系日历安全寿命,进而确定飞机结构的日历安全寿命,本节提出了一种飞机结构防护体系日历寿命可靠度的确定方法。

飞机结构防护体系日历寿命可靠度的选取,与结构基体的腐蚀损伤规律密切相关,选取的可靠度不仅要保证结构的安全,还要从经济性的角度出发,使飞机的使用维护成本最低。

防护体系日历寿命可靠度的确定方法如下。

1. 建立结构基体腐蚀损伤量与腐蚀时间的关系模型

飞机结构基体在腐蚀环境下发生的损伤类型有很多种,如不受载结构可能发生的点蚀、剥蚀等,受载结构可能发生的腐蚀疲劳、应力腐蚀开裂等。

根据结构基体的腐蚀损伤类型,开展结构基体模拟件在实验室条件下的加速腐蚀试验。试验过程中要求试验件无表面防护体系且能够反映出结构基体的局部特征,试验条件(腐蚀环境和载荷环境)能够反映出飞机结构的实际服役环境且具有明确的等效关系。将试验件分为多组,各组经历不同的腐蚀周期并确定在不同腐蚀周期后的结构腐蚀损伤量,并建立结构基体的平均腐蚀损伤量与腐蚀时间的关系模型,即

$$h = f(t) \tag{10.2}$$

式中:h 为平均腐蚀损伤量,即可靠度为50%的腐蚀损伤量(同种材料的试样在同种腐蚀环境下的腐蚀坑深度通常认为服从正态分布或对数正态分布);t 为等效腐

蚀时间;$f(t)$是平均腐蚀损伤量与基体腐蚀时间的函数关系。

根据飞机结构大修要求和结构的剩余强度要求,确定结构达到换件要求的损伤临界值 h_C 和结构达到报废要求的损伤临界值 h_B。当结构损伤量达到 h_C 时,即认为结构修理已不经济或修理后的结构不能保证飞行安全,需要进行结构的更换;当结构损伤达到 h_B 时,即认为结构已不能再继续使用,如再使用将有突然断裂的危险。

这里以一个例子对飞机结构的换件临界损伤值 h_C 和报废临界损伤值 h_B 作以解释。飞机的某一结构为损伤容限关键件,结构在服役/使用载荷下的临界裂纹长度为 200mm,但当其裂纹长度超过 150mm 时,结构的损伤已十分严重,已不能保证飞行安全,必须停止结构的继续使用,即 150mm 裂纹长度为结构的报废临界损伤值 h_B。还是对于此飞机结构,当结构的裂纹长度不超过 50mm 时,可通过铰孔、打止裂孔、补强等措施对结构进行经济修理,但裂纹长度一旦超过 50mm,对此结构的修理费用已超过换件的费用,修理已是不经济的了,即 50mm 裂纹长度为结构的换件临界损伤值 h_C。从此例可以看出,结构的换件临界损伤值 h_C 小于报废临界损伤值 h_B,当结构损伤大于 h_C 而小于 h_B 时,结构还可继续保持安全服役,只是修理已经不经济了。

2. 开展防护体系试验件的腐蚀试验,建立防护体系的日历安全寿命表达式

开展防护体系试验件在等效加速腐蚀环境下的腐蚀试验,根据防护体系日历到寿的判据,得到不同试验件达到失效判据时的等效腐蚀时间,即不同试验件的防护体系日历寿命。

根据试验结果,确定防护体系日历寿命的统计分布规律,并以此得到防护体系的日历安全寿命表达式为

$$N_\alpha = \overline{N} - k_\alpha \cdot S \tag{10.3}$$

式中:N_α 为可靠度 α 下的防护体系日历安全寿命;$\overline{N}$ 为试验得到的日历寿命的平均值,可由式(10.4)求得;k_α 为满足可靠度 α 与给定置信度的单边容限系数,对于正态分布函数下的 k_α 值,可由式(10.5)近似求得;S 为试验得到的日历寿命的标准差,可通过式(10.6)求得。

$$\overline{N} = \frac{1}{n} \cdot \sum_{i=1}^{n} N_i \tag{10.4}$$

$$k_\alpha = \frac{\mu_{1-\alpha} + \mu_\gamma \sqrt{\frac{1}{n}\left[1 - \frac{\mu_\gamma^2}{2(n-1)}\right] + \frac{\mu_{1-\alpha}^2}{2(n-1)}}}{1 - \frac{\mu_\gamma^2}{2(n-1)}} \tag{10.5}$$

$$S = \sqrt{\frac{1}{n-1} \cdot \sum_{i=1}^{n} (N_i - \overline{N})^2} \tag{10.6}$$

式中:n 为数据个数;N_i 为第 i 件试验件的日历寿命;$\mu_{1-\alpha}$ 为与破坏概率 $1-\alpha$ 相关

的标准正态分布上 $1-\alpha$ 分位点;μ_γ 为与显著性水平 γ 相关的标准正态分布上 γ 分位点;关于 $k\alpha$ 的进一步说明可以参考附录 I.2.4 节相关内容。

若实际机群中结构的数量为 m 件,则达到日历安全寿命 N_α 时,在 $1-\gamma$ 的置信度下认为大约有 $m(1-\alpha)$ 件结构的防护体系失效。

同样,对于任意的可靠度 α',当达到以此可靠度确定的日历安全寿命 $N_{\alpha'}$ 时,在 $1-\gamma$ 的置信度下认为大约有 $m(1-\alpha')$ 件结构的防护体系失效。

3. 建立维修成本与可靠度的关系模型,求得使机群维修成本最低的可靠度值

设结构经济修理的费用为 C_0,结构换件的费用为 C_1,整个机群 m 个结构件的维修总费用为 C,机群维修的其他费用(如拆解、运输等)为 C_2。

结构达到换件要求的损伤临界值是 h_c,结构基体的平均腐蚀损伤量与腐蚀时间的关系模型是 $h=f(t)$,这意味着防护体系失效的结构基体在经历了 $t_c = f^{-1}(h_c)$ 时间后,大约有一半结构需要进行换件。假设一个可靠度 $\alpha'(\alpha' > \alpha)$,在达到日历安全寿命 N_α 的 $m(1-\alpha)$ 个防护体系失效结构件中,有 $m(1-\alpha')$ 个结构件的基体至少在腐蚀环境下经历了 t_c 长的时间,即 $N_\alpha - N_{\alpha'} = t_c$,其中,$N_{\alpha'}$ 为由可靠度 α' 确定的日历安全寿命;在达到日历安全寿命 N_α 时,到达换件要求的损伤临界值的结构件数为 $0.5m(1-\alpha')$。因此,可以得到方程

$$N_\alpha - N_{\alpha'} = \overline{N} - k_\alpha \cdot S - (\overline{N} - k_{\alpha'} \cdot S) = (k_{\alpha'} - k_\alpha) \cdot S = f^{-1}(h_c) \tag{10.7}$$

即

$$k_{\alpha'} = \frac{f^{-1}(h_c)}{S} + k_\alpha \tag{10.8}$$

即可靠度 α' 和可靠度 α 之间存在函数关系,可以写成

$$\alpha' = g(\alpha) \tag{10.9}$$

因此,若选定可靠度为 α 确定防护体系的日历安全寿命,则达到防护体系日历安全寿命时的机群维修总费用为

$$C = C_0 \cdot \{m(1-\alpha) - 0.5m[1-g(\alpha)]\} + C_1 \cdot 0.5m[1-g(\alpha)] + C_2 \tag{10.10}$$

只用机群在一次大修时的维修总费用尚不能衡量机群在全寿命期内的大修经济性。若选取的防护体系日历寿命可靠度很高,可以使机群在单次大修的费用很低,但会增加维修次数。从机群全寿命期内的所有大修来看,其费用之和可能很高。因此,应以机群每服役一年所分摊的大修费用 C_α 来衡量大修经济性。

$$C_\alpha = \frac{C}{N_\alpha} = \frac{C}{\overline{N} - k_\alpha \cdot S} \tag{10.11}$$

在式(10.10)和式(10.11)中,m、C_0、C_1、C_2、$\overline{N}$、S 为已知量,因此,机群的大修成本是防护体系日历寿命可靠度 α 的函数。式(10.11)对 α 求导后,并令其导数为零,则

$$C_\alpha' = 0 \tag{10.12}$$

即可得到使机群维修成本最低的可靠度 α 的值。

4. 确定可靠度的限制条件

通过上述步骤可以确定使机群维修成本最低的可靠度 α，但尚不能确定此可靠度就是要选取的防护体系日历寿命可靠度。从结构安全性的角度出发，选取的防护体系日历寿命可靠度必须要同时保证飞机结构具有很高的可靠度不发生失效断裂，即防护体系日历安全寿命的可靠度受到结构安全性的限制。

结构达到报废要求的损伤临界值是 h_B，即防护体系失效的结构基体在经历了 $t_B = f^{-1}(h_B)$ 时间后，大约有一半需要报废。假设一个可靠度 β，在达到日历安全寿命 N_α 的 $m(1-\alpha)$ 个防护体系失效结构件中，有 $m(1-\beta)$ 个结构件的基体至少在腐蚀环境下经历了 t_β 长的时间，则 $N_\alpha - N_\beta = t_\beta$，其中，$N_\beta$ 为由可靠度 β 确定的日历安全寿命；在日历安全寿命 N_α，到达报废要求的损伤临界值的结构件数为 $0.5m(1-\beta)$。因此，可以得到方程：

$$N_\alpha - N_\beta = \overline{N} - k_\alpha \cdot S - (\overline{N} - k_\beta \cdot S) = (k_\beta - k_\alpha) \cdot S = f^{-1}(h_B) \quad (10.13)$$

即

$$k_\beta = \frac{f^{-1}(h_B)}{S} + k_\alpha \quad (10.14)$$

即可靠度 β 和可靠度 α 之间存在函数关系，可以写成

$$\beta = l(\alpha) \quad (10.15)$$

则结构基体的可靠度为

$$\lambda = 1 - \frac{0.5m(1-\beta)}{m} = 0.5[1 + l(\alpha)] \quad (10.16)$$

若由 α 值确定的结构基体实际可靠度满足结构可靠度要求，则可选定此 α 值作为防护体系的可靠度；若不能满足，则需要根据结构基体的最低可靠度要求 $\underline{\lambda}$（如 99.9%）通过式（10.16）反推来确定防护体系日历寿命可靠度的最小要求值 $\underline{\alpha}$，即

$$\underline{\alpha} = l^{-1}(2\underline{\lambda} - 1) \quad (10.17)$$

10.4 飞机结构基体日历安全寿命的确定原理与方法

飞机结构的基体日历安全寿命，是指在没有表面防护体系的保护作用下，按照安全寿命设计准则所确定的能够完成其使用功能的日历使用时间，也就是通过可靠性分析所获得的飞机结构基体具有极低失效概率的日历寿命限制。

结构基体的日历安全寿命，与结构基体所选用的材料与加工工艺、结构形式及抗疲劳设计水平、飞机的使用环境与服役历程、结构所处部位、结构受载情况、可靠度与置信度等参数有关。结构基体发生腐蚀的形式可能包括接触腐蚀、点蚀、剥蚀、应力腐蚀开裂、腐蚀疲劳裂纹等，具体需要根据材料类型、结构形式和结构受载情况进行分析。为了保证结构基体的安全可靠，要根据结构基体的腐蚀形式以及结构基体在此形式下了腐蚀损伤规律，确定给定可靠度与置信度下的结构

基体日历安全寿命。

结构基体材料发生腐蚀,将直接影响结构整体功能的发挥,威胁飞行安全。因此,结构基体的日历安全寿命与结构的使用安全性相关,必须要选取一个很高的可靠度,使结构基体在其日历安全寿命期内具有极低的腐蚀失效概率,以确保结构的使用安全。可靠度与置信度通常要根据其腐蚀损伤寿命所服从的分布类型进行确定。例如,若结构基体的腐蚀损伤寿命服从对数正态分布,为保证飞行安全,通常结构基体的日历安全寿命需要满足99.9%的可靠度与90%的置信度;若服从威布尔分布,则需要满足95%的可靠度和95%的置信度。

飞机结构分为腐蚀关键件、疲劳关键件和腐蚀疲劳关键件(包括应力腐蚀关键件),其中,疲劳关键件可以认为在服役时不受腐蚀的影响,其日历寿命在理论上是无限长的(实际上由疲劳寿命与飞行强度就可确定最长服役时间)。飞机结构基体日历安全寿命的研究对象主要就是腐蚀关键件和腐蚀疲劳关键件(包括应力腐蚀关键件),可以称为不受载结构和受载结构。

确定结构基体日历安全寿命的技术途径如图 10.4 所示,需说明的几项主要工作如下。

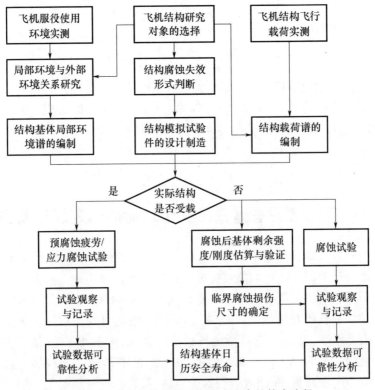

图 10.4　确定结构基体日历安全寿命的技术途径

1. 研究对象的选取与结构基体模拟试验件的设计制造

从偏于安全的角度可考虑,研究结构基体日历安全寿命所选用的试验件不应有任何表面防护体系的保护。首先,应根据研究目的选定基体作为日历安全寿命的研究对象,如飞机结构中易受腐蚀的主要结构件等;其次,应根据选定研究对象的材料、加工工艺、所在位置、受载情况等确定研究对象的腐蚀失效形式,如点蚀、剥蚀、腐蚀疲劳、应力腐蚀开裂等;再次,根据研究对象的腐蚀失效形式,进行结构模拟试验件的设计与制造。

进行基体模拟试验件的设计与制造,需要遵循以下原则:① 试验件应使用与飞机实际结构一致的基体材料,包括相同的材料牌号、相同的加工工艺、相同的热处理状态等;② 试验件表面应去除防护体系;③ 应根据实际结构及其腐蚀失效形式进行模拟试验件的形状与尺寸设计:试验件中应考虑那些影响材料腐蚀的结构特征,如接触、圆孔、间隙等;若实际结构不受载,则与之对应的试验件可以设计的相对简单一些,只要能反映出腐蚀规律即可;若实际结构受载,则对应的试验件应设计成可以在疲劳试验机(或在应力腐蚀加载设备)上方便加载的形状,此类试验件还要能够反映出实际结构的局部特征,以确保试验件受载时的局部应力分布与实际结构一致;④ 生产一个机群的飞机将历经较长的时间,实际机群所采用的基体材料可能不是一个批次生产出来的,建议进行试验件加工时选用不同批次的原材料,以反映出材料与工艺的分散性。

2. 结构基体局部环境谱与结构载荷谱的编制

进行实验室条件下的加速试验研究,必须要保证试验所采用的加速环境谱与实际服役/使用下飞机结构所在位置的局部环境损伤等效,这就需要进行结构所在部位的局部加速环境谱的编制。

首先,对飞机的实际服役环境进行实测,确定飞机的外部环境特征;其次,建立所要研究结构所在的局部环境与外部环境的关系模型;再次,根据所确定的飞机结构局部环境特征,利用现有的方法编制结构局部环境加速谱。

虽然对受载的飞机结构主要以疲劳寿命进行管理,但在腐蚀环境与载荷(循环载荷、静载荷或残余应力等)的共同作用下,结构可能会发生腐蚀疲劳或应力腐蚀开裂,这些情况也应该纳入到基体日历安全寿命的研究范畴。因此,需要根据飞机结构的飞行实测载荷,编制结构载荷谱。

需要说明的是,根据飞机结构实测载荷编制的载荷谱反映出了实测飞机的受载情况,一般可用基准载荷谱表示。然而,由于所完成飞行任务的不同,同一型号的不同飞机的载荷严重程度有所区别。依据基准载荷谱所确定的基体日历安全寿命进行飞机结构基体寿命管理时,应将飞机的实际飞行小时数等损伤折算到基准载荷谱下的基准飞行小时数。

3. 不受载结构基体的日历安全寿命确定

确定不受载结构的基体日历安全寿命,首先是要确定其结构功能失效的判据。对飞机结构中完全不受载荷的结构,其功能失效的判据可以取为发生穿透性腐蚀,或腐蚀产物发生剥落而影响到其他部位功能的发挥。此外,在飞机结构还存在一类结构,它们并不是完全不受载荷的影响,而是受载很小,可不作为腐蚀疲劳关键件研究,且不受到持续静载或残余应力的作用,也不作为应力腐蚀关键件研究,可以将其划分到不受载结构的范畴进行日历寿命管理。这种结构需要根据它们在飞机全寿命期内可能遇到的最大载荷作为考核条件,通过试验或应力分析,判断其允许的最大腐蚀深度,并以此作为结构功能失效的判据。

对不受载结构进行结构模拟试验件的腐蚀试验,每隔一定的腐蚀时间后取出部分试验件测量试验件的最大腐蚀深度,而后进行最大腐蚀深度的分布规律研究和可靠性分析,得到在此腐蚀周期下满足给定可靠度与置信度要求的基体最大腐蚀深度。将不同腐蚀周期下满足可靠度与置信度要求的最大腐蚀深度进行综合分析,确定最大腐蚀深度的变化规律。根据最大腐蚀深度的变化规律,即可获得结构达到其失效判据时的腐蚀周期,即结构的基体日历安全寿命。

4. 受载结构基体的日历安全寿命确定

对腐蚀疲劳关键件,确定其基体日历安全寿命的步骤简述如下,更为详细的方法可以参见第四篇飞机结构的寿命包线部分的内容。

(1) 根据飞机的设计水平,确定飞机整体的疲劳安全寿命。

(2) 将试验件分为若干组,每组试验件在加速环境谱下经历不同的预腐蚀周期(等效腐蚀年数)。

(3) 预腐蚀作用后,在编制的载荷谱下进行疲劳试验至断裂。

(4) 在选定的可靠度与置信度下,计算每组预腐蚀疲劳试验件的安全寿命。

(5) 将每组试验件的预腐蚀疲劳安全寿命进行拟合,拟合出一条预腐蚀周期对疲劳安全寿命的影响曲线。

(6) 计算结构基体在防护体系达到防护体系的日历安全寿命时的剩余损伤度。

(7) 如果飞机的使用目标是将飞机结构的设计疲劳安全寿命用完,则可以根据预腐蚀周期对疲劳安全寿命的影响曲线和飞机的剩余飞行小时数确定在曲线中的对应点,从而确定结构基体在其对应飞行强度下的年损伤度,考虑到结构基体在防护体系失效后的剩余损伤度,就可以求得结构基体的日历安全寿命。

(8) 如果飞机按照预定的飞行计划使用,可以根据预腐蚀周期对疲劳安全寿命的影响曲线和飞机的使用计划确定曲线中的对应点,从而确定结构基体在此使用计划下的年损伤度,结合结构基体在防护体系失效后的剩余损伤度,就可以求得结构基体的日历安全寿命。

需要对上述过程作出以下补充说明:飞机整体的疲劳安全寿命是通过一些特定的关键承力件来确定的,飞机的疲劳安全寿命本身就是由这些结构件通过疲劳试验和可靠性分析给出的。若以这些结构为依据研究其基体日历安全寿命,经过腐蚀后的疲劳安全寿命肯定无法达到飞机的设计疲劳安全寿命。对于这些结构，若要将其用至疲劳安全寿命到寿，其基体的日历安全寿命是 0 年，即这些结构的基体不能受到腐蚀影响，它们的防护体系日历安全寿命应具有很高的可靠度水平，以保证防护体系在结构大修前有效。对于飞机结构的其他部位，虽然也是按照疲劳安全寿命进行管理的，但一般情况下它们实际的疲劳安全寿命比飞机的设计疲劳安全寿命要长。因此，这些结构的基体材料在经受过一定周期的环境腐蚀后，是可以达到飞机的设计疲劳安全寿命要求的。

对应力腐蚀关键件，确定其基体日历安全寿命的步骤如下：

（1）对结构进行应力分析，确定结构中最易产生应力腐蚀开裂的部位及裂纹方向。

（2）将试验件分为若干组，根据最易产生应力腐蚀开裂的部位及裂纹方向，对不同组的试验件预置不同长度的初始裂纹（其中一组不预置裂纹，用于确定应力腐蚀开裂时间）。

（3）开展各组试验件的应力腐蚀试验。

（4）对各组试验数据进行综合分析，确定应力腐蚀裂纹的扩展规律及临界断裂长度。

（5）通过可靠性分析，求得给定可靠度与置信度下的分散系数。

（6）将应力腐蚀裂纹扩展时间除以分散系数，得到应力腐蚀关键件的日历安全寿命。

在实际应用中，进行基体日历安全寿命的管理应结合结构检查，若结构基体在大修时已发现存在了腐蚀损伤，应立即对损伤部位进行修理，并进行修理后结构的寿命评估，判断结构能否在到达下一次大修前有足够的可靠度保证不发生失效。

10.5　飞机结构日历安全寿命的确定原理与方法

本节建立的飞机结构日历安全寿命是建立在已经确定了防护体系日历安全寿命和结构基体日历安全寿命基础上的。此方法将防护体系日历安全寿命，结构基体日历安全寿命，以及由结构疲劳安全寿命确定的首翻期和大修间隔综合考虑，进行相加来确定飞机结构日历安全寿命。

一般飞机结构的日历安全寿命以服役年数为基本单位，若飞机在全寿命期内所处的服役地区环境相近，则可以认为飞机在单一环境下进行服役；若飞机在其寿命期内在环境差异较大的不同地区服役，则认为飞机在多种环境下服役。单一服役环境与多服役环境下飞机结构的日历安全寿命确定方法如下。

10.5.1　单一服役环境下飞机结构日历安全寿命的确定方法

首先给出参数定义：Y_T 为飞机结构日历安全寿命，Y_1 为首翻前防护体系日历安全寿命,Y_2为首翻后防护体系日历安全寿命,Y_C为结构基体日历安全寿命,Y_1'为由疲劳安全寿命确定的结构首翻期,Y_i'为由疲劳安全寿命确定的到达第i次大修前的大修间隔,Y_S为飞机在修理厂的大修时间,Y_R'为结构最后一次大修后由剩余飞行小时数(起落次数)确定的服役周期。

上述参数中,Y_T为本节要确定的量。Y_1、Y_2、Y_C可以通过防护体系日历安全寿命和结构基体日历安全寿命的确定过程得到,在本节中默认其为已知量。在飞机疲劳安全寿命定寿时通常要给出首翻飞行小时数(起落次数)和大修间隔飞行小时数(起落次数),将其与飞机的飞行强度(年飞行小时数或年起落次数)相结合,即可得到由疲劳安全寿命确定的飞机结构首翻期Y_1'和大修间隔Y_i';Y_S为由修理厂的修理水平所决定,为已知量。若结构经历某次大修后剩余的飞行小时数(起落次数)小于等于由疲劳安全寿命确定的大修间隔飞行小时数,则此次大修为结构的最后一次大修,由此次大修后剩余飞行小时数(起落次数)确定的服役周期即为Y_R'。

飞机结构的首翻期与Y_1'和Y_1有关,若首翻前防护体系日历安全寿命Y_1大于由疲劳安全寿命确定的结构首翻期Y_1',说明防护体系在达到Y_1'时还未失效,首翻期应取为Y_1';若首翻前防护体系日历安全寿命Y_1小于等于由疲劳安全寿命确定的结构首翻期Y_1',说明如果按照疲劳安全寿命控制飞机的首翻,防护体系可能过早失效,威胁飞行安全,则首翻期应取为Y_1。

同样地,飞机结构大修间隔与Y_i'和Y_2有关,若首翻后防护体系日历安全寿命Y_2大于由疲劳安全寿命确定的到达第i次大修前的大修间隔Y_i',则大修间隔应取为Y_i';若首翻后防护体系日历安全寿命Y_2小于等于由疲劳安全寿命确定的到达第i次大修前的大修间隔Y_i',则大修间隔应取为Y_2。

还存在一种特殊情况:首翻前防护体系日历安全寿命Y_1大于由疲劳安全寿命确定的结构首翻期Y_1',首翻后防护体系日历安全寿命Y_2小于由疲劳安全寿命确定的到达第i次大修前的大修间隔Y_i',大修时内层不可修复防护体系未受到损伤且首翻前防护体系日历安全寿命Y_1大于由疲劳安全寿命确定的到达第i次大修前的大修间隔Y_i'。在此情况下,结构大修时可以将防护体系恢复到出厂时的状态,可使用Y_1作为大修后的防护体系日历安全寿命,且$Y_1 > Y_i'$,大修间隔应取为Y_i'。

在最后一次大修后,若首翻后防护体系日历安全寿命Y_2与结构基体日历安全寿命Y_C之和大于结构最后一次大修后由剩余飞行小时数(起落次数)确定的服役周期Y_R',说明在疲劳安全寿命到寿时结构防护体系或基体尚未失效,最后一次大修至日历安全寿命到寿的服役周期应取为Y_R';若$Y_2 + Y_C \leqslant Y_R'$,说明结构基体的日历安全寿命先于结构疲劳安全寿命到寿,最后一次大修至日历安全寿命到寿的服役周期应取为$Y_2 + Y_C$。

根据上述讨论,将结构首翻期、历次的大修间隔、最后一次大修至日历安全寿命到寿的服役周期以及几次大修时的修理时间进行相加,即可得到结构的日历安

全寿命 Y_T。

确定飞机结构日历安全寿命的流程如图 10.5 所示。

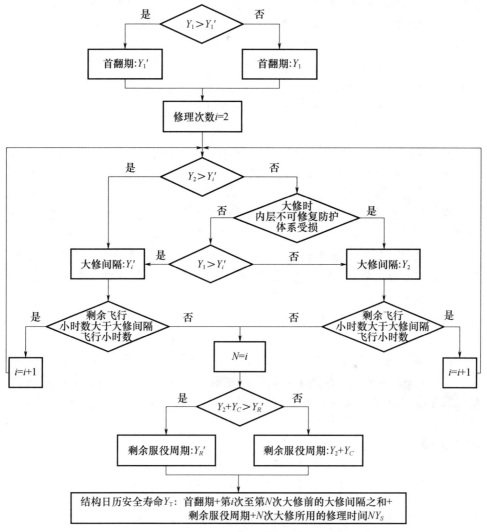

图 10.5　确定飞机结构日历安全寿命的流程

10.5.2　多服役环境下飞机结构日历安全寿命的确定方法

由结构疲劳安全寿命确定的飞机结构首翻期和大修间隔与首翻飞行小时数（起落次数）、大修间隔飞行小时数（起落次数）和飞机的使用强度相关,因此,由结构疲劳安全寿命确定的飞机结构首翻期和大修间隔不受多服役环境的影响。而对防护体系日历安全寿命和结构基体日历安全寿命来说,它们的取值与环境的腐蚀水平密切相关,不同的服役环境对应着不同的防护体系日历安全寿命和结构基体日历安全寿命。

现有的研究表明,一般可认为腐蚀对材料的损伤作用服从线性规律。在此理论的基础上,可以通过线性累积损伤的计算方法进行多服役环境下防护体系日历安全寿命和结构基体日历安全寿命的确定,进而确定飞机结构在多服役环境下的日历安全寿命。

根据线性累积损伤的计算方法,若防护体系在某一环境下的日历安全寿命为 T 年,飞机在此服役环境下使用了 t 年($t < T$),则防护体系在此 t 年的损伤度为 t/T;飞机继续在其他环境下服役,损伤量线性累积,当防护体系的累积损伤度达到 1 时,则认为防护体系达到了预期的安全使用周期限制,此时所对应的日历寿命的总和即为多服役地区防护体系日历安全寿命值。若防护体系失效后,结构基体在某一环境下的日历安全寿命为 T' 年,飞机在此服役环境使用了 t' 年($t' < T'$),则结构基体在此 t' 年的损伤度为 t'/T';飞机继续在其他环境下服役,损伤量线性累积,当结构基体的累积损伤度达到 1 时,则认为结构基体达到了预期的安全使用周期限制,此时所对应的日历寿命的总和即为多服役地区结构基体日历安全寿命值。

在多服役环境下综合考虑防护体系日历安全寿命、结构基体日历安全寿命,以及由结构疲劳安全寿命确定的首翻期和大修间隔,进而确定飞机结构日历安全寿命的原则和计算方法与单一服役环境下的相同。

当然,结构日历寿命问题是一个极其复杂的问题,工程上最有效的手段仍然是加强防腐蚀措施。这里提出的一些分析方法也是在防护措施一定的情况下开展的,是一些非常的初步的工作,仔细的研究工作仍有待于深入。对于实际飞机结构,日历寿命的研究工作其主要目的是制定结构的日历翻修间隔期,而对于那些不能修理的结构,则是对应于其日历寿命了。

参考文献

[1] GJB 775A—2011. 军用飞机结构完整性大纲,飞机要求[S]. 北京:中国人民解放军总装备部,2011.

[2] MIL – STD – 1530C. Aircraft Structural integrity Program[S]. U. S. Air Force,2005.

[3] 蒋祖国,田丁栓,周占廷,等. 飞机结构载荷/环境谱[M]. 北京:电子工业出版社,2012.

[4] 张腾,何宇廷,高潮,等. 地面停放飞机局部温度环境研究[J]. 航空学报,2015,36(2):538 – 547.

[5] 赵海军,金平,陈跃良. 飞机地面局部气候环境研究[J]. 航空学报,2006,27(5):873 – 876.

[6] 刘文斌,李玉海,等. 飞机结构日历寿命体系评定技术[M]. 北京:航空工业出版社,2004.

[7] 陈跃良,金平,林典雄,等. 海军飞机结构腐蚀控制及强度评估[M]. 北京:国防工业出版社,2009.

[8] Sun S Q,Zheng Q F,Li D F,et al. Exfoliation corrosion of extruded 2024 – T4 in the coastal environments in China[J]. Corrosion Science,2011,53:2527 – 2538.

[9] Wang Z Y,Ma T,Han W,et al. Corrosion behavior on aluminum alloy LY12 in simulated atmospheric corrosion process[J]. Transactions of Nonferrous Metals Society of China,2007,17:326 – 334.

[10] 张海威,何宇廷,康青山,等. 日历环境对飞机疲劳关键件性能影响研究[J]. 北京理工大学学报,2013(7):661 – 664,693.

第 11 章

飞机结构腐蚀关键件服役/使用日历寿命控制技术

11.1 实际服役状态下飞机结构腐蚀关键件的
单机寿命监控技术

腐蚀关键件的实际服役状态与防护层的有效作用时间以及基体材料的腐蚀扩展规律密切相关。对于飞机结构腐蚀关键件而言,重点在于对其进行防护体系有效期评估、基体腐蚀损伤度评估、结构静强度分析等[1],以确定飞机结构满足使用要求而能达到的最大使用时间。

腐蚀关键件日历使用寿命监控(跟踪)技术途径如图 11.1 所示。其步骤如下。

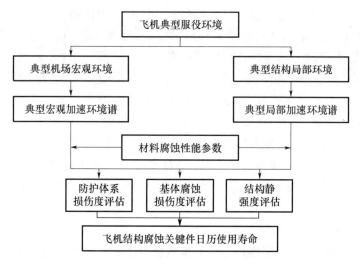

图 11.1 腐蚀关键件日历使用寿命监控技术途径

1. 飞机结构服役环境的获取

飞机在不同的地区服役/使用,其所处的机场环境是不同的,根据历年的气象环境资料,可以统计得到其地面停放环境参数(主要包括温度、湿度、雨水、雾、凝露、空气中有害介质的含量和风速等）、空中飞行环境参数以及结构的局部环境参数及其变化规律。

2. 宏观加速环境谱与结构局部环境谱的编制

实际服役环境对飞机结构寿命的影响是长期的和缓慢的,要真实模拟服役环境对飞机结构的影响而进行长期的环境试验是不现实的,也是不必要的。当前,工程上主要通过编制加速环境谱进行较短时间的腐蚀试验,以达到与实际使用很长时间下同等的腐蚀效果。

可以将飞机服役/使用环境参数进行统计分析,按照损伤一致性原理编制机场地面停放环境谱与空中环境谱(本书统称为宏观加速环境谱);对飞机结构的局部环境进行统计分析,编制结构局部环境谱。在编制环境谱的过程中,应本着"宜粗不宜细"、"宜简不宜繁"的原则,因为过细过繁将导致环境谱编制的成本增大。

相对而言,飞机结构的宏观环境(机场停放环境与空中使用环境)数据相对容易获取,由于结构局部环境与宏观环境存在一定的关联性,因此,在无法获得结构的局部环境数据时,可以初步用宏观环境谱来近似代替结构局部环境谱进行试验。事实上,飞机上不同结构的形式、密封、排水等设计均不相同,导致其局部环境存在很大差异。如果技术条件允许,应该尽量采用结构的局部环境数据编制结构局部环境谱。宏观/局部环境谱编制流程如下:

(1) 确定飞机所处的环境区域。

(2) 确定飞机宏观使用环境(机场停放环境和空中使用环境)、结构局部环境类型。通过相关技术途径获取所需环境数据,根据飞机结构的特点、用途和使用方法确定主要环境因素,忽略次要环境因素。

(3) 编制宏观环境谱(机场停放环境谱和空中环境谱)、结构局部环境谱。

(4) 通过试验确定真实环境和加速环境的腐蚀损伤当量关系,把宏观/局部使用环境谱换算成当量环境谱。

3. 腐蚀关键件日历使用寿命特性分析及监控(跟踪)方法

对于飞机结构腐蚀关键件,重点在于对其进行防护体系损伤度评估、基体腐蚀损伤度评估、结构静强度分析等,以确定飞机结构满足使用要求可达到的最大使用时间。

(1) 防护体系损伤度评估

在这里,以线性累积损伤理论为基本依据对防护体系的损伤度进行评估。虽然线性累积损伤模型可能与防护体系的实际损伤累积过程存在一定差异,但是,线性累积损伤模型具有一定的合理性、模型简单,且判断防护体系的损伤度本身就是以防护体系的日历安全寿命作为依据,可以保证计算结果具备一定的安全余量,在实际工程中这样处理是可以满足精度和安全性要求的。

飞机在某地服役期间的防护体系损伤度计算如下:

$$d_i = \frac{t_i \cdot \varepsilon_i}{T_p} \tag{11.1}$$

式中：t_i 为飞机在某地（即某种服役环境下）的服役时间，一般以 y（年）为单位表示；ε_i 为试验所用环境谱的加速系数，一般以 h/y（小时/年）为单位表示，代表了 ε_i 小时试验环境谱对防护体系的腐蚀损伤等效于某地 1 年的实际服役环境对防护体系的腐蚀损伤，此加速系数一般是跟随试验所用的环境谱配套给出，不同地区的 ε_i 值一般不一样；T_p 是由试验结果表示的防护体系日历安全寿命，一般以 h（小时）为单位表示，是根据试验结果，考虑了腐蚀分散性给出的安全寿命值。

根据线性累积损伤的计算方法，将飞机在各地服役期间的防护体系损伤度累加，即可得到防护体系的累积损伤度，当防护体系的累积损伤度达到 1 时，即认为防护体系达到日历安全寿命限制。若不进行相应地维修，则认为结构基体将受到腐蚀环境的影响。

（2）基体腐蚀损伤度评估

从偏于安全的角度考虑，当计算得到飞机结构的防护体系损伤度达到 1 时，即认为结构基体开始受到腐蚀的影响。对于飞机结构中的腐蚀关键件，仍然可以以线性累积损伤理论为基本依据对基体的损伤度进行评估，其损伤度的计算、累积方法与防护体系类似。当基体的累积损伤度达到 1 时，即认为整个结构达到了日历安全寿命的限制。

（3）腐蚀关键件结构静强度分析

为保证腐蚀关键件在日历寿命期内可满足使用要求，一般要对结构进行静强度分析，方法如下。

飞机结构出厂时结构设计静强度许用值为

$$[\sigma] = \frac{F_0}{S_0} \tag{11.2}$$

式中：$[\sigma]$ 为设计的最大许用应力；F_0 为结构设计载荷水平；S_0 为结构承力的原始横截面积。

结构发生腐蚀后，由于横截面积发生变化，应力水平也会发生变化，即

$$\sigma(T)_{削弱} = \frac{F_0}{S(T)_{削弱}} \tag{11.3}$$

式中：$\sigma(T)_{削弱}$ 为腐蚀作用后横截面的应力；F_0 为结构设计载荷水平；$S(T)_{削弱}$ 为腐蚀作用后结构的横截面积。易知随着服役时间 T 的增长，结构发生腐蚀的情况也会越来越严重，则承力横截面的面积越来越小。

按照飞机结构静强度设计要求，发生腐蚀后结构的静强度需满足安全系数要求，即

$$\frac{[\sigma]}{\sigma(T)_{削弱}} \leq \eta \tag{11.4}$$

式中：η 为结构安全系数。

在满足上式要求的条件下，可以求解得到最大的日历使用时间，得到考虑静强度要求的腐蚀关键件的日历服役/使用寿命值。

11.2　飞机结构腐蚀关键件实际日历寿命调控技术

从腐蚀关键件的日历安全寿命计算过程可以看出，腐蚀关键件的日历安全寿命除了与结构本身的耐腐蚀性能有关，还受到结构所处服役环境的影响。因此，对飞机结构腐蚀关键件的服役环境进行调整是一种有效的寿命控制手段。

首先需要说明的是，除了在大修时将不同飞机的腐蚀关键件拆除后交换使用外，实际情况中不存在单独针对飞机结构腐蚀关键件的服役/使用计划调整。实际服役中的飞机一般也不可能只考虑腐蚀关键件的寿命需求而改变整架飞机的服役/使用计划。本节中涉及的飞机结构腐蚀关键件服役/使用计划调整只是从理论上来探讨这一问题，在工程中还需综合考虑飞机结构中其他结构的服役使用寿命需求[2]（例如，以结构损伤度作为不同类型飞机结构损伤程度的统一度量标准，通过综合应用不同的飞机结构服役/使用计划调整手段，可以实现飞机结构中不同类型结构在损伤度上的协调）。

在不同服役区域执行飞行任务的飞机，由于地面腐蚀环境的不同，在相同的地面停放时间下，腐蚀关键件的日历寿命损耗值也是不同的[3]。例如，在沿海、湿热地区服役的飞机，结构的腐蚀程度较北方、干燥地区服役的飞机要严重得多，相同地面停放时间下，其日历寿命耗损也要高得多[4-6]。

依据腐蚀关键件的损伤对飞机进行服役/使用计划调整时，对在不同服役区域执行飞行任务的飞机，基于飞机结构状态对飞机的服役区域适时进行调整，将腐蚀较为严重的区域的飞机调至腐蚀较为轻微的区域进行飞行，可以延长其服役使用时间，从而使机群实现总的日历寿命的增长，达到保证机群规模的目的。

参考文献

[1] GJB 775A—2011. 军用飞机结构完整性大纲,飞机要求[S]. 北京: 中国人民解放军总装备部,2011.

[2] 余建航,郝文尧,房琳. 腐蚀环境对直升机材料的力学性能影响分析[J]. 科技信息,2012(15): 243 – 245.

[3] 石荣,李郑琦,王学德,等. 飞机结构日历寿命研究现状及关键问题[J]. 中国腐蚀与防护学报,2008 (6):381 – 386.

[4] 贺小帆,刘文珽,蒋冬滨. 腐蚀条件下飞机结构使用寿命监控[J]. 北京航空航天大学学报,2003(3): 229 – 232.

[5] 李玉海,刘文珽. 腐蚀条件下飞机结构疲劳寿命评定技术研究[J]. 飞机设计,2002(4):1 – 10.

[6] 辛志东. 某型飞机结构连接件日历寿命研究[D]. 南昌:南昌航空大学,2014.

第 四 篇

飞机结构腐蚀疲劳关键件寿命控制原理与技术

本篇主要针对飞机结构腐蚀疲劳关键件的寿命控制问题开展研究。提出了飞机结构寿命包线的概念,发展了飞机结构寿命包线的建立方法,建立了基于寿命包线的飞机结构剩余寿命预测(动态评定)方法和基于寿命包线扩展的飞机结构延寿技术;基于日历安全寿命与寿命包线的基本原理,以某一飞机腐蚀疲劳关键件样件,根据试验结果和拟定的服役/使用历程给出了寿命评定示例。

第 12 章

飞机结构安全寿命包线基本原理

如第1章中的分析所述,我国现阶段是依据飞机结构设计状态对疲劳问题和腐蚀问题进行单独"定寿"管理的,当飞机的实际使用情况与设计状态的"基准"情况相偏离时,就可能造成疲劳寿命与日历寿命不匹配、结构腐蚀或疲劳损伤问题严重、结构服役状态危险等问题。

根据适航条例 CS 25.613《材料强度性能与设计值要求》的规定要求,对飞机结构材料的应用有三点是至关重要的,一是要有足够的试验结果支持并采用统计的分析方法,二必须要保证结构失效的概率最低,三对于关键的结构件必须考虑,温度等环境的影响。针对上述问题和要求,目前考虑腐蚀疲劳问题的主要方法是对结构的疲劳寿命直接乘以一个考虑腐蚀影响的拆减系数,也就是用一个缩减了的疲劳寿命来控制飞机结构的使用(日历寿命的影响也可以这么做)。于是得到这样疲劳寿命拆减系数甚至可以到0.8,这是一个方法简单但对在差别较大的地区服役的飞机结构股役/使用疲劳寿命影响较严重的结果。为了较准确地考虑腐蚀疲劳关键件的寿命特性,充分发挥结构效能,这里提出了材料寿命包线、结构寿命包线和飞机结构安全寿命包线的概念,给出了典型服役环境下飞机结构安全寿命包线的建立方法,提出并介绍了一种飞机结构安全寿命包线的拓展形式——飞机结构安全寿命包面。

飞机结构安全寿命包线考虑实际服役条件下疲劳寿命和日历寿命的相互影响,是对飞机结构进行"动态评定"而确定其使用寿命限制的理论模型,从基本理论上解决了飞机结构寿命与日历寿命不匹配的问题,可以将其作为飞机结构腐蚀疲劳关键件寿命控制的基础性原理。

12.1 飞机结构安全寿命包线的基本概念与内涵

1. 材料寿命包线的概念

材料寿命包线是表征材料的疲劳寿命随腐蚀时间变化的曲线。典型的材料寿命包线如图 12.1 所示。

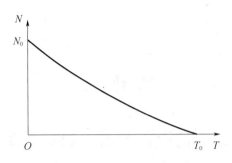

图 12.1　典型的材料寿命包线

如图 12.1 所示，材料寿命包线可以表示在以腐蚀时间 T 为横坐标，以疲劳寿命 N 为纵坐标的二维直角坐标系中，反映了腐蚀时间对材料疲劳寿命的影响。材料寿命包线是用若干组相同的无防护体系的材料试验件（也不包括材料出厂时所带的包铝层、镀锌层等），在一定的载荷谱和环境谱下，历经不同的腐蚀周期 T，测得试验件断裂时的循环次数 N；计算同组试验件的疲劳寿命平均值，并以其为纵坐标、以对应的腐蚀周期 T 为横坐标在上述坐标系中作点；最后将上述坐标系中所作的点平滑连接，就得到了一条对应于该载荷谱和环境谱的材料寿命包线。

材料寿命包线与坐标轴纵轴的交点 N_0 对应于材料试验件在无腐蚀条件下得到的疲劳寿命（均值），反映的是材料的纯疲劳性能；材料寿命包线与坐标轴横轴的交点 T_0 的含义是材料腐蚀过于严重以至于完全丧失了疲劳性能（在第一次加载时尚未达到最大应力就已经断裂），反映的是材料的腐蚀性能。

在获取材料寿命包线的过程中，根据研究目的的不同，载荷谱和环境谱的作用方式可以是预腐蚀疲劳作用、腐蚀疲劳交替作用或腐蚀疲劳同时作用，但同一条材料寿命包线必须要采用相同的载荷谱/环境谱作用方式（包括腐蚀疲劳交替作用下的交替周期相同，腐蚀疲劳同时作用下的试验频率相同等）。

2. 结构寿命包线的概念

结构寿命包线是表征结构的疲劳寿命随腐蚀时间变化的关系线[1]。典型的结构寿命包线如图 12.2 所示。

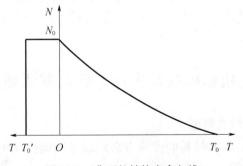

图 12.2　典型的结构寿命包线

如图 12.2 所示,结构寿命包线可以表示在以腐蚀时间 T 为横坐标,以疲劳寿命 N 为纵坐标的二维直角坐标系中。但与材料寿命包线相比,结构寿命包线分为左右两侧,且其所处的坐标系的横坐标左右方向均为正值。结构寿命包线的左侧部分代表了结构表面防护体系的影响,横坐标 T_0' 为结构表面防护体系的日历寿命平均值。若结构表面无防护体系(包括包铝层、镀锌层等),则结构寿命包线的左侧部分不存在。结构寿命包线的右侧部分与材料寿命包线类似,反映了腐蚀时间对结构疲劳寿命的影响,表征了腐蚀时间与结构疲劳寿命的对应关系。

3. 飞机结构安全寿命包线的概念

飞机结构安全寿命包线反映的飞机结构关键件在服役过程中当量飞行小时数/起落次数与服役日历时间范围的边界线,也即飞机结构当量疲劳寿命与日历寿命的使用限制线,可以在以疲劳寿命(纵坐标)和日历寿命(横坐标)为坐标轴的二维寿命直角坐标系中用曲线表示,其反映了日历寿命对飞机结构关键件疲劳寿命的影响。

依据飞机结构安全寿命包线,可以预测飞机结构腐蚀疲劳关键件在特定服役环境下经历不同强度飞行后的结构剩余寿命[2],进而实现实际服役条件下的飞机结构寿命控制。基于寿命包线理论对飞机结构寿命进行管理/控制可以有效解决飞机结构疲劳寿命与日历寿命不匹配的问题。

4. 飞机结构安全寿命包线的含义

单一环境下飞机结构腐蚀疲劳关键件的安全寿命包线如图 12.3 所示,若飞机在多个地区转场使用,则多种典型环境下飞机结构腐蚀疲劳关键件的安全寿命包线如图 12.4 所示(四种腐蚀环境)。安全寿命包线图中纵坐标为基准飞行小时数 N_f,单位为当量飞行小时(efh),横坐标为日历使用时间 N_y,单位为年(y)。

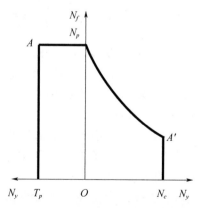

图 12.3　单一环境下飞机结构腐蚀疲劳关键件安全寿命包线

这里需要说明的是,现阶段用于飞机结构寿命管理的疲劳损伤性能指标不尽相同,美国是飞行次数、飞行小时数和起落次数三个指标,由于同一架飞机的飞行次数和起落次数基本一样,我国采用的是飞行小时数和起落次数两个指标[3]。之所以采用飞行小时数和起落次数这两个指标,是由于飞机上的不同结构受到的载荷来源不同。例如,飞机上大多数的结构在服役时主要受到飞行载荷的作用,主要以飞行小时数作为疲劳指标;起落架、起落架大梁等结构在服役时主要受到与地面的冲击载荷的作用,主要以起落次数作为疲劳指标;襟翼、增压舱等结构在服役时的受载情况主要与飞行次数有关,主要以飞行次数或起落次数作为疲劳指标;机翼大梁等一些结构,在飞行、起飞与降落时均起到传力的作用,要以飞行小时数和起落次数共同作为疲劳指标。现阶段我国是根据飞机的一般任务特征确定飞行小时数与起落次数的比例,再根据具体部件的受载特征,通过寿命评估来给出其飞行小时数和起落次数,在飞机实际服役时以先到者为准。但在实际中,飞行小时数和起落次数这两个指标往往不能完全匹配,对于一些特殊情况(如进行航空母舰上的起降训练)两者相差更远。

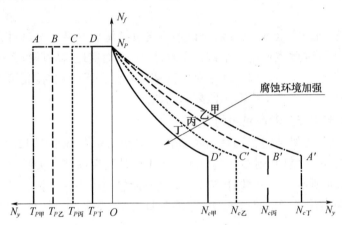

图12.4 多种典型环境下飞机结构腐蚀疲劳关键件安全寿命包线

在飞机结构安全寿命包线中,以损伤度作为结构到寿的依据,因此,结构在飞行与起落时受到的损伤是均应考虑的,其分别对应结构的飞行谱和起落谱,单位分别为当量飞行小时数与起落次数。因此,对同时受到飞行载荷和起落载荷的结构,其完善的安全寿命包线应该有两条,分别用于计算结构在飞行时、起落时的损伤。当然,若要简化处理,也可以将飞行谱和起落谱按照一定的比例合并成飞—续—飞谱,并将每次飞行任务(飞行 + 起落)的损伤按等损伤原则折算到飞—续—飞谱下的当量值,但建议根据第五篇中的飞机服役/使用计划调整方法对飞机的服役过程进行主动控制。本书中仅以当量飞行小时数作为纵坐标示出安全寿命包线的基本原理与应用。

图12.3中横坐标的左右两个方向均为日历寿命 N_y,均为正值;纵坐标为当量飞行小时数 N_f。腐蚀疲劳关键件的安全寿命包线由两部分组成,左侧为飞机结构防护体系有效时的安全寿命包线,右侧为防护体系失效后的安全寿命包线。腐蚀

疲劳关键件安全寿命包线中的 N_p 点为飞机结构的基准疲劳/耐久性安全寿命值，是通过结构疲劳/耐久性试验后进行可靠性分析得到的满足一定可靠度和置信度要求的基准寿命（即当量服役/使用寿命限制值）；A 点对应着防护体系的日历安全寿命 T_p（即日历安全寿命或当量服役/使用日历寿命限制值）。在防护体系有效时的 $(0, T_p)$ 段，飞机结构的损伤来源于结构经历的疲劳载荷作用，不必考虑腐蚀对结构的影响；$N_p - A'$ 段曲线反映了防护体系失效后环境腐蚀时间对基准疲劳/耐久性安全寿命的影响；A' 点是防止结构在腐蚀与疲劳的共同作用下发生意外断裂或停止使用的结构安全限制点，一般是通过考虑腐蚀环境下结构的静强度要求、腐蚀环境下结构的断裂特性要求、结构经济修理以及飞机技术状态的要求综合分析得到。反映在寿命包线图 12.4 上，不同的腐蚀强度对应着不同的安全寿命包线范围，腐蚀环境越强，则结构在此环境下的使用寿命限制范围越小，结构到寿时的基准疲劳/耐久性安全寿命和日历安全寿命越小。

5. 飞机结构安全寿命包线的本质

飞机结构安全寿命包线与飞机的机动飞行包线一起，构成了飞机结构安全服役/使用限制的两道防线。机动飞行包线限制了飞机在不同高度的过载使用范围，保证的是飞机结构在每次飞行的安全；安全寿命包线则限制了飞机的寿命使用范围，保证的是飞机结构在全寿命服役周期的安全。

飞机结构安全寿命包线实质上是在一定的可靠度与置信度要求下，飞机结构损伤度达到 1 时的当量飞行小时数与日历使用时间的关系曲线，依据结构安全寿命包线对飞机结构进行寿命管理/控制都是以结构损伤度为基准的[4]。

首先，飞机结构安全寿命包线的本质是飞机结构服役/使用的安全寿命限制线，这里要特别强调"安全"的含义。飞机结构安全寿命包线上的任意一点被认为是结构损伤度达到 1 时状态点，然而，其并不代表了结构达到此损伤状态时一定会发生真实断裂，只是出于安全的角度出发达到了所定义的"安全使用限制"。例如，如果飞机结构寿命服从对数正态分布，则安全寿命包线就是根据试验结果进行可靠性分析得到的满足一定可靠度与置信度（99.9% 可靠度与 90% 置信度）要求的安全限制性，如图 12.5 所示。

其次，结构损伤度是依据安全寿命包线进行飞机结构寿命管理/控制的基础。对于飞机的机动飞行包线，飞机只要在飞行过程中不超过机动包线的限制范围即可认为是安全的，进行的是"直观"的控制。与机动包线不同，安全寿命包线上的点对应的是飞机在某一特定飞行强度下的状态（寿命包线上任意一点与原点连线的斜率即为基准疲劳寿命/日历寿命，efh/年），而飞机在全寿命期内的飞行强度并不是固定不变的，其实际服役的状态可能无法在安全寿命包线中找到对应点，因此，飞机结构安全寿命包线进行的是"非直观"控制。在飞机飞行强度为某一定值的一段时间内，可以依据安全寿命包线求得飞机在该时间段的结构损伤度。对于全寿命周期内不同飞行强度的时间段，可以分别求得其损伤度，而后进行累积（最

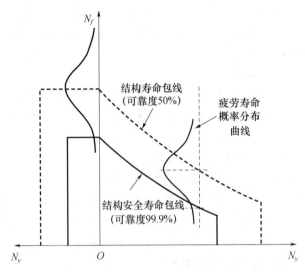

图 12.5　飞机结构安全寿命包线与结构寿命包线的关系

为简单的是采用损伤线性累积方法,也可采用精度更高的方法),当结构累积损伤度达到 1 时认为结构到寿。

6. 飞机结构安全寿命包线对保证结构安全的意义

现阶段世界各国对于腐蚀疲劳关键件的腐蚀控制方面基本上都采取"发现即修理"的维护措施(国外称为 Find and Fix)。例如,美军航空母舰上的飞机即使是发现米粒般大小的涂层损伤也要立即采取修理措施,防止基体材料发生腐蚀而使结构整体的疲劳寿命受到影响。

然而,平时的维护主要是通过目视检查的方法对外部暴露结构进行检查,大多数内部结构发生的腐蚀可能并不会被马上发现;即使是飞机大修也不是重新组装飞机,很多内部结构可能发生腐蚀而未被检查出来(如整体油箱内部的腐蚀),甚至飞机的有些内部结构在生产时经防腐处理过后直至退役都不会再做防腐处理;加之各种检查、检测手段在实施过程中都存在漏检的可能,也就是说,"发现即修理"的维护措施背后存在着"发现不到的地方就不会被修理"这一事实,飞机结构中很可能有已经发生腐蚀损伤的结构长时间在疲劳载荷的作用下服役/使用。

飞机结构安全寿命包线就是针对上述问题,研究腐蚀环境对结构寿命的影响规律,从可靠性的角度来解决飞机结构在腐蚀条件下的寿命管理问题,即使是结构在腐蚀环境和疲劳载荷条件下共同服役,也能从理论上保证结构安全(发生失效的概率很低),发挥结构寿命的最大潜力。

7. 飞机结构安全寿命包线与结构 p–S–N 曲线的对比

通过对飞机结构安全寿命包线与结构 p–S–N 曲线的对比,可以更好地理解安全寿命包线的概念与内涵。飞机结构安全寿命包线与 $p-S-N$ 曲线的对比如表 12.1 所列。

表 12.1　飞机结构安全寿命包线与 $p-S-N$ 曲线对比

对比项	飞机结构安全寿命包线	结构 $p-S-N$ 曲线
概念	结构安全寿命包线是表征在一定服役条件下（载荷条件和腐蚀环境），结构疲劳寿命与日历寿命的关系曲线，是飞机结构安全使用的当量疲劳寿命与日历寿命的使用限制线	结构 $p-S-N$ 曲线是表征在一定的应力比下，结构的应力水平与断裂循环次数的关系曲线，是在一定可靠度和置信度下的结构不发生疲劳断裂的应力水平与疲劳寿命的限制线
建立方法	在同一环境下开展不同飞行强度对应的多组预腐蚀疲劳试验或腐蚀疲劳交替试验，确定结构的防护层有效周期以及腐蚀环境对结构基体疲劳寿命的影响关系	在同一应力比下开展不同应力水平的成组疲劳试验，确定疲劳寿命与应力水平的关系
应用范围	对腐蚀和疲劳共同影响下的结构进行寿命监控、寿命预测等	对纯疲劳作用下的结构进行寿命预测等
曲线形式		
曲线上任意点的含义	曲线上任意点代表了在特定服役环境下对应飞行强度时结构的疲劳安全寿命与日历寿命值	曲线上任意点代表了特定应力水平载荷条件下结构的疲劳寿命值
应用	飞机结构安全寿命包线只是结构安全使用时疲劳寿命与日历寿命的限制线，根据飞机结构安全寿命包线进行剩余寿命预测时，必须要指明飞机的飞行强度与使用环境；就如使用 $S-N$ 曲线进行寿命预测，必须要指明结构的应力水平和应力比	

12.2　飞机结构安全寿命包线的建立方法

1. 建立飞机结构安全寿命包线的基本条件

飞机结构的安全寿命包线一般通过实验室条件下的加速腐蚀/疲劳试验确定。其中，防护体系的日历安全寿命通过防护体系模拟件的加速腐蚀试验确定；结构基体随日历腐蚀时间的寿命退化规律是根据其服役/使用情况通过预腐蚀疲劳试验或腐蚀疲劳交替试验确定的。

在建立结构安全寿命包线的腐蚀试验过程中,所采用的加速腐蚀环境应与结构的实际服役环境具有明确的损伤当量关系,常应采用当量加速环境谱,以便于模拟实际条件下的寿命管理/控制,所编制加速环境谱的最小施加单位一般为年。

飞机的飞行强度实际上包括飞行密度(年飞行小时数,反映飞机使用的频繁程度)和飞行载荷(反映飞机单次飞行时结构所受的载荷水平)两部分内容,反映在安全寿命包线上即为当量飞行小时数一个参数(由于此时认为飞行载荷是不变的)。因此,在一条飞机结构安全寿命包线上,常常把飞行密度称为飞行强度。在建立结构安全寿命包线的疲劳试验过程中,所采用的加载条件一般为飞机的基准使用载荷谱,得到的试验结果为基准疲劳寿命。基准使用载荷谱是根据飞机使用时测量的数据对设计载荷谱的修正,代表了在规定使用方法下飞机实际使用所承受的平均载荷谱。因此,依据安全寿命包线对服役飞机进行寿命管理/控制时,都应先将飞机的实际飞行小时数等损伤折算为飞机结构在基准载荷谱下的当量飞行小时数,其表达式为

$$L_{eq} = \frac{d_b}{d_r} L_b \tag{12.1}$$

式中:L_{eq}为当量飞行小时数;L_b为飞机的实际飞行小时数;d_b为飞机实际飞行载荷谱的损伤度;d_r为基准载荷谱的损伤度。

2. 建立飞机结构安全寿命包线的基本假设

建立飞机结构安全寿命包线以及在其基础上进行的飞机结构剩余寿命预测过程建立在两点假设之上:一是认为当结构防护体系完好时,结构处于纯疲劳状态,结构的损伤按照疲劳线性累积损伤理论计算;二是认为防护体系失效后,结构基体在不同腐蚀/疲劳施加比的作用下也服从线性累积损伤理论,即腐蚀条件下的线性损伤累积假设。虽然这不算严格,但这么处理是可以满足工程应用对精确的要求。

3. 建立飞机结构安全寿命包线的步骤

以图12.6为例介绍某一服役环境下飞机结构腐蚀疲劳关键件安全寿命包线的建立步骤,多服役环境下的寿命包线只要将每条包线在同一坐标系中单独建立即可。

1) 确定防护体系日历安全寿命 T_p

飞机结构防护体系日历安全寿命的确定方法是,通过在实验室条件下开展防护体系模拟件的加速腐蚀试验(若能得到结构防护体系在实际大气条件下的失效数据更佳),确定防护体系的日历安全寿命 T_p。

2) 确定结构疲劳/耐久性安全寿命 N_p

开展实际结构件或结构模拟件的疲劳/耐久性试验,依据现有的疲劳可靠性

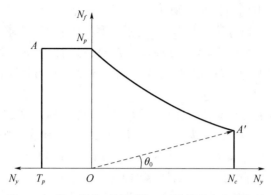

图 12.6　单一服役环境下的飞机结构安全寿命包线

分析方法(假设疲劳寿命服从对数正态分布),根据试验数据计算得到满足一定可靠度和置信度(如 99.9% 可靠度和 90% 置信度)的结构疲劳/耐久性安全寿命 N_p。对于飞机全尺寸结构而言,疲劳/耐久性安全寿命 N_p 就是由全机疲劳/耐久性试验结果为依据给定。

3) 确定结构腐蚀影响系数 $C(T)$ 曲线

从偏安全的角度出发,认为飞机结构防护体系在达到日历安全寿命限制的时候防护体系失效,可以通过无防护体系结构件(或模拟件)的预腐蚀疲劳试验或腐蚀疲劳交替试验探明结构基体寿命特性随日历腐蚀时间的寿命退化规律。开展若干组不同预腐蚀周期或不同腐蚀疲劳交替强度的试验,通过拟合的方法确定结构基体的腐蚀影响系数 $C(T)$ 曲线公式为

$$C(T) = \frac{N_\alpha(T)}{N_p} \tag{12.2}$$

式中:$N_\alpha(T)$ 为经历服役环境当量作用 T 年后结构模拟件满足 α 可靠度与相同置信度要求的疲劳/耐久性安全寿命;N_p 实际上就是 $N_\alpha(0)$,表征了未经腐蚀作用的结构模拟件满足 α 可靠度与相同置信度要求的疲劳/耐久性安全寿命;$C(T)$ 曲线表征了环境腐蚀时间对结构疲劳安全寿命的影响。

不同结构在不同腐蚀环境下的寿命退化规律不同,其对应的 $C(T)$ 曲线拟合形式也不尽相同。现常见的结构 $C(T)$ 曲线拟合形式有[5,6]:

$$C(T) = 1 - aT^b \tag{12.3}$$
$$C(T) = \exp(aT^b) \tag{12.4}$$

以上公式中的 a 和 b 均为未知参数,需要通过试验数据拟合确定。

4) 确定结构安全使用限制点 A'

随着飞机服役年限的增长,结构的寿命品质不断下降,为防止结构的意外断裂,要通过考虑腐蚀环境下结构的静强度、断裂特性要求以及结构经济修理要求和飞机技术特性等,综合分析确定特定腐蚀环境下飞机结构的安全使用限制,即

图 12.6 中 A' 点。例如,可以根据腐蚀条件下满足结构静强度和断裂韧度要求二者中较小值对应的日历年限指标确定 A' 点。对结构静强度要求,通常采用极限载荷(或 1.5 倍的最大使用载荷)进行静强度校核;对结构断裂韧度分析,如对损伤容限结构进行试验所施加的载荷应考虑结构破坏是的冲击相应,一般可定为 1.15 倍临界破损安全载荷。

A' 点对应了数值为 $\tan\theta_0$ 的飞行强度 $I_{\theta 0}$,A' 点的实际含义是:当飞机的年当量飞行小时数小于 $\tan\theta_0$ 时,则认为飞机的飞行强度偏低,地面停放时间偏长;假设飞机一直以这种状态使用至到寿,则按照 $N_p - A'$ 曲线发展规律确定的结构基体日历安全寿命就会很长,可能会因为结构基体腐蚀严重导致结构不能满足静强度要求、断裂特性要求等而发生意外断裂。因此,对于飞行强度小于 $\tan\theta_0$ 的情况,结构基体的日历安全寿命限制均以 A' 点的为准。

5)绘制结构安全寿命包线

由图 12.6 中 T_p 点的横坐标与 N_p 点的纵坐标共同确定 A 点;将结构的腐蚀影响系数 $C(T)$ 曲线与疲劳安全寿命 N_p 相乘得到满足一定可靠度与置信水平(如 99.9% 可靠度与 90% 置信度)要求的腐蚀时间(即使用年限)和当量飞行小时数的关系曲线,曲线在结构安全限制点 A' 截止,得到图 12.6 中的 $N_p - A'$ 段;由 A' 点的横坐标确定图 12.6 中的 N_c 点。上述方法只是确定 $N_p - A'$ 段的一种方案,也是工程中最常见、最便捷的方案,也可采用等幅度压缩的方法来实现。至此,即可得到结构安全寿命包线 $T_p - A - N_p - A' - N_c$。

12.3　飞机结构安全寿命包线的拓展
——飞机结构安全寿命包面

飞机结构安全寿命包线是疲劳寿命与日历寿命的双参数寿命模型,在飞机结构安全寿命包线理论的基础上,可以将飞机结构的寿命实现由机群"固定寿命"管理向单机"动态寿命"控制的方向发展。然而,飞机结构的安全寿命包线是以飞机的当量飞行小时数作为基本单位,且实际的飞机通常均在非基准条件下服役/使用,要将它们在不同飞行载荷下的实际飞行小时数首先转换成在基准载荷谱下的当量飞行小时数;若考虑到实际服役条件下疲劳载荷与腐蚀环境的耦合作用,将飞机结构的实际飞行小时数转换成当量飞行小时数只能算是一种工程上的近似[7]。

随着对飞机结构寿命研究的深入发展,对飞机结构安全寿命包线沿应力水平方向进行拓展,减小上述工程误差,则是一种更趋于实际情况的研究方法。因此,这里提出了一种"疲劳寿命—日历寿命—应力水平"三参数安全寿命模型——飞机结构安全寿命包面,以直观表现飞机结构在不同服役条件下的寿命特征。

单一服役环境下的飞机结构安全寿命包面示意图及各方向分解如图 12.7 所

示,飞机结构安全寿命包面可以看做是将安全寿命包线沿应力水平(S)方向的拓展(A向视图),也可以看作是将$S-N$曲线考虑腐蚀后沿日历寿命(N_y)方向的拓展(B向视图)。安全寿命包面的概念与应用方法可以参照寿命包线进行理解。

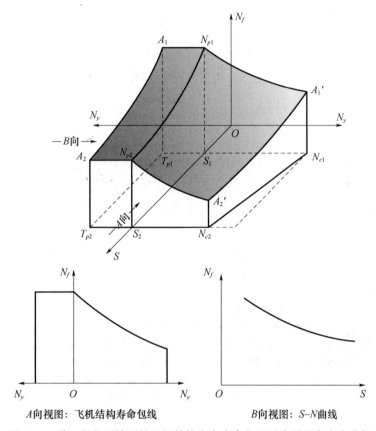

A向视图:飞机结构寿命包线　　　　　B向视图:$S-N$曲线

图 12.7　单一服役环境下的飞机结构安全寿命包面示意图及各方向分解

　　需要说明的是,飞机结构安全寿命包面的建立,可以由若干组在不同应力水平下的安全寿命包线拟合而成,如图 12.8 所示。试验过程中的载荷谱可以采用等幅谱或随机谱形式,不同应力水平下的等幅谱建议采用相同的应力比、最大应力/平均应力不同的谱;不同应力水平下的随机谱建议采用比例谱的形式,用于加载的载荷谱由随机谱乘上应力水平得到。

　　基于安全寿命包面进行飞机结构的单机寿命监控(跟踪)时,可以以飞机的一个起落为基本单位计算飞机结构的损伤度。首先评估飞机在此次起落过程的载荷水平,对应应力水平下的安全寿命包线以飞机的实际飞行小时数为准进行计算;飞机的飞行强度(fh/年),可以由此次起落的实际飞行小时数和此次起落前飞机的停放时间进行折算。

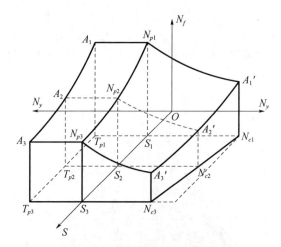

图 12.8　寿命包面的建立过程示意图

参考文献

[1] 何宇廷. 基于飞机结构寿命包线的飞机结构单机寿命监控[J]. 中国工程科学,2006(6):22 – 27.

[2] 张腾,何宇廷,张海威,等. 基于寿命包线的飞机金属结构寿命预测方法[J]. 南京航空航天大学学报, 2014,(3):413 – 418.

[3] GJB 775A—2011. 军用飞机结构完整性大纲,飞机要求[S]. 北京:中国人民解放军总装备部,2011.

[4] 何宇廷. 飞机结构寿命包线的建立[J]. 空军工程大学学报(自然科学版),2005(6):4 – 6.

[5] 刘文珽,李玉海,等. 飞机结构日历寿命体系评定技术[M]. 北京:航空工业出版社,2004.

[6] 李玉海,刘文珽,杨旭,等. 军用飞机结构日历寿命体系评定应用范例[M]. 北京:航空工业出版社,2005.

[7] 何宇廷,范超华. 飞机结构寿命包线的确定方法[J]. 空军工程大学学报(自然科学版),2006(6): 1 – 3.

第 13 章

飞机结构腐蚀疲劳关键件服役/使用寿命监控技术

13.1 当前我国飞机结构腐蚀疲劳关键件的寿命监控方法

军用飞机出厂时都规定了相应的疲劳寿命(N_p,此处的 N_p 即为前面提到的疲劳/耐久性安全寿命或当量服役/使用疲劳寿命限制)和日历寿命(N_c,此处的 N_c 实质上为前面提到的日历安全寿命或当量服役/使用寿命限制指标)指标。此时给定的寿命指标是针对基准使用条件下的。飞行小时数 N_{FH}、飞行起落数 T_{TN} 和日历使用时间 N_{CL} 构成了飞机寿命的三大寿命指标。飞机服役前,上述三个指标的额定值 $N_{FH,cr}$、$T_{TN,cr}$、$N_{CL,cr}$ 都明确给定,飞机停飞退役的判据为[1]

$$(N_{FH,cr} - N_{FH}) \cdot (T_{TN,cr} - T_{TN}) \cdot (N_{CL,cr} - N_{CL}) = 0 \qquad (13.1)$$

式(13.1)表明:N_{FH}、T_{TN}、N_{CL} 中任何一个指标达到额定值,都将意味着飞机服役/使用寿命的结束。可以看出,飞机出厂给定的疲劳寿命指标和日历寿命指标没有考虑不同飞机服役/使用环境的差异,这与实际使用状况是不相符的。如果严格按照上式进行寿命监控管理,在环境恶劣的条件下,由于腐蚀环境的作用,在未达到日历寿命指标时结构可能就因为腐蚀而面临破坏的危险。类似地,在环境影响程度低的地区,如果飞机飞行强度很低,那么日历寿命到寿时,疲劳寿命也可能存在大幅盈余。例如,某型飞机出厂给定的基准寿命指标为 3000 飞行小时/28 年,它本质上隐含了飞机是在未来预期的平均使用状态下进行寿命消耗的,即以107.14 飞行小时/年的平均飞行强度可以使用 28 年、3000 飞行小时,此时疲劳寿命与日历寿命同时到寿。但实际使用中,不同飞机使用情况不尽相同,甚至可能存在较大差异。在寿命管理中若按照出厂给定的基准寿命进行监控管理,上述两个参数任意一个达到即意味着飞机结构寿命的终结。考虑一种极限情况,如果飞机前 27 年飞行强度为 0 或者很低,那么第 28 年无论飞机疲劳是否累积达到 3000飞行小时,都意味着飞机结构寿命的终结,这显然会造成飞机结构疲劳寿命的极大浪费;如果在第 28 年一年内使用 3000 飞行小时,显然会存在极大的安全隐患,因为经过 27 年的停放周期,飞机的结构状态已经不同于新出厂的飞机结构了。

此外,腐蚀环境对飞机结构服役/使用寿命也具有重要影响。

当前的研究通常将腐蚀疲劳关键件的寿命退化归入日历寿命的研究范畴,即认为在大修时腐蚀结构的防护层会被重新修复。但是,飞机大修并不是重新创造组装飞机,飞机大修时仅对发生明显腐蚀的结构和结构外表面(如机翼上下表面等)进行褪漆,然后重新涂上防护层;对于内部无明显腐蚀结构一般不做处理,对腐蚀损伤采用"发现即修理"的维修方式。由于腐蚀的隐蔽性,飞机内部有些结构可能发生腐蚀而未被检查出来,也就是说,飞机的有些内部结构在新飞机生产时经防腐处理过后直至退役都不会再做防腐处理。这会导致在实际情况下飞机的有些内部结构会有相当长的时间将在疲劳载荷与腐蚀环境的共同作用下工作。因此,在对我国飞机进行寿命监控时,应充分考虑到飞机的服役/使用特点。

对于一架已经交付使用的飞机,其结构寿命品质是一定的,并在服役/使用过程中通过疲劳寿命和日历寿命综合反映出来。从本质上讲,疲劳寿命与日历寿命应该反映的是飞机结构损伤所处的一种状态,它们应具有一一对应的关系,也就是说它们之间应该可以相互表征,但由于飞机服役/使用条件是在不断变化着的。为了体现不同服役/使用条件下结构寿命的变化规律,以既保证飞行安全、又充分利用飞机结构的固有寿命为目标,提出了采用飞机结构寿命包线进行单机寿命监控的方法。飞机结构寿命包线理论是将实际使用环境下飞机结构寿命值(疲劳寿命与日历寿命)作为动态变量,根据单架飞机结构的实际"损伤"状态来实现飞机结构寿命的有效监控和管理,其中疲劳服役/使用寿命与日历服役/使用寿命是相互影响的,且与飞机结构实际的飞行强度条件密切相关。

根据飞机结构经历的载荷/环境—时间历程,可以计算得到飞机结构的损伤值,进而确定飞机在服役/使用过程中该结构所处的寿命状态。不同的飞行任务剖面和飞行员操纵水平,都会对飞机结构产生不同的载荷—时间历程,使各单架飞机的疲劳寿命表现出与基准寿命截然不同的特性。因此,对外部载荷进行计算与分析,是把握飞机结构疲劳损伤状态,进行单机寿命监控(跟踪)管理的前提条件。同样地,飞机在实际使用中所经历的不同时域空间,会使飞机结构经历不同的环境—时间历程。对服役飞机的环境条件进行计算与分析,是把握飞机结构腐蚀损伤状态的重要途径,是进行单机寿命监控管理的重要条件。通过开展环境试验和疲劳试验,以确定腐蚀环境和疲劳载荷作用对结构寿命的影响,建立基于飞机结构寿命包线的单机寿命监控方法,从而实现对飞机结构剩余寿命的合理预测。

13.2 基于飞机结构安全寿命包线的腐蚀疲劳关键件剩余寿命预测方法

飞机结构剩余寿命预测是安全寿命包线最基础的应用,其突破了传统的飞机结构"固定寿命"理念,实现了基于飞机使用强度、服役环境和维护水平的结构寿命动态评定与管理,其核心是以飞机结构的实际损伤状态(用损伤度描述)为依据确定飞机结构的剩余寿命。

13.2.1　单一服役环境下飞机结构剩余寿命预测方法

以图 13.1 为例介绍单一服役环境下基于安全寿命包线的飞机结构剩余寿命预测方法。

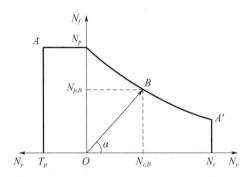

图 13.1　单一服役环境下基于安全寿命包线的飞机结构剩余寿命预测示意图

1. 防护体系有效时,结构当量损伤的计算

在防护体系失效前,飞机结构疲劳寿命的消耗不考虑环境影响,结构的疲劳累积损伤仅与飞行强度相关。飞机结构的飞行强度可以通过飞参记录、飞行履历、关键部位的应力(应变)数据计算得到,认为是已知量,但一般要根据式(12.1)将实际飞行小时折算到结构基准载荷谱下以当量飞行小时数作为度量标准。根据线性累积损伤理论,防护体系有效时的结构当量损伤度为

$$d_A = \sum_{T=1}^{T_P} \frac{I(T)}{N_P} \tag{13.2}$$

式中: $I(T)$ 为第 T 年的当量飞行小时数; N_p 为结构的疲劳安全寿命; T_P 为防护体系的日历安全寿命。

2. 防护体系失效后(达到日历安全寿命 T_P 后),飞机结构的年损伤度计算

当防护体系达到其日历安全寿命后,从偏于安全的角度考虑,认为防护体系失效,飞机结构基体受到疲劳载荷和腐蚀环境的共同作用,此时,结构的当量损伤与飞机所处的飞行强度以及在该飞行强度下所能实现的疲劳寿命、日历寿命值密切相关。

以图 13.1 中的 B 点为例,此点对应的飞行强度为当量飞行小时数与服役/使用时间的比值,在图中表现为直线 $0-B$ 的斜率值。防护体系失效后,假设飞机在 B 点状态下使用 $N_{c,B}$ 年,首先需要计算出在 B 点状态下的飞机年损伤度 d_B。B 点状态下对应的结构基体当量飞行小时数与日历安全寿命的关系如下:

$$N_{P,B} = I_B \times N_{c,B} = C(N_{c,B}) \times N_P \tag{13.3}$$

式中: I_B 为 B 点对应的飞行强度,单位为 efh/年; $N_{P,B}$ 为结构在无防护体系保护作

用下以 I_B 飞行至到寿时对应的当量飞行小时数;$N_{c,B}$ 为结构在无防护体系保护作用下以 I_B 飞行至到寿时对应的日历使用时间;$C(N_{c,B})$ 为 B 点对应的腐蚀影响系数;N_P 为结构疲劳安全寿命。

式(13.3)中 N_P 为已知量,$C(T)$ 的表达形式已知,若已知 B 点对应的飞行强度,则可以求出此飞行强度对应的结构基体疲劳安全寿命限制 $N_{P,B}$ 和日历安全寿命限制 $N_{c,B}$。

则 B 点对应的结构基体年损伤度为

$$d_B = \frac{I_B}{N_{P,B}} = \frac{1}{N_{c,B}} \tag{13.4}$$

飞机以 I_B 飞行强度使用 T_B 年,则飞机结构在此时间段内的累积损伤度为

$$d_{B,T_B} = d_B T_B \tag{13.5}$$

3. 飞机结构的剩余寿命预测

假设飞机的服役/使用状态如表13.1所列,所有飞行强度均大于临界值 $I_{\theta 0}$。

表 13.1　某架飞机在单一服役环境下的服役/使用状态

防护体系状态	飞行强度/(efh/年)	服役时间/年
有效	I_1	T_1
	I_2	T_2
失效	I_3	T_3
	I_4	T_4
	I_5	T_5

根据式(13.2),在防护体系有效期间,飞机结构的累积损伤度为

$$d_A = \frac{I_1 \times T_1 + I_2 \times T_2}{N_P} \tag{13.6}$$

根据式(13.4)和式(13.5),在防护体系失效后,飞机结构的累积损伤度 d_C 为

$$d_C = \frac{I_3 \times T_3}{N_{P,3}} + \frac{I_4 \times T_4}{N_{P,4}} + \frac{I_5 \times T_5}{N_{P,5}} \tag{13.7}$$

式(13.7)中的 $N_{P,3}$、$N_{P,4}$、$N_{P,5}$ 可通过式(13.3)求得。

则飞机结构的剩余损伤度为

$$d_R = 1 - d_A - d_C \tag{13.8}$$

若飞机继续以 I_5 的飞行强度使用至到寿,则飞机的剩余当量飞行小时数为

$$N_{P,R} = d_R \times N_{P,5} \tag{13.9}$$

剩余日历使用时间为

$$T_R = N_{P,R}/I_5 \tag{13.10}$$

从这里也可以看出,剩余疲劳寿命与剩余日历寿命是一一对应且可以相互表征的,都是描述飞机结构的同一剩余损伤度的。

13.2.2　多服役环境下飞机结构剩余寿命预测方法

在实际服役情况下,飞机通常会在不同环境地区转场使用,基于多服役环境下飞机结构寿命包线进行结构的剩余寿命预测更贴近于实际使用情况。按照环境研究"宜粗不宜细"、"宜简不宜繁"的原则[2]和飞机结构日历寿命研究"区域定寿法"的思想[3],可以将我国按照气候环境的腐蚀分级分为四类或五类典型区域,当飞机在同一典型区域内服役时可以认为结构是在同一腐蚀环境下受载。因此,基于安全寿命包线理论对我国飞机进行寿命管理/控制,一般只要建立四类/五类腐蚀地区的安全寿命包线即可满足需求。

多服役环境下飞机结构剩余寿命预测方法的基本思想与单一服役环境下的基本相同,以图13.2为例进行说明。

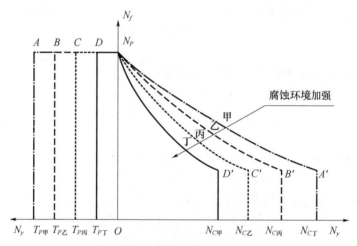

图 13.2　多服役环境下飞机结构安全寿命包线示意图

甲、乙、丙、丁四个地区的腐蚀影响系数曲线公式分别为 $C_1(T)$、$C_2(T)$、$C_3(T)$ 和 $C_4(T)$。对飞机的服役/使用状态进行假设,如表 13.2 所列,所有飞行强度均大于临界值 $I_{\theta 0}$。

表 13.2　某架飞机在多服役环境下的服役/使用状态

防护体系状态	服役环境	飞行强度/(efh/年)	服役时间/年
有效	甲	I_1	T_1
	甲	I_2	T_2
	乙	I_3	T_3
失效	乙	I_4	T_4
	丙	I_5	T_5
	丁	I_6	T_6

在多服役环境下计算防护体系有效时的结构当量损伤,首先就要确定在多服役环境下的防护体系日历安全寿命。假设防护体系的损伤服从线性累积损伤理论,当总损伤度为1任务防护体系失效。当飞机在某一腐蚀地区服役时,飞机的服役/使用年数除以防护体系在此地区的日历安全寿命即为防护体系在此段时间的损伤度;当飞机在不同地区服役后防护体系的损伤度累积至1时,即认为防护体系失效。

在已知多服役环境下防护体系日历安全寿命的基础上,在防护体系有效期内(根据多服役环境下防护体系日历安全寿命的确定方法计算得到),多服役环境下结构的累积损伤计算公式与单一服役环境下的公式相同,如式(13.2)所示。

防护体系失效后,计算多服役环境下飞机结构年损伤度的基本思想与单一服役环境下的一样,只是需要将不同腐蚀环境下的飞机服役状态分开考虑即可。现以表13.2中所示服役/使用状态的飞机为例进行剩余寿命预测。

防护体系失效前,结构累积损伤度为

$$d_A = \frac{I_1 \times T_1 + I_2 \times T_2 + I_3 \times T_3}{N_P} \qquad (13.11)$$

在乙地以 I_4 飞行强度服役时的寿命限制由下式求得

$$N_{P,4} = I_4 \times N_{c,4} = C_2(N_{c,4}) \times N_P \qquad (13.12)$$

在丙地以 I_5 飞行强度服役时的寿命限制由下式求得

$$N_{P,5} = I_5 \times N_{c,5} = C_3(N_{c,5}) \times N_P \qquad (13.13)$$

在丁地以 I_6 飞行强度服役时的寿命限制由下式求得

$$N_{P,6} = I_6 \times N_{c,6} = C_4(N_{c,6}) \times N_P \qquad (13.14)$$

防护体系失效后,结构累积损伤度为

$$d_C = \frac{I_4 \times T_4}{N_{P,4}} + \frac{I_5 \times T_5}{N_{P,5}} + \frac{I_6 \times T_6}{N_{P,6}} \qquad (13.15)$$

则飞机结构的剩余损伤度为

$$d_R = 1 - d_A - d_C \qquad (13.16)$$

若飞机转场至乙地以 I_4 的飞行强度使用至到寿,则飞机的剩余当量飞行小时数为

$$N_{P,R} = d_R \times N_{P,4} \qquad (13.17)$$

剩余日历使用时间为

$$T_R = N_{P,R}/I_4 \qquad (13.18)$$

13.3　腐蚀疲劳关键件疲劳寿命与日历寿命双参数寿命监控(跟踪)技术途径

本节考虑疲劳载荷与腐蚀环境共同作用的影响,提出了飞机结构腐蚀疲劳关键件的寿命监控(跟踪)技术途径。需要说明的是,我国传统意义上所说的飞机结

构寿命"监控"实为跟踪(英文是 trace),其本质上就是对飞机结构损伤的累积计算过程。而实际上,对服役飞机结构进行寿命监控中的"控"应该是对服役飞机结构的寿命控制,包括以下几个方面:飞机结构损伤评估(结构寿命跟踪)、飞机结构修理、延长结构基准寿命值(结构延寿)、飞行计划调整等。本节所说的飞机结构腐蚀疲劳关键件寿命监控,实为对飞机结构的寿命跟踪。关于对飞机结构的延寿、修理、使用计划调整等内容将在后续的其他章节进行介绍。

　　飞机结构防护体系材料及基体材料在不同服役环境下的使用寿命是不同的。根据我国的气象环境特点,可以将飞机的服役/使用环境划分为数个典型区域,编制每个典型区域的宏观加速环境谱;进一步通过确定飞机结构所处的局部环境,编制飞机结构局部环境谱,通过开展模拟件腐蚀疲劳试验,根据试验结果建立结构基准寿命包线和腐蚀环境下裂纹扩展寿命计算模型[4]。根据飞机结构的实际使用状况,按照"疲劳寿命相当"或"腐蚀程度相当"的原则将结构实际损伤折算成服役/使用条件下的损伤值[5],采用基于飞机结构寿命包线的方法确定腐蚀条件下疲劳/耐久性关键件的疲劳使用寿命和日历使用寿命。通过开展结构模拟件在腐蚀环境下的疲劳裂纹扩展试验,确定损伤容限关键件在腐蚀环境下的裂纹扩展速率和剩余强度。

　　由此,给出飞机结构在服役环境状态下以结构寿命包线与损伤容限分析方法为基础的疲劳使用寿命与日历使用寿命双参数寿命监控(跟踪)技术途径,如图 13.3 所示。

　　如图 13.3 所示,腐蚀环境服役状态下飞机结构疲劳寿命与日历寿命双参数寿命监控技术途径,主要工作如下。

1. 确定飞机结构基准疲劳/耐久性寿命和损伤容限特性

　　(1)根据设计使用载荷谱,在全机/部件有限元分析等初始分析的基础上,开展元件/关键部件/全尺寸结构在设计使用/基准使用载荷谱作用下的耐久性分析、试验,以验证机体结构能否满足使用寿命要求、验证设计分析所确定的关键部位是否准确,及时发现未能识别出的关键部位,验证飞机结构的裂纹扩展特性等。

　　(2)开展设计使用/基准使用载荷谱下全机/部件/元件损伤容限试验,进行元件/关键部位的损伤容限分析,分析确定损伤容限关键件的临界裂纹尺寸及剩余强度水平。

　　按照损伤容限设计的结构应满足安全性要求、功能性要求、检查和维修性要求等可接受的危险限制来确定其裂纹扩展寿命。根据损伤容限要求,即使机体结构和其他的选定结构存在材料、制造及工艺缺陷以及在正常使用和维护中引起损伤的情况下,也应具有足够的剩余强度。

2. 实际服役条件下基于飞参数据和关键部位应力(应变)分析的当量损伤计算

　　(1)根据历年飞行记录、飞行大纲和外场统计,确定典型飞行科目。

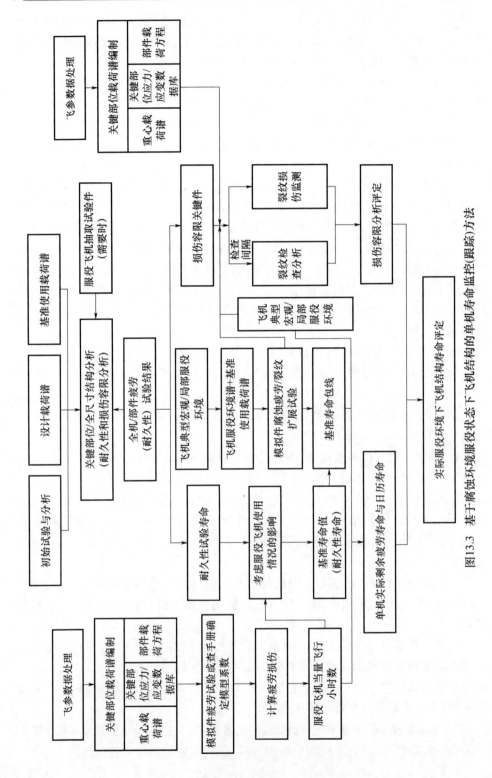

图13.3 基于腐蚀环境服役状态下飞机结构的单机寿命监控(跟踪)方法

（2）通过飞参系统记录的飞参数据，采用伪数据去除、空值参数回补、峰谷点提取、滤波门槛值选取等技术统计分析数据，选取典型任务剖面的飞参数据编制重心过载谱；对于飞机尾翼等部件的局部应力与重心过载不相关或相关性不大的疲劳关键部位，可以通过相应的监测技术或规范得到此类关键部位的应力（应变）数据。

（3）根据重心过载谱或典型关键部位应力（应变）测量结果，连同已知的关键结构相关材料数据，通过相关分析计算，确定典型结构的载荷方程，编制关键部位载荷/应力谱。

（4）根据结构模拟件部件载荷谱试验或查相关手册，确定疲劳损伤计算模型相关参数，计算得到每次飞行的当量损伤。

（5）对于损伤容限关键件，可以通过开展损伤容限模拟件在对应部件载荷谱的裂纹扩展试验，分析计算得到裂纹扩展相关参数。

3. 飞机结构宏观/局部载荷—环境谱的编制

确定飞机典型飞行任务剖面和地面停放剖面、典型结构载荷状况，根据典型任务剖面和环境影响因素，把宏观/局部使用环境谱换算成当量环境谱，编制飞机腐蚀疲劳关键件宏观/部件载荷—环境谱。

4. 服役环境下结构耐久性分析

（1）根据飞机所处的典型宏观环境及结构所处的典型局部环境，编制实验室加速环境谱。

（2）开展飞机结构模拟件在宏观/局部环境谱+部件载荷谱下的腐蚀疲劳试验，根据试验结果，建立该结构关键件的基准使用安全寿命包线。

（3）通过飞参记录数据或关键部位应力（应变）数据，计算得到每次飞行的当量损伤，结合飞机结构所处的具体环境，确定在考虑腐蚀环境作用下飞机结构的当量损伤，通过基准安全寿命包线对飞机结构的剩余寿命进行分析预测。

（4）综合飞机宏观/局部环境下各关键部位的剩余疲劳寿命状态，分析确定飞机结构疲劳/耐久性关键件的剩余疲劳寿命，最后确定整机的剩余寿命。

5. 服役环境下结构损伤容限分析

（1）对于设计的损伤容限关键件和全机疲劳/耐久性试验中暴露的损伤容限关键件，采用飞机服役环境编制实验室加速环境谱，开展结构模拟件在对应宏观/局部环境谱+部件载荷谱下的裂纹扩展试验，依据裂纹扩展速率曲线（da/dN），计算确定典型环境下裂纹扩展模型的相关参数。

（2）根据检查间隔发现的裂纹尺寸或采用裂纹检测技术获取的裂纹长度，采用典型环境下的裂纹扩展模型对实际服役环境条件下结构的裂纹尺寸进行损伤容限评定，同时对结构的剩余强度进行评定。

6. 服役环境下飞机结构剩余寿命评定

进一步分析实际服役环境下各关键结构的剩余当量飞行小时数，综合判定服役环境下飞机结构的剩余寿命。

7. 服役飞机抽取试验件(需要时)

在飞机的具体使用过程中,如果面临机队集中到寿且需要进一步延寿时,可以通过随机抽取1架或数架服役飞机进行全机/部件疲劳试验,扩大样本容量,进一步重复步骤3、4、5、6,完成对飞机结构寿命的重新评定,这些工作将在下面讨论。

13.4 服役状态下飞机结构应力腐蚀关键件的单机寿命监控方法

飞机结构应力腐蚀关键件在使用过程中同时受到拉伸应力和腐蚀介质共同作用,从而引起裂纹萌生和扩展,可以认为是腐蚀疲劳关键件在交变应力幅值为零时的特殊情况。对于飞机结构应力腐蚀关键件而言,在获取了结构服役环境以及建立了结构加速环境谱的基础上,进行其单机寿命监控的重点在于对应力腐蚀结构的寿命特性进行分析,确定应力腐蚀结构满足使用要求而要达到的最大使用时间。

应力腐蚀断裂的全过程可以描述为:在材料表面的应力集中或微缺陷处,点蚀开始形核发展;当点蚀发展到一定尺寸时,由于应力的作用,在点蚀坑应力集中的地方出现微小裂纹,形成应力腐蚀裂纹;由于腐蚀环境对裂纹尖端的溶解作用,打破了裂纹尖端的连接,降低了裂纹扩展的 K_{IC},从而导致裂纹的扩展;随着裂纹的扩展,应力强度因子 K_I 不断增加,直到达到材料的断裂韧性至 K_{IC},材料或构件发生迅速断裂。

通常情况下,应力腐蚀裂纹寿命由裂纹起始寿命和裂纹扩展寿命两部分组成,即

$$T_f = T_{in} + T_{cp} \tag{13.19}$$

式中:T_f 为应力腐蚀裂纹寿命;T_{in} 为应力腐蚀裂纹起始寿命;T_{cp} 应力腐蚀裂纹扩展寿命。

应力腐蚀裂纹寿命不仅与腐蚀环境有关,也与构件所承受的应力水平有关。在工程使用中,通常将应力与裂纹寿命的关系绘制成如图13.4所示的关系曲线,以便于维修检查和大修计划的制定。

根据《飞机结构损伤容限设计手册》[6],在给定的材料—环境相互作用情况下,应力腐蚀开裂速率由应力强度因子控制,二者的关系为

$$da/dt = f(K) \tag{13.20}$$

对于相同初始裂纹尺寸的同类试件,加载

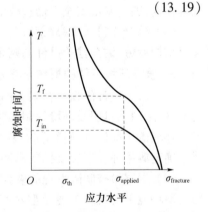

图 13.4　应力腐蚀裂纹寿命与
加载应力的关系

到不同 K_I 值,其最后断裂时间不同,对应给定的试件,如果载荷不变,K_I 值随裂纹扩展而增大,当 K_I 值增至 K_{IC} 值时发生最后断裂破坏。

图 13.5 表示给定裂纹的构件在应力为 $\sigma_C = K_{IC}/(\beta \sqrt{\pi a})$ 时断裂破坏,当应力超过 $\sigma_{SCC} = K_{ISCC}/(\beta \sqrt{\pi a})$ 时,应力腐蚀裂纹开始扩展。

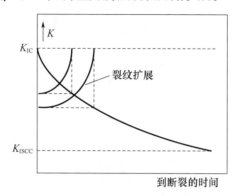

图 13.5　应力腐蚀示意图

含裂纹飞机结构在给定的不同静载荷、循环载荷、腐蚀环境及其他各种物理条件下,从初始裂纹长度缓慢扩展至临界裂纹长度可由下式预测[7]:

$$a_T = a_0 + \sum_{t=1}^{T'} da/dp + \sum_{t=1}^{T'} da/dt' + \sum_{t=1}^{T''} da/dt'' \tag{13.21}$$

式中:a_T 为使用 T 时间的裂纹扩展尺寸;a_0 为假定开始使用的裂纹尺寸;T' 为使用 T 时间内的单位飞行时间;T'' 为使用 T 时间内的单位地面停放时间;da/dp 为环境谱存在时由波动载荷引起的每单位飞行时间的裂纹扩展量;da/dt' 为飞行引起的恒定载荷和环境谱联合引起的每单位飞行时间的裂纹扩展量;da/dt'' 为地面残余载荷与环境谱作用引起的每单位飞行时间的裂纹扩展量。

处理应力腐蚀开裂的最好方法是防止其发生,即令工作应力水平保持在低于 $\sigma_{SCC} = K_{ISCC}/(\beta \sqrt{\pi a})$。在实际使用过程中,除了要考虑材料的 K_{ISCC} 外,有时还要用应力腐蚀裂纹扩展速率 da/dt 估算寿命。值得注意的是,da/dt 数据是代表实际使用环境和使用应力下的裂纹扩展速率。

参考文献

[1] 刘文珽,李玉海. 飞机结构日历寿命体系评定技术[M]. 北京: 航空工业出版社,2004.

[2] 周希沅. 中国飞机结构腐蚀分区和当量环境谱[J]. 航空学报,1998,20(3): 230 - 233.

[3] Robert N Miller,Schuessler R L. Predicting service life of aircraft coating in various environments [J]. Corrosion,1989(4): 17 - 21.

[4] 李晓虹,何宇廷,张腾,等. 腐蚀/疲劳交替作用下 2A12 - T4 铝合金的损伤特性[J]. 机械工程材料,2015(6):62 - 66.

[5] 张海威,何宇廷,范超华,等. 腐蚀/疲劳交替作用下飞机金属材料疲劳寿命计算方法[J]. 航空学报, 2013(5):1114 – 1121.

[6] 航空工业部科学技术委员会. 飞机结构损伤容限设计指南[M]. 北京:航空工业部科学技术情报研究所出版,1985.

[7] 李曙林. 飞机与发动机强度[M]. 北京:国防工业出版社,2007.

第 14 章

飞机结构腐蚀疲劳关键件基准服役/
使用寿命延寿技术

飞机结构疲劳寿命最开始时是用安全寿命来描述,其实质上是将飞机结构作为不可修复产品来对待的。在引入耐久性概念后,飞机结构的耐久性安全寿命已经演变为满足高可靠度的经济寿命,对实际飞机结构通过不断的(耐久性)修理可以持续保证飞机结构的完整性并延长其安全服役周期。飞机结构定寿工作本质上是确定一个飞机结构的服役/使用周期限制,或称服役/使用寿命限制,通常所说的飞机结构寿命指的就是服役/使用寿命限制,并由基准(当量)服役/使用寿命(安全寿命)表征。由于飞机的造价昂贵,飞机结构寿命成为了飞机的重要技术指标。为了提高飞机的使用经济性,对飞机进行延寿使用是国际上的通用做法,飞机结构延寿的本质就是放宽其服役/使用寿命限制,反映在飞机结构安全寿命包线上就是飞机结构安全寿命包线的扩展。

安全寿命包线经过扩展后,飞机结构损伤的计算基准也会相应地变大,在原安全寿命包线控制的当量累积损伤度达到 1 的飞机结构在新的基准下当量累积损伤度值会小于 1,可以继续服役/使用。因此,基于安全寿命包线扩展的飞机结构延寿技术,不仅会延长飞机结构的疲劳安全寿命,同时也延长了日历安全寿命,是一种符合工程实际的延寿方法。

安全寿命包线的扩展延长的是飞机结构的基准寿命值,其分为两类:一是飞机达到初始使用寿命限制后,通过试验及可靠性分析延长飞机的服役/使用寿命限制值[1];二是飞机服役过程中,通过结构大修修复或更换损伤结构以实现安全寿命包线的扩展。基于试验及可靠性分析的飞机结构安全寿命包线扩展是一种针对整个机队(或机型)的寿命控制行为,基于结构大修的安全寿命包线扩展是一种针对单机的寿命控制行为(如果机队所有飞机都采用相同的修理方法即也可实现机队飞机寿命的控制延长)。这两类安全寿命包线扩展形式在飞机的实际服役/使用过程中可能同时出现,应综合应用。但为了体现出两类安全寿命包线扩展的具体表现形式,在这里分别对其进行说明。

14.1 以试验及可靠性分析为基础的安全寿命包线扩展

14.1.1 基本原理

本书在第 7 章提出了飞机结构疲劳/耐久性安全寿命的延寿方法——当量延寿法。当量延寿法是将同型号的机队飞机结构的试验数据和服役使用数据都当量为同一载荷谱下的当量使用数据,对当量使用数据进行数据融合及可靠性综合分析,进一步释放可靠性潜力,从而重新评定并延长机群飞机结构的疲劳/耐久性安全寿命(即放宽疲劳安全寿命的使用限制)。其基本原理概括来说就是"先当量,再延寿"。

从原理上说,当量延寿法的基本思想对飞机结构疲劳关键件和腐蚀疲劳关键件都是适用的。其对于飞机结构疲劳关键件而言,是使疲劳安全寿命的使用限制值得以放宽;而对于腐蚀疲劳关键件而言,则是使安全寿命包线的范围得以扩展。

在这里需要明确的是,飞机结构的疲劳/耐久性安全寿命是由全机疲劳试验得到的,全机疲劳试验在本质上是一种验证性试验,且样本容量很小(一般为 1),导致试验结果可靠性分析时所取的疲劳分散系数较大(我国一般为 4～6)。而飞机结构的安全寿命包线则一般是由结构模拟件的预腐蚀疲劳试验或腐蚀疲劳交替试验得到的,且样本一般是具有一定的规模。所以,飞机结构基准安全寿命包线中的 N_P,实际上也是通过疲劳试验(可以看成是腐蚀量为 0 的预腐蚀疲劳试验或腐蚀疲劳交替试验)后经可靠性分析得到的,由于试验过程属于破坏性试验(做至试验件断裂),且样本容量较大,必然使得基准安全寿命包线中的 N_P 值大于飞机全机的疲劳/耐久性安全寿命。

在飞机结构寿命管理过程中,从偏于安全且便于实施的角度出发,建立基准安全寿命包线时应该降低 N_P 的取值至飞机的疲劳/耐久性安全寿命。相应地,保持防护体系日历安全寿命不变,以及 $C(T)$ 曲线的公式形式不变(即认为腐蚀时间对疲劳安全寿命的影响规律不变,这是一种工程上的近似处理方法,且结果是偏于安全的),则基准安全寿命包线的左右两侧范围也会随 N_P 值的减小而相应地缩小。

同样的道理,如果采用当量延寿法使飞机结构的疲劳/耐久性安全寿命 N_P 放宽至 N_{P1},则安全寿命包线的左右两侧范围也随之扩展。在飞机结构的服役过程中,防护体系的有效周期与疲劳寿命的延长无关,如果服役/使用环境不变,则防护体系的日历安全寿命是不发生变化的,即 T_P 保持不变。然而,随着安全寿命包线实现扩展,腐蚀环境影响下结构的疲劳分散系数可能发生变化,因此,在安全寿命包线扩展后,可以通过预腐蚀疲劳试验或腐蚀疲劳交替试验重新评定腐蚀时间对结构疲劳安全寿命的影响规律,建立新的腐蚀影响系数曲线 $C_1(T)$,从而确定安全寿命包线右侧的可扩展范围,这样处理得到的安全寿命包线扩展精度更高。

　　飞机结构基准安全寿命包线的扩展如图 14.1 所示,当飞机结构安全寿命包线由 $T_P - A - N_P - A' - N_c$ 扩展至 $T_P - A_1 - N_{P1} - A_1' - N_{c1}$,飞机结构损伤的计算基准寿命值也会相应地变大。简单地说,如果不考虑腐蚀影响系数的变化,飞机结构以基准安全寿命包线为基础的当量损伤(d_0)在安全寿命包线扩展后相应的变为

$$d_{01} = d_0 \times \frac{N_P}{N_{P1}} \qquad (14.1)$$

式中:d_{01}为以扩展后安全寿命包线为基准计算得到的结构当量损伤度值。

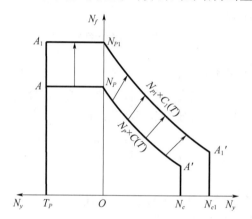

图 14.1　基准安全寿命包线及扩展后安全寿命包线

　　这意味着,经过安全寿命包线扩展后,在基准安全寿命包线控制的当量累积损伤度达到 1 的飞机结构在新的基准寿命限制下当量累积损伤度会小于 1,可以继续服役/使用。根据线性累积损伤理论,直到新的当量损伤度达到 1 时,结构到寿。

14.1.2　技术方案

　　以图 14.2 为例,说明飞机结构腐蚀疲劳关键件安全寿命包线的扩展方法,与当量延寿法类似,腐蚀疲劳关键件安全寿命包线的扩展也分为两种方案,分别是原母体分析和新母体分析,其差别主要体现在是否重新评定扩展后安全寿命包线右侧的腐蚀影响系数曲线。

1. 建立基准安全寿命包线

　　以 12.2 节的方法,建立飞机结构腐蚀疲劳关键件的基准安全寿命包线 $T_P - A - N_P - A' - N_c$,其中,基准安全寿命包线中的 N_P 对应于飞机全机疲劳/耐久性安全寿命,飞机延寿前的到寿依据以此包线为准。

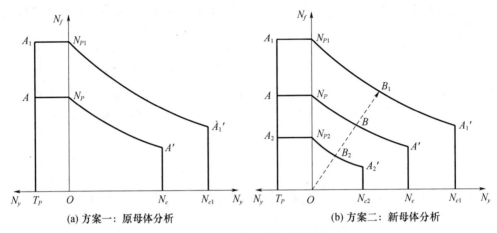

(a) 方案一：原母体分析　　　　　　　　(b) 方案二：新母体分析

图 14.2　基准安全寿命包线扩展方法

2. 基准安全寿命包线的扩展

两种方案下飞机结构基准安全寿命包线的扩展流程分别如下：

（1）基于原母体分析的基准安全寿命包线扩展，如图 14.2（a）所示。

① 在飞机结构的服役过程中，防护体系的有效周期与疲劳寿命的延长无关，在特定使用环境下的防护体系有效时间（日历安全寿命）是不变的，即 T_P 不发生变化。

② 采用当量延寿法放宽结构的疲劳/耐久性安全寿命，由 N_P 放宽至 N_{P1}，具体技术方案参见第 7 章。

③ 针对原母体分析，认为腐蚀时间对疲劳安全寿命的影响规律不变，即 $C(T)$ 曲线的公式形式不变，这是一种工程上可接受的近似处理方法。

④ 通过考虑腐蚀环境下结构的静强度要求、腐蚀环境下结构的断裂特性要求、结构经济修理要求以及飞机技术特性等，综合分析确定新样本的安全使用限制，即图 14.2（a）中 A_1' 点。一般情况下，A_1' 点与 A' 点对应的飞机飞行强度相同。

⑤ 根据确定的 T_P、N_{P1}、$C(T)$ 以及 A_1'，可以确定扩展后的安全寿命包线 $T_P - A_1 - N_{P1} - A_1' - N_{c1}$。

（2）基于新母体分析的基准安全寿命包线扩展，如图 14.2（b）所示。

① 在飞机结构的服役过程中，防护体系的有效周期与疲劳寿命的延长无关，在特定使用环境下的防护体系有效时间（日历安全寿命）是不变的，即 T_P 不发生变化。

② 以延寿前基准安全寿命包线为基准的当量损伤度达到 1 的无防护涂层结构件（或模拟件），将其去除掉失效件以后的剩余结构件（或模拟件）作为新的样本开展疲劳试验，通过可靠性分析，得到使新样本寿命满足一定可靠度与置信度（如 99.9% 可靠度与 90% 置信度）要求的疲劳安全寿命 N_{P2}（N_{P2} 实际上也是经过当量

延寿法确定的结构疲劳/耐久性安全寿命的放宽值）。

③ 对新样本开展预腐蚀疲劳试验、腐蚀疲劳交替试验或腐蚀疲劳耦合试验（以体现飞机结构实际服役/使用情况），拟合腐蚀影响系数 $C_2(T)$ 曲线公式，如：

$$C_2(T) = \frac{N_{99}(T)_2}{N_{P2}} \tag{14.2}$$

式中：$N_{99}(T)_2$ 为经历服役环境当量作用 T 年后新样本满足 99.9% 可靠度与 90% 置信度要求的疲劳寿命；曲线 $C_2(T)$ 表征了环境腐蚀时间对新样本疲劳寿命的影响。

④ 将结构的腐蚀影响系数 $C_2(T)$ 曲线与疲劳安全寿命 N_{P2} 相乘即可得到新样本满足 99.9% 可靠度与 90% 置信度要求的腐蚀时间和当量飞行小时数的关系曲线。

⑤ 通过考虑腐蚀环境下结构的静强度要求、腐蚀环境下结构的断裂特性要求、结构经济修理要求以及飞机技术特性等，综合分析确定新样本的安全使用限制，即图 14.2(b) 中 A_2' 点，曲线在结构安全限制点 A_2' 截止，得到图 14.2(b) 中的 $N_{P2} - A_2'$ 段。一般情况下，A_2' 点与 A' 点对应的飞机飞行强度相同。

⑥ 防护体系的有效周期 T_P 是不变的，由此可以确定新样本的满足 99.9% 可靠度与 90% 置信度要求的安全寿命包线 $T_P - A_2 - N_{P2} - A_2' - N_{c2}$。则安全寿命包线 $T_P - A_2 - N_{P2} - A_2' - N_{c2}$ 即为到寿后结构可继续使用的剩余基准安全寿命包线，也就是基准安全寿命包线 $T_P - A - N_P - A' - N_c$ 的可扩展范围。

⑦ 将基准安全寿命包线 $T_P - A - N_P - A' - N_c$ 与到寿后结构可继续使用的剩余基准安全寿命包线 $T_P - A_2 - N_{P2} - A_2' - N_{c2}$ 按比例叠加，即可得到扩展后的安全寿命包线 $T_P - A_1 - N_{P1} - A_1' - N_{c1}$。如图 14.2(b) 所示，扩展后安全寿命包线上的任一点 B_1 的横、纵坐标分别为基准安全寿命包线上 B 点和剩余基准安全寿命包线上 B_2 点的横、纵坐标之和。B 点、B_1 点和 B_2 点在同一条过零点的直线上，它们对应的飞机年飞行强度相同。

3. 寿命包线扩展后的飞机结构剩余寿命预测

推荐使用扩展后的安全寿命包线 $T_P - A_1 - N_{P1} - A_1' - N_{c1}$ 对飞机结构进行剩余寿命预测。由于安全寿命包线扩展前的飞机结构损伤是客观存在的，只是判定飞机到寿的基准值发生了改变，因此对于安全寿命包线扩展前和扩展后的服役数据，均应以扩展后的安全寿命包线作为剩余寿命的预测基准，而与扩展前的基准安全寿命包线无关。具体方法在这里不再赘述。

14.2　以结构大修为基础的结构安全寿命包线扩展

通过大修可以修复或改善服役飞机的结构状态，延长使用周期。结构大修反映在安全寿命包线上即为安全寿命包线的扩展。理论上讲，通过不断地深度修理或更换部件,飞机结构的寿命可以是无限的,即寿命包线可以不断地扩展下去。然而,从经济性的角度考虑,这里主要讨论以下三种经济修理情况:一是防护体系未失效或防护体系刚失效不久即对结构重新进行了防护处理;二是防护体系已失效了较长时间后通过大修对结构重新进行了防护处理;三是对结构进行了补强、换件修理等。

第一种修理情况,相当于从修理前至新的防护体系失效期间,结构一直处于纯疲劳状态,仅左侧安全寿命包线得到扩展,如图 14.3(a)所示;第二种修理情况,相当于结构在腐蚀疲劳状态服役一段时间后又进入了一定时间的纯疲劳状态,右侧的部分安全寿命包线得到扩展,如图 14.3(b)所示;第三种修理情况,相当于改善了结构的抗疲劳性能,提高了结构的耐腐蚀性能,使得结构防护体系日历安全寿命得以延长,基体的基准寿命值得到提高,整个安全寿命包线得到扩展,如图 14.3(c)所示。

以结构大修为基础的三种安全寿命包线扩展示例将在第 16 章中示出。

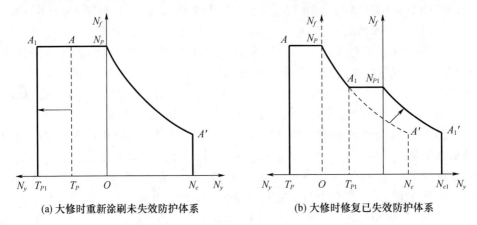

(a) 大修时重新涂刷未失效防护体系   (b) 大修时修复已失效防护体系

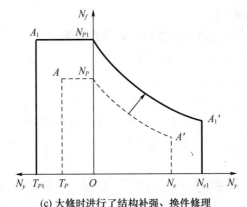

(c) 大修时进行了结构补强、换件修理

图 14.3   以结构大修为基础的寿命包线扩展形式

14.3 以试验及可靠性分析为基础的安全寿命包线扩展示例(新母体分析)

下面针对某型飞机的某腐蚀疲劳关键件寿命包线扩展实例对其具体实施方式作一说明,所采用的寿命包线扩展方案为新母体分析[2-4]。

某型飞机的某腐蚀疲劳关键件基体材料为 30CrMnSiNi2A 锻件,表面防护涂层为磷化后涂 H06-2 铁红底漆 + H04-2 钢灰磁漆。该结构模拟件在表 14.1 中环境谱的作用下,加速环境作用 10 个小时相当于飞机结构受到外场作用 1 年。

表 14.1 实验室加速环境谱

环境谱实施方法
① 温度:40 ±2℃;
② 湿度:90% ~95% RH;
③ 腐蚀溶液:5% NaCl 溶液,加入少量稀 H_2SO_4,使溶液的 pH 值达到 4 ~4.5;
④ 每周期浸泡时间 7.5min,在溶液外时间 22.5min;
⑤ 在溶液外采用远红外灯照射试样,保证试样表面烘干

14.3.1 确定结构在安全寿命包线扩展前的基准安全寿命包线

1. 确定表面防护涂层的有效周期

对带防护体系的结构模拟件开展腐蚀试验,试验结果表明,防护体系的日历安全寿命为 10 年。

2. 确定结构的当量疲劳安全寿命

开展 1 件结构模拟件(带防护涂层或不带涂层均可)在基准使用载荷谱下的疲劳试验,得到的疲劳中值寿命为 12000 飞行小时,经过可靠性分析,疲劳分散系数取为 4,即结构满足 99.9% 可靠性与 90% 置信度要求的当量疲劳安全寿命 N_p 为 3000 当量飞行小时。

3. 开展预腐蚀疲劳试验,确定试验件的腐蚀影响系数曲线

分别对无防护涂层试验件开展不同预腐蚀周期的预腐蚀疲劳试验,例如,试验件分别在当量腐蚀 2 年、5 年、10 年、15 年、20 年、25 年、30 年后进行疲劳试验,分别得到试验件经历不同腐蚀年限后的疲劳寿命。从而,根据式(12.2)和式(12.3),对预腐蚀疲劳试验结果进行可靠性分析后拟合得到腐蚀影响系数曲线公式为

$$C(T) = 1 - 0.023074 \times T^{0.844885} \tag{14.3}$$

4. 确定结构安全限制点

综合考虑腐蚀环境下结构的静强度要求、腐蚀环境下结构的断裂特性要求、

结构经济修理要求以及飞机技术特性等,发现飞机若以低于 50 当量飞行小时/年的飞行强度使用,在飞机服役的后期结构受到腐蚀的影响很大,导致疲劳分散系数偏大。因此,选用飞行强度为 50 当量飞行小时/年对应的安全寿命包线上的点作为结构安全限制点,根据式(13.3),得

$$N_{P,50} = 50 \times T_{50} = C(T_{50}) \times 3000 \tag{14.4}$$

根据式(14.4)求得结构安全限制点 A' 的纵坐标 $N_{P,50} = 1663$ 当量飞行小时,横坐标 $T_{50} = 33.3$ 年。

5. 结构基准安全寿命包线的绘制

将结构的腐蚀影响系数曲线 $C(T)$ 与疲劳安全寿命 N_P 相乘即可得到满足99.9%可靠度与90%置信度要求的使用年限(即当量腐蚀时间)和当量飞行小时数的关系曲线,曲线在结构安全限制点 A' 截止,得到结构基准安全寿命包线如图14.4所示。

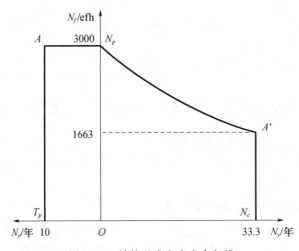

图 14.4 结构基准安全寿命包线

14.3.2 基于基准安全寿命包线的飞机结构寿命管理

假设飞机的使用历程如下:以 100 当量飞行小时/年的飞行强度使用 5 年,以120 当量飞行小时/年的飞行强度使用 12 年,而后以 80 当量飞行小时/年的飞行强度使用至到寿。

在防护层有效时的 10 年间,飞机先以 100 当量飞行小时/年的飞行强度使用5 年,再以 120 当量飞行小时/年的飞行强度使用 5 年,则根据式(13.2),在防护层失效前的结构损伤度为

$$d_A = \sum_{T=1}^{T_P} \frac{I(T)}{N_P} = \frac{100 \times 5 + 120 \times 5}{3000} \approx 0.3667 \tag{14.5}$$

在防护层失效后,飞机以 120 当量飞行小时/年的飞行强度使用 7 年,根据式(13.3)和式(13.4),飞行强度为 120 当量飞行小时/年的年损伤度为

$$d_{120} = \frac{1}{18.281} \approx 0.0547 \tag{14.6}$$

因此,飞机在以 80 当量飞行小时/年的飞行强度使用前,飞机结构的剩余损伤度为

$$d_{余} = 1 - 0.3667 - 0.0547 \times 7 \approx 0.2504 \tag{14.7}$$

飞行强度为 80 当量飞行小时/年的年损伤度为

$$d_{80} = \frac{1}{24.564} \approx 0.0407 \tag{14.8}$$

若飞机以 80 当量飞行小时/年的年损伤度使用至到寿,飞机的剩余使用年限为

$$N_{c,余} = \frac{d_{余}}{d_{80}} = \frac{0.2504}{0.0407} \approx 6.1(年) \tag{14.9}$$

因此,以结构基准安全寿命包线对飞机结构寿命进行管理,飞机的总当量飞行小时数为 $100 \times 5 + 120 \times 12 + 80 \times 6.1 = 2428$ 当量飞行小时,飞机的日历使用时间为 $5 + 12 + 6.1 = 23.1$ 年,此时,飞机的总损伤度以结构基准安全寿命包线为基准达到 1,飞机结构到寿(初次)。

14.3.3　结构基准安全寿命包线的扩展

这里以新母体分析的方案示例结构基准安全寿命包线的扩展过程,具体如下。

1. 建立新样本的结构模拟件

首先,选取一批新的无防护涂层结构模拟件,使用这些模拟件模拟飞机在安全寿命包线扩展前的服役/使用过程。由于飞机在防护层失效前以 100 当量飞行小时/年的飞行强度使用 5 年,以 120 当量飞行小时/年的飞行强度使用 5 年;在防护层失效后以 120 当量飞行小时/年的飞行强度使用 7 年,以 80 当量飞行小时/年的飞行强度使用 6.1 年。则对模拟件在当量载荷谱下开展纯疲劳试验 1100 当量飞行小时;而后进行当量使用 7 年的腐蚀试验,再开展疲劳试验 840 当量飞行小时;而后进行当量使用 6.1 年的腐蚀试验,再开展疲劳试验 488 当量飞行小时。

而后,去除掉已断裂的结构模拟件,将剩余结构模拟件作为新的样本。此时,即可用新样本来表征已到寿飞机结构的损伤状态。

2. 确定新样本的当量疲劳安全寿命

开展新样本在基准使用载荷谱下的疲劳试验,假设得到疲劳中值寿命为 8000 当量飞行小时,经过可靠性分析,疲劳分散系数取为 8,即结构满足 99.9% 可靠度与 90% 置信度要求的当量疲劳安全寿命 N_{P2} 为 1000 当量飞行小时。

3. 开展预腐蚀疲劳试验,确定新样本的腐蚀影响系数曲线

分别对新样本开展不同预腐蚀强度的预腐蚀疲劳试验,例如,新样本分别在当量腐蚀 2 年、5 年、10 年、15 年、20 年后进行疲劳试验,分别得到新样本经历不同腐蚀年限后的疲劳寿命。根据式(12.2)和式(12.3),对预腐蚀疲劳试验进行可靠性分析后拟合得到新样本的腐蚀影响系数曲线公式为

$$C(T)_2 = 1 - 0.02447 \cdot T^{0.885771} \tag{14.10}$$

4. 确定剩余基准安全寿命包线的结构安全限制点

仍以飞行强度为 50 当量飞行小时/年对应的安全寿命包线上的点作为结构安全限制点,根据式(13.3),得

$$N_{P2,50} = 50 \times T_{2,50} = C(T_{2,50}) \times 1000 \tag{14.11}$$

根据式(14.11)求得结构安全限制点 A_2' 的纵坐标 $N_{P2,50} = 735$ 当量飞行小时,横坐标 $T_{2,50} = 14.7$ 年。

5. 绘制剩余基准安全寿命包线

将新样本的腐蚀影响系数曲线 $C(T)_2$ 与疲劳安全寿命 N_{P2} 相乘即可得到满足 99.9% 可靠度与 90% 置信度要求的腐蚀时间(即使用年限)和当量飞行小时数的关系曲线,曲线在结构安全限制点 A_2' 截止,得到结构模拟件的剩余基准安全寿命包线如图 14.5 中的实线所示。

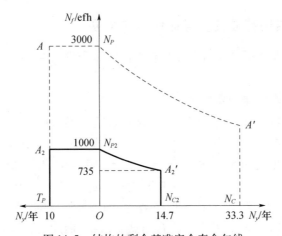

图 14.5 结构的剩余基准安全寿命包线

6. 根据剩余基准安全寿命包线与基准安全寿命包线,绘制扩展安全寿命包线

将扩展前基准安全寿命包线与结构的剩余基准安全寿命包线按比例叠加即可得到扩展的安全寿命包线。扩展安全寿命包线的疲劳安全寿命值 $N_{P1} = N_P + N_{P2} = 3000 + 1000 = 4000$ 当量飞行小时。扩展前基准安全寿命包线上对应飞行强度为 50 飞行小时/年、80 飞行小时/年、150 飞行小时/年、200 飞行小时/年、300 飞行小时/年、500 飞行小时/年、1000 飞行小时/年的坐标值分别为(33.3,1663),

（24.6,1965）,（15.4,2304）,（12.1,2429）,（8.6,2574）,（5.4,2711）,（2.8,2838）；剩余基准安全寿命包线上对应飞行强度为 50 飞行小时/年、80 飞行小时/年、150 飞行小时/年、200 飞行小时/年、300 飞行小时/年、500 飞行小时/年、1000 飞行小时/年的坐标值分别为（14.7,735）,（10.1,810）,（5.9,882）,（4.5,907）,（3.1,933）,（1.9,957）,（1,976）。因此,扩展后安全寿命包线上对应飞行强度为 50 飞行小时/年、80 飞行小时/年、150 飞行小时/年、200 飞行小时/年、300 飞行小时/年、500 飞行小时/年、1000 飞行小时/年的坐标值分别为（48,2398）,（34.7,2775）,（21.3,3186）,（16.6,3336）,（11.7,3507）,（7.3,3667）,（3.8,3814）,将上述坐标点进行拟合,即可得到扩展后安全寿命包线中 $N_{P1} - A_1'$ 段曲线,如图 14.6 中所示。$N_{P1} - A_1'N_{P1} - A_1'$ 段曲线公式为

$$N_{P1,T} = 4000 \times (1 - 0.01578 \times T^{0.83532}) \tag{14.12}$$

由此,可以得到结构扩展安全寿命包线如图 14.6 中的实线所示。

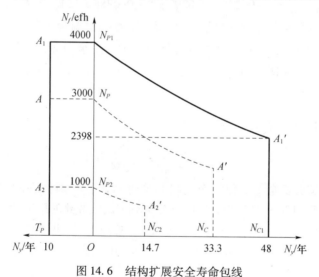

图 14.6 结构扩展安全寿命包线

14.3.4 基于扩展安全寿命包线的飞机结构寿命管理

1. 以扩展安全寿命包线为基准,计算初始到寿的结构剩余损伤度

在安全寿命包线扩展前,飞机的使用历程如下:以 100 当量飞行小时/年的飞行强度使用 5 年,以 120 当量飞行小时/年的飞行强度使用 12 年,而后以 80 当量飞行小时/年的飞行强度 6.1 年。

在防护层有效时的 10 年间,飞机先以 100 当量飞行小时/年的飞行强度使用 5 年,再以 120 当量飞行小时/年的飞行强度使用 5 年,则根据式（13.2）,在防护层失效时的结构损伤度为

$$d_{A1} = \sum_{T=1}^{T_P} \frac{I(T)}{N_{P1}} = \frac{100 \times 5 + 120 \times 5}{4000} = 0.275 \qquad (14.13)$$

在防护层失效后,根据式(13.3)和式(13.4),飞行强度为120当量飞行小时/年的年损伤度为

$$d_{1,120} = \frac{1}{25.472} \approx 0.0393 \qquad (14.14)$$

飞行强度为80当量飞行小时/年的年损伤度为

$$d_{1,80} = \frac{1}{34.725} \approx 0.0288 \qquad (14.15)$$

因此,在防护层失效后,飞机以120当量飞行小时/年的飞行强度使用7年,以80当量飞行小时/年的飞行强度使用6.1年,根据式(13.8),飞机结构的剩余损伤度为

$$d_{1,余} = 1 - 0.275 - 0.0393 \times 7 - 0.0288 \times 6.1 \approx 0.2742 \qquad (14.16)$$

2. 以扩展安全寿命包线为基准,计算飞机结构的剩余寿命

若飞机以100当量飞行小时/年的年损伤度使用至到寿,飞行强度为100当量飞行小时/年的年损伤度为

$$d_{1,100} = \frac{1}{29.374} \approx 0.034 \qquad (14.17)$$

飞机结构的剩余使用年限为

$$N_{c1,余} = \frac{d_{1,余}}{d_{1,100}} = \frac{0.2742}{0.034} \approx 8 \qquad (14.18)$$

因此,以扩展安全寿命包线对飞机结构寿命进行管理,飞机的总当量飞行小时数为 $100 \times 5 + 120 \times 12 + 80 \times 6.1 + 100 \times 8 = 3228$ 当量飞行小时,与安全寿命包线扩展前相比延长了800当量飞行小时,延长32.9%;飞机的日历使用时间为 $5 + 12 + 6.1 + 8 = 31.1$ 年,与安全寿命包线扩展前相比延长了8年日历使用时间,延长34.6%。

参考文献

[1] 张海威,何宇廷,伍黎明,等. 考虑静强度要求的飞机金属结构腐蚀/疲劳交替寿命预测方法[J]. 应用力学学报,2012(5):589–594,632.

[2] 何宇廷,高潮,张腾,等. 一种老龄飞机疲劳(耐久性)延寿试验周期的确定方法[J]. 空军工程大学学报(自然科学版),2014(3):1–3.

[3] 魏鹏,何宇廷,舒文军,等. 基于威布尔分布的综合分析法在飞机机载产品延寿中的应用[J]. 航空维修与工程,2010(1):53–55.

[4] 李郑琦,何宇廷,邵青,等. 基于支持向量机的机载产品延长日历寿命方法[J]. 空军工程大学学报(自然科学版),2010(4):6–10.

飞机结构腐蚀疲劳关键件实际服役/
使用寿命调控技术

从飞机结构腐蚀疲劳关键件的典型安全寿命包线(图 15.1)以及基于安全寿命包线的结构剩余寿命预测方法(参见第 13 章)可以看出,飞机结构腐蚀疲劳关键件在执行服役期内飞行任务时的历次损伤度水平决定腐蚀疲劳关键件的疲劳安全寿命(或日历安全寿命,其与疲劳安全寿命均对应于结构损伤度为 1)的长短[1],疲劳关键件的损伤度大小除了与结构本身的设计制造水平(由寿命包线的范围表征)相关外,还受到服役过程中疲劳载荷和腐蚀环境的双重影响。因此,飞机飞行载荷或服役环境的改变,可以影响腐蚀疲劳关键件的疲劳安全寿命或日历安全寿命。在服役过程中,在保持机群飞机总体飞行强度变化不大(或单机全寿命期内总飞行小时数变化不大)的前提下,通过对机群(或单机)飞行载荷和服役环境的合理调整,可以在一定程度上实现对腐蚀疲劳关键件寿命的主动控制。

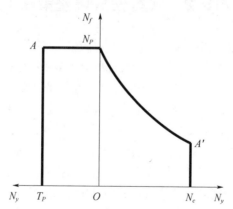

图 15.1　飞机结构腐蚀疲劳关键件安全寿命包线

首先需要说明的是,除了在特殊情况下将不同飞机的腐蚀疲劳关键件经拆除后交换使用外,实际情况中不存在单独针对飞机结构腐蚀疲劳关键件的服役/使用计划调整。实际服役中的飞机一般也不可能只考虑腐蚀疲劳关键件的寿命需求而改变整架飞机的服役/使用计划。本章中涉及的飞机结构腐蚀疲劳关键件服役/使用计划调整只是从理论上来探讨这一问题,在实际情况中还需综合考虑飞机结构中其他结构的服役使用寿命需求(例如,以结构损伤度作为不同类型飞机结构损伤程度的统一度量标准,通过综合应用不同的飞机结构服役/使用计划调整手段,实现飞机结构中不同类型结构在损伤度上的协调)。

对飞机结构腐蚀疲劳关键件的服役/使用计划调整策略主要包含以下方面。

15.1 服役环境调整策略

不同服役地区的地面腐蚀环境不同,例如,在沿海、湿热地区服役的飞机,结构的腐蚀程度较北方、干燥地区服役的飞机要严重得多[2]。腐蚀较重的服役环境不仅会加速防护体系的日历安全寿命的缩短,而且当防护体系破坏后,会大大增加结构基体的损伤度,使结构的疲劳安全寿命和日历安全寿命明显缩短[3]。

根据飞机结构腐蚀疲劳关键件的安全寿命包线,当飞机结构在防护体系完好时,疲劳寿命是按照线性累积损伤理论消耗的,而疲劳寿命指标不会减小;如果防护体系遭到破坏,则疲劳寿命指标会受到腐蚀环境的影响而下降严重。因此,对在不同服役区域执行飞行任务的飞机的损伤度进行计算,基于飞机结构状态对飞机的服役区域适时进行调整,将腐蚀较为严重区域的飞机调至腐蚀较为轻微区域进行飞行,可以延长其服役使用寿命,从而使机群实现总的飞行小时数增长,并保证了机群规模。

15.2 飞行任务调整策略

根据飞机结构腐蚀疲劳关键件的安全寿命包线,当飞机结构在防护体系完好时,疲劳寿命是按照线性累积损伤理论消耗的,而疲劳寿命指标不会减小;如果防护体系遭到破坏,则疲劳寿命指标会受到腐蚀环境的影响而下降严重,并且防护涂层的有效时间往往仅与服役年限有关。因此,对于同一架飞机而言,在防护体系完好期间(防护体系日历安全寿命内)加大飞行强度,可以有效提高服役期内的总当量飞行小时数;在防护体系失效后(超过日历安全寿命后)减小飞行强度,可以有效提高飞机的日历服役时间。针对一个机群来说,形成不同飞机的梯次使用计划,使新飞机(防护体系完好)执行高强度飞行任务,使老飞机(防护体系失效)执行低强度飞行任务,可以有效维持整个机群的整体飞行强度。

对于民用飞机来说,执行短途飞行任务的飞机,由于地—空—地载荷循环较为频繁,其疲劳损伤度较相同飞行小时数的执行长途飞行任务的疲劳损伤度要大。短途飞行任务属于大飞行强度,长途飞行任务属于小飞行强度。对于军机来说,执行不同飞行剖面任务的飞机,其疲劳载荷历程不一样,相应的疲劳损伤度值也不同。

15.3　飞行航线调整策略

对于民用飞机来说,执行不同飞行航线的飞机,由于经历的疲劳载荷历程不同,在飞行小时数一样的情况下,其疲劳寿命的耗损值也是不同的。

基于飞机结构安全寿命包线的调整策略,对不同飞行航线飞机的疲劳损伤度进行计算,基于飞机结构状态对飞机的飞行航线适时进行调整,将损伤度值较大的飞机调整至损伤度值小的飞行航线,以延长其服役使用寿命,从而使机群实现总的飞行小时数增长,并保证了机群规模。

综上,基于飞机结构状态的使用策略可用图 15.2 表示。

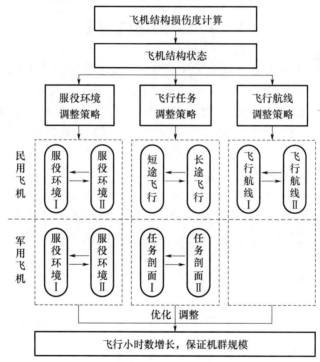

图 15.2　基于飞机结构状态的使用策略

参考文献

[1] 张海威,何宇廷,范超华,等.腐蚀/疲劳交替作用下飞机金属材料疲劳寿命计算方法[J].航空学报,2013,(5).

[2] 张腾,何宇廷,李昌范,等.地面停放飞机局部温度环境研究[J].航空学报,2015(2):538-547.

[3] 康青山,何宇廷,张海威,等.停放环境下飞机材料疲劳性能的退化规律[J].机械工程材料,2012(8):72-74.

第 16 章

飞机结构腐蚀疲劳关键件服役/使用寿命评定示例

16.1 结构研究对象

本章只是给出一个基于日历安全寿命与安全寿命包线的飞机结构寿命评定示例,目的是说明日历安全寿命与安全寿命包线原理在飞机结构寿命评定中的应用过程。因此,仅以一个飞机结构模拟件为例,在假设的结构防护体系试验结果和假定的飞机服役条件下,结合实际得到的结构模拟件腐蚀疲劳交替试验结果,基于日历安全寿命与安全寿命包线原理对飞机结构损伤进行评定,确定了在给定的飞机服役条件下的结构服役/使用寿命限制。

某型飞机机身壁板连接结构示意图如图 16.1 所示。结构连接形式为单侧铆钉搭接形式,上下两块壁板由三排半圆头铆钉进行连接,两个相邻隔框间用于连接的铆钉个数为 54 ×3 个;壁板厚度为 2mm,所用材料为 7B04 铝合金;铆钉直径为 5mm,所用材料为 2A10 铝合金。

结构受到的载荷方向为图中垂直方向,根据有限元分析结果[1],结构失效部位位于在第一排或第三排铆钉处,失效形式主要为广布疲劳损伤。因此,在实验室使用的试验模拟件主要考核结构连接部位,也采用多铆钉搭接的形式,具体的试验件参数将在 16.2 节中详细叙述。

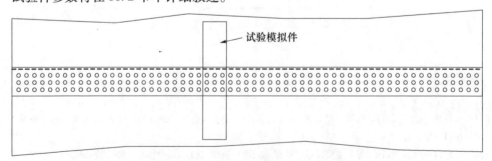

图 16.1　某型飞机机身壁板连接结构示意图

16.2　用于寿命评定的结构模拟件加速试验

16.2.1　试验件与试验夹具

1. 试验件

根据选定结构的特征,设计的结构模拟试验件采用多铆钉搭接的形式,试验件单面搭接,由半圆头铆钉铆接。搭接板为 2mm 厚的 7B04 铝合金,按轧制方向取材;铆钉材料为 2A10,连接段直径为 5mm。试验件无表面防护层,主要用于考察结构基体在腐蚀环境影响下的寿命退化规律。试验件构型尺寸和实际照片如图 16.2 和图 16.3 所示。

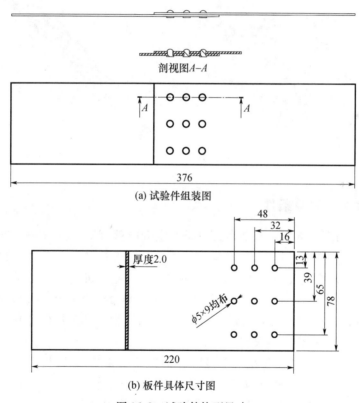

剖视图*A-A*

(a) 试验件组装图

(b) 板件具体尺寸图

图 16.2　试验件构型尺寸

2. 试验夹具

由于试验件是单面搭接的形式,在受到压载时会产生较大的弯曲变形,发生提前破坏,与所模拟结构的实际破坏形式不符。因此,试验中使用了防弯夹具,如图 16.4 所示。最外侧夹板的作用是防止加载时面外弯矩的影响,约束试验件中部的变形;两块垫板用于保证加载的对称性。加载前,在夹具与试验件接触部位涂抹了二硫化钼润滑脂,并垫上了聚四氟乙烯薄膜作为润滑条,使夹具和试验件不直接接触,以减小摩擦。

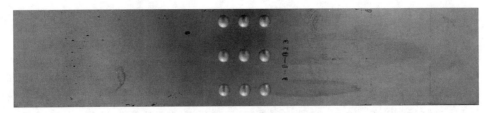

图 16.3 试验件照片

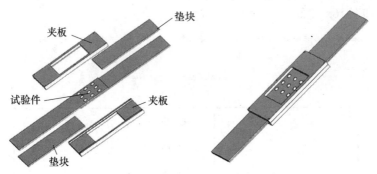

图 16.4 试验夹具与试验件装配图

16.2.2 试验条件

根据日历安全寿命和安全寿命包线的定寿原理可知,飞机结构(包括防护体系和基体)的损伤度是一个定值,但其具体的日历寿命和疲劳寿命限制还与飞机的服役/使用强度以及服役环境腐蚀性相关,只有在飞机到寿停飞时才能完全确定。在飞机服役过程中,由日历安全寿命和安全寿命包线确定飞机结构的寿命限制和飞机的已服役信息计算出已累积的损伤,而后根据剩余损伤度和计划服役条件预测出结构的剩余寿命限制。

飞机的服役/使用历程是根据实际情况"用"出来的,在飞机服役前不可能知道。然而,为了进行飞机结构定寿过程的演示,这里只是给出了一些设定的飞机服役条件,包括飞机的基准飞行载荷、服役地区和使用强度。

对试验件的疲劳加载由 MTS-810-500kN 疲劳试验机实施,如图 16.5(a)所示,加载条件为:加载谱形为正弦等幅谱,最大净截面应力为 130MPa,应力比为 0.06,加载频率为 15Hz。假设在此加载条件下,每 8 个循环相当于飞机实际服役 1 当量飞行小时。

腐蚀试验在 DCTC1200P 盐雾腐蚀试验箱中开展,如图 16.5(b)所示。假设飞机在甲、乙、丙、丁四个地区服役,四个地区的环境腐蚀性不同,按顺序依次增强。在实验室中对甲、乙、丙、丁四个地区采用的腐蚀施加条件相同,四个地区的环境腐蚀性差异体现在加速腐蚀谱的作用时间上。甲、乙、丙、丁四个地区的腐蚀施加条件为:酸性 NaCl 溶液盐雾试验,用 H_2SO_4 调整溶液 pH 值至 4,腐蚀温度为 40℃,盐雾沉降量为 $(1\sim2)\,mL/(h\cdot80cm^2)$。由上述加速腐蚀环境作用 32.5h 相当于飞机在甲地服役 1 年,作用 44h 相当于乙地服役 1 年,作用 70h 相当于丙地服役 1 年,作用 76h 相当于丁地服役 1 年。

(a) 疲劳试验现场　　　　　　　　(b) 腐蚀试验现场

图 16.5　试验现场

16.2.3　试验方案

试验件主要开展疲劳试验(确定疲劳安全寿命)和腐蚀疲劳交替试验(模拟飞机结构的飞行与停放情况),以确定结构安全寿命包线中的腐蚀影响系数曲线。开展纯疲劳试验的试验件为 5 件;腐蚀疲劳交替试验分为 5 组,总腐蚀时间分别为 325h、975h、1300h、1625h 和 1950h,每组腐蚀疲劳交替试验对应的试验件件数均为 5 件。5 组腐蚀疲劳交替试验的试验次序为"腐蚀—疲劳—腐蚀—疲劳"的形式,即腐蚀疲劳交替两次。每次腐蚀时间以及第一次疲劳加载的循环数如表 16.1 所列,试验件在第二次疲劳加载时直接加载至断裂。

表 16.1　各组腐蚀疲劳交替试验的施加条件

组　号	腐蚀时间/h	第一次疲劳加载循环数/cycles
1	162.5	80000
2	487.5	60000
3	650.0	50000
4	812.5	50000
5	975.0	45000

16.2.4 试验结果与计算

试验件的纯疲劳试验结果如表 16.2 所列。

表 16.2 无防护体系试验件纯疲劳试验结果

试验件编号	0－1	0－2	0－3	0－4	0－5	均值
疲劳寿命/cycles	138324	176771	195420	125020	170351	161177
对应飞行小时数/efh	17290.5	22096.4	24427.5	15627.5	21347.7	20147.2
对数寿命/lg(efh)	4.2378	4.3443	4.3879	4.1939	4.3283	4.2987

腐蚀疲劳交替试验结果如表 16.3 所列。

表 16.3 无防护体系试验件腐蚀疲劳交替试验结果

总腐蚀 325h				总腐蚀 975h			
编号	疲劳寿命	对应飞行小时	对数寿命	编号	疲劳寿命	对应飞行小时	对数寿命
1－1	90485	11310.6	4.0535	2－1	110077	13759.6	4.1386
1－2	113470	14183.8	4.1518	2－2	103176	12897.0	4.1105
1－3	128705	16088.1	4.2065	2－3	77767	9720.9	3.9877
1－4	110430	13803.8	4.1340	2－4	96514	12064.3	4.0815
1－5	163461	20432.6	4.3103	2－5	68250	8351.3	3.9310
总腐蚀 1300h				总腐蚀 1625h			
编号	疲劳寿命	对应飞行小时	对数寿命	编号	疲劳寿命	对应飞行小时	对数寿命
3－1	65469	8183.6	3.9129	4－1	87463	10932.9	4.0387
3－2	93485	11685.6	4.0677	4－2	75508	9438.5	3.9749
3－3	94003	11750.4	4.0701	4－3	52756	6594.5	3.8192
3－4	83500	10437.5	4.0186	4－4	54173	6771.6	3.8307
3－5	55612	6951.5	3.8421	4－5	75873	9484.1	3.9770
总腐蚀 1950h							
编号	疲劳寿命	对应飞行小时	对数寿命				
5－1	68997	8624.6	3.9357				
5－2	87102	10887.8	4.0369				
5－3	53866	6733.3	3.8282				
5－4	69182	8647.8	3.9370				
5－5	43661	5457.6	3.7370				

为了验证防护体系的日历寿命服从何种分布,以及疲劳/预腐蚀疲劳试验结果是否可以代表飞机结构的寿命特征,使用 GB 4882—1985[2] 推荐的 Shapiro - Wilk 方法检验试验结果或试验结果的对数值是否符合正态分布(在 $3 \leqslant n \leqslant 50$ 时

可以使用)。Shapiro - Wilk 方法首先将每个样本中的个体从小到大排列成次序统计量 $x_{(1)} \leqslant x_{(2)} \leqslant x_{(3)} \leqslant x_{(4)} \cdots$,根据下式计算检验统计量

$$W = \frac{\left\{ \sum_{k=1}^{l} \alpha_{k,n} \left[x_{(n+1-k)} - x_{(k)} \right] \right\}^2}{\sum_{k=1}^{n} \left[x_{(k)} - \overline{x} \right]^2} \tag{16.1}$$

式中:$\overline{x}$ 为样本均值;n 为样本容量;当 n 为偶数时,$l=n/2$,当 n 为奇数时,$l=(n-1)/2$;$\alpha_{k,n}$ 为根据附表 $1^{[3]}$ 查得的系数。若 $W<Z_\gamma$,则说明不满足正态分布,反之则满足正态分布。根据显著性水平 γ 和 n 查附表 $2^{[3]}$ 可得 Z 的临界值 Z_γ。取显著性水平为 0.05,当 $n=5$ 时,$Z_\gamma=0.762$;当 $n=16$ 时,$Z_\gamma=0.887$。

经式(16.1)计算得到,无防护体系试验件各组试验对数寿命的 W 值如表 16.4 所列。

表 16.4　无防护体系试验件试验对数寿命的 Shapiro - Wilk 检验

试验分组	纯疲劳试验	腐蚀疲劳交替试验				
		325h	975h	1300h	1625h	1950h
W 值	0.8875	0.9212	0.8747	0.9329	0.8191	0.9099

可以看出,6 组试验结果对应的 W 值均大于 $Z_\gamma=0.762$(取显性水平 $\gamma=0.05$),试验结果的对数值均满足正态分布检验,即试验结果均服从对数正态分布,因此,试验所得数据可以代表飞机结构的寿命特征。

16.3　结构防护体系日历安全寿命的确定

16.3.1　设定的结构防护体系试验结果

这里并未开展防护体系的腐蚀失效试验,但为了示出结构防护体系日历安全寿命的确定方法,依据以往经验设定了 16 件试验件的防护体系失效时间,如表 16.5 所列。

表 16.5　带防护体系试验件的防护体系失效时间

腐蚀(老化)基本谱块数	8	9	10	11	12	13	14
防护体系失效的试验件个数	1	2	4	4	3	1	1

假设所研究结构的防护体系失效形式为铆钉附近的防护体系失效,结构疲劳寿命发生退化的原因是腐蚀介质沿铆钉缝隙渗入到了孔边区域。在大修时通过更换铆钉、孔边修理、重新涂刷防护层等措施基本可以将结构恢复到初始防护状态,因此,这里设定的试验结果可以同时用于分析得到防护体系首翻前日历安全寿命和首翻后日历安全寿命,即认为防护体系的首翻前日历安全寿命和首翻后日

历安全寿命相等。

16.3.2 防护体系日历寿命可靠度的确定

根据 10.3 节"飞机结构防护体系日历寿命可靠度的确定方法"中的具体流程确定本节研究对象的防护体系日历寿命可靠度。由于日历寿命可靠度反映的是防护体系本身的安全程度,与飞机在何地服役无关。因此,为了计算简便,并统一加速腐蚀谱和涂层老化谱的时间度量尺度,本节是以结构在甲地服役的等效的腐蚀年数作为时间单位。

1. 建立结构基体腐蚀损伤量与腐蚀时间的关系模型

基体腐蚀损伤量可以以腐蚀深度、腐蚀失重、电阻变化等参数直接表示,也可以由结构的寿命退化量间接反映,即认为结构经某一段时间腐蚀后寿命退化到一定程度即达到了腐蚀损伤临界值。

因此,可以以腐蚀影响系数曲线作为结构基体腐蚀损伤量与腐蚀时间的关系模型。根据无防护体系试验件的疲劳试验和腐蚀疲劳交替试验结果,进行腐蚀影响系数曲线的拟合,对式(12.3)移项后左右两边取以自然数 e 为底的对数可得

$$\ln[1-h] = b\ln T + \ln a \tag{16.2}$$

式中:h 为由腐蚀影响系数所间接反映的基体平均腐蚀损伤量;T 为等效腐蚀年数;a 和 b 为拟合的参数。

根据试验腐蚀时间,以及表 16.2 和表 16.3 的试验结果,将用于腐蚀影响系数曲线拟合所需的数据列于表 16.6 中,表中 h_i 为实验室加速腐蚀 t 小时后结构寿命均值与纯疲劳试验寿命均值的比,即数据可靠度 50% 的腐蚀影响系数,$h_i = N_{50}(T)/N_{50}(0)$。

表 16.6　用于腐蚀影响系数曲线拟合的数据

等效甲地腐蚀年数 T/年	0	10	30	40	50	60
寿命均值 $N_{50}(t)$/efh	20147.2	15136.0	11394.6	9794.3	8636.3	8064.4
腐蚀影响系数 h_i	1.0000	0.7513	0.5656	0.4861	0.4287	0.4003

由式(16.2)经最小二乘法拟合得到结构基体腐蚀损伤量与腐蚀时间的关系模型为

$$h = f(T) = 1 - 0.0784T^{0.5041} \tag{16.3}$$

相关系数 $R^2 = 0.997$。

假设根据结构大修要求,当腐蚀影响系数降低至 0.8 时结构达到换件损伤临界值 h_c,即认为结构修理已不经济或修理后的结构不能保证飞行安全,需要进行结构的更换;根据结构剩余强度要求,当腐蚀影响系数降低至 0.6 时结构达到报废损伤临界值 h_B,即认为结构已不能再继续使用,若再继续使用将有突然断裂的危险。

2. 建立防护体系的日历安全寿命表达式

根据表 16.5 的试验数据,由式(10.4)和式(10.6)计算得到防护体系日历寿命的均值为 10.81,标准差为 1.56。由于防护体系的日历寿命服从正态分布,根据式(10.3)和式(10.5),防护体系日历安全寿命的表达式为

$$N_\alpha = 10.81 - 1.56 \times \frac{\mu_{1-\alpha} + \mu_\gamma \sqrt{\frac{1}{16}\left[1 - \frac{\mu_\gamma^2}{30}\right] + \frac{\mu_{1-\alpha}^2}{30}}}{1 - \frac{\mu_\gamma^2}{30}} \tag{16.4}$$

式中:$\mu_{1-\alpha}$ 为与失效概率 $1-\alpha$ 相关的标准正态分布上 $1-\alpha$ 分位点;μ_γ 为与显著性水平 γ 相关的标准正态分布上 γ 分位点。

假设实际机群中机身壁板连接结构的数量为 1000 件,则达到任意可靠度 α 对应的日历安全寿命 N_α 时,在 $1-\gamma$ 的置信度下认为大约有 $1000(1-\alpha)$ 件结构的防护体系失效。

3. 建立维修成本与可靠度的关系模型,求得使机群维修成本最低的可靠度值

假设机身壁板连接结构的经济修理费用为 $C_0 = 2$ 万元/件,换件费用为 $C_1 = 30$ 万元/件,机群中 1000 件机身壁板连接结构修理的其他费用总额(包括运输、拆解费用)为 $C_2 = 3000$ 万元。

根据式(10.10)和式(10.11),达到防护体系日历安全寿命时机群每年所分摊的大修费用为

$$C_\alpha = \frac{19000 - 14000g(\alpha) - 2000\alpha}{N_\alpha} \tag{16.5}$$

式中:$g(\alpha)$ 为某一特定可靠度值 α' 的表达式。根据式(10.8)和式(16.3),所求的防护体系日历寿命可靠度 α 与 α' 的关系为

$$k_{\alpha'} = k_\alpha + 4.11 \tag{16.6}$$

k_α 的表达式如式(10.5)所示。

因此,可以根据式(16.6)得到 $g(\alpha)$ 的表达式,从而确定 C_α 的表达式,进而对 C_α 的表达式进行求导得到使机群大修费用最低的防护体系可靠度 α 值。由于 $g(\alpha)$、k_α 的表达式较复杂,导致式(16.5)不便于求导,可借助 Matlab 软件进行 C_α 最小值的求解。

取置信度为 0.90,可以求得达到大修前机群飞机每年分摊的维修费用 C_α 的最小值为 387.66 万元/年,对应的可靠度 α 为 0.763。

4. 可靠度验证

根据式(10.14)～式(10.16)计算可得,当防护体系的日历寿命可靠度 α 为 0.763,对应的结构可靠度基本为 1(0.999…,小数点后 26 个 9);也就是说,从日历安全寿命的角度考虑,在达到大修前结构基本不会发生失效。

通过上述分析,此机型在机身壁板连接结构的防护体系日历寿命可靠度可以

确定为 0.763。

若将防护体系的日历寿命可靠度按照现有的疲劳寿命可靠度取为 0.999,则本实例对应的防护体系日历安全寿命为 4.41 年,得到的机群每年分摊的维修费用 C_α 为 680.73 万元/年,这不仅增加了维修的费用,还影响了飞机的完好率,实际工作中没有必要。

16.3.3 防护体系日历安全寿命的确定

根据防护体系老化试验基本谱块向甲、乙、丙、丁四个地区等效腐蚀年数的折算,以及表 16.5 的试验结果,将用于确定四个地区防护体系日历安全寿命的数据列于表 16.7 中。

表 16.7 甲、乙、丙、丁四个地区防护体系等效失效时间

防护体系失效的试验件个数	1	2	4	4	3	1	1
腐蚀(老化)基本谱块数	8	9	10	11	12	13	14
甲地等效腐蚀年数	8.00	9.00	10.00	11.00	12.00	13.00	14.00
乙地等效腐蚀年数	5.33	6.00	6.67	7.33	8.00	8.67	9.33
丙地等效腐蚀年数	4.00	4.50	5.00	5.50	6.00	6.50	7.00
丁地等效腐蚀年数	3.20	3.60	4.00	4.40	4.80	5.20	5.60

根据表 16.7 中的数据,由式(10.4)和式(10.6)可以计算得到防护体系在甲、乙、丙、丁四地的日历寿命平均值分别为 10.81 年、7.21 年、5.41 年和 4.33 年,日历寿命标准差分别为 1.56 年、1.04 年、0.78 年和 0.62 年。

由于试验件在考核部位(铆钉搭接处)的表面积是实际结构的 1/18,选取的日历寿命可靠度为 76.3%,根据式(10.1),对试验件得到的试验数据进行分析时应选用的可靠度 $\alpha' = (18 + 0.763 - 1)/18 = 98.68\%$。

通过式(10.5)的计算,可靠度 98.68%、置信度 90% 对应的正态分布单边容限系数 $k_\alpha = 2.9897$。根据式(10.3),可以计算得到机身壁板连接结构在甲、乙、丙、丁四地 76.3% 可靠度、90% 置信度下的日历安全寿命分别为 6.15 年、4.10 年、3.08 年和 2.48 年。

16.4 结构安全寿命包线的建立

1. 各腐蚀影响阶段结构疲劳安全寿命值的确定

根据表 16.2 和表 16.3 的试验结果确定结构在经历不同腐蚀时间后的疲劳安全寿命,由于试验结果服从对数正态分布,因此,结构在经历时间 T 的腐蚀作用后

的疲劳安全寿命由下式求得

$$N_{99.9}(T) = 10^{\overline{X}_T - k_\alpha \cdot S_T} \tag{16.7}$$

式中：$\overline{X}_T$ 和 S_T 分别为结构在经历时间 T 的腐蚀作用后的疲劳试验结果的对数均值和对数标准差；k_α 为正态分布单边容限系数。

$$\overline{X}_T = \frac{1}{n} \cdot \sum_{i=1}^{n} \lg N_i(T) \tag{16.8}$$

$$S_T = \sqrt{\frac{1}{n-1} \cdot \sum_{i=1}^{n} \left[\lg N_i(T) - \overline{X}_T \right]^2} \tag{16.9}$$

式中：n 为数据个数（样本容量）；$N_i(T)$ 为经历时间 T 的腐蚀作用后的第 i 件试验件的疲劳寿命值；k_α 值可通过查阅手册[4]获取，或可根据式(10.5)求解。对于对数正态分布，选取的结构可靠度为 99.9%、置信度为 90%，当数据个数 $n=5$ 时对应的 k_α 值为 6.1130（查阅手册[4]获取）。

根据上述三个公式以及式(12.2)，可以求得甲、乙、丙、丁四地对应的各腐蚀年限下的结构疲劳安全寿命及腐蚀影响系数，如表 16.8 所列。

表 16.8　甲、乙、丙、丁四个地区不同腐蚀年限下的疲劳安全寿命与腐蚀影响系数

试验腐蚀时间/h	等效腐蚀年限 T/年				$N_{99.9}(T)$/efh	$C(T)$
	甲地	乙地	丙地	丁地		
0	0	0	0	0	6448.0	1
325	10.00	7.39	4.64	4.28	3928.6	0.61
975	30.00	22.16	13.93	12.83	3290.1	0.51
1300	40.00	29.55	18.57	17.11	2317.9	0.36
1625	50.00	36.93	23.21	21.38	2142.7	0.33
1950	60.00	44.32	27.86	25.66	1555.2	0.24

2. 结构腐蚀影响系数曲线的确定

根据表 16.8 中各地区对应腐蚀年限下结构腐蚀影响系数进行腐蚀影响系数曲线的拟合。为保证结果的准确性，以式(12.3)和式(12.4)两种曲线形式分别进行拟合，并选取相关系数较高的曲线形式建立结构的安全寿命包线。

对式(12.3)移项后取对数可得式(16.2)的形式；对式(12.4)取对数变换处理后可等效为

$$\lg \left[-\ln(C(T)) \right] = b \lg T + \lg(-a) \tag{16.10}$$

式中：$C(T)$ 为腐蚀影响系数；T 为等效腐蚀年数；a 和 b 为拟合的参数。

甲、乙、丙、丁四个地区两种形式的腐蚀影响系数曲线公式及其相关系数如表 16.9 所列。

表 16.9 不同地区的两种腐蚀影响系数曲线公式

腐蚀影响系数曲线形式	服役地区	腐蚀影响系数曲线公式	相关系数 R^2
式(12.3)	甲	$C(T) = 1 - 0.1613T^{0.3647}$	0.9208
	乙	$C(T) = 1 - 0.1801T^{0.3648}$	0.9208
	丙	$C(T) = 1 - 0.2135T^{0.3646}$	0.9207
	丁	$C(T) = 1 - 0.2198T^{0.3648}$	0.9209
式(12.4)	甲	$C(T) = \exp(-0.1241T^{0.5640})$	0.8917
	乙	$C(T) = \exp(-0.1471T^{0.5642})$	0.8918
	丙	$C(T) = \exp(-0.1914T^{0.5638})$	0.8916
	丁	$C(T) = \exp(-0.2002T^{0.5643})$	0.8918

相比而言,以式(12.3)的形式拟合得到的腐蚀影响系数曲线相关系数较高,因此,选取 $C(T) = 1 - aT^b$ 形式的四条曲线代表结构在四个地区服役时结构疲劳寿命随服役时间的退化规律。

3. 结构安全使用限制点的确定

由于机身壁板连接结构为耐久性结构,在结构寿命管理中不分析疲劳裂纹扩展的情况,因此,确定结构安全使用限制点主要从静强度要求、结构经济修理要求和飞机的技术特性三方面综合考虑。

机身壁板连接结构在飞行中可能遇到的最大载荷为 200MPa,将其放大 1.5 倍即为 300MPa。假设无防护体系试验件经实验室加速腐蚀 900h 后其抗拉强度下降至 300MPa,则可以认为 900h 加速腐蚀时间对应的甲、乙、丙、丁四地的等效服役年限即为由静强度要求确定的结构安全使用限制点的最大横坐标值。

经过对无防护体系试验件腐蚀情况的考察,发现经过 850h 左右的实验室加速腐蚀后,即有一部分试验件因腐蚀损伤问题过于严重而不再具备修理价值,则可以将 850h 加速腐蚀时间对应的甲、乙、丙、丁四地的等效服役年限作为由结构经济修理要求确定的结构安全使用限制点的最大横坐标值。

假设飞机的性能指标在服役 25 年后即不能满足任务需求,则可以将 25 年作为甲、乙、丙、丁四地安全寿命包线由飞机技术特性确定的结构安全使用限制点的最大横坐标。

综合上述考虑,甲地安全寿命包线的结构安全使用限制点的横坐标为 25 年,由飞机的技术特性限制条件所确定;乙、丙、丁三地安全寿命包线的结构安全使用限制点的横坐标分别为 19.32 年、12.14 年和 11.18 年,均由结构的经济修理要求所确定。由式(12.3)可以计算得出四个地区结构安全使用限制点对应的飞机飞行强度分别为 123.35efh/年、156.71efh/年、249.36efh/年和 270.91efh/年。

4. 结构安全寿命包线的绘制

由疲劳安全寿命的纵坐标与各地区日历安全寿命的横坐标可以确定安全寿

命包线的左侧部分;将结构的腐蚀影响系数曲线 $C(T)$ 与纯疲劳安全寿命相乘可以得到满足 99.9% 可靠度与 90% 置信度要求的四个地区下使用年数和疲劳安全寿命的关系曲线,曲线在结构安全限制点截止,从而可以确定安全寿命包线的右侧部分。甲、乙、丙、丁四个地区的结构安全寿命包线如图 16.6 所示,图中横坐标为日历使用年数,单位为年,纵坐标为疲劳安全寿命,单位为当量飞行小时数。

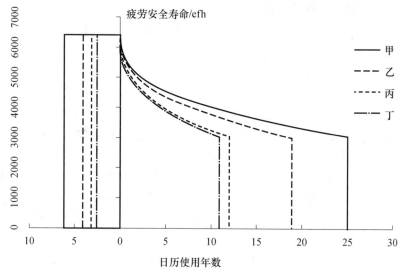

图 16.6　甲、乙、丙、丁四地的结构安全寿命包线

16.5　考虑大修的结构服役/使用寿命限制

飞机的服役/使用历程是根据实际情况"用"出来的,在飞机服役前不可能知道,为了进行飞机结构定寿过程的演示,设定飞机结构的服役/使用历程为在甲地以 272efh/年(当量飞行小时数/年,equivalent flight hours per year)的平均飞行强度服役/使用 5.1 年(防护体系未失效),而后在乙地以 240efh/年的平均飞行强度服役/使用 3.2 年(前 0.7 年防护体系未失效);而后转场至丁地以 187efh/年的平均飞行强度服役/使用 4 年;而后转场至丙地以 254efh/年的平均飞行强度服役/使用 3.2 年;而后计划转场至甲地以 220efh/年的平均飞行强度服役/使用至到寿。

本节中根据第 13 章中"基于飞机结构安全寿命包线的腐蚀疲劳关键件剩余寿命预测方法"和第 10 章中"飞机结构日历安全寿命的确定原理与方法"中提出的方法,根据设定的飞机结构服役/使用历程确定结构的服役/使用寿命限制(包括疲劳寿命限制和日历寿命限制)、首翻期和大修间隔期。为了更全面地展示第 14 章中提及的三种方式的维修对应的日历安全寿命和结构安全寿命包线的用法,在下述示例中叙述的飞机历次大修分别采用了 14.2 节中的三种维修方式。

这里需要说明的是,本节确定的只是机身壁板连接结构的服役/使用寿命限制,飞机整机的具体服役/使用寿命限制还需要由所有结构关键件的寿命限制综合决定。

16.5.1 结构首翻期的确定

1. 由基体损伤度确定的结构首翻期

根据第五篇中第 17 章对"基于损伤度的结构维修判据研究"的讨论,确定结构损伤度达到 0.5 时对结构进行大修,此时考虑的损伤容限关键件的裂纹扩展特性及检查要求。

(1) 当飞机结构在甲地以 272efh/年的平均飞行强度服役/使用 5.1 年,由于甲地的防护体系日历安全寿命为 6.14 年,此 5.1 年内可以认为结构受到的损伤是纯疲劳损伤。根据式(13.2),结构在此历程下的累积损伤度为 272 × 5.1/6448 = 0.2151。防护体系的累积损伤度为 5.1/6.14 = 0.8293。

(2) 飞机随后在乙地以 240efh/年的飞行强度服役/使用 3.2 年,防护体系在乙地环境下的日历安全寿命为 4.1 年。由于防护体系的剩余损伤为 1 − 0.8293 = 0.1707,结构在乙地服役的前 4.1 × 0.1707 = 0.7 年可以看成是纯疲劳状态,在后 2.5 年认为受到腐蚀和疲劳的共同影响。

在乙地服役的前 0.7 年,根据式(13.2),结构基体的损伤度为 240 × 0.7/6448 = 0.0261;防护体系的累积损伤达到 1。

在乙地服役的后 2.5 年,结构受到腐蚀和疲劳的共同影响,由于 240efh/年大于乙地安全寿命包线中安全使用限制点对应的飞行强度(156.71efh/年),是以乙地安全寿命包线右侧的曲线进行结构损伤的计算。根据表 16.9 中乙地的 $C(T)$ 曲线公式、式(13.3)和式(13.4),可以求得乙地 240efh/年飞行强度对应的基体年损伤度为 0.0707,在该使用历程下的结构累积损伤度为 0.0707 × 2.5 = 0.1767。

(3) 当飞机在甲、乙两地服役过后,结构基体的累积损伤度为 0.2151 + 0.0261 + 0.1767 = 0.4179,距离首翻剩余的基体损伤度为 0.5 − 0.4179 = 0.0821。

当飞机转场至丁地以 187efh/年的平均飞行强度服役/使用,由于 187efh/年小于于丁地安全寿命包线中安全使用限制点对应的飞行强度(270.91efh/年),于是以丁地安全寿命包线右侧安全使用限制点以下的垂直线进行结构损伤的计算(垂直线横坐标 11.18),根据式(13.4),可以求得丁地 187efh/年飞行强度对应的基体年损伤度为 1/11.18 = 0.0894。

因此,当飞机在丁地服役 0.0821/0.0894 = 0.92 年,结构基体的累积损伤即达到了首翻限制(0.5)。

所以,由基体损伤度确定的结构首翻期为 5.1 + 3.2 + 0.92 = 9.22 年,合 2327.2 当量飞行小时。可以看出,由损伤度确定首翻期与大修间隔期,根据不同服役/使用情况将得到不同的服役年限或飞行小时数。

2. 由防护体系日历安全寿命确定的结构首翻期

防护体系在甲地的日历安全寿命为 6.14 年,则飞机在甲地服役的 5.1 年防护体系的累积损伤度为 5.1/6.14 = 0.8293;防护体系在乙地的日历安全寿命为 4.1 年,由于防护体系的剩余损伤度为 1 − 0.8293 = 0.1707,则防护体系在乙地服役的前 4.1 × 0.1707 = 0.7 年属于日历安全寿命期内。

因此,由防护体系日历安全寿命确定的结构首翻期为 5.1 + 0.7 = 5.8 年。

3. 确定飞机结构首翻期

由于首翻前防护体系日历安全寿命(5.8 年)小于由基体损伤度确定的首翻期(9.22 年),则飞机结构的首翻期取为 5.8 年;到达结构首翻期(5.8 年)时飞机在乙地服役,基体累积损伤度为 0.2412,飞机将飞行使用 1555.2efh。

当然,在实际工程中,也可以按照基体损伤度确定的首翻期进行,但在达到防护体系日历安全寿命时,必须通过其他维修手段对结构的防护体系进行检查修复。

16.5.2　结构大修间隔期的确定

这里的首翻期取上述结果 5.8 年,从而分析首翻过后的大修间隔期的确定。

1. 首翻后第一次大修间隔期的确定

1) 由基体损伤度确定的结构第一次大修间隔期

由于结构首翻期是以防护体系日历安全寿命确定的,当在飞机服役 5.8 年后进行首翻,可以认为通过更换铆钉、重新涂刷防护层等措施基本恢复结构初始防护状态,因此,仍可以以最初的安全寿命包线进行结构损伤的计算[5]。

假设首翻时未对结构基体进行修复(结构没有检查到裂纹),则首翻后结构基体的累积损伤度仍为 0.2412。为保证结构安全,以剩余损伤度的一半作为大修判据,即当基体累积损伤度达到 0.2412 + (1 − 0.2412) × 0.5 = 0.6206 时进行结构大修,此时仍然考虑了损伤容限关键件的裂纹扩展特性及检查要求。

当飞机结构在乙地以 240efh/年的飞行强度服役/使用剩余的 2.5 年,由于防护体系已经修复,且在乙地的日历安全寿命为 4.1 年,则可以认为在此 2.5 年内结构受到的损伤是纯疲劳损伤。根据式(13.2),结构在此历程下的累积损伤度为 240 × 2.5/6448 = 0.0931;防护体系的累积损伤度为 2.5/4.1 = 0.6097。

飞机随后在丁地以 187efh/年的飞行强度服役/使用 4 年,防护体系在丁地环境下的日历安全寿命为 2.48 年。由于防护体系的剩余损伤度为 1 − 0.6097 = 0.3903,结构在丁地服役的前 2.48 × 0.3903 = 0.97 年可以看成是纯疲劳状态,在后 3.03 年认为受到腐蚀和疲劳的共同影响。

在丁地服役的前 0.97 年,根据式(13.2),结构基体的损伤度为 187 × 0.97/6448 = 0.0281;防护体系的累积损伤度为 1。

在丁地服役的后 3.03 年,结构受到腐蚀和疲劳的共同影响,以丁地安全寿命包线右侧安全使用限制点以下的垂直线段进行结构损伤的计算(垂直线段横坐标11.18年),根据式(13.4),可以求得丁地187efh/年飞行强度对应的基体年损伤度为1/11.18 = 0.0894,在该使用历程下的结构累积损伤度为0.0894 × 3.03 = 0.2709。

在丁地服役之后,结构的总累积损伤为0.2412 + 0.0931 + 0.0281 + 0.2709 = 0.6333,与确定的结构大修判据(0.6206)相近,为方便起见,可以在飞机执行完丁地飞行任务时送修,此时飞机服役2.5 + 4 = 6.5年。

2)由防护体系日历安全寿命确定的结构第一次大修间隔期

修复之后的防护体系在乙地的日历安全寿命为4.1年,飞机在乙地服役的后2.5年防护体系的累积损伤度为2.5/4.1 = 0.6097;防护体系在丁地的日历安全寿命为2.48年,由于防护体系的剩余损伤度为1 − 0.6097 = 0.3903,则防护体系在丁地服役的前2.48 × 0.3903 = 0.97年属于日历安全寿命期内。

因此,由修复后的防护体系日历安全寿命确定的结构第一次大修间隔期为2.5 + 0.97 = 3.47年。

3)确定飞机结构的第一次大修间隔期

假设第二次大修(即首翻后的下一次大修)的维修方式是进行结构耐久性修理并修复受损的防护体系;加之首翻后飞机在乙地和丁地服役,受到的环境腐蚀作用较重,若以防护体系日历安全寿命(3.47年)确定结构的第一次大修间隔期将严重影响飞机完好率。因此,考虑到对结构基体要进行耐久性修理,在保证结构安全与方便修理的前提下,允许基体材料受到轻微的腐蚀。

所以,可以根据基体损伤度来确定结构第一次大修间隔期。结构在进行第二次大修时飞机刚从丁地完成服役任务,飞机结构的第一次大修间隔期为2.5 + 4 = 6.5年。在第二次大修时,飞机从服役开始已累积服役5.8 + 6.5 = 12.3年,累积飞行1555.2 + 240 × 2.5 + 187 × 4 = 2903.2efh。

2. 第二次大修间隔期的确定

假设在第二次大修时机身壁板连接结构的耐久性修理方式为铰孔、更换铆钉并重新涂刷防护层,并在此修理后结构基体的疲劳性能恢复到最初状态的70%,防护体系恢复到飞机服役时的状态。

则在第二次大修后的结构需要按照全新的安全寿命包线进行寿命管理,认为原四个地区的腐蚀影响系数曲线不变,防护体系日历安全寿命不变,结构安全使用限制点的横坐标不变;但结构的纯疲劳安全寿命,即N_P(或称$N_{99.9}(0)$)值要变为原来的70%,即6448 × 0.7 = 4512.9efh。

1)由基体损伤度确定的结构第二次大修间隔期

按照全新的安全寿命包线进行结构寿命管理,以耐久性修理后的结构损伤度达到新安全寿命包线基准下的0.5作为第二次大修间隔期的确定依据。

当飞机在丙地以254efh/年的平均飞行强度服役/使用3.2年,由于丙地的防护体系日历安全寿命为 3.08 年,可以认为结构在丙地服役的前 3.08 年受到纯疲劳损伤,根据式(13.2),结构基体的损伤度为 254×3.08/4512.9 = 0.1734。

在丙地服役的后 0.12 年,认为结构受到腐蚀和疲劳的共同影响。由于 254efh/年大于丙地安全寿命包线中安全使用限制点对应的飞行强度(249.36efh/年),是以丙地安全寿命包线右侧的曲线进行结构损伤计算。根据表 16.9 中丙地的 $C(T)$ 曲线公式、式(13.3)和式(13.4),可以求得丙地 254efh/年飞行强度对应的基体年损伤度为 0.1082,在该使用历程下的结构累积损伤度为 0.1082×0.12 = 0.0130。

当飞机转场至甲地以 220 efh/年的平均飞行强度服役/使用至到寿,以甲地安全寿命包线右侧的曲线进行结构损伤的计算。根据表 16.9 中甲地的 $C(T)$ 曲线公式、式(13.3)和式(13.4),可以求得甲地 220efh/年飞行强度对应的基体年损伤度为 0.0816。达到第三次大修时结构基体可用损伤度为 0.5 - 0.1734 - 0.0130 = 0.3136,可以达到第三次大修时飞机可以在甲地服役/使用 0.3136/0.0816 = 3.84 年。

所以,由基体损伤度确定的结构第二次大修间隔期为 3.2 + 3.84 = 7.04 年。

2）由防护体系日历安全寿命确定的结构第二次大修间隔期

修复之后的防护体系在丙地的日历安全寿命为 3.08 年,即为由修复后的防护体系日历安全寿命确定的结构第二次大修间隔期。

3）确定飞机结构的第二次大修间隔期

分两种情况进行讨论。

情况一:不再对飞机结构进行大修。

考虑到如果按照基体损伤度确定的结构第二次大修间隔期,则飞机已经累积服役了 12.3 + 7.04 = 19.34 年,已经接近 25 年的飞机技术特性限制条件。如果不对飞机进行第三次的大修,将剩余 0.5 的结构损伤度在甲地以 220efh/年的飞行强度飞完,飞机还可以使用 0.5/0.0816 = 6.13 年,完全可以满足飞机服役 25 年的需求。如果不进行第三次大修,也就不存在第二次大修间隔期了。

情况二:对飞机结构进行第三次大修。

如果根据需求,要对飞机进行数年的延寿使用,则还需要对飞机进行第三次大修。由于延寿需求不高,且如果按照防护体系日历安全寿命(3.08 年)确定结构的第二次大修间隔期将严重影响飞机完好率。因此,可以由基体损伤度来确定的结构第二次大修间隔期,即飞机的第二次大修间隔期为 7.04 年。在三次大修时,飞机从服役开始已累积服役 12.3 + 7.04 = 19.34 年,累积飞行 2903.2 + 254×3.2 + 220×3.84 = 4560.8efh。

16.5.3　结构日历寿命与疲劳寿命限制的确定

关于结构日历寿命与疲劳寿命限制问题,现讨论如下。

1. 情况一：不对飞机结构进行第三次大修

假设每次的飞机大修工作时间为 0.25 年。在假设的飞机服役历程下,如果不对飞机结构进行第三次大修,将首翻期(5.8 年)、第一次大修间隔期(6.5 年)、第二次大修至结构到寿的服役周期(7.04 年 + 6.13 年)和两次大修所占用的修理时间(0.5 年)相加,即可得到飞机结构的日历寿命限制为 25.97 年。依据飞机技术特性要求定为 25 年。

将首翻前飞行小时数(1555.2efh)、首翻至第二次大修期间飞行小时数(1348efh)、第二次大修至结构到寿的飞行小时数(1657.6 + 220efh/年 × 6.13 年 = 3006.2efh)(由于飞机结构具有服役/使用 25.97 年的潜力,此数据可按 25.97 年日历寿命对应的疲劳寿命计算,即后期的飞行强度可适当提高)相加,即可得到飞机结构的疲劳寿命限制为 5909.4 当量飞行小时数。

需要说明的是,25 年和 5909.4efh 仅是指的是机身壁板连接结构在假设的飞机服役历程下的日历寿命与疲劳寿命限制;当飞机的服役历程改变,或者由多个关键结构综合确定的大修时机与此结构对应的大修时机一般不一致,或者对结构的维修方式有所改变时,25 年的日历寿命限制和 5909.4efh 的疲劳寿命限制都有可能发生改变。本部分只是给出了一个根据飞机实际使用情况确定结构日历寿命与疲劳限制的示例,具体的飞机结构寿命限制确定过程可以依据本部分给出的示例参照执行,需要说明的是以损伤度为依据来确定修理时机。

2. 情况二：对飞机结构进行第三次大修

由于不对飞机结构进行第三次大修已可以达到飞机技术特性(25 年)要求,对飞机延寿使用的年数也不会需要太多,因此,从经济性的角度出发,可以对结构进行较为简单的修理,即只修复防护体系和更换铆钉,不对结构基体进行耐久性修理。

确定结构总的日历寿命与疲劳寿命限制,首先需要确定结构第三次大修后至到寿期间的日历使用年限与疲劳寿命。

1) 第三次大修后结构安全寿命包线的建立

由于飞机在此期间一直在甲地服役,以甲地的安全寿命包线为例,在第三次修理前结构的安全寿命包线如图 16.7 中虚线所示(即第二次修理后确定的结构安全寿命包线),由于已决定对飞机进行延寿使用,甲地的结构安全使用限制点已不能由飞机的技术特性限制条件所决定,而是根据结构的经济修理要求所确定,为 850/32.5 = 26.2 年。

第三次大修后结构在甲地的安全寿命包线如图 16.7 中实线所示。第三次大修时,结构基体的累积损伤在第二次大修后的安全寿命包线基准下为 0.5,且第三次大修不对结构基体进行耐久性修理,因此,第三次大修后结构基体的纯疲劳寿命为第二次大修后的 50%,即 6448 × 0.7 × 0.5 = 2256.8efh。

若要建立结构在第三次大修后新的安全寿命包线,结构寿命在甲地受到的腐蚀影响规律未变,但是其腐蚀影响系数曲线的起点发生了变化,应以原安全寿命

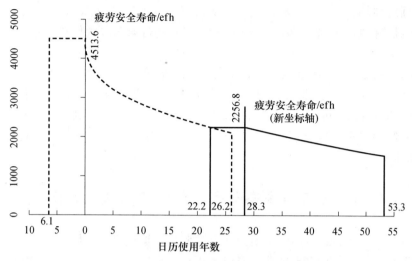

图 16.7　第三次修理前后结构在甲地服役的安全寿命包线

包线中 $C(T)=0.5$（即 $T=22.2$ 年）对应的腐蚀影响系数的点作为新的腐蚀影响系数曲线的起点，即腐蚀影响系数曲线公式的横坐标向左偏移 22.2，且纵坐标放大 1 倍（基体的疲劳安全寿命缩短一半）。因此，结构在甲地新的腐蚀影响系数曲线公式变为 $C(T)=[1-0.1613(T+22.2)^{0.3647}]\times2$。

第三次大修后结构在甲地的安全寿命包线中，防护体系日历安全寿命仍为 6.14 年；结构安全使用限制点对应横坐标为 25 年，对应的飞行强度为 61.8efh/年。

2）第三次大修后结构日历寿命与疲劳寿命的限制

按照第三次大修后的安全寿命包线进行结构寿命管理。

当飞机在甲地以 220efh/年的平均飞行强度服役/使用，由于甲地的防护体系日历安全寿命为 6.14 年，可以认为结构在第三次大修后的 6.14 年间受到纯疲劳损伤，根据式（13.2），结构基体的损伤为 $220\times6.14/2256.8=0.5985$。

在第三次大修后的 6.14 年后，认为结构受到腐蚀和疲劳的共同影响，以甲地安全寿命包线右侧的曲线进行结构损伤的计算。根据甲地新的 $C(T)$ 曲线公式、式（13.3）和式（13.4），可以求得甲地 220efh/年飞行强度对应的基体年损伤度为 0.1121。达到结构到寿的基体剩余损伤度为 $1-0.5985=0.4015$，则达到结构到寿时飞机还可以在甲地服役/使用 $0.4015/0.1121=3.58$ 年。

所以，第三次大修后结构还可以使用 $6.14+3.58=9.72$ 年，可以飞行 $220\times9.72=2138.4$efh。

3）情况二下结构的总日历寿命与疲劳寿命限制

在假设的飞机服役历程下，如果对飞机结构进行第三次大修，将首翻期（5.8年）、第一次大修间隔期（6.5 年）、第二次大修间隔（7.04 年）、第三次大修至结构到寿的服役周期(9.72 年)和三次大修所占用的修理工时间(0.75 年)相加,即可得到飞机结构的日历寿命限制为 29.81 年,与不进行第三次大修相比结构可以多使用 3.84 年。

将首翻前飞行小时数(1555.2efh),首翻至第二次大修期间飞行小时数(1348efh),第二、三次大修期间飞行小时数(1657.6efh),第三次大修至结构到寿的飞行小时数(220efh/年 × 9.72 年 = 2138.4efh)相加,即可得到飞机结构的疲劳寿命限制为 6699.2 当量飞行小时数,与不进行第三次大修相比结构可以多使用 789.8efh。

16.6　飞机结构安全寿命包线模型的试验测试

目前,进行飞机结构寿命预测的常用模型是根据全机/部件疲劳/耐久性试验结果,以 Miner 理论为基础的线性损伤累积模型[6],简称 Miner 模型。Miner 模型的基本假设是:各级载荷引起的疲劳损伤可以分别计算,然后再线性叠加起来,当累积损伤达到 1 时认为结构破坏。

显然,大多数情况下以 Miner 模型进行飞机结构的疲劳定寿或预测结构的剩余疲劳寿命完全基于全机/部件疲劳试验结果,未考虑腐蚀作用的影响。为了测试考虑腐蚀影响的基于安全寿命包线的线性损伤累积模型(简称安全寿命包线模型)在进行结构剩余寿命预测时的精度,并与现常用的 Miner 模型进行对比,本节基于16.2 节的试验结果,又设计补充了一组验证试验,并进行了结果的计算、讨论。

16.6.1　测试方法与补充试验

1. 测试方法

根据之前的设定和试验数据,并补充一组验证试验进行测试,安全寿命包线测试试验设计框图如图 16.8 所示。

开展的试验共分为两类:第Ⅰ类,开展试验件的疲劳试验以及在不同地区环境下的腐蚀疲劳交替试验,建立试验件在不同地区的结构安全寿命包线模型;第Ⅱ类,由一组试验件模拟飞机的服役过程,开展与设定的结构使用历程相对应的腐蚀—载荷交替施加条件下的腐蚀疲劳交替试验,其结果作为试验件的实际失效寿命。其中,第Ⅰ类试验即为 16.2 节中开展的无防护体系试验件的试验,第Ⅱ类试验为补充试验。

对安全寿命包线模型的预测精度进行测试,首先,根据第Ⅰ类试验结果和给定的防护体系有效周期,建立甲、乙、丙、丁四个地区下的结构安全寿命包线,再根据设定的结构使用历程对结构在不同使用阶段的剩余寿命进行预测;其次,根据第Ⅰ类试验中的疲劳试验结果,使用目前常用的 Miner 模型对结构在不同使用阶段的剩余寿命进行预测;再次,第Ⅱ类试验的试验结果为结构的真实失效寿命,将

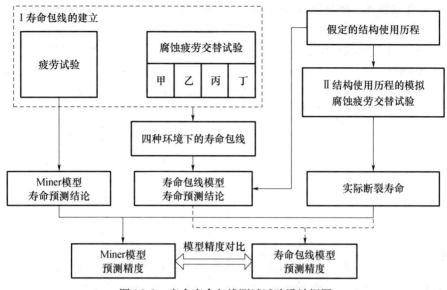

图 16.8 安全寿命包线测试试验设计框图

安全寿命包线模型和 Miner 线性损伤累积模型的预测结果分别与之对比,分别得到两种模型的预测误差;最后,将两类模型的预测误差进行对比,测试安全寿命包线模型预测精度的提高水平。

需要说明的是:由于本节研究的主要目的是进行安全寿命包线模型与常用(Miner 模型)寿命预测精度的对比,因此,以安全寿命包线模型、Miner 线性损伤累积模型进行结构的剩余寿命预测均以平均值为准,用于对比的 Ⅱ 类试验的试验结果也以平均值为准。因此,以 50% 的可靠度建立结构安全寿命包线。

2. 补充试验

补充试验采用 16.2 节中使用的无防护体系试验件,其疲劳加载条件和基本假设与 16.2 节一致,即:加载谱形为正弦等幅谱,最大应力为 130MPa,应力比为 0.06,加载频率为 15Hz;在此加载条件下,每 8 个循环相当于飞机实际服役 1 当量飞行小时。

补充试验的腐蚀施加条件和基本假设也与 16.2 节一致,即:酸性 NaCl 溶液盐雾试验,用 H_2SO_4 调整溶液 pH 值至 4,腐蚀温度为 40℃,盐雾沉降量为 $(1 \sim 2)\text{mL}/(\text{h} \cdot 80\text{cm}^2)$;甲、乙、丙、丁四地的等效加速作用时间分别为 32.5h、44h、70h 和 76h,对应飞机结构受到外场腐蚀作用 1 年。

设定的飞机结构服役/使用历程为:在甲地以 272efh/年的平均飞行强度服役/使用 5.1 年(防护体系未失效),而后在乙地以 240efh/年的平均飞行强度服役/使用 3.2 年(前 0.7 年防护体系未失效);而后转场至丁地以 187efh/年的平均飞行强度服役/使用 4 年;而后转场至丙地以 254efh/年的平均飞行强度服役/使用 3.2

年;而后计划转场至甲地服役/使用8年,考核结构在最后8年最多能使用的当量飞行小时数。

补充的Ⅱ类试验的腐蚀疲劳加载条件与设定的结构服役历程的对应关系如表16.10所列。

表16.10　Ⅱ类试验加载条件与设定服役历程的对应关系

服役地区	飞行强度/ (efh/年)	服役年数/年	Ⅱ类试验腐蚀周期/h	Ⅱ类试验疲劳 循环数/cycles
甲	272	5.1	0	11100
乙	240	0.7	0	1350
乙	240	2.5	110	4800
丁	187	4	304	6000
丙	254	3.2	224	6500
甲	待求	8	260	疲劳加载至断裂

注:在甲地服役的5.1年和乙地服役的前0.7年,防护体系未失效,Ⅱ类试验中为纯疲劳加载

16.6.2　Ⅱ类试验结果

Ⅱ类试验模拟结构使用历程的腐蚀疲劳交替试验结果如表16.11所列。由于Ⅱ类试验的腐蚀疲劳加载历程与设定的飞机结构服役历程有一一对应的关系,因此,可以将Ⅱ类试验件的断裂寿命等效看成是飞机结构的实际寿命。

表16.11　模拟结构转场服役/使用的腐蚀疲劳交替试验结果(Ⅱ类试验)

试验件编号	6-1	6-2	6-3	6-4	均值
疲劳寿命/cycles	72325	103274	103843	66791	86558
对应飞行小时数/efh	9040.6	12909.3	12980.4	8348.9	10819.8

使用 Shapiro – Wilk 方法检验试验结果对数值是否符合正态分布,根据式(16.1)计算试验结果对应的 W 值,若 $W > Z_\gamma$,则说明样本满足正态分布。取显著性水平为0.05,当 $n = 4$ 时,$Z_\gamma = 0.748$。

经计算得到Ⅱ类试验结果的 W 值为0.8124,试验结果的对数值满足正态分布检验,即试验结果均满足对数正态分布,可以代表飞机结构的寿命特征。

16.6.3　基于两类模型的结构剩余寿命预测

16.6.3.1　基于 Miner 模型的结构剩余寿命预测

由于本部分研究内容开展的等幅载荷谱下的疲劳试验,即载荷级数为1,因此,Miner 线性损伤累积模型的公式如下:

$$\sum \frac{n_i}{N} = 1 \qquad (16.11)$$

式中：N 为疲劳试验得到的结构平均寿命值；n_i 为结构在不同服役阶段的使用周期（由所受疲劳载荷循环数折算的飞行小时数）。因此，结构的剩余寿命为

$$N_R = N\left(1 - \sum \frac{n_j}{N}\right) \qquad (16.12)$$

式中：n_j 为结构在之前服役各阶段的使用周期；$1 - \sum \dfrac{n_j}{N}$ 代表了当前结构的剩余损伤度。

根据 II 类试验模拟的结构服役/使用历程和 I 类试验的疲劳试验结果，由式 (16.12)，Miner 模型的预测结果如表 16.12 所列。

表 16.12　基于 Miner 模型的结构剩余寿命预测结果

服役历程	本历程下使用时间 /efh	本历程下损伤度 n_j/N	剩余损伤度 $1 - \sum(n_j/N)$	剩余寿命预测 /efh
未服役	0	0.00000	1.00000	20147.2
甲地 272efh/年×5.1 年	1387.2	0.06885	0.93115	18760
乙地 240efh/年×0.7 年	168	0.00834	0.92281	18592
乙地 240efh/年×2.5 年	600	0.02978	0.89303	17992
丁地 187efh/年×4.0 年	748	0.03713	0.85590	17244
丙地 254efh/年×3.2 年	812.8	0.04034	0.81556	16431.2
甲地 8 年	/	/	/	/

16.6.3.2　基于安全寿命包线模型的结构剩余寿命预测

1. 不同地区飞机结构安全寿命包线的建立

选取式(12.3)的 $C(T)$ 曲线形式，通过式(16.2)对甲、乙、丙、丁四个地区的 I 类试验结果（表 16.2 和表 16.3）进行拟合，得到四个地区的 $C(T)$ 曲线公式及其相关系数。不考虑结构安全使用限制点，以公式形式表示的四个地区的结构安全寿命包线如表 16.13 所列。

表 16.13　不同地区的结构安全寿命包线（以公式形式表示）

服役地区	防护层有效期/年	疲劳寿命均值 N_p/efh	$C(T)$曲线公式	相关系数
甲	6.14	20147.2	$C(T) = 1 - 0.07847 T^{0.5040}$	0.997
乙	4.10	20147.2	$C(T) = 1 - 0.09137 T^{0.5040}$	0.997
丙	3.08	20147.2	$C(T) = 1 - 0.1154 T^{0.5038}$	0.997
丁	2.48	20147.2	$C(T) = 1 - 0.12027 T^{0.5043}$	0.997

2. 基于安全寿命包线模型的结构剩余寿命预测结果

Ⅱ类试验模拟的结构使用历程为:在甲地以 272efh/年的平均飞行强度服役/使用 5.1 年,而后在乙地以 240efh/年的平均飞行强度服役/使用 3.2 年;而后转场至丁地以 187efh/年的平均飞行强度服役/使用 4 年;而后转场至丙地以 254efh/年的平均飞行强度服役/使用 3.2 年;而后计划转场至甲地服役/使用 8 年,考核结构在最后 8 年最多能使用的当量飞行小时数。

根据Ⅰ类试验中的疲劳试验结果,试验寿命平均值为 161177 循环,相当于 20147.2 飞行小时。

下面结合结构的使用历程,不考虑结构大修的影响,对结构剩余寿命进行计算。

(1) 由于给定的防护体系材料在甲地环境的有效期为 6.14 年,因此,在甲地以 272efh/年飞行强度服役/使用的 5.1 年结构受到的损伤可以认为是纯疲劳损伤。根据式(13.2),结构在此历程下的累积损伤度为 $272 \times 5.1/20147.2 \approx 0.0688$。防护体系的损伤度为 $5.1/6.14 \approx 0.83$。

(2) 结构随后在乙地以 240efh/年的飞行强度服役/使用 3.2 年。由于防护体系的剩余损伤度为 $1 - 0.83 = 0.17$,结构在乙地服役的前 $4.1 \times 0.17 \approx 0.7$ 年属于纯疲劳状态,在后 2.5 年受到腐蚀和疲劳的共同影响。

在乙地服役的前 0.7 年,根据式(13.2),结构的损伤度为 $240 \times 0.7/20147.2 \approx 0.0083$。防护体系的累积损伤度为 1。

在乙地服役的后 2.5 年,结构受到腐蚀和疲劳的共同影响,以安全寿命包线右侧的 $C(T)$ 曲线进行结构损伤的计算。根据乙地的 $C(T)$ 曲线公式、式(13.3)和式(13.4),可以求得乙地 240efh/年飞行强度对应的基体年损伤度为 0.0272,在该使用历程下的结构累积损伤度为 $0.0272 \times 2.5 = 0.0680$。

(3) 结构转场至丁地以 187efh/年飞行强度服役/使用 4 年,根据丁地的 $C(T)$ 曲线公式、式(13.3)和式(13.4),可以求得丁地 187efh/年飞行强度对应的基体年损伤度约为 0.03063,在该使用历程下的结构累积损伤度为 $0.03063 \times 4 \approx 0.1225$。

(4) 结构转场至丙地以 254efh/年飞行强度服役/使用 3.2 年,根据丙地的 $C(T)$ 曲线公式、式(13.3)和式(13.4),可以求得丙地 254efh/年飞行强度对应的基体年损伤度约为 0.0342,在该使用历程下的结构累积损伤度为 $0.0342 \times 3.2 \approx 0.1096$。

(5) 结构基体在上述服役历程下的总累积损伤度为 $0.0688 + 0.0083 + 0.0680 + 0.1225 + 0.1096 = 0.3772$,剩余损伤度为 $1 - 0.3772 = 0.6228$。

下面对结构在甲地服役 8 年最多还能使用的当量飞行小时数进行预测。

要使结构在甲地服役/使用 8 年后总累积损伤达到 1,则每年的结构基体损伤为 $0.6228/8 \approx 0.0779$。根据甲地的 $C(T)$ 曲线公式、式(13.4)和式(13.3),可以求得甲地达到 0.0779 年损伤度的飞行强度约为 1123.8efh/年。因此,结构在甲地服役 8 年最多能使用的当量飞行小时数为 $1123.8 \times 8 = 8990.4\text{efh}$（这里仅以此说明模型正确性，与实际飞行情况不具有可比性）。

因此，结构在上述使用历程下预测得到的总寿命为 $272 \times 5.1 + 240 \times 3.2 + 187 \times 4 + 254 \times 3.2 + 8990.4 = 12706.4\text{efh}$。

由安全寿命包线模型预测的结构在各服役阶段使用后的剩余寿命如表 16.14 所示。

表 16.14　基于安全寿命包线模型的结构剩余寿命预测结果

服役历程	本历程下使用时间/efh	本历程下基体损伤	剩余寿命预测/efh
未服役	0	0	12706.4（总寿命）
甲地 272efh/年 ×5.1 年	1387.2	0.0688	11319.2
乙地 240efh/年 ×0.7 年	168	0.0083	11151.2
乙地 240efh/年 ×2.5 年	600	0.0932	10551.2
丁地 187efh/年 ×4.0 年	748	0.1481	9803.2
丙地 254efh/年 ×3.2 年	812.8	0.1443	8990.4
甲地 8 年	/	/	/

16.6.4　两类模型的寿命预测结果对比

安全寿命包线模型与 Miner 模型相比，先算去各自的预测精度，而后再进行对比计算。安全寿命包线模型寿命预测精度的提高水平可由下式算出：

$$(\delta_{i1} - \delta_{i2})/\delta_{i1} = [(N_{i1} - N_{i0})/N_{i0} - (N_{i2} - N_{i0})/N_{i0}]/[(N_{i1} - N_{i0})/N_{i0}]$$
$$= (N_{i1} - N_{i2})/(N_{i1} - N_{i0}) \tag{16.13}$$

式中：δ_{i1} 为 Miner 模型的预测误差；δ_{i2} 为安全寿命包线模型的预测误差；N_{i0} 为实际试验结果确定的结构剩余寿命；N_{i1} 为由 Miner 模型预测的结构剩余寿命；N_{i2} 为由安全寿命包线模型预测的结构剩余寿命。

根据表 16.11 ~ 表 16.14 及式（16.13），在结构使用的各个阶段，安全寿命包线模型与传统 Miner 模型的预测精度对比情况如表 16.15 所列。

表 16.15　安全寿命包线模型与 Miner 模型的预测精度对比（除标注外，单位：efh）

服役历程	此历程下使用时间	试验结果确定的剩余寿命 N_{i0}	Miner 模型		包线模型		包线模型精度提高 $(\delta_{i1} - \delta_{i2})/\delta_{i1}$
			剩余寿命 N_{i1}	预测误差 δ_{i1}	剩余寿命 N_{i2}	预测误差 δ_{i2}	
未服役	0	10819.8	20147.2	86.2%	12706.4	17.4%	79.8%
甲地 5.1 年	1387.2	9432.6	18760	98.9%	11319.2	20.0%	79.8%
乙地前 0.7 年	168	9264.6	18592	100.7%	11151.2	20.4%	79.8%
乙地后 2.5 年	600	8664.6	17992	107.6%	10551.2	21.8%	79.8%

（续）

服役历程	此历程下使用时间	试验结果确定的剩余寿命 N_{i0}	Miner 模型		包线模型		包线模型精度提高 $(\delta_{i1} - \delta_{i2})/\delta_{i1}$
			剩余寿命 N_{i1}	预测误差 δ_{i1}	剩余寿命 N_{i2}	预测误差 δ_{i2}	
丁地 4 年	748	7916.6	17244	117.8%	9803.2	23.8%	79.8%
丙地 3.2 年	812.8	7103.8	16431.2	131.3%	8990.4	26.6%	79.8%
甲地 8 年	/	/	/	/	/	/	/

可以看出，在结构使用的各个阶段，安全寿命包线模型的预测精度与不考虑腐蚀影响的传统 Miner 模型相比均提高 79.8%，且使用安全寿命包线预测的结果相比更为安全。

本节仅以一种简单的试验件为例进行了飞机结构安全寿命包线模型的试验测试，只是给出了一个简单的例子，测试结果仅供参考。然而，从测试结果（精度提高 79.8%）来看，对于飞机结构中的腐蚀疲劳关键件，使用安全寿命包线模型对其进行剩余寿命预测和寿命管理与现常用的传统 Miner 模型相比精度更高。当然，从中也可以看出，要提高寿命包线模型的精度，下一步还应考虑各种非线性影响因素。

参考文献

[1] Zhang T, He Yuting, Shao Qing, et al. Comparative study on fatigue properties of friction stir welding joint and lap joint[A]. Proceedings of the 13th International Conference on Fracture[C]. Beijing, 2013.

[2] GB/T 4882—1985, 数据的统计处理和解释正态性检验[S]. 北京：中国标准出版社, 1985.

[3] 贺国芳, 许海宝, 瞿荣贞. 可靠性数据的收集与分析[M]. 北京：国防工业出版社, 1995.

[4] GB/T 4885—2009, 正态分布完全样本可靠度置信下限[S]. 北京：中国标准出版社, 2009.

[5] 张海威, 何宇廷, 范超华, 等. 腐蚀/疲劳交替作用下飞机金属材料疲劳寿命计算方法[J]. 航空学报, 2013, (5).

[6] 李曙林. 飞机与发动机强度[M]. 北京：国防工业出版社, 2007.

第 五 篇

飞机整机结构寿命控制原理与技术

　　本篇主要针对飞机整机与机群的寿命控制原理与技术开展讨论，在飞机结构损伤动态评定的基础上，建立了基于状态的飞机服役/使用计划调整方法和飞机大修时机确定方法；对飞机结构的维修原则和一般措施进行了介绍；提出了6种材料性能指标的概念与计算方法，建立了基于材料系列性能指标的飞机结构材料优选方法；对飞机结构寿命控制系统进行了初步的开发与设计。

第 17 章

飞机整机结构基准服役/使用寿命确定原理

17.1 基于损伤度的飞机结构维修判据

合理地维修是保证结构安全,维持其可靠性的重要手段,甚至有些维修方式及时机的合理确定还会使结构安全服役限制值(疲劳安全寿命或日历安全寿命)得到扩展。为了发挥结构维修的最大效益,需要根据具体服役环境下的防护层有效时间、结构初始制造质量、维修成本、结构维修的难易程度等因素综合考虑,根据飞机的损伤状态合理地选择维修时间与维修方式。

对于飞机靠近外侧的关键结构,由于受到的腐蚀损伤较严重且便于维修,发现防护层损坏时即需要对其进行相应的修复。而对于内部不便于检查的关键结构,由于维修复杂且关系到飞机的飞行安全,可安排在飞机定检/特检/大修时进行,其中一个重要的问题是要合理地选择大修时机。

从飞机维修过程中是否可检可修的角度来划分,飞机结构一般可分为三种类型,分别是不可检不可修结构、可检不可修结构以及可检可修结构。其中,对于全寿命期内不可检不可修的结构和高强度钢结构(裂纹扩展寿命很短,结构出现裂纹后过于危险),一般采用安全寿命设计思想;对可检不可修结构一般采用安全寿命与损伤容限设计思想;对可检可修结构一般采用耐久性与损伤容限设计思想。

结构安全寿命设计思想假设结构无初始缺陷,通过在结构出厂时严格的无损检测以及大的疲劳分散系数来保证结构在服役期内的安全。结构耐久性代表了结构抵抗开裂的能力,飞机结构的耐久性寿命即为不修不能用,再修又不经济的寿命,对应着结构出现广布疲劳损伤(WFD)的寿命;损伤容限设计思想从保证结构安全性出发,承认结构存在初始缺陷,并保证在全寿命周期内由缺陷产生的裂纹扩展不会导致结构断裂[1]。飞机的飞行安全关键部件一般按照损伤容限的设计思想设计,且损伤容限关键件通常也设计成耐久性关键件(耐久性关键件不一定设计成损伤容限关键件)。

飞机的首翻期和大修间隔通过对关键部位的综合权衡而确定。我国飞机的服役基准疲劳/耐久性安全寿命一般是根据一架飞机的全机疲劳/耐久性试验结果除以疲劳分散系数 4 确定的,即全机疲劳试验寿命为飞机服役的基准疲劳安全/耐久性寿命的 4 倍,其中,有时包含 3 倍的耐久性寿命与 1 倍的损伤容限寿命。由于裂纹扩展的分散系数一般认为是 2,为保证结构安全,现阶段确定飞机的首翻期一般取为结构疲劳寿命的一半或更短。而实际上,针对飞机结构的腐蚀疲劳关键件,当防护体系失效后,其疲劳寿命受到腐蚀环境的影响,如果已产生疲劳裂纹,腐蚀环境下的裂纹扩展速率是纯疲劳条件下的数倍,严重威胁飞行安全;针对飞机结构的腐蚀关键件,以飞机的疲劳寿命来控制其检修间隔也是不合适的。因此,单纯地以疲劳寿命控制的整架飞机的检修间隔可能使很多结构处于危险状态且错过维修的最佳时机。考虑到飞机结构中不同关键件的损伤表征参数不同(疲劳关键件为当量飞行小时数,腐蚀关键件为日历服役时间,腐蚀疲劳关键件为当量飞行小时数或日历服役时间),根据结构损伤度为依据来控制维修间隔是合适的,不仅可以实现不同类型关键件损伤指标的统一,且能有效地反映结构的损伤程度,合理地确定飞机结构的大修时机。

如果对飞机已进行了多轮修理,结构损伤度已经较大,可以通过加大修理深度的方法实现疲劳关键件疲劳安全寿命、腐蚀关键件日历安全寿命或腐蚀疲劳关键件安全寿命包线的扩展。如对孔边进行绞孔,除去可能存在的小裂纹;对腐蚀部位进行打磨、补强后进行防腐处理;对损伤严重部位进行换段或补强等。深度修理后的结构可以有效地延长寿命周期。通过结构模拟件试验,模拟结构的实际服役过程与修理过程,再通过试验进行修理后结构的寿命评估,实现修理后的结构寿命监控。

17.2　飞机结构大修策略与整机基准服役/使用寿命确定原理

前面提到,飞机机体结构的寿命限制(包括首翻、大修间隔和退役)由多个结构关键件综合确定给出。对于不同的结构关键件,其裂纹萌生寿命、经济修理寿命、断裂寿命可能互不相同,若每个关键件达到大修限制时均将飞机送修可能会造成飞机的大部分服役时间都在修理厂度过,严重影响飞机的正常使用和装备完好率。因此,如何根据各关键件的维修策略及寿命限制合理给出全机的维修策略及寿命限制是一项重要的工作。

本节通过两个简化的示例给出了飞机结构关键件的维修策略及寿命限制与全机结构维修策略及寿命限制的关系。第一个示例是不考虑腐蚀影响(包括飞机在干冷地区服役或腐蚀影响非常轻微的情况)的飞机全机结构维修策略及寿命限制确定方法,此时,飞机结构认为是完全在疲劳载荷作用下服役/使用。第二个示例是考虑腐蚀影响,综合疲劳关键件、腐蚀疲劳关键件和腐蚀疲劳关键件的维修策略及寿命限制确定飞机全机结构维修策略及寿命限制[2]。

（1）不考虑腐蚀影响的飞机全机结构维修策略及寿命限制确定示例如图 17.1 所示。

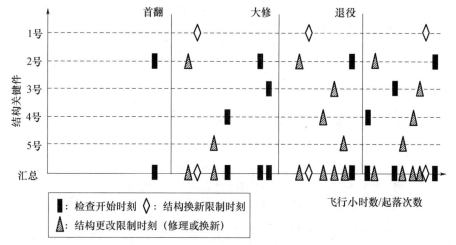

图 17.1　由结构疲劳关键件寿命限制确定全机寿命限制的示意图

如图 17.1 所示,设定飞机全机的维修策略及寿命限制由 5 个疲劳关键件的寿命限制综合确定,5 个疲劳关键件中,1 号关键件按照安全寿命设计准则设计和管理,2 号、3 号、4 号关键件按照损伤容限/耐久性设计准则设计和管理,5 号关键件按照耐久性准则设计和管理。对图 17.1 的说明如下。

① 对结构关键件的限制时刻分为检查开始时刻、结构换新限制时刻(仅针对安全寿命关键件)和结构更改(修理或换新)限制时刻三类,5 个关键件的三类限制时刻汇总情况如图 17.1 的最后一行所示。检查开始时刻是非强制性限制时刻,而在结构换新限制时刻和结构更改限制时刻之前则必须要进行全机大修,或对受损部件进行修理,是否大修以经济性与外场可修复性决定。

② 在首翻时,1 号件要提前换新,2 号件和 5 号件要提前进行结构更改,3 号件和 4 号件要提前进行结构检查;由于换新/结构更改提前,大修与首翻的时间间隔必须要小于关键件两次换新/更改之间的时间间隔,即大修时机不仅与关键件一开始确定的限制时刻有关,还受到首翻时刻的影响。

③ 对图 17.1 中的 2 号和 4 号关键件,其检查开始时刻与确定的结构修理时刻相距较远,建议在这两个关键件的疲劳关键部位加强检查或安装结构健康监控系统,以保证结构服役安全。

④ 实际上,只要对飞机结构进行不断地修理、换件,飞机就可以一直使用下去。但是,当多数关键件的结构更改间隔期显著缩短,飞机结构需要广泛、彻底、频繁地修理时,此时的结构修理已不再经济了。通常所给的飞机结构服役/使用寿命限制,实际上是飞机结构的经济寿命。

⑤ 对一些限制时刻与其他关键件相差很大的关键件,由所有关键件来确定飞机全机寿命限制时可能很难做到协调一致,这时需要对这些特殊的关键件更改结构设计或改进寿命预测方法,使其限制时刻与其他关键件靠近。

⑥ 在飞机首翻或大修时,不仅要对确定飞机结构寿命的关键件进行检查和修理,而且要对其他结构部位也需要按照修理大纲的具体方案执行。

(2) 考虑腐蚀影响,综合疲劳关键件、腐蚀关键件和腐蚀疲劳关键件的维修策略及寿命限制制确定飞机全机结构维修策略[3]及寿命限制的示意图如图 17.2 所示。

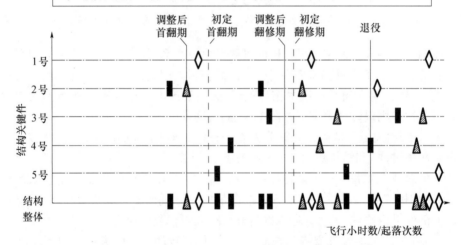

图 17.2　由结构关键件维修策略及寿命限制确定全机结构维修策略及寿命限制的示意图

如图 17.2 所示,在本简化示例中,设定飞机全机的维修策略及寿命限制由 5 个关键件综合确定。5 个关键件中,1 号关键件为疲劳关键件,是不可检不可修结构,按照安全寿命设计准则设计和管理;2 号关键件为疲劳关键件,是可检可修结构,按照耐久性和损伤容限设计准则设计和管理;3 号关键件为腐蚀疲劳关键件,是可检可修结构,按照耐久性和损伤容限设计准则设计和管理;4 号关键件是腐蚀关键件,是可检可修结构,按照耐久性设计准则设计和管理;5 号关键件是疲劳关键件,是可检不可修结构,按照安全寿命和损伤容限准则设计和管理。对图 17.2 的说明如下。

①　本图是一个简化的示例,设定飞机全机的维修策略及寿命限制由 5 个关键件综合确定。由于 5 个关键件在结构类型、可检可修程度、结构设计/管理思想上有所不同,它们各自均有其自己的维修策略和寿命限制,在图中由标块标出,分别为检查开始时刻、结构换新限制时刻(代表了结构达到安全寿命限制,损伤度为 1)和结构更改限制时刻三类。其中,检查开始时刻是非强制性限制时刻,而在结构换新限制时刻和结构更改限制时刻之前则必须要对结构进行大修(修理或换件)。5 个关键件的三类限制时刻汇总情况如图 17.2 的最后一行所示。

②　5 个关键件的维修策略和寿命限制均是根据其结构本身特征及设计准则而定。首先,以损伤度的形式给出结构修理时机;其次,通过对实际服役条件和飞行强度下的结构损伤程度进行分析,确定结构损伤度随服役历程的变化规律;再次,给出相应修理时机下的结构损伤度所对应的飞机实际飞行小时数或起落次数,列于图中。需要说明的是,由于飞机在不同服役阶段的飞行任务、飞行强度或服役环境不同,且各关键件的局部载荷/环境不同,则图 17.2 中各关键件的损伤度与飞机的飞行小时数/起落次数不一定呈线性关系。

1 号关键件为疲劳关键件,是不可检不可修结构,因此按照安全寿命设计准则设计和管理。当 1 号关键件的飞行小时数或起落次数达到疲劳安全寿命(损伤度达到 1)时,则需对其进行换件,如图 17.2 中 1 号关键件对应的◇标块。

2 号关键件为疲劳关键件,是可检可修结构,因此按照耐久性和损伤容限设计准则设计和管理。由于 2 号关键件是损伤容限关键件,考虑到疲劳裂纹扩展的分散系数为 2,为保证结构安全,2 号关键件的检查开始时刻分别是结构损伤度为 0.5 和 0.8 所对应的飞行小时数或起落次数,如图 17.2 中 2 号关键件对应的▮标块。由于 2 号关键件同时是耐久性关键件,从经济性的角度出发,同时需要进行耐久性修理,其修理时机通过结构的耐久性分析确定,如图 17.2 中 2 号关键件对应的▲标块。

3 号关键件为腐蚀疲劳关键件,是可检可修结构,因此按照耐久性和损伤容限设计准则设计和管理。3 号关键件的检查开始时刻和结构更改限制时刻的确定原则与 2 号关键件类似,不过对 3 号关键件的损伤度评估是通过分析其安全寿命包线来得到的。

4 号关键件为腐蚀关键件,是可检可修结构,由于其受力很小,不考虑裂纹扩展的问题,因此仅按照耐久性准则设计和管理。由于 4 号关键件是确定全机寿命限制的重要结构,说明其腐蚀失效对飞行安全会产生严重威胁,因此,从保证服役安全的角度考虑,对其安排有检查开始时刻,如图 17.2 中 4 号关键件对应的▮标块。4 号关键件的检查开始时刻是通过对其日历安全寿命分析而确定,结构更改限制时刻是通过对其耐久性分析而确定。

5 号关键件为疲劳关键件,是可检不可修结构,因此按照安全寿命和损伤容限设计准则设计和管理。其结构换新限制时刻是通过结构的疲劳安全寿命分析来确定的,两次检查开始时刻分别是结构损伤度为 0.5 和 0.8 所对应的飞行小时数或起落次数。

③ 整机的首翻期、翻修期及退役时间通过以下过程确定。首先,开展全机疲劳试验,将试验结果除以疲劳分散系数(我国取 4)得到飞机的服役/使用寿命限制,即退役时间;再次,从保证飞行安全的角度出发,考虑的损伤容限关键件裂纹扩展寿命的分散系数为 2,根据飞机的服役/使用寿命限制初步确定飞机的首翻期和翻修期(分别是结构损伤度为 0.5 和 0.8 所对应的飞行小时数或起落次数),如图 17.2 中的两条虚线所示;而后,考虑实际服役环境和飞行载荷的影响,对飞机结构关键件的损伤历程进行分析,确定各关键件的维修策略和寿命限制;继而,综合考虑各关键件的维修策略和寿命限制,如果稍微早于初定的飞机首翻期或翻修期,则可以将初定的飞机首翻期或翻修期进行适当调整,如图 17.2 中的"调整后首翻期"所示。

这里需要说明两点问题:一是如果关键件的维修策略或寿命限制与初定的飞机首翻期或翻修期相隔较远,则不对飞机的首翻期或翻修期进行调整,而是要在飞机的定检过程中专门针对此关键件安排检查或修理;二是飞机的首翻期或翻修期其中一个发生了调整,则另外一个需要进行相应的调整,基本原则是保证飞机在调整后翻修期前后的时间段内损伤度比例基本为 3:2 的关系(原因是考虑到损伤容限结构的裂纹扩展寿命分散系数为 2,同时考虑到裂纹扩展后期裂纹扩展速率增大),如图 17.2 中的"调整后翻修期"所示。

④ 在首翻时,1 号关键件要提前换新,3 号关键件、4 号关键件和 5 号关键件要提前进行结构检查;在第二次大修时,1 号关键件仍要提前换新,2 号关键件、3 号关键件和 4 号关键件要提前进行结构更改,5 号关键件要提前进行结构检查。由于结构的换新、结构检查或结构更改提前,在之后的寿命期内必须要对各关键件的下一次检查时刻、下一次换新时刻、下一次更改时刻进行重新评估,以保证结构的服役安全。如果某一关键件因提前进行了结构换新、检查或更改导致在之后的寿命期内无法保证服役安全,则应在之后的定检过程中对此关键件考虑检查或修理。

从上面分析可知,飞机结构的基准服役/使用寿命(限制)是与结构的维修计划(大纲)密切相关的。依据不同的结构维修计划,可以得到飞机结构不同的基准服役/使用寿命(限制)值。理论上讲,只要对结构不断地维修,它的基准服役/使用寿命(限制)可以不断地延长,只不过在工程实践上没有这个必要,人们希望得到经济的基准服役/使用寿命(限制)就可以了。根据飞机结构的使用(或试验)情况,当结构发生广布疲劳损伤(WFD)或修理损伤结构已经不经济了(通常用修理费用达到新机采购费用的某一比例作为门槛值),就认为飞机结构的经济寿命到了。从这个意义上来说,新的飞机结构只有通过试验或使用才能得到其基准服役/使用寿命(限制)值。然而,在工程实际中,对于飞机结构往往是先给定一个基准服役/使用寿命(限制)的设计值,待飞机设计制造完成后,通过全机结构疲劳/耐久性试验进行验证考核试验,当试验周期达到了相应的试验周期要求,即认为飞机结构达到了设计寿命指标要求。

参考文献

[1] 陈勃,鲍蕊,王传胜,等. 腐蚀条件下飞机结构耐久性/损伤容限综合分析[J]. 失效分析与预防,2009 (1):7 – 12.

[2] 张腾. 腐蚀环境影响下飞机结构寿命控制原理与若干关键问题研究[D]. 西安:空军工程大学,2015.

[3] 范超华. 飞机结构单机寿命监控若干关键问题研究[D]. 西安:空军工程大学,2010.

第 18 章

飞机整机结构实际服役/使用寿命控制技术

　　飞机服役/使用计划调整是飞机结构寿命控制的重要内容,对飞机的实际服役/使用具有重要指导意义。飞机服役/使用计划调整的目的是在保证不影响机群正常使用的前提下,通过合理安排机群中不同状态的飞机执行不同任务或通过调整单机的使用/训练科目顺序或飞机的使用强度,以达到使飞机结构损伤最小化、寿命最大化以及保持机队规模(使在役飞机数量最大化)的目标,尽管这些目标有时是相互矛盾的。

　　因此,基于结构的损伤状态对飞机服役/使用计划进行调整,一是要建立在飞机单机寿命监控(跟踪)的基础上;二是要建立在以飞机损伤度为依据的寿命管理基础上。所以,飞机结构的安全寿命包线为基于结构状态的飞机服役/使用计划调整提供了基础。

　　从研究方法上来看,飞机服役/使用计划的调整是结构剩余寿命预测的逆过程。根据安全寿命包线得到腐蚀条件下的结构疲劳寿命退化规律,可以进一步调整飞机的服役/使用计划以达到预定的基准寿命,实现单机寿命控制,挖掘结构寿命潜力,保持机队规模。

18.1　飞机整机结构寿命控制流程

　　对飞机整机结构而言,其寿命控制过程相对复杂,需要综合各方面因素依据飞机关键结构分类分别进行寿命,再利用单机寿命监控技术,综合权衡各关键件的寿命消耗情况给出整机的结构寿命评估。飞机整机结构寿命控制流程如图 18.1 所示。

　　飞机整机结构寿命控制中的关键步骤如下。

1. 飞机结构关键件划分

　　根据飞机结构设计资料将飞机结构关键件按照损伤类型划分为疲劳关键件、腐蚀关键件和腐蚀疲劳关键件(应力腐蚀关键件可以近似认为是腐蚀疲劳关键件的一种,疲劳应力比 $R=1$)。关键件具体划分方法可以参照本书 2.3.3 节内容。

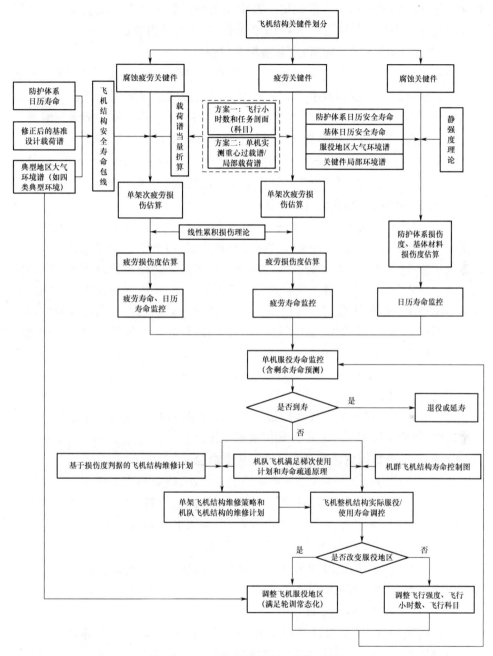

图 18.1 飞机整机结构寿命控制流程图

2. 确定飞机结构防护体系日历安全寿命与可靠度

通过理论分析与试验的方法确定飞机结构所采用的防护体系的日历安全寿命与可靠度。防护体系日历安全寿命用于腐蚀疲劳关键件安全寿命包线确定和腐蚀关键件防护体系的损伤度确定。确定飞机结构防护体系日历安全寿命与可靠度的具体方法可以分别参照本书10.2节和10.3节的内容。

3. 各飞行科目(任务剖面)实测载荷谱编制

依据飞行训练大纲完成飞机的各飞行科目的载荷实测,并据此编制各飞行科目实测载荷谱。可以依据本书3.2.5节和中国飞行试验研究院蒋祖国研究员编著的《飞机结构载荷/环境谱》中的相关方法进行各飞行科目实测载荷谱的编制。

4. 依据各飞行科目实测载荷谱对基准设计载荷谱进行修正

依据飞机服役中的各飞行科目实测载荷对基准设计载荷谱进行修正,使修正后的基准设计载荷谱能更准确反映飞机服役使用的载荷实际情况。

5. 编制典型服役地区大气环境谱

目前,我军多数机种的年平均飞行强度仅有日历时间的1%~3%,有的甚至更低。飞机地面停放时间一般要占到服役时间的95%以上,地面环境是影响飞机结构腐蚀损伤的主要因素,因此,编制飞机地面停放环境谱是研究飞机结构腐蚀损伤的主要依据及工作内容。地面停放环境谱指的是:飞机在地面停放期间所经受的腐蚀环境—时间历程,它应包括地面停放环境中对结构产生腐蚀的各种环境要素(因素)的强度、持续性、发生频率以及它们的组合。收集国内典型服役地区的大气环境数据并将大气腐蚀分区研究(分区不宜太多,一般以4个左右为宜,金属结构与复合材料结构对应的分区略有不同),形成具有代表性的典型大气环境数据,并转换成为实验室加速环境谱。

编制的典型服役地区大气环境谱可为确定安全寿命包线提供加速环境试验数据,并为飞机结构寿命合理调控提供数据支撑。

6. 确定飞机结构腐蚀疲劳关键件安全寿命包线

依据飞机结构安全寿命包线的确定原理与方法,建立典型地区大气环境数据对应的安全寿命包线,为飞机结构腐蚀疲劳关键件的疲劳损伤估算提供支撑。飞机结构腐蚀疲劳关键件安全寿命包线确定可以参照本书12.2节中的内容。

7. 确定腐蚀关键件基体材料日历安全寿命

通过试验的方法确定腐蚀关键件基体材料的日历安全寿命。确定方法和原理可以参照本书10.4节中的内容。

8. 编制腐蚀关键件局部环境谱

通过腐蚀关键件局部环境数据实测,或者利用局部环境与大气环境的对应关系折算出局部环境数据,利用腐蚀关键件局部环境数据编制局部环境谱。为腐蚀关键件防护体系和基体的损伤度估算提供数据支撑。具体方法可以参照本书11.1节中的相关内容。

9. 单机重心过载谱编制

根据飞参记录仪记录下来的飞参数据,选取法向过载的峰谷点和与之相对应的其他参数的数据,编制单机重心过载谱。具体方法可以参照本书 3.2.6 节中的相关内容。

10. 制定基于损伤判据的飞机结构维修计划

合理地维修是保证结构安全,维持其可靠性的重要手段,甚至有些维修方式及时机的合理确定还会使结构安全服役限制值(疲劳安全寿命或日历安全寿命)得到扩展。基于损伤判据的飞机结构维修计划是以损伤度为基础,根据具体服役环境下的防护层有效时间、结构初始制造质量、维修成本、结构维修的难易程度等因素综合考虑,根据飞机的损伤状态合理地选择维修时间与维修方式。具体方法可以参照本书 17.1 节中的相关内容。

11. 制定飞机结构寿命控制图

为了便于军方制定飞机的使用计划方案,提高机群飞机结构寿命的控制效率,需要建立机群飞机服役/使用计划调整工具——机群飞机寿命控制图。其本质是根据飞机结构状态,调整飞行强度、飞行小时数、飞行科目以及服役地区(服役环境),从而实现对飞机结构寿命的主动控制。具体方法可以参照本书 18.2 节中的相关内容。

民用飞机或者军用运输机等可以采用方案一进行疲劳损伤估算,该方案基于飞行小时数和任务剖面(科目)进行载荷谱当量折算。由于民机和军用运输机等执行的任务形式相对单一、经历的载荷历程相对平稳,选择可以代表飞机真实使用载荷的任务剖面,结合飞机执行任务的小时数,就可以在精度要求不太高的情况下初步得到飞机的载荷谱。该方案的突出优点就是使用简便。

方案二首先编制出单机实测重心过载谱,再进行实测重心过载谱的当量折算,进而精确估算出飞机的单架次疲劳损伤,该方案相对于方案一估算精度更高,军用战斗机可以采用该方案进行疲劳损伤的估算。事实上该方案可以适用于所有飞机,而且精度较高。这里仅是以重心过载谱来代替飞机的载荷谱,对飞机实际结构危险部位的载荷谱(应力谱)的确定有几种方法(具体参见本书第 3 章和第 9 章相关内容)。

线性累积损伤理论、载荷谱当量折算方法、静强度理论等方面内容在本书前面章节中已有较详细的介绍,这里不再赘述。值得说明的是,单机服役使用寿命监控中,通常是以飞机的主要关键结构为对象进行的,或者以整机结构的耐久性特性(即考虑整机结构的耐久性修理问题)为依据进行。实际上以整机结构的耐久性寿命进行寿命控制时,工程上以重心过载谱为基础最为方便,本质上可以认为对应于某一个特殊危险部位的寿命进行控制;也可以以各部件的寿命进行单独控制,最后以各单机结构的综合评定确定其最终的耐久性寿命,如加拿大就曾经将腐蚀严重的 C-130 飞机的中机身更换后继续使用,美、英等国也对多款飞机进行多个关键部位监控以评定其服役使用寿命,最后给出飞机整机的服役使用寿命(即耐久性寿命)。

针对各个部件也可以从结构初始损伤(夹杂、初始裂纹、材料组织不均匀等),采用断裂力学的方法来分析裂纹扩展寿命特性,并采用风险评估的方法,来评估部件的服役使用周期,其本质上仍然分析的是它的耐久性寿命以及相对应的结构的失效概率。针对飞机全机,仍要依据各个部件,给出整机经济服役周期(耐久性寿命)。这与损伤容限的分析方法是有着本质不同的,损伤容限是针对影响飞行安全的关键结构,而假设其在服役初期就有一个比较大的损伤,是采用长裂纹的扩展分析方法来分析其裂纹扩展寿命的,这是为了保证飞行安全的一种较极端的假设处理方法。通俗地说,在运用断裂力学方法时,耐久性分析应用的是短裂纹(或门槛值附近)扩展阶段的特性,损伤容限分析应用的是长裂纹扩展阶段的特性。

其实不论对于全机还是部件的寿命控制管理,其基本思路都可以依据图 18.1 进行(对部件时将其中的整机换为部件),最终的目的仍然是要保证飞机结构的可靠性和经济性,特别是对于单架飞机结构进行综合评定给出的寿命也必须满足可靠性和经济性要求。关于飞机整机结构实际服役/使用寿命调控方法具体内容在后续讨论。

18.2 常用飞机结构服役/使用计划调整方法

综合本书第二、三、四篇中关于疲劳关键件、腐蚀关键件以及腐蚀疲劳关键件的飞机结构服役/使用计划调整策略,针对飞机整机或机群的几种典型的服役/使用计划调整方法如下。

1. 考虑不同服役阶段结构状态的单机使用计划调整

根据安全寿命包线,当飞机结构在防护体系完好时,疲劳寿命是按照线性累积损伤理论消耗的,而疲劳寿命指标不会减小;如果防护体系遭到破坏,则疲劳寿命指标会受到腐蚀环境的影响而严重下降,并且防护涂层的有效时间往往仅与服役年限有关。因此,对同一架飞机,可以通过适当地调整飞行科目的顺序减缓疲劳寿命指标的下降。例如,当飞机出厂或大修后,在结构防护体系完好期间内,可以适当地安排大载荷飞行科目,而在防护体系"破坏"后(此处的"破坏"是指依据安全寿命包线左侧判断结构防护体系达到日历安全寿命期,防护体系并不一定发生真实意义的破坏,也并不意味着发现防护体系发生破坏后放任不管,而是仍要采用"发现即修理"的维护措施)尽量安排小载荷飞行科目。

2. 考虑飞行载荷损伤水平的单机飞行任务调整

依据安全寿命包线对服役飞机进行寿命管理/控制时,都是先将飞机的实际飞行小时数等损伤折算为飞机结构在基准载荷谱下的当量飞行小时数,其表达式为

$$L_{eq} = \frac{d_b}{d_r} L_b \tag{18.1}$$

式中：L_{eq}为当量飞行小时数；L_b为飞机的实际飞行小时数；d_b为飞机实际飞行时的平均损伤度；d_r为基准载荷谱的平均损伤度。

从式(18.1)可以看出，在维持结构损伤水平不变(即在同样腐蚀损伤下维持结构单位时间内使用的当量飞行小时数不变)的条件下，通过降低飞机实际飞行时的平均损伤度d_b，可以使飞机的实际飞行小时数延长。同理，在飞机实际飞行小时数不变的前提下，通过降低飞机实际飞行时的平均损伤度d_b，可以使飞机的当量飞行小时数减小，从而减小损伤。根据这一原理，可以从延长飞机实际飞行小时数与降低结构损伤度两个角度出发对服役飞机开展调整控制，其关键就是要降低飞机实际飞行时的平均损伤度d_b。

在相同的飞行动作下，飞机结构受到的载荷大小主要与飞机质量有关。飞机质量越大，惯性越大，相同动作下结构受到的载荷也越大[1]。因此，在进行一些大机动动作飞行训练时，可以选择飞机无挂弹、油量较少的时机，以减少飞机结构受到的高载。这样调整，飞机在同样训练强度下的同一个起落，折算到基准载荷谱下的当量飞行小时数就可以有效降低，从而相对延长结构的实际服役/使用寿命。

升力对飞机的等效作用点称为飞机的焦点，对于主要执行载重任务的旅客机、运输机、加油机等，建议对其装载物的装载位置进行合理调配，使装载物的重心位置基本位于焦点附近。这样做，一方面可以有利于飞机处于静稳定或中立稳定状态(要满足气动特性要求)，减少舵面进行气动补偿时的受力[1]，从而减轻此类部件的疲劳损伤；另一方面，可以减小装载物重心与焦点之间形成的力矩，减轻机体承力结构的疲劳损伤。

此外，通过试验研究和工程经验可知，适当的高载会产生高载迟滞效应，不论对裂纹形成还是对裂纹扩展均有阻碍作用，从而使裂纹扩展速率降低，疲劳裂纹扩展寿命提高[2]。特别是当载荷谱中相邻载荷峰值下降率超过30%的情况频繁发生时，高载迟滞现象更为明显。裂纹扩展过程中高载迟滞现象的示意图如图18.2所示。因此，若飞机长期处于较低强度飞行科目时，应在其中适当穿插几次大载荷飞行科目，这对于保证飞行安全是有利的。

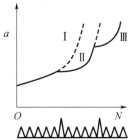

图18.2　裂纹扩展过程中高载迟滞现象示意图

3. 考虑服役环境腐蚀性差别的同一机群飞机使用计划调整

若一个机群的部分飞机要安排在腐蚀较重的地区服役/使用，可以挑选防护体系较好的飞机，反之亦然。因为对防护体系失效的结构，严重的腐蚀环境会对结构基体造成较大的损伤，使疲劳寿命指标明显下降，并且残留的内部腐蚀介质对飞机之后的服役也有不利影响。对于防护体系完好的结构,虽然严重的腐蚀环境也会对其造成较大的损伤,但是可以在之后的大修中得到修复(特别是防护涂层),对结构总的影响较小[3]。

此外,若在腐蚀环境严重的地区使用飞机,可以适当加大飞行强度,以缩短驻留时间和地面停放时间(条件允许时);在潮湿多雨地区长期驻留时,应做好防雨措施并定期对飞机内部舱室进行除湿。

4. 考虑不同飞机结构状态差异的同一机群飞机使用计划调整

在一个机群内,不同飞机的结构状态互不相同。在同一时期如果要完成飞行强度不同的使用任务,可以通过调整飞机的使用计划,根据任务类型选择不同损伤度的飞机,实现单机以及整个机群的寿命协调。

例如,安排防护体系损伤严重的飞机飞低强度科目,安排防护体系完好的飞机飞高强度科目。这样可以减小飞机的寿命消耗,延长飞机的服役时间,且能保证飞机的完好率。对于民用飞机而言,航空公司也可以根据不同的飞行任务调配不同结构状态的飞机,如位于南方、山区地带的航线气流影响较大,属于载荷谱重的航线,位于平原地区的航线气流影响较小,属于载荷谱轻的航线,可以适当调整飞机使用计划,以达到理想的飞机寿命利用率。

再如,如果没有以损伤为依据对结构飞行时和起落时的损伤进行综合管理,一些飞机的飞行小时数和起落次数的比例可能与预期情况差别较大。这时可以安排起落频繁的飞机执行长航时飞行任务,安排起落次数少的飞机执行短航时飞行任务,从而可以在机群整体任务保持不变的情况下,使机群内各架次飞机寿命指标的匹配情况更趋于合理。

5. 考虑机群服役环境差异的不同机群飞机宏观调配

从宏观调控的角度来说,在不同腐蚀环境下服役的不同机群飞机(如不同型号飞机)可以调换使用。在腐蚀较轻的地区,防护涂层尚未受损就可能达到了大修时间,结构需要褪漆后重新防护;在腐蚀较重的地区,当结构需要大修时可能防护涂层已损伤得相当严重,导致基体结构受到了较大的损伤。上述两种情况都属于资源的不合理应用,没有发挥出结构最大效能。因此,根据结构损伤状态,定期将不同腐蚀环境下服役的不同机群飞机(如不同型号飞机)调换使用,可以发挥防护涂层的最大效能,减小基体的腐蚀损伤,最终提高结构寿命。

6. 以维持机群飞机数量规模和剩余寿命总量为目标的飞机梯次使用计划调整

飞机结构的寿命是一种资源,同一机群飞机剩余寿命总量的输入、输出过程(寿命输通)如图18.3所示,按照相关规定,军用飞机机群的剩余寿命总量要不低于总寿命值的一定比例(如30% ~40%)作为作战储备,即从机群总寿命中扣除30% ~40%以后,余下的才是训练可用寿命。

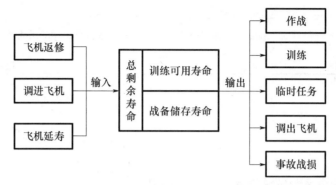

图 18.3　同一机群飞机剩余寿命总量的输通图示

因此,为保持最大数量的飞机处于良好状态,保证部队持续战斗力和训练的连续性,应合理安排机群中各架次飞机的使用。首先,应对机群飞机定期制定使用计划,保持机群飞机剩余寿命总量不低于总寿命值的一定比例,避免发生补不及退的现象;其次,各架次飞机的结构损伤水平应保持一定的差距,形成梯次排列,使机群飞机数量和寿命总量保持在一定的动态平衡范围;再次,建议飞机不要在完全达到寿命限制时退出现役,可以根据飞机的技术水平视情留出一定的余量后防腐封存,在战时调出使用,可以保证较大的机群数量。

18.3　机群飞机服役/使用计划调整的工具 ——机群飞机寿命控制图

为了便于用户制定飞机的使用计划方案,提高机群飞机结构寿命的控制效率,这里提出了一种机群飞机服役/使用计划调整工具——机群飞机寿命控制图。对于军用飞机,以损伤度参考线设为机群飞机 40% 战备损伤度的参考值为例,给出机群飞机寿命控制图如图 18.4 所示。对于民用飞机,则主要根据飞机结构状态,调整不同航线任务,从而实现对机群的寿命控制。由于原理相似,这里不再赘述。

在机群飞机寿命控制图中,纵向坐标为单机剩余损伤度,横向坐标为飞机编号,战备损伤度(以 40% 为例)参考线以下覆盖的面积即为服役飞机所有损伤度(包括已消耗损伤度和剩余损伤度)的 40%。机群寿命控制与飞机结构安全寿命包线配合使用,可以实现机群飞机战备损伤度控制、首翻/大修控制、服役/退役控制等功能,并且可以综合反映机群中各架飞机的剩余损伤度,为服役/使用计划调整提供依据。

机群飞机寿命控制图以损伤度来控制飞机的首翻、大修、退役和使用计划调整,建立机群飞机寿命控制图首先要确定首翻、大修和退役的损伤度判据和损伤

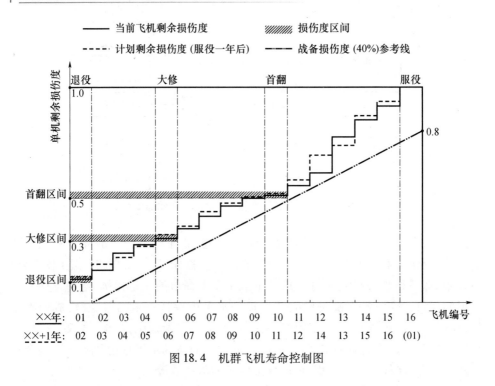

图 18.4　机群飞机寿命控制图

度区间；而后列出各架飞机的剩余损伤度值，按照从小至大的顺序排列；当某架飞机的剩余损伤度首次进入到首翻/大修/退役区间时，则要对此架飞机进行首翻/大修/退役处理。

对本例中机群飞机寿命控制图的说明如下：

（1）战备损伤度参考线仅提供机群飞机40%战备损伤度的参考值，个别飞机的损伤度值可以在战备损伤度参考线之下（或与其交叉），但机群飞机的剩余损伤度之和应大于40%，若机群飞机的剩余损伤度之和整体偏小或飞机战备率减小（可用飞机架次/需求架次），则需要向机群内补充新飞机，如图18.4中××+1年的（01）号飞机。

（2）机群飞机寿命控制图中一般要列出两个时间点的飞机剩余损伤度分布值（如图18.4中××年和××+1年），某一架飞机在这两个时间点下对应的剩余损伤度差值即为飞机在此时间段内的计划使用强度。

（3）若某型飞机计划在退役后进行战时启用，则退役时需要适当保留一定的剩余损伤度，若计划退役后直接报废处理或改装为无人机使用，则飞机在服役时可以直接将剩余损伤度用尽。

（4）部队在依据机群飞机寿命控制图进行机群飞机寿命控制时，控制图每年至少需要根据部队的训练/作战计划更新一次。当出现临时任务或某架飞机未按计划使用时，机群飞机寿命控制图也应及时更新。

（5）图 18.4 仅以一个飞机数量为 16 的小机群作为示意，且在服役/首翻/大修/退役时的飞机架次均为一架，实际情况一般较之复杂，应根据具体情况具体处理。

18.4　基于结构状态的飞机服役/使用计划调整示例

本节以一个假设的飞行表演队的机队为例，在假定的寿命控制目标下，以一年内飞机服役/使用计划调整过程为例，阐述飞机服役/使用计划的调整/安排方法。

18.4.1　问题描述与假设

1. 机队飞机现状

为了突出本章中的飞机服役/使用计划的调整控制方法，本示例将相关问题进行了简化，设定的机队现状如下：① 机队共有 10 架相同型号的飞机，编号分别为 01～10，保障 8 名飞行员的训练；② 在不考虑腐蚀影响的情况下，飞机结构的疲劳安全寿命为 3000fh；③ 此机队飞机可能的服役地区为甲、乙两地，在甲、乙两地服役环境下，与全机定寿相关的结构关键件的防护体系有效期（安全寿命期）分别为 8 年和 5 年；④ 飞机全机的寿命限制主要与某一关键结构相关，此结构在甲、乙两地服役环境下的安全寿命包线如图 18.5 所示；⑤ 机队中各架飞机的防护体系剩余损伤度和基体剩余损伤度如表 18.1 所列；⑥ 不考虑结构修理对飞机结构安全寿命包线的影响，即在飞机的服役期内，结构安全寿命包线不发生改变（与飞机结构安全寿命包线相关的关键结构位于机体内部，在大修时不重新涂刷防护层）。

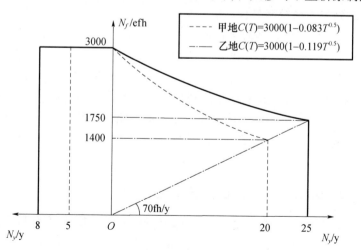

图 18.5　飞机在甲、乙两地服役环境下的结构安全寿命包线

表 18.1　机队飞机剩余损伤度

飞机编号	涂层剩余损伤度	基体剩余损伤度
1	0	0.45
2	0	0.50
3	0	0.55
4	0	0.60
5	0.20	0.65
6	0.30	0.70
7	0.50	0.75
8	0.70	0.80
9	0.80	0.85
10	0.90	0.95

2. 机队飞机的服役/使用计划

假定机队飞机在一年内的服役/使用计划如下：① 假设机队飞机在新的一年中总计划完成 1200fh（实际飞行小时数）的训练任务，但计划的训练难度较大（实际飞行载荷谱损伤度大于基准载荷谱），等效于 1400efh（当量飞行小时数）的总训练任务；② 在 1200fh 的总计划训练任务中，机动动作大于 7g 的过载有 30 个；③ 2 号飞机从年初开始返厂大修，计划修理工作时间为 3 个月（假设修理后仍不考虑结构修理对安全寿命包线的影响）；④ 机队正常服役地区为甲地，在新的一年中计划安排 4 架飞机赴乙地转场训练 4 个月，共计飞行 200fh（实际飞行小时数），训练的载荷强度与甲地保持一致。

3. 拟达到的寿命控制目标

假设后期要达到的机队寿命控制目标如下：① 计划 10 年内逐步扩大机队规模至 20 架飞机（平均每年有 1 架新飞机投入服役），需保证机队以现有飞行强度训练，在 10 年后至多有一架飞机服役到寿，且保证机队总剩余损伤度大于 40%；② 3 号飞机在日历寿命上还有 1 年达到日历首翻期，疲劳首翻判据为基体损伤度达到 0.5，为使 3 号飞机的日历首翻期与疲劳首翻期相匹配，新的一年内使 3 号飞机的基体损伤度由 0.55 控制到 0.5；③ 使现有机队在现有的飞行强度下总损伤最低，结构更安全。

18.4.2　机队飞机飞行任务分析与讨论

根据各架次飞机的基体损伤度计算，机队飞机的基体平均剩余损伤度为 0.68。如果用 10 年将机队规模扩大至 20 架飞机，且保证机队总损伤度大于 40%，根据机群飞机寿命控制图，机队现有的 10 架飞机在 10 年后已位于寿命控制图的左侧，则其预计平均剩余损伤度为 40% × (10/20) = 0.2，可计算出机队现有飞机每架次平均每年可消耗损伤度为$(0.68-0.20)/10=0.048$。

根据安全寿命包线的基本原理,即使当前的 10 架飞机防护体系均无失效,甚至在未来 10 年内也不会失效,如果按照新一年中计划的飞行强度继续使用,则每架飞机的年平均损伤度为 $1400/10/3000\approx0.047$,基本达到每架次飞机平均每年可消耗损伤度值(0.048)。因此可以说,考虑到腐蚀环境的影响,如果在未来几年内不减小这 10 架飞机的飞行强度(通过减轻训练量或者安排新服役飞机执行高强度训练任务等),基本不可能完成寿命控制目标。加之后面新加入服役使用的10 架飞机也有其寿命控制目标,为了使整个机队飞机的寿命相协调,必须尽可能减小当前机队飞机的总损伤度。根据安全寿命包线的基本原理,应尽量安排防护体系完好的飞机执行高强度飞行任务。

根据上述分析,对于防护体系剩余损伤度为 0 的飞机(1~4 号机),由于甲地的环境腐蚀性较轻,应安排其在甲地服役使用,且应尽可能减小其年损伤度。根据飞机结构的安全寿命包线,当飞机的年飞行强度在 0~70efh 之间,基体年损伤度最小,在甲地为 0.04,为避免浪费,选取 70efh 的年飞行强度较为合适。对于 3号机,为了使其日历首翻期与疲劳首翻期相匹配,在新的一年内计划基体损伤度为 0.05,根据飞机结构的安全寿命包线可以计算出,应安排 3 号飞机的飞行强度为 94.3efh。

由于乙地的环境腐蚀较为严重,应安排防护体系剩余损伤度最高的 7~10 号飞机到乙地执行轮训任务。由于此 4 架飞机在 4 个月中共计飞行 200fh,且训练的载荷强度与甲地保持一致,则可以计算出它们在此 4 个月的总当量飞行小时数约为 $200\times1400/1200=233.3$efh。

除去 1~4 号飞机的总当量飞行小时数 $70\times3+94.3=304.3$efh,防护体系仍有效的 5~10 号飞机在新的一年中需承担的训练飞行总量为 $1400-304.3=1095.7$efh,平均为 182.6efh。

由于整个机群保障 8 名飞行员的正常训练,飞机数量与飞行员数量近似于1∶1的对应关系,而每个飞行员的年人均飞行训练时间基本相同,且通常需要协同训练,因此,应安排每架飞机的实际飞行小时数差别不大,平均每架飞机的实际飞行小时数约为 $1200/10=120$fh。由于 1~4 号飞机的当量飞行小时数为 70~94.3efh,则它们基本安排损伤度约为基准载荷谱的 65% 的飞行任务,这些飞行任务损伤度小,一般属于基本飞行动作,可用于新飞行员的基本技能训练。对于 5~10 号飞机的当量飞行小时数约为 182.6efh,则它们基本安排损伤度约为基准载荷谱的 1.5 倍的飞行任务,这些任务损伤度大,一般属于高级飞行动作,可用于老飞行员的高级技能训练。

由于机队飞机数量比飞行员数量多 1~2(飞机可能处于大修或维护状态),基体剩余损伤度最低的 1~4 号 4 架飞机当量飞行小时数小,可以轮流使用,相当于执行 3 架飞机的训练任务。即 4 架飞机完成实际 $120\times3=360$fh 的飞行小时训练,平均每架飞机 90fh,即这些飞机在减小实际飞行小时数的情况下,可以开展近似于基准载荷谱强度下的飞行训练。

在机队 1200fh 的总计划训练任务中,机动动作大于 7g 的过载有 30 个,属于可以产生高载迟滞的大载荷,可以将相关的飞行任务适当穿插在平时训练中,以提高结构的安全性。相当于机队中的各架次飞机平均飞行使用 $1200/30 = 40$fh 后,可以适当安排一次大载荷飞行任务。

18.4.3 机队飞机飞行任务的具体安排

根据 18.4.2 节的分析与讨论,各架次飞机的服役地区、当量飞行小时数、实际飞行小时数的具体安排如表 18.2 所列。

表 18.2 机队飞机的飞行任务安排

飞机编号	服役地区	服役时间/月	计划当量飞行小时数/efh	计划实际飞行小时数/fh	防护体系损伤度	基体损伤度
1	甲地	12	70	90	/	0.040
2	甲地	9	70	90	/	0.040
3	甲地	12	95	120	/	0.050
4	甲地	12	70	90	/	0.040
5	甲地	12	175	120	0.125	0.058
6	甲地	12	180	130	0.125	0.060
7	甲地	8	125	90	0.083	0.042
7	乙地	4	60	50	0.067	0.020
8	甲地	8	125	90	0.083	0.042
8	乙地	4	60	50	0.067	0.020
9	甲地	8	125	90	0.083	0.042
9	乙地	4	60	50	0.067	0.020
10	甲地	8	125	90	0.083	0.042
10	乙地	4	60	50	0.067	0.020
合计	/	117	1400	1200	0.850	0.535

本机队的机群飞机寿命控制图如图 18.6 所示。可以计算出,当前机队结构基体的平均剩余损伤度为 0.68;在服役使用一年后,随着现有飞机的结构损伤与新飞机的加入服役(第 11 号机),结构基体的平均剩余损伤度为 0.66,基本维持了当前水平。

需要说明的是,本示例只是给出了一个机队总体上的服役/使用计划安排,在进行实际服役/使用计划调整安排时还需要考虑结构修理、各训练任务的具体实施次数、统筹协调等因素的影响,且后期还需根据具体飞行训练任务作出计划安

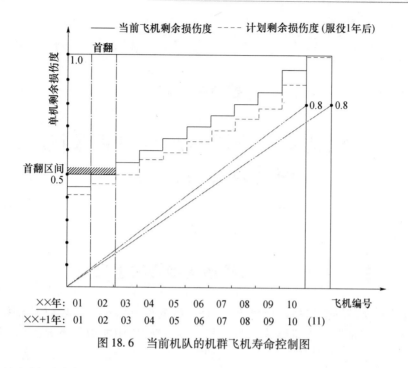

图 18.6   当前机队的机群飞机寿命控制图

排表,基本做到将每次训练的详细科目明确到具体架次的飞机,从而实现飞机结构寿命的有效控制。

参考文献

[1] 陈廷楠. 飞机飞行性能品质与控制[M]. 北京：国防工业出版社,2007.

[2] 李曙林,飞机与发动机强度[M]. 北京：国防工业出版社,2007.

[3] 张有宏. 飞机结构的腐蚀损伤及其对寿命的影响[D]. 西安：西北工业大学,2008.

第 ⑲ 章

飞机结构维修措施及修理后服役/
使用寿命评定方法

19.1　飞机结构维修的意义

飞机结构的维修包括两层含义:一是结构的检查维护;二是结构修理。结构维修工作不仅是保证飞机结构完整性和持续适航/使用能力的重要工作,也是保证飞机安全服役、维持飞机可靠性和延长飞机使用寿命的重要方法,是飞机结构寿命控制中的重要手段[1]。

现阶段,我国飞机结构设计使用的是包括了结构强度、刚度、安全寿命、耐久性和损伤容限的结构完整性综合设计思想,既包括了安全性要求,又包括了经济性要求[2]。其中,结构静强度设计思想要求结构的静强度满足规定的要求;结构刚度设计思想要求结构的变形及振动特性满足规定的要求;结构安全寿命设计思想假设结构无初始缺陷,要求结构的疲劳寿命满足规定的要求;结构耐久性设计思想要求结构的经济寿命及剩余强度满足规定的要求;结构损伤容限设计思想要求存在初始缺陷的条件下结构裂纹扩展寿命满足规定的要求。飞机的所有承力结构均要满足静强度和刚度设计要求;对于不同的结构,根据其任务特点,所采取的设计思想也会有所不同。例如,对于飞机的关键承力结构,为了保证其安全,一般要按照损伤容限和耐久性思想进行设计;对于应力敏感性高/损伤容限水平差(如超高强度钢等)或不易检查维修的结构,一般按照安全寿命思想进行设计,但要在结构加工后进行严格的无损检测并在使用中尽可能地加强检查;从使用经济性的角度出发,飞机的大部分承力结构一般要满足可以进行经济修理的耐久性要求等。

现阶段的结构设计思想最终是要保证飞机结构在预期的设计服役目标寿命期内服役是经济、安全和可靠的。耐久性/损伤容限设计是从飞机结构的设计、生产、分析、试验到持续适航/使用直至飞机退役全过程保证飞机结构在预期的服役寿命期内安全、经济、可靠的设计过程。在飞机研制阶段就要考虑飞机结构的维修性,尽量做到可检、可修,这就是耐久性/损伤容限设计的最基本要求。结构中可能存在缺陷或小的裂纹,这些裂纹在服役中可能扩展,但是必须在检查时能及时发现这些裂纹,并及时维修,以确保飞机服役的安全性和可靠性,并且应通过必要的试验验证(组件级、全机级)其维修性和维修方法,并形成结构维修大纲。在飞机制造阶段主要通过检查和试验验证来证明其原始疲劳质量和损伤扩展规律。在飞机结构服役过程中通过有效地执行检查维修大纲以达到:① 保持和恢复飞机结构固有强度和刚度,维持结构使用中的安全性和可靠性;② 通过检查、修理和更换,防止结构破坏;③ 根据全尺寸结构耐久性/损伤容限试验结果,以及飞机服役的信息(损伤、环境和载荷)确定飞机结构真正服役中的可能损伤的模式,尽量减少维修成本,制定最终检修大纲;④ 防止结构广布疲劳损伤发生;⑤ 确定一架飞机退役时间——确定服役/使用寿命。

19.2　飞机结构维修思想的演化

　　飞机结构的发展由简单到复杂,使得航空维修对维修人员素质、维修设备的要求也越来越高,空中力量的使用越来越依赖于有效的维修。维修方式也由最早的发生故障后的随即排除,即所谓的"事后维修"方式,发展到了"定时维修"、"视情维修"和"状态监控"相结合的时代[3]。

　　作为指导维修工作有效实施的维修思想也经历了从无到有,从"以预防为主"的经验维修到"以可靠性为中心",再逐渐向"基于状态"维修的科学维修思想的转变历程。

19.2.1　"预防为主"的维修思想

　　由于飞机结构在使用中会显示出损耗特性,20 世纪 50 年代以前,人们认为装备的可靠性都是与其使用时间有直接的关系,于是在维修上采用了以"预防为主"的定时维修方式,在外场维修保障中则提出了"勤检查,早发现",做到把故障消灭在发生之前。只按可靠性与其使用时间的关系来确定装备的翻修时限,认为翻修次数越多,防止故障的可能性就越大[1]。这种单一的定时维修方式,对 20 世纪 60 年代以后逐渐出现的复杂装备收效甚微,而且十分不经济。同时由于过多的拆卸、分解,还有可能增加早期故障和人为故障的发生概率。

　　另外,"预防为主"的维修观念还认为,由于飞机在空中的使用特点,使所有的可靠性问题都与使用安全直接相关,因此,使用中的所有问题都要加以预防。但是实践表明,有许多类型的故障是不论做多少维修工作也是无法防止的,而且,在技术迅速发展的领域中,要消除不确定性也越来越困难了。这些问题只能通过装备设计加以解决,不是光靠预防故障,而是靠避免这种故障对安全性的影响。在现代飞机的设计上,其重要功能都是靠余度技术来保证安全性要求的,保证一旦出了故障,所需的功能仍然可以从另一个来源获得。虽然故障自动防护和"耐故障"的设计还没有完全消除安全性和可靠性的联系,但已经使两者充分分离,使它们与维修的关系已不大相同了,一些有关安全性的问题,主要应从设计上加以解决[4]。

19.2.2 "以可靠性为中心"的维修思想(RCM)

由于传统维修观念不能很好地指导高新装备维修工作的顺利进行,有必要对维修原理作新的探索,转变原有的维修思想,确立适应装备发展新形势的维修思想。20世纪60年代后期人们提出"以可靠性为中心"的维修思想,是以充分利用航空技术装备的固有可靠性确定维修的思想,通过20世纪70年代后期开始的广泛应用表明,与"预防为主"的维修思想相比维修效率提高了数十倍。

以可靠性为中心的维修原理是根据装备固有可靠性特性,制定一整套既实用又有效的预防性维修准则,对维修项目进行逻辑分析决断,编制一整套计划维修工作,达到以较少的资源消耗,保证装备安全性和可靠性的固有水平得到发挥。用7个基本问题概括RCM分析过程如下[4]:

(1) 功能:在具体使用条件下,设备的功能标准是什么?

(2) 故障模式:什么情况下设备无法实现其功能?

(3) 故障原因:引起各功能故障的原因是什么?

(4) 故障影响:各故障发生时,会出现什么情况?

(5) 故障后果:各故障在什么情况下至关重要?

(6) 主动故障预防:做什么工作才能预防各故障?

(7) 非主动故障预防:找不到适当的主动故障预防措施应怎么办?

19.2.3 "基于状态"的维修思想(CBM)

提高航空装备的使用可靠性和使用效率的一个根本方法,就是在使用实践中拟定和实施根据机件技术状况来更换机件的维修方式,即采用状态监控以及视情维修方式[5]。"基于状态"的维修思想在航空领域的应用现在还处于发展阶段,但已在美军陆航部队初见成效,是下一步的主要发展方向。

基于状态的维修从设备内部植入的传感器或外部检测设备中获得系统运行时的状态信息,通过对这些状态信息进行实时的或接近实时的评价,最终作出设备的维修需求。其目标是提高系统的可用度和安全性,减少不必要的维修,降低设备维修费用,更好地安排设备维修工作和进行设备维修管理。

19.3 飞机结构的检查维护措施

19.3.1 飞机结构检查大纲

结构检查是维护工作的重要内容,是飞机结构在服役/使用过程中对服役安全和持续适航性/使用的根本保证。为了避免飞机在服役/使用过程中由于疲劳、腐蚀或意外损伤造成灾难性的破坏,必须制定合理的结构检查大纲,以便及时有效地检测出结构损伤[6]。

为保证飞机的飞行安全,飞机结构设计通常采用损伤容限设计或安全寿命设计这两种设计准则。损伤容限设计依赖于在飞机安全性受到危害前能及时发现损伤,它的设计方法建立在适时损伤检测的基础上;安全寿命设计仅仅是在结构变得危险前,不大可能检测到损伤的情况下才应用,往往采用一个保守的具有很高可靠度的疲劳损伤门槛值来限制使用寿命,由足够大的疲劳分散系数来保证结构安全,在达到安全寿命极限是必须予以更换或开展延寿处理。

因此,飞机结构的检查大纲主要针对损伤容限结构,其与裂纹扩展分析和剩余强度分析是损伤容限评定工作中同等重要的三个要素。结构检查大纲必须在每一型号飞机在投入使用前就要制定,其一般由初始检查大纲和补充检查大纲两部分组成。初始检查大纲主要对环境损伤和意外损伤提出检查要求,在使用期内适用于机队的所有飞机;补充检查大纲主要用于检测疲劳损伤,主要用于使用一段时间的老飞机机队中。

对飞机结构的检查间隔是对飞机所有主结构进行广泛的损伤评定的基础上确定的,检查频率存在双重准则,包括日历时间和飞行时间。飞机结构的腐蚀或应力腐蚀通常与日历时间有关,在飞机很少使用或没有使用的情况下也有可能发生,对其检测应按日历时间间隔进行。疲劳损伤及其发展主要与载荷循环的应力值和循环次数有关,通常以地—空—地循环次数或飞行小时数作为疲劳损伤检查的依据。

有关疲劳损伤的检查应保证在飞机结构由于任何疲劳损伤造成的剩余强度低于允许水平前提供检出疲劳损伤的最大可能性。与疲劳损伤有关的检查大纲编制依据是:开裂对飞机结构安全性的影响;已报告的裂纹数目;由剩余强度分析确定的保证结构安全服役的最大损伤尺寸;由裂纹扩展分析确定的典型使用载荷下的裂纹扩展速率;所用检查方法的损伤可检性和可检裂纹尺寸。

当然,尽管检查大纲是以损伤容限结构为对象制定的,但在实际工作中,同样对耐久性结构或安全寿命结构也要进行相应的检查(如果可能)。对于所有的结构,一旦检查出裂纹损伤,都要在保证安全的情况下及时进行修理,毕竟保证安全才是最终的目的。

19.3.2　飞机结构腐蚀的检查

飞机结构的腐蚀检查是预防结构腐蚀问题的首要维护工作,应遵循以下原则[7]:

(1) 要定期对结构腐蚀情况进行全面地检查,尤其要重点且经常关注易腐蚀部位。

（2）应打开检查口盖进行内部结构的腐蚀检查,对可拆卸的零部件,必要时可拆卸后检查并进行腐蚀修复工作。

（3）若发现结构腐蚀,应确定结构腐蚀损伤程度,并评估结构腐蚀对飞行安全的影响,当目视无法确定腐蚀损伤程度时,应借助无损检测手段。

（4）发现结构腐蚀后,要分析查找腐蚀的成因,检查结构所处的局部环境,若腐蚀是由涂层损坏或排水孔堵塞引起,必须及时修复。

（5）对结构腐蚀部位应进行必要的修复,对不影响飞行,一时无法修复的部位,要标注明显的标志,并记录在检查报告中,以便以后进行修复。

（6）在海洋环境下服役的飞机,至少每周进行一次腐蚀检查;在半干燥环境下服役的飞机,至少每月进行一次腐蚀检查。

一般来说,飞机上的每个部位都应按期进行腐蚀检查,需重点注意的典型部位如下:

（1）外侧蒙皮——大气环境最直接的作用面。

（2）内表面和搭接处——易引起潮气的积聚。

（3）外露的接头——表面易发生磨损。

（4）地板梁和承压腹板——可能受到机内液体（洗漱间、厕所、厨房、蓄电池等的液体）的腐蚀。

（5）整流罩及其下表面——涂层易受到风沙磨损。

（6）座椅滑轨——滑轨槽内易积有灰尘和潮气。

（7）货舱地板下舱底——可能受到积聚的潮气和货物溢出物腐蚀。

（8）外露的管路、螺母和液压元件。

（9）吸潮材料覆盖下的结构——易发生吸潮材料吸湿引起的腐蚀。

（10）铰链——易发生磨损和聚集腐蚀介质。

（11）整体油箱——油料易腐蚀涂层,易产生微生物沉积。

（12）操纵钢索——没有保护层或保护层易脱落。

（13）飞机内部空间。

19.3.3　飞机结构腐蚀的预防性维护措施

飞机服役/使用计划调整的目的是使机群飞机在完成相同的任务条件下所受到的损伤最小,其基本原则就是减小飞机结构的受载,并尽量避免或减少结构基体在受到腐蚀后的使用[8]。从另一个角度来考虑,在飞机的日常维护过程中,防止结构发生腐蚀也是飞机结构寿命控制的重要环节。防止飞机结构腐蚀的预防性维护措施也是为了避免或减少结构基体在腐蚀条件下使用,与飞机服役/使用计划调整过程"双管齐下",共同实现服役/使用过程中飞机结构寿命的主动控制[8]。

1. 停放保护

飞机在停放期间,应注意停入机库,关好舱盖、舱门,盖好罩布、堵盖,套好布套,盖好蒙布,防止沙尘对表面漆层造成划伤,防止水、雪、雾、露附于结构表面或进入飞机内部。夹好舵夹、挡好轮挡,必要时进行系留,防止大风袭击。

为维护过程中要防止各种油料、腐蚀性液体等滴落于结构表面,以避免结构或防护体系发生腐蚀。结构表面的油漆遇到各种有机溶剂会被溶解,如果不慎沾染应及时清除并立即采取补救措施。

2. 保持干燥

(1)通风去潮。雨后天晴,应取下蒙布,进行晾晒,打开所有的工作窗盖、舱门,放下(开)襟翼、减速板,让其通风,使潮气、水分蒸发[9]。

(2)除水去冰。遇雨、雪后,应用清洁干燥的抹布擦去雨水、积雪。如有结冰,不宜敲击或用刮刀、解刀出去,以免损伤飞机外表和机件。

(3)更换吸潮砂。有的机件设备,放置有吸潮砂,应及时更换。

(4)隔潮防护。隔潮的方法有:喷漆、裹缠和抹油。工作窗(舱)口边框密封圈损坏时,应及时修补。

(5)通电、试车。在停放工作中,应对长期未工作或受潮侵蚀的机件设备进行通电检查,按停放规定时限或根据气象情况决定进行试车,以便轰热驱潮和检查工作情况。

3. 保持清洁

清洁是维护人员要经常进行的工作,目的是不让尘土、杂质沾附在飞机外表和机件上,以免吸潮而产生电化学腐蚀。金属机件的保护层上有尘土、油污或酸、碱物质时,可用温水反复清洗,用清洁抹布擦干。钢铝合金机件表面有积油或油垢时,可用抹布沾汽油或用中性肥皂擦净。

对飞机进行冲洗可以去除积累在飞机表面的腐蚀污垢、含水灰尘等,冲洗次数根据飞机的服役/使用环境和表面状态决定。建议的冲洗间隔是:轻度腐蚀地区每隔90天,中度地区每隔45天,严重地区每隔15天。

水上飞机、舰载机长时间停放或者执行任务后,要及时按照规定清洗机体和发动机。换季维护时要及时对机体结构、关键部位进行探伤。

4. 防止损伤

防止机械损伤,目的是保护飞机及机件表面层不受破坏。所以要求在飞机上工作时应穿软底鞋,垫好踏布,不让油液滴落在飞机上,工作中不得敲击、碰撞和划伤飞机及机件的表面。

5. 涂施缓蚀剂

缓蚀剂是用作当涂层体系受到损伤时起补充涂层体系以防止或延缓腐蚀的作用,这些材料是挥发性液体,喷或刷在要保护的表面上。该液体在涂层表面迅速挥发,留下一层蜡状残留物膜。这一材料能填充进很小的空穴并置换出水。因此,缓蚀剂能够进入那些涂层已破坏的接合面或紧固件和孔之间。这是一种耐磨材料,不易在使用中磨去,并且在外部使用时经得起一定的冲洗,当然过一段时间还需要重新涂施。

当然,如果在维护检查中发现了飞机结构存在腐蚀损伤,其基本处理方法为"发现即修理"(Find it and Fix it),如果确定不能马上处理的也应明确记录,在不影响安全的情况下在后面的修理工作中加以修理。总之,目的仍然是保证飞机安全。

19.4 飞机结构的修理准则

19.4.1 结构修理的一般准则

飞机结构损伤修理的基本准则是:在确保修理后结构强度、刚度和气动性能的基础上,尽可能控制结构重量的增加,并力争快速得到修复。

1. 等强度修理准则

等强度修理准则分为局部等强度修理准则和总体等强度修理准则。在飞机结构修理中,通常采用局部等强度修理准则制定修理方案,当用局部等强度修理准则制定修理方案不理想,甚至不可行时,可采用总体等强度修理准则来制定修理方案。

(1) 局部等强度修理准则,即构件损伤部位修理后,该部位的静强度基本上等于原构件在该部位的静强度。按照这一准则修理时,首先要知道构件损伤处横截面上的最大承载能力,然后才能确定补强件的几何尺寸和紧固件数目。

(2) 总体等强度修理准则,首先根据总体结构的构造特点和受力情况,找出最严重的受力部位;然后根据受力最严重部位的极限受力状态确定该总体结构能承受的最大载荷;最后,以受力最严重部位的承载能力所确定的最大载荷考核修理部位的强度储备。

2. 刚度协调修理准则

刚度协调修理准则,即构件损伤部位经修理后,构件所在部件的刚心位置和平衡状态应保持不变,且构件之间的刚度和变形要协调一致。

对于刚度协调修理准则的理解:一方面,飞机结构在使用载荷作用下,除了要有足够的强度外,还要有足够的刚度。即结构除了不能有断裂失效,也不能存在变形失效,若修理后导致飞机结构的刚度不足,可能就会使飞机的气动性能受到影响,还有可能引发强烈的振动,甚至使结构发生破坏。因此,要确保构件所在部件的刚心位置和平衡状态保持不变。另一方面,如果修理后的构件局部刚度过大(或过小),根据"力按刚度分配"的原则,在飞机使用时会导致结构的载荷分配发生改变,使修理后的构件受力比正常情况大(或修理后构件附近结构的受力比正常情况大),可能造成修理区结构(或修理区附近结构)发生提前损坏。因此,要使构件之间的刚度和变形要协调一致。

从刚度协调修理准则的角度考虑,修理时应注意的一般问题如下:

(1)由于机翼弯扭颤振临界速度主要由机翼扭转刚度确定,因此,修理时不允许改变机翼薄壁结构的闭合性,也就是不允许将闭室结构改变为非闭室结构或将多闭室结构的闭室数目降低。

(2)对于副翼、舵面等有平衡要求的部件,修理时不能随便增加修理部位的重量,修理后应进行平衡检查。

(3)应避免过分加强受损构件或用刚度过高的新件更换损伤件,否则会因刚度不协调过早在修理部位连接处出现疲劳裂纹。

(4)避免在刚性较为柔性的传力路线附件平行地布置较强的传力路线。

(5)应避免同一连接接头上或同一传力路线上混合使用紧固件,避免有的紧固件配合较松,承载很小;而有的紧固件配合较紧,承载很大,发生提前破坏。

3. 抗疲劳修理准则

结构抗疲劳修理的一般准则是:合理选材,适当控制应力水平,避免或减缓应力集中。在结构修理时应注意以下主要问题。

(1)应力集中是影响结构疲劳强度的最重要因素,在修理时应尽量避免应力集中的出现,在无法避免时应尽量减小应力集中系数。以下一应些注意的问题就是从避免结构应力集中的角度考虑。

(2)修理部位应避免横截面有急剧突变的出现,在构件横截面改变的地方应尽量采用较大圆角光滑过渡。

(3)在飞机结构修理时,一般应避免在主要受力构件上开工艺孔,设计修理中将各个应力集中部位错开一定距离,避免应力集中的叠加,从而产生广布疲劳损伤。

(4)修理后的构件不应有尖角、划痕、毛刺等可能萌生裂纹的设计不合理或加工不规范的局部部位。

(5)避免在基本载荷传力通道上出现硬点,避免过分加强受损构件或用刚度过高的新件更换损伤件,避免因刚度不协调过早地在修理部位连接处出现疲劳裂纹。

(6)应避免主传力路线中断;同时切割几根构件时,应使切割线彼此错开。

(7)尽量减少接头和接缝,并将它们置于低应力区。

(8)补强修理应采用对称结构,尽量不采用单侧加强方案。

19.4.2　腐蚀结构的修理准则

对于腐蚀结构的修理,应遵循"发现即修理"的原则。在实际工作中以下主要准则是必要的。

（1）因去除腐蚀而加工过的铝合金表面，首先确认腐蚀已经被完全去除，并且加工表面光滑、清洁，不允许有金属屑、油污等污染物滞留在修理区域内；根据相关的维修手册恢复其原有的表面涂层，必要时再增加一层面漆，然后根据手册要求喷涂防腐蚀抑制剂。

（2）安装修理件的配合表面均应涂密封胶隔绝，必要时紧固件也应涂密封胶安装，所有止裂孔要涂底漆并用软铆钉或密封胶堵住。

（3）修理件、孔壁、埋头窝等处，均应做表面防护处理，并喷涂底漆。

（4）修理件材料应尽量选取与相邻结构相容的材料，电位相当。复合材料与合金材料之间也要相容，碳纤维树脂板与铝合金材料不能直接接触，必要时可共固化一层玻璃纤维—环氧树脂绝缘层。碳纤维树脂板与钛合金板直接接触时，不必进行特别防护处理。

（5）在腐蚀环境下，被连接件与紧固件之间尽量相容。如果不相容，则应该使用绝缘套筒、垫圈、涂刷密封剂等方法绝缘，而且，绝缘层要有足够的厚度和覆盖面。

（6）修理用铝合金加强板应尽可能选取带包铝层材料。

（7）安装钢、钛合金的零件，其配合表面应涂密封胶湿安装。

（8）钢修理件一般应局部镀铬或恢复原涂层；如果条件不具备，也可以在手册允许的情况下涂两道底漆。

当然，依据安全寿命包线准则，对于重要关键结构件，也可以在发生腐蚀损伤之前进行预防性修理，使之在后续工作中不发生腐蚀（发生腐蚀的概率很低）。

19.5　飞机结构修理的一般措施

飞机的机体结构通常是由蒙皮和骨架等组成。蒙皮用来构成机翼、尾翼和机身的外形，承受局部空气动力载荷，以及参与抵抗机翼、尾翼、机身的弯曲变形和扭转变形。骨架包括纵向构件和横向构件。纵向构件主要由梁和桁条组成，其作用主要是承受机翼、尾翼、机身弯曲时所产生的拉力和压力；横向构件包括翼肋、隔框等，主要用来保持机翼、尾翼和机身的截面形状，并承受局部的空气动力以及扭转变形产生的载荷。有些加强框、肋还要承受集中载荷。

本节首先以飞机蒙皮、梁与桁条为例介绍飞机结构的几种典型修理方式，而后根据钛合金材料、座舱盖有机玻璃和复合材料的材料特性，分别介绍这些材料结构的维修特点。实际工作中的修理，应依据飞机相应的维修大纲进行。

19.5.1　飞机蒙皮的修理

飞机蒙皮的主要作用是构成飞机的外形，保持飞机良好的气动特性以及承受和传递载荷,其常见的损伤形式有鼓动、压坑、划伤、裂纹、破孔等。蒙皮损伤部件破坏飞机的气动性能,还会使损伤部位的蒙皮强度降低,承载能力下降,危及飞行安全。

1. 蒙皮鼓动、压坑的修理

蒙皮某处产生鼓动,说明该处蒙皮刚度不足,主要采用整形加强的修理方式;若鼓动严重,可采用挖补或更换蒙皮的方法,如图 19.1 所示。

蒙皮压坑主要由外部冲击造成,压坑修理首先进行整平,对于较深、较大的凹坑要进行铆补加强。

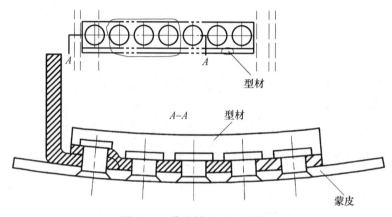

图 19.1　蒙皮鼓动的加强修理

注意事项:

(1) 加强型材的方向应垂直或平行于桁条,并至少与相邻的构件搭接一端。

(2) 对于非密封舱段蒙皮修理,装入的所有零件必须涂底漆。

(3) 采用与原蒙皮材料、铆钉材料相同的材料进行加强,否则可能造成腐蚀损伤。

2. 蒙皮划伤的修理

对飞机蒙皮划伤是进行打磨还是加强修理,取决于损伤的深度和范围。若损伤的深度和面积不超过允许的范围则可以打磨修理。

注意事项:

(1) 打磨和锉修零件时应遵守表面粗糙度要求。

(2) 打磨后表面要进行防腐蚀处理并涂上充填膏修平外缘。

3. 蒙皮裂纹、破孔的修理

当蒙皮上裂纹长度小于 15mm,不破坏结构的连接,且裂纹在规定的部位时,允许只用直径 3～5mm 的钻头对裂纹端部钻止裂孔并沿裂纹和孔边缘倒角(图 19.2);当裂纹较长,除钻止裂孔外,还需在裂纹部位的内部铆补一块与蒙皮材料相同、厚度相等的加强片(图 19.3)。

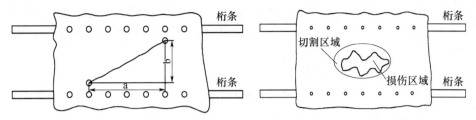

图 19.2　蒙皮裂纹修理时钻的止裂孔　　　图 19.3　对蒙皮破洞确定的切割区域

蒙皮上的破孔,如果直径较小,对强度影响甚微,可采用铆钉堵孔、堵盖堵孔等方式进行无强度修理;若孔径较大,则需要采用"先挖、后补、再加强"的修理方式。

注意事项:

(1) 修补破孔时,要先去除撕破的边缘并整修孔洞。

(2) 避免广布损伤。

(3) 注意保持结构原有的气动特性、密封性,并做好防腐处理。

19.5.2　飞机梁与桁条的修理

飞机上的梁有翼梁和机身大梁,翼梁通常由缘条和腹板组成。翼梁缘条和机身大梁、桁条大多用型材制造,主要承受拉力或压力;翼梁腹板则由薄板制成,主要承受剪力。飞机上的梁与桁条一般是结构的关键承力部位,其损坏会直接影响飞机结构的承载能力。

1. 梁缘条与长桁的修理

梁缘条与长桁的损伤类型主要有缺口、裂纹和断裂等,其一般的修理方式分为锉修法、加强法、接补法三种。

1) 锉修法

锉修法主要针对小缺口或裂纹(一般小于 5mm),锉修成光滑弧形,砂纸打磨抛光后涂上底漆即可。锉修法修理示意图如图 19.4 所示。

2) 加强法

当缺口深度或裂纹长度超过单边宽度 1/2,但未伤及桁条棱边时进行加强修理,裂纹尖端需打止裂孔。根据损伤程度,可以选用加强片加强(图 19.5)和加强型材加强(图 19.6)两种方式。

3) 接补法

当局部损伤严重,需将损伤部分切割掉后,用填补型材填平切口,再用接补型材将填补型材和长桁连接在一起。长桁损伤的接补修理方式如图 19.7 所示。

接补法分为外侧接补、内侧接补与两侧接补三种方式,如图 19.8 所示。外侧接补与内侧接补、两侧接补相比操作简单,但是,外侧接补其接补型材的截面重心和构件截面重心距离较大,结构承力时会产生一个偏心弯矩。偏心弯矩对受拉构件影响不大,但易使受压构件失去稳定,产生纵向弯曲,对受压桁条应慎重使用外侧接补。

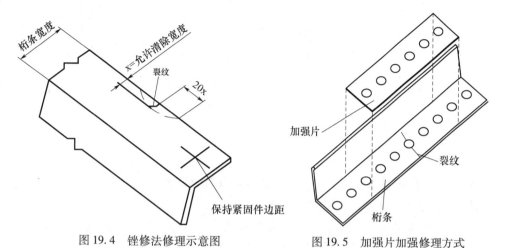

图 19.4　锉修法修理示意图

图 19.5　加强片加强修理方式

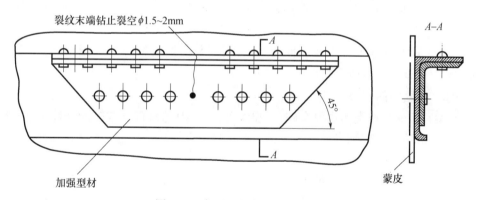

图 19.6　加强型材加强修理方式

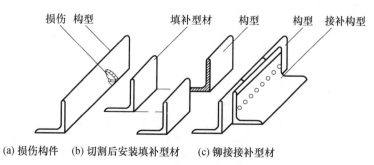

(a) 损伤构件　　(b) 切割后安装填补型材　　(c) 铆接接补型材

图 19.7　长桁损伤的接补修理方式

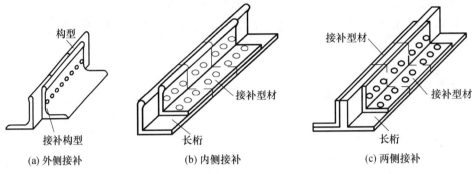

图 19.8　接补法中加强件的三种安装方式

4）梁缘条与长桁修理的注意事项

（1）在修理梁与长桁的过程中被修理的部件必须接地,在油箱区还要吹洗被修舱段,检查是否去除了舱段中的燃油蒸汽。

（2）机体同一个截面上不能有两个对接处;进行两侧接补时,两侧接补型材端面应彼此错开（避免截面积突然增大,引起应力集中）。

（3）三种接补方法都应将接补型材两端斜切,一般为 45°（使截面积逐渐增大,减小应力集中）。

（4）所有新入零件以及端面均要涂底漆,做好防腐密封工作,避免金属接触腐蚀,对接处要留有胀缩孔。

2. 梁腹板的修理

梁腹板的损伤类型主要有破孔、裂纹等,其一般的修理方式分为锉修法、盖板修补法和局部更换法三种。

1）锉修法

锉修法就是将腹板上的破孔锉修成光滑的圆孔或椭圆孔,锉修法不能恢复腹板损失的强度。锉修法的修理限制为:破孔的直径应小于 40mm;破孔边缘与缘条距离或附近其他孔边缘距离不得少于 40mm（避免结构截面过度减小;防止产生广布损伤）,如图 19.9 所示。

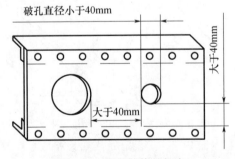

图 19.9　腹板锉修的规定

2）盖板修补法

盖板补法首先进行破孔切割、锉修，而后铆上一块与腹板材料相同、厚度相等的盖板以弥补腹板损伤处的强度，如图 19.10 所示。

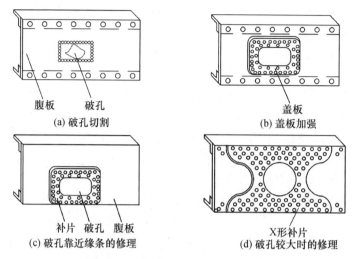

(a) 破孔切割　　　　　　　　　　　(b) 盖板加强

(c) 破孔靠近缘条的修理　　　　　　(d) 破孔较大时的修理

图 19.10　梁腹板的盖板修补法修理

注意事项：

（1）破孔靠近缘条时，应将盖板、腹板与缘条三者铆/螺接在一起。

（2）破孔直径较大时，上下两端与缘条连接，中部与腹板铆接，以增大修理部位的稳定性。

（3）建议选用 X 形补片，避免出现截面突变，造成应力集中。

3）局部更换法

腹板上有密集的破孔或者裂纹时，则需要更换一段新的腹板。首先全部切割腹板的损伤部位，再用与腹板材料相同、厚度相同的板材制作一段新腹板，填入切割口，而后在接缝处铆接 X 形连接片，如图 19.11 所示。

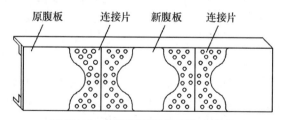

图 19.11　梁腹板的局部更换法修理

19.5.3　钛合金材料结构的修理

钛合金材料以其优异的综合力学性能、低密度和高比强度以及耐腐蚀等特性越来越多地应用在现代飞机上,钛合金构件的损伤修理方式与铝合金构件基本相同,但基于其材料的一些性能特点,在修理时也有其本身的特点。

1. 钛合金的性能特点

(1) 钛合金的密度仅为钢的 60%,而抗拉强度为 686 ~ 1176MPa,最高可达 1764MPa,比强度很高。

(2) 钛合金的抗压强度约为抗拉强度的 1.2 ~ 2 倍,剪切强度一般为抗拉强度的 60% ~ 70%。

(3) 钛合金的工作温度范围很宽,低温合金在 –253℃ 还能保持良好的塑性,耐热钛合金的工作温度可达 550℃。

(4) 钛合金对缺口、划伤及表面缺陷敏感性高,易产生裂纹、擦伤、断裂。

(5) 钛合金本身固有表面钝化膜,耐蚀性良好,但钛合金与负电位金属(钢、铝等)接触易使负电位金属发生电偶腐蚀,自己也容易发生接触腐蚀。

(6) 钛合金导热性差、摩擦系数大、加工性较差,对变形速度敏感,应在低速下进行加工。

(7) 钛的化学活性高,极易受到氢、氧、氮的污染,难以冶炼和加工,生产成本高。

2. 钛合金构件的修理特点

(1) 根据等强度修理准则以及避免异种金属电偶腐蚀,钛合金构件损伤修理应使用钛合金铆钉。

(2) 钛合金铆钉硬度高、塑性小、形成铆钉墩头困难,为避免墩头产生裂纹,铆接宜采用压铆和热铆。

(3) 钛合金对氧具有极高的亲和力,对钛合金的焊接修理必须使用氩气保护。

19.5.4 座舱盖有机玻璃的修理

座舱盖有机玻璃的损伤形式主要是碰伤、划伤、银纹、裂纹等,由于座舱盖的损坏严重威胁飞行员人身安全,直接威胁飞行安全,且座舱盖特有的透明度要求,其在结构修理上有其自身的特点。

1. 有机玻璃的性能特点

(1) 光学性能优异、密度小、强度高、具有优良的热塑性和加工性能。

(2) 表明硬度不高,容易引起擦伤和划伤。

(3) 对缺口和应力集中相当敏感,抗裂纹扩展能力不好。

(4) 热膨胀系数大、导热性差,容易形成热应力。

(5) 容易引起银纹;银纹是一种细微的裂纹,因应力和侵蚀产生,不仅影响透光度,而且缩短座舱盖寿命。

(6) 长期暴露受到热、光、潮湿的作用会明显老化。

2. 座舱盖有机玻璃的修理方法

1）有机玻璃划伤/擦伤的修理

有机玻璃表面上产生的划伤和擦伤可采用目视和直尺测量法进行检查,当划伤条数、长度和深度大于规定要求时,应采用打磨和抛光的方法予以排除,如图 19.12 所示。对于较深的划伤/擦伤,先粗磨,再细磨,最后抛光;对于较浅的划伤/擦伤,可直接抛光。

注意事项:

（1）打磨应在不同位置做圆圈运动,避免局部过热,产生应力,引起银纹。

（2）打磨后必须清洗干净,防止腐蚀。

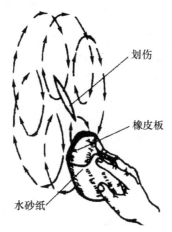

图 19.12　有机玻璃的打磨修理

2）有机玻璃裂纹的处理

座舱有机玻璃一般不允许存在裂纹;有轻微裂纹需根据使用条件、玻璃牌号、裂纹位置等因素认真分析,确定处理意见,裂纹较大时需及时更换。

有机玻璃裂纹产生的原因主要有:座舱内外静压力差引起的应力、局部空气动力压差引起的应力、空中温差引起的应力、装配应力和残余应力等几种应力类型。

3）有机玻璃银纹的处理

有机玻璃在一定拉伸载荷作用下,经过一段时间,其表面就开始出现银纹。在拉伸应力直接作用下产生的银纹方向与载荷方向垂直,在溶剂侵蚀下产生的银纹方向杂乱无序,在外载荷与溶剂同时作用更容易产生银纹。

对于有机玻璃中已发现的银纹,必须注意其数量界限。银纹较少,对强度影响较小,提前更换造成浪费;银纹较多,应立即更换,防止影响安全。

对有机玻璃的银纹损伤重在预防,其主要措施有:有机玻璃每个螺栓拧紧程度应一致,以减小装配应力;飞机喷漆时必须粘贴好保护纸,防止有机溶剂侵蚀有机玻璃;禁止工作灯、电烙铁等接近有机玻璃,避免产生局部热应力。

19.5.5 复合材料结构的修理

复合材料由于其高的比强度和比模量、良好的抗疲劳性能和耐腐蚀性能,在航空领域的应用越来越广泛。复合材料的应用显著改善了飞机的节能特性,波音787飞机中复合材料占机体重量的50%,节省燃油20%;空客A350飞机中复合材料占机体质量的52%,节省燃油24%。

复合材料的修理分为非补强板修理法和补强板修理法。

非补强板修理法的主要修补方式和应用范围如表19.1所列。

表19.1 复合材料非补强板修理法的主要修补方式和应用范围

修补方法	应用范围
注射树脂	① 在一定范围内分布有小空隙; ② 小面积分层; ③ 小面积脱胶
灌注或填充	① 小的凹坑; ② 蜂窝壁板的表面小面积损伤; ③ 蜂窝壁板中更换夹芯层; ④ 紧固件孔变形伸长
加热处理	① 排除进入蜂窝壁板中的湿气; ② 去湿、烘干
表面涂层	① 对蒙皮壁板进行密封; ② 恢复表面保护层

补强板修理法主要分为贴补法、挖补法和螺接外补强板法三类。

1. 贴补法

贴补修理是在损伤结构的外部,通过胶接或胶接共固化来固定外部补片以恢复结构的强度、刚度及使用性能的一种修理方法,其中,胶接修理一般只适用于平面或曲率较小的结构。两种贴补方式的示意图如图19.13所示。

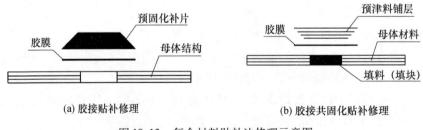

(a) 胶接贴补修理　　　　　　　　　　(b) 胶接共固化贴补修理

图19.13 复合材料贴补法修理示意图

注意事项：

（1）补片材料与母体结构电化学相容。

（2）为使截面变化缓和,补片四周斜削。

（3）胶粘剂或胶膜应满足抗剥离、抗老化等要求。

（4）胶接前严格按要求进行表面处理、除湿。

（5）固化过程中严格控制加热、加压、真空等条件。

2. 挖补法

挖补法适用于修理面积较大、情况较严重的损伤,衔接部位类似于阶梯搭接接头或楔形接头,此种修理连接胶接面上剪应力分布均匀,得到的外表面光滑,但施工困难。复合材料的挖补法修理示意图如图 19.14 所示。

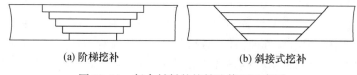

(a) 阶梯挖补　　　　　　　　(b) 斜接式挖补

图 19.14　复合材料的挖补法修理示意图

3. 螺接外补强板法

螺接外补强板修理形式与螺接单面或双面搭接结构类似,是在损伤结构的外部用螺栓或铆钉固定一外部补片,使损伤结构遭到破坏的载荷传递路线得以重新恢复的一种修理方法。复合材料的螺接外补强板法修理示意图如图 19.15 所示。

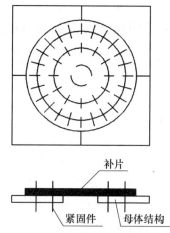

补片

紧固件　　母体结构

图 19.15　复合材料的螺接外补强板法修理示意图

注意事项：

（1）修补材料常用钛合金,因其不与碳—环氧材料发生接触腐蚀,且热膨胀系数低,不易引入应力。

（2）紧固件与钉孔之间的间隙不能过大，也不要采用干涉配合，以免发生分层损伤。

（3）紧固件间距及孔边距应严格按照要求。

19.6 飞机结构修理后服役/使用寿命评定方法

飞机结构在规定的时间周期内抵抗开裂、腐蚀、热退化、分层、磨损和外来物损伤的能力称为其耐久性，具有这种能力的关键件称为耐久性关键件。疲劳开裂是飞机结构耐久性关键件在服役/使用中的最常见的开裂模式。耐久性关键件具有的耐久性使用寿命是指结构在服役/使用中产生了广布疲劳损伤（WFD）或修理损伤结构已经不经济了的服役/使用时间周期，就是飞机结构从投入服役/使用到退役的整个经济寿命周期过程，常用经济寿命来表征。对于耐久性关键件，在长期服役/使用中可能出现各种损伤，对耐久性关键件进行修理是不可避免的，修理的好坏直接影响到飞机结构的使用性能和使用寿命。通过对一些飞机典型结构常用修理方式统计分析，可以得到飞机结构最常用的修理方式有三种：第一种为打止裂孔、铰孔和打磨；第二种为结构加强；第三种为换段（件）。对于经济修理后的耐久性关键件在正常的服役/使用条件下仍然可以划分为疲劳关键件、腐蚀关键件和腐蚀疲劳关键件加以分析。下面针对经修理后飞机结构耐久性关键件寿命评定方法和三种主要修理方式对应的修理后结构耐久性关键件寿命评定原则进行简要分析。

19.6.1 修理后飞机结构耐久性关键件服役/使用寿命评定方法

经修理后飞机结构耐久性关键件寿命评定实际上包括其基准服役/使用寿命和实际服役/使用寿命的评定工作。修理后结构基准服役/使用寿命评定是分析确定在基准服役/使用条件下对应的寿命周期限制值，其是机队飞机同部位结构进行寿命控制管理的依据。修理后结构实际服役/使用寿命评定是分析确定在实际服役/使用条件下对应的寿命周期限制值，也就是单架飞机在实际条件下可以达到的飞行小时数（起落次数）及相应的日历年限。修理后结构在基准服役/使用条件下基准服役/使用寿命周期内的损伤与其在实际服役/使用条件下实际服役/使用寿命周期内的损伤相等。显然，修理后结构在基准服役/使用条件下的基准服役/使用寿命周期确定后，其在不同的实际服役/使用条件下所具有的实际服役/使用寿命周期是不同的。需要说明的是，修理后结构在确定基准服役/使用寿命或实际服役/使用寿命时必须要考虑可靠度与置信度的要求。对于修理后飞机结构不论是评定其基准服役/使用寿命还是实际服役/使用寿命，基本方法流程是一致的。下面就三种类型的修理后耐久性关键件的寿命评定分析方法作一简述。

1. 修理后飞机结构疲劳关键件服役/使用寿命评定方法

修理后飞机结构疲劳关键件的服役/使用寿命评定分析工作主要有以下几方面的内容。

1) 修理后结构应力状态分析

对修理后结构的应力状态进行分析时,一般采用工程计算法和有限元分析法。对于结构简单、受力明确的部位多采用工程计算方法。该方法简单易行,是处理飞机修理的常用方法。工程计算方法以强度计算报告为依托,采用工程计算手段对修理部位进行评定,评定以静强度评定为主。主要用于非主承力构件的修理评估。对于结构形式、受力情况复杂的结构修理多采用有限元分析法。有限元分析法首先建立有限元模型对损伤结构进行应力分析,分析其应力集中严重部位,针对应力集中现象,采用合适的修理方法进行结构修理,然后再分析修理后结构应力状态。

2) 修理后结构寿命评估方法

对修理后结构寿命进行评估时,常用的有名义应力法、局部应力—应变法、广义局部应力—应变法和细节疲劳额定值(DFR)法等方法。

对修理后结构疲劳关键件的疲劳寿命进行评估预测的具体方法可参见第二篇的相关部分。

3) 修理后结构寿命的试验验证

对修理后结构寿命进行评估后还需对其进行试验验证,以评定其修理效果。试验验证分为典型试验件疲劳试验验证法和全机/部件疲劳试验验证法。对部分零件可以进行典型试验件验证试验以评定修理效果。通过全机或部件疲劳试验能够对全部修理部位的修理效果进行考核。

2. 修理后飞机结构腐蚀关键件服役/使用寿命评定方法

对于飞机结构的腐蚀关键件,修理后的寿命问题仍然是日历寿命问题。根据腐蚀关键件所受腐蚀损伤的程度不同,所采用的修理方法不同,修理后的日历寿命也不同。

当防护体系发生腐蚀失效而结构基体材料没有发生腐蚀时,通常的修理方法是清除原防护体系而后按照相关工艺要求补以新的防护体系。修理后的结构的日历寿命品质可以认为与原新结构相同(这里认为补加新的防护体系的材料与工艺方法与制造新飞机结构时相同)。

当防护体系与结构基体材料均发生腐蚀损伤,结构的防护体系肯定已经发生腐蚀失效,而结构基体材料带有腐蚀损伤(严重时可能失效)。通常的修理方法是先清除原防护体系,并对腐蚀损伤结构按照相关工艺方法进行修理,而后再按照相关工艺要求补以新的防护体系。修理后结构的防护体系日历寿命品质可以认为与原新结构相同(这里认为补加新的防护体系的材料与工艺方法与制造新飞机结构时相同),而修理后结构的基体材料日历寿命品质则与修理方法相关,应进行重新评定分析。修理后结构总的日历寿命则可以认为是修理后结构的防护体系日历寿命与修理后结构的基体材料日历寿命之和。

对于飞机结构腐蚀关键件，由于简化为仅受环境腐蚀作用，因此没有腐蚀损伤的结构基体材料可以认为同原新材料抗腐蚀性能一样（忽略材料的自然时效等时间效应影响）。对于补加的防护体系，一般是用新材料，其抗腐蚀性能自然按新材料标准。修理后飞机结构腐蚀关键件的日历寿命确定的具体方法可以参见第三篇的相关内容。

3. 修理后飞机结构腐蚀疲劳关键件服役/使用寿命评定方法

对于飞机结构腐蚀疲劳关键件，其服役/使用寿命既受疲劳载荷的影响又受腐蚀环境的影响。飞机结构腐蚀疲劳关键件的服役/使用寿命限制是通过寿命包线的形式来表征的，同理，修理后飞机结构腐蚀疲劳关键件的服役/使用寿命限制仍然可以通过寿命包线的形式来表征。通过修理可以修复或改善飞机结构腐蚀疲劳关键件的结构状态，延长使用周期。结构修理反映在安全寿命包线上即为安全寿命包线的扩展。理论上讲，通过不断地深度修理或更换部件，飞机结构的寿命可以是无限的，即寿命包线可以不断地扩展下去。然而，从经济性的角度考虑，常常讨论三种经济修理情况：① 防护体系未失效或防护体系刚失效不久即对结构重新进行了防护处理；② 防护体系已失效了较长时间后通过大修对结构重新进行了防护处理；③ 对结构进行了补强、换件修理等。具体的寿命包线扩展方法可以参见第四篇的相关内容。

19.6.2 不同修理方式下修理结构耐久性关键件寿命评定原则

对于不同的结构细节群，根据不同的使用条件可采用不同的修理方法来满足结构可靠性和维修性的要求。根据三种常用修理方法，下面分别对采用几种不同修理方法后耐久性关键件的寿命评定原则进行简要分析。

1. 结构经打止裂孔、铰孔和打磨修理后的寿命评定原则

一般经打止裂孔、铰孔和打磨修理后结构不是危险的，对结构强度无显著影响。如果经打止裂孔、铰孔和打磨修理后结构的已有损伤不发生变化，则可将修理后的结构作为已损伤结构看待，在利用19.6.1节中的寿命评定方法进行寿命评定时需考虑修理后结构的已有损伤。如果经打止裂孔、铰孔和打磨修理后结构的原有损伤消除了，则可将修理后的结构作为新结构看待，在利用19.6.1节中的寿命评定方法进行寿命评定时不用考虑修理后结构的原有损伤，直接作为新结构进行寿命评定。

2. 结构经加强修理后的寿命评定原则

经加强修理后的结构根据损伤的改变情况也可分为两种情况进行修理后结构寿命评定。如果经加强修理后结构的已有损伤不发生变化，则可将修理后的结构作为损伤结构看待，在利用19.6.1节中的寿命评定方法进行寿命评定时需考虑

修理后结构的已有损伤。如果经加强修理后结构的已有损伤消除了,则可将修理后的结构作为新结构看待,在利用19.6.1节中的寿命评定方法进行寿命评定时不用考虑修理后结构的原有损伤,直接作为新结构进行寿命评定。如果经加强修理后原结构的已有损伤并没有消除,而加强件为新材料构件(可以认为不含初始损伤),则可将修理后的结构作为新旧两部分对待,在利用19.6.1节中的寿命评定方法进行寿命评定时原有结构则要计及已有损伤,而对于新的加强件则直接作为新结构进行寿命评定。

3. 换段(件)后结构的寿命评定原则

对于经过换段(件)的结构而言,换段(件)的新结构恢复了原来的原始疲劳质量水平,可直接作为新结构对待。因此,更换后新结构的寿命评定可利用19.6.1节中的寿命评定方法直接进行。而对于经过换段(件)后的原有结构部分,如果含有已有损伤且没有被消除,则要将其作为损伤结构看待;如果原有结构的已有损伤被修理消除了,在忽略自然时效等时间效应的情况下则可将其作为新结构看待。

参考文献

[1] 代永朝,郑立胜. 飞机结构检修[M]. 北京:航空工业出版社,2006.

[2] 贾希胜. 以可靠性为中心的维修决策模型[M]. 北京:国防工业出版社,2007.

[3] 陈学楚. 维修基础理论[M]. 北京:科学出版社,1998.

[4] Nowlan F S,Heap H F. Reliability – centered Maintenance. AD/A 066 579,1978.

[5] 李小波,王宏伟,李良峰,等. 基于状态的维修及其在外军航空装备中的应用[J]. 四川兵工学报,2011(6):126 – 128.

[6] 孙厚福,等. 航空维修工程学[M]. 北京:中国人民解放军航空工程部,1986.

[7] 张建华. 空军装备的可靠性和维修性管理[M]. 北京:国防工业出版社,1993.

[8] 陈学楚. 航空维修工程学[M]. 西安:中国人民解放军空军工程学院,1984.

[9] 吕胜利,等. 铝合金结构腐蚀损伤研究与评价[M]. 西安:西北工业大学出版社,2009.

第 20 章

基于系列性能指标的飞机结构材料优选方法

选材是进行飞机结构设计及修理的基础工作,对保证结构安全、提高结构寿命、降低使用成本具有决定性意义[1-4]。因此,飞机结构材料的优选也是飞机结构寿命控制的重要内容,同属于设计/制造阶段与使用维修阶段的飞机结构寿命控制工作。

在飞机设计领域,现阶段飞机的结构设计思想主要是强度、刚度、损伤容限和耐久性综合设计,在材料性能指标上分别有抗拉强度、抗弯(扭)模量、断裂韧性和疲劳极限等[5-8]。因为飞机运行成本高的特点,减重是飞机结构设计师为之奋斗终身的目标之一。然而,现阶段反映单位重量材料力学性能的成熟指标仅有比强度和比刚度[9,10],飞机结构选材的指标体系仍需进一步完善。

为此,本章针对飞机结构在设计与修理中的选材问题,在材料比强度、比刚度的基础上,提出了反映单位重量材料力学性能的材料比疲劳强度、比静韧度、比动韧度三个指标,以及反映材料性能偏重水平的材料疲劳强度比、静韧强比、疲劳韧强比三个指标,并建立了材料系列性能指标在飞机结构选材过程中的应用方法,可为飞机结构的选材过程提供支持,为飞机结构的长寿命设计及修理奠定基础。

20.1 材料系列性能指标的概念与计算方法

现阶段,飞机结构设计使用的是包括了结构强度、刚度、安全寿命、耐久性/损伤容限等的结构完整性综合设计思想。其中,结构静强度设计思想要求结构的静强度满足规定的要求;结构刚度设计思想要求结构的变形或固有振动频率等满足规定的要求;结构安全寿命设计思想假设结构无初始缺陷,要求结构的疲劳寿命满足规定的要求;结构耐久性设计思想要求结构的可修理经济寿命满足规定的要求;结构损伤容限设计思想要求存在初始缺陷的条件下结构裂纹扩展寿命及剩余强度满足规定的要求。飞机的所有承力结构均要满足静强度和刚度设计要求;对于不同的结构,根据其任务特点,所采取的其他设计思想也会有所不同。例如,对于飞机的关键承力结构,为了保证其安全,一般要按照损伤容限和耐久性思想进行设计;对于应力敏感性高(损伤容限水平差)或不易检查维修的结构,一般按照安全寿命思想进行设计,但要在结构加工后进行严格的损伤检查;从使用经济性的角度出发,飞机的大部分承力结构一般要满足可以进行经济修理的耐久性要求等。

上述的结构设计思想均有其对应的材料性能参数,例如,结构静强度设计对应了材料的抗拉强度 σ_b,其表征了材料抵抗静拉伸载荷的能力;结构刚度设计对应了材料的弹性模量 E 或抗弯、抗扭模量,其表征了材料抵抗变形的能力;结构的损伤容限设计对应了材料的断裂韧性 K_{IC} 和疲劳裂纹扩展门槛值 ΔK_{th},其表征了材料抵抗疲劳断裂的能力;结构的耐久性设计和安全寿命设计对应了材料的疲劳极限 S_{-1},其表征了材料抵抗疲劳开裂的能力。但是,上述材料性能参数仅反映了材料的力学性能。在飞机结构的选材中,若通过评估单位重量下材料的力学性能水平则更具有工程应用价值。

已有的能够反映单位重量下材料力学性能水平的性能指标是比强度和比刚度。比强度 $\gamma_{\sigma/\rho}$ 又称为比静强度,是材料的抗拉强度 σ_b 与材料密度 ρ 的比值,单位为 N·m/kg,反映了单位质量材料的断裂抗力,材料的比静强度越高表明结构在达到相应静强度时所用的材料质量越轻。比刚度 $\gamma_{e/\rho}$ 又称为比模量,是材料的弹性模量 E 与材料密度 ρ 的比值,单位为 N·m/kg,反映了单位质量材料抵抗变形的能力,材料的比刚度越大表明结构在达到相应刚度时所用的材料质量越轻。

比静强度和比刚度对应飞机结构的静强度设计思想与刚度设计思想。对按照安全寿命、损伤容限或耐久性思想设计的飞机结构的选材,同样需要类似的材料性能指标来进行不同材料的对比评估。为此,这里提出了材料比疲劳强度 $\gamma_{s/\rho}$、比静韧度 $\gamma_{k/\rho}$ 和比动韧度 $\gamma_{kth/\rho}$ 的概念和计算方法。

由于疲劳极限 S_{-1} 反映了材料疲劳性能的水平,材料比疲劳强度 $\gamma_{s/\rho}$ 即为疲劳极限 S_{-1} 与密度 ρ 的比值,材料的比疲劳强度越大表明结构在达到相应的疲劳强度要求时所用的材料重量越轻。

损伤容限设计思想主要解决结构的破损安全问题,其一是希望结构在破损后有足够长的裂纹扩展寿命且临界裂纹更长,以保证在结构大修时足以发现裂纹;其二是希望结构破损后裂纹尽可能不扩展。前者主要与断裂韧性 K_{IC} 有关,在断裂力学中定义为静断裂强度;而后者主要与裂纹扩展阈值 ΔK_{th} 有关,定义为动断裂强度(裂纹扩展门槛值)。

为此,定义材料比静韧度 $\gamma_{k/\rho}$ 为断裂韧性 K_{IC} 与密度 ρ 的比值;定义比动韧度 $\gamma_{kth/\rho}$ 为材料的裂纹扩展基本阈值 ΔK_{th}^0 与密度 ρ 的比值。材料的比静韧度越大表明在相同质量下的含裂纹结构抵抗裂纹破坏的能力越强;材料比动韧度越大表明在相同质量下的含裂纹结构可以在更高的应力水平下使裂纹不扩展。

比静强度、比刚度、比疲劳强度、比静韧度和比动韧度反映了材料在单位重量下的某一项力学性能水平的高低。但对飞机结构来说,其往往是按照多种结构设计思想综合考虑,为了反映出某种材料力学特性的偏重水平,在此提出了材料疲劳强度比 $\gamma_{s/\sigma}$、静韧强比 $\gamma_{k/\sigma}$ 和疲劳韧强比 $\gamma_{k/s}$ 的概念与计算方法。

疲劳强度比 $\gamma_{s/\sigma}$ 是材料的疲劳极限 S_{-1} 与抗拉强度 σ_b 的比值,反映了材料疲劳强度与静强度的比例关系。疲劳强度比越大,说明由材料制成的结构在达到相应的静强度要求时,结构抵抗疲劳开裂的能力越强,疲劳性能越好。

静韧强比 $\gamma_{k/\sigma}$ 是材料的断裂韧性 K_{IC} 与抗拉强度 σ_b 的比值,反映了材料的断裂韧性与静强度的比例关系。静韧强比越大,说明由材料制成的结构在达到相应的静强度要求时,结构开裂后抵抗裂纹破坏的能力越强。

疲劳韧强比 $\gamma_{k/s}$ 是材料的断裂韧性 K_{IC} 与疲劳极限 S_{-1} 的比值,反映了材料的断裂韧性与疲劳强度的比例关系。疲劳韧强比越大,说明由材料制成的结构在达到相应的疲劳强度要求时,结构抵抗由疲劳裂纹引起的突然破坏的能力越强,结构的破损安全性越好。

上述三种反映材料力学特性偏重水平的性能指标,若材料的疲劳强度比 $\gamma_{s/\sigma}$ 和静韧强比 $\gamma_{k/\sigma}$ 越大,说明由此材料制成的结构强度余量越大,飞机在进行大机动飞行或遇到强突风时结构越安全。若不同材料的比疲劳强度 $\gamma_{s/\rho}$ 水平相差不大,则疲劳韧强 $\gamma_{k/s}$ 比越大的材料其裂纹扩展寿命在总寿命中所占比例越大,由其确定的飞机结构的使用寿命限制越长,更适合制造损伤容限结构;疲劳韧强比 $\gamma_{k/s}$ 越小的材料其裂纹萌生寿命在总寿命中所占比例越大,由其确定的经济修理周期越长,则更适合制造耐久性/安全寿命结构。

综上所述,用于飞机结构选材的材料系列性能指标的计算公式及单位如表 20.1 所列。

表 20.1 用于飞机结构选材的材料系列性能指标的计算公式及单位

序号	材料性能指标	计算公式	单位
1	比静强度	$\gamma_{\sigma/\rho} = \sigma_b/\rho$	N·m/kg
2	比刚度	$\gamma_{e/\rho} = E/\rho$	N·m/kg
3	比疲劳强度	$\gamma_{s/\rho} = S_{-1}/\rho$	N·m/kg
4	比静韧度	$\gamma_{k/\rho} = K_{IC}/\rho$	N·m$^{3/2}$/kg
5	比动韧度	$\gamma_{kth/\rho} = \Delta K_{th}/\rho$	N·m$^{3/2}$/kg
6	疲劳强度比	$\gamma_{s/\sigma} = S_{-1}/\sigma_b$	1
7	静韧强比	$\gamma_{k/\sigma} = K_{IC}/\sigma_b$	$\sqrt{m}$
8	疲劳韧强比	$\gamma_{k/s} = K_{IC}/S_{-1}$	$\sqrt{m}$

20.2 材料系列性能指标在飞机结构选材中的应用

基于材料系列性能指标的飞机结构选材方法流程如图 20.1 所示。

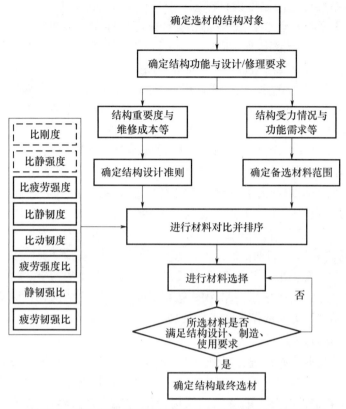

图 20.1　基于材料系列性能指标的飞机结构选材方法流程

1. 明确选材的结构对象

根据飞机结构的设计或修理需求,确定要进行材料选取的飞机结构,这里所指的飞机结构是指构成飞机机体的组成结构,或者说当其失效时会对飞行安全造成威胁的结构。

2. 确定结构功能与设计/修理要求

当确定了选材的结构对象后,要对结构所处位置、结构受力情况、结构功能需求、结构失效后对飞行安全的影响程度(结构重要度)、结构的维修方式及成本等因素进行明确;确定的结构重要度、结构维修方式及成本等因素将为确定结构的设计准则提供依据;确定的结构受力情况和功能需求等因素将为确定备选材料范围提供依据。

3. 确定结构的设计准则

不同的飞机结构通常要根据其重要度、维修方式及成本和材料特征等因素选取相应的一种或多种设计准则。例如,所有的承力结构均要满足静强度设计准则;对于需要避免产生气动弹性问题的结构,或不能出现过大变形以致影响飞机飞行性能的结构应采用刚度设计准则;对于飞机的关键承力结构,为了确保其具有很高的可靠度与安全水平,一般将其设计成即便存在初始缺陷也能在未修使用期内具有足够的剩余强度来保证安全,即采用损伤容限设计准则;还有很多飞机结构产生开裂后若不能及时修理则会影响到结构功能的发挥和寿命周期费用等,一般从经济性的角度将结构设计成在规定时间内具有抵抗开裂、腐蚀、剥离、磨损等能力,即采用耐久性设计准则。一般情况下,损伤容限关键件也设计成耐久性关键件,但耐久性关键件不一定设计成损伤容限关键件。

此外,虽然安全寿命设计准则部分被耐久性设计准则所取代,但仍存在两类结构一般采用安全寿命设计。一是飞机中的某些超高强度钢结构或焊接结构,如起落架等,这类结构对应力集中和初始缺陷非常敏感,一旦产生初始裂纹,其裂纹扩展周期很短,很快就会发生破坏失效。这些结构一般不设计成损伤容限结构,且其维修难度大、成本高,也不设计成耐久性结构,这类结构在加工完成后需进行细致的无损探伤,以控制初始损伤。二是在全寿命期内不便于检查和维修的结构,例如,航空母舰上的飞机由于在服役过程中缺乏必要的检查、大修条件,美军对其采用安全寿命设计思想。采用安全寿命准则设计的结构在达到规定的寿命限制后即对其进行更换或作延寿工作处理。

4. 确定备选材料范围

材料的最基本功能是进行承载、传力和保持结构外形,若根据飞机某些部位结构的特殊要求选取与之对应的具有特殊功能的材料,可以初步确定备选材料的范围。例如,有透光度要求的座舱盖结构,可以将备选材料划定在有机玻璃和钢化玻璃等透光性材料的范围;有工作温度要求的发动机叶片结构,可以将备选材料划定在钢、钛合金、陶瓷材料等耐热材料的范围[11];有电磁要求的雷达罩结构,可以将备选材料划定在碳纤维复合材料和玻璃纤维复合材料等无电磁遮蔽性材料的范围。若选取的结构没有特殊要求,则初步确定的备选材料范围一般是现阶段的主要承力材料,如钢、铝合金、钛合金、复合材料等。

在初步确定了备选材料范围后,可以根据结构的一般性要求进一步缩小备选材料范围。例如,可以根据结构的空间限制和承载水平及一些特殊要求确定材料比静强度的范围,将不符合的材料剔除;可以根据材料的防腐蚀性要求将抗腐蚀性能不达标的材料剔除;可以根据结构的设计加工制造成本将成本过高的材料剔除等。

5. 进行材料对比并排序

依据比刚度、比静强度、比疲劳强度、比静韧度和比动韧度的对比,可以区分不同类型材料在某一性能指标上的好坏;而通过疲劳强度比、静韧强比和疲劳韧强比这些参数的对比,可以反映出材料在不同性能特征上的偏重程度。

在确定的备选材料范围内,根据结构设计准则,通过对不同材料的系列性能指标的对比,可以对材料的适合程度进行排序。根据结构的承力特性和设计准则,可以分为以下几种情况。

(1) 对于不承力结构,在材料满足结构功能需求的前提下,仅需根据材料的密度进行对比排序,密度最小的材料最优。

(2) 仅按静强度准则设计的结构,其一般是只受静载的结构或在全寿命周期内只受少次数小载荷的结构,且结构的刚度一般能自动满足设计要求,仅需根据备选材料的比静强度进行对比排序,比静强度最大的材料最优。

(3) 主要按照刚度准则设计的结构主要是结构变形过大引起的失效模式,在所选材料满足静强度要求的前提下,仅需根据备选材料的比刚度进行对比排序,比刚度最大的材料最优。

(4) 主要按照安全寿命准则设计的结构,在结构达到安全寿命设计指标时,如果所用材料能够满足结构的静强度和刚度要求,仅需根据备选材料的比疲劳强度进行对比排序,比疲劳强度最大的材料最优。

(5) 主要按照耐久性准则设计的结构,在结构达到耐久性设计指标时,如果所用材料能够满足静强度和刚度要求,可以根据备选材料的比疲劳强度和疲劳韧强比综合考虑进行对比排序,比疲劳强度越大且疲劳韧强比越小的材料力学性能较优。需要说明的是,材料的疲劳韧强比越小说明结构的裂纹萌生寿命更长,但相应的裂纹扩展寿命就会较短,此时要看结构是否还要满足损伤容限要求来确定选材。由于结构耐久性是结构抵抗开裂、腐蚀、热疲劳、剥离、磨损和外来物损伤的能力,对于特殊部位的结构选材,需要在材料力学性能的基础上,结合材料的抗腐蚀老化、热疲劳、硬度等指标进行综合考虑。

(6) 主要按照损伤容限准则设计的结构,在结构达到损伤容限设计指标时,如果材料能够满足结构在含裂纹状态下的静强度和刚度要求,需根据备选材料的比静韧度、比动韧度和疲劳韧强比等综合考虑进行对比排序,比静韧度越大的材料其抗破损安全性更高,比动韧度越大的材料其裂纹相对扩展更慢;在比静韧度值相差不大的情况下,疲劳韧强比越大的材料安全寿命越长(由于材料的疲劳极限更大,疲劳寿命更长),越小的材料经济修理间隔期越长(由于材料断裂韧性更小,相应的裂纹萌生寿命更长),需根据结构的具体需求具体判断。

(7) 对于同时按照多种准则设计的结构,选择材料应本着材料性能与各设计指标协调一致的原则,否则,可能会造成材料的某些指标刚达到设计要求;而另一些指标已大幅超出了设计所需,这样不仅会造成材料某些性能指标的浪费,而且会由于材料的"短板"指标的限制使结构的重量增大。因此,首先要根据各设计准则的偏重程度,即各设计准则对应的设计指标之比,根据疲劳强度比、静韧强比或疲劳韧强比进一步缩小备选材料的范围。在缩小后的备选材料范围内,根据最偏重(最优先保证)的结构设计准则,以其对应的材料性能参数为依据进行材料排序,性能指标越大的材料越优。

当仍存在材料性能指标冲突的情况(即有些指标较好,而另一些指标较差的情况),可以从多准则决策的问题出发建立定量评判模型,优选出最优者或较优者。

6. 结构验证与材料终选

根据材料排序,将性能指标最靠前的材料作为初选材料,并验证由此材料加工而成的结构是否满足设计、制造与使用需求。考察内容包括力学性能指标,如静强度、刚度、疲劳寿命、耐久性、损伤容限水平等;经济性指标,如结构材料成本、结构加工成本、结构维修成本、材料供货量等;加工难易程度指标,如硬度、焊接要求、切削性能、熔炼工艺、热处理工艺、表面工艺等;其他指标,如抗腐蚀性要求、体积要求、结构功能性要求等。

若经过验证的材料满足结构设计、制造和使用要求,则此材料即为最终选材;否则,需要选择材料序列中的下一材料继续进行验证,直至满足结构需求;若出现没有合适的材料满足结构要求的情况,则需要考虑将结构的设计、制造或使用要求放宽,或者更改结构设计。

20.3　应用示例

以某小型民用飞机机翼大梁的选材过程为例对材料系列性能指标的应用方法进行说明。

1. 明确选材的结构对象

选材的结构对象为某小型民用飞机的机翼大梁,机翼大梁是飞机的主承力结构之一,其发生断裂失效或变形失效会直接影响飞机的飞行安全。

2. 确定结构功能与设计要求

机翼大梁的作用一是承力作用,其承受机翼各部件传来的气动载荷以及机翼油箱、外挂及机翼本身的重量;二是传力作用,将所受载荷传递给机身,在飞机起飞时给机身提供向上的升力(拉力),在飞机停放时给机身传递向下的压力以及相应的弯(扭)矩;三是保持机翼的气动外形,使机翼的变形维持在一定的范围内,以保证不发生气动失效。

此机翼大梁经整体铣切制成,对材料的供应尺寸有具体要求,要求原材料截面至少不小于 $200\text{mm} \times 60\text{mm}$,长度不小于 4m。

机翼大梁的工作温度区间为 $-55\text{℃} \sim 80\text{℃}$。在飞机投入使用后,由飞机的制造商根据飞机的飞行小时数定期进行检查修理。

3. 确定结构的设计准则

由于直接影响飞行安全,机翼大梁设计为破损安全结构,即采用损伤容限设计准则;从经济修理的角度出发,由于机翼可以分解修理,机翼大梁同时采用耐久性设计准则。此外,机翼大梁的设计同时要满足静强度和刚度要求。

4. 确定备选材料范围

作为飞机的主承力结构,从材料的力学性能方面考虑,备选材料分为四类,分别是钢、铝合金、钛合金和复合材料。

从使用经济性与保证材料性能的角度出发,根据设计草图,通过受力分析与重量评估,要求材料的比静强度大于 $0.16N \cdot m/kg$,比刚度大于 $23N \cdot m/kg$,比疲劳强度大于 $0.05N \cdot m/kg$,比静韧度大于 $0.012N \cdot m^{3/2}/kg$,比动韧度大于 $0.0007N \cdot m^{3/2}/kg$。

由于满足结构静强度要求的钢材为高强度钢,而高强度钢对应力集中敏感,破损安全性差,比静韧度均小于 $0.012N \cdot m^{3/2}/kg$,不能满足结构设计需求,将钢材剔除;钛合金与复合材料的性能指标均能满足设计要求,但其材料成本过高,大大超过预算,将其剔除。因此,此飞机机翼大梁结构的材料初选范围是铝合金。

在所有的航空用铝合金范围内,由于铸造铝合金、变形铝合金中的非热处理型合金,以及变形铝合金中热处理型合金的 6000 系铝-镁-硅合金和 8000 系铝合金的某些力学性能相对一般,一般不选作飞机的主承力结构,因此将其剔除。在第二轮筛选后,此飞机机翼大梁结构的材料备选范围进一步缩小至 2000 系铝-铜硬铝合金和 7000 系铝-锌-镁-铜超硬铝合金。

在 2000 系铝-铜硬铝合金、7000 系铝-锌-镁-铜超硬铝合金中,由于 2A01、2A10、2B16 等材料抗剪强度较大,2A02、2A16、2A70、2014、2618A 等材料在高温下力学性能较好,2A14 等材料在低温下力学性能较好;2A50、2B50 等材料热加工性能较好,2A11 等材料焊接性能较好,7A33 等材料耐腐蚀性能较好,且这些材料的设计主要是为了满足结构的特殊需求的,而其综合力学性能指标相对一般,故也不适合作为飞机的主承力结构,因此将其剔除。此外,又由于 2014、2124、2524、7050 等材料的供货量不足或供货尺寸不能满足机翼大梁的加工要求,也将其剔除。

在经过三轮筛选后,最后确定的结构选材范围是 2A12、2024、7A04、7A09、7075 和 7475,其对应尺寸下的供货状态分别是 T4、T3510、T6、T73、T73510 和 T7351。

5. 进行材料对比并排序

几种备选材料的性能指标如表 20.2 所列。

表 20.2 几种备选材料的性能指标

性能指标	单位	2A12-T4	2024-T3510	7A04-T6	7A09-T73	7075-T73510	7475-T7351
弹性模量	MPa	71000	71000	71000	71000	71000	71000
抗拉强度	MPa	460	460	570	520	520	500
疲劳极限	MPa	137	150	152	165	170	170
断裂韧性	$MPa \cdot \sqrt{m}$	37	36.8	37	42	36.1	52

（续）

性能指标	单位	2A12 - T4	2024 - T3510	7A04 - T6	7A09 - T73	7075 - T73510	7475 - T7351
裂纹扩展门槛值	$MPa \cdot \sqrt{m}$	2.66	2.58	2.27	2.5	2.15	2.72
密度	kg/m^3	2800	2800	2800	2800	2800	2800
比刚度	$N \cdot m/kg$	25.357	25.357	25.357	25.357	25.357	25.357
比静强度	$N \cdot m/kg$	0.164	0.164	0.204	0.186	0.186	0.179
比疲劳强度	$N \cdot m/kg$	0.049	0.054	0.054	0.059	0.061	0.061
疲劳强度比	1	0.298	0.326	0.267	0.317	0.327	0.340
比静韧度	$N \cdot m^{3/2}/kg$	0.013	0.013	0.013	0.015	0.013	0.019
比动韧度	$N \cdot m^{3/2}/kg$	0.00095	0.00092	0.00081	0.00089	0.00077	0.00097
静韧强比	$\sqrt{m}$	0.080	0.080	0.065	0.081	0.069	0.104
疲劳韧强比	$\sqrt{m}$	0.270	0.245	0.243	0.255	0.212	0.306

由于机翼大梁是根据损伤容限准则和耐久性准则设计的，并且需要满足静强度与刚度要求，因此，应主要根据比静韧度、比动韧度和比疲劳强度这三个指标为依据进行材料的选择排序，并验证是否满足比静强度和比刚度要求。

可以看出，表20.2列出的几种材料除2A12 - T4铝合金在比疲劳强度上不能满足设计指标要求外，其他材料均满足设计要求。7475 - T7351在比静韧度、比动韧度、比疲劳强度、疲劳强度比、静韧强比和疲劳韧强比这几个指标上均为最优。次之的7A04 - T6、7A09 - T73和7075 - T73510三种材料相比，7075 - T73510的比疲劳强度值最高，而7A09 - T73的比静韧度和比动韧度值最高，由于机翼大梁关乎飞行安全，更偏重于损伤容限设计准则，因此，疲劳韧强比更高的7A09 - T73排序第二；虽然7A04 - T6的比动韧度值比7075 - T73510更高，但高出不多，且7A04 - T6在比疲劳强度值上比7075 - T73510相差太远，若制成飞机结构其耐久性寿命会取得较短，影响使用经济性，因此，7075 - T73510材料排序第三。剩余排序为7A04 - T6和2024 - T3510。

6. 结构验证与材料终选

7475铝合金是铝 - 锌 - 镁 - 铜系热处理强化铝合金，其抗腐蚀性能与7075铝合金相当，且T7351状态与其他状态相比，耐剥蚀与应力腐蚀的性能更高，其应力腐蚀断裂韧度为$25.7MPa \cdot \sqrt{m}$，在耐腐蚀性能上满足设计要求。该材料具有良好的工艺塑性和超塑性，具有较好的成型性能，满足加工工艺和结构维修的要求。该材料在低温下（ - 55℃）的各项材料性能指标下降不大，且可以保证在最大工作温度（80℃）下的长时间服役，满足不同环境温度下的结构考核指标。因此，可以选取7475 - T7351作为此机翼大梁的选材。

若从材料经济成本和供货量的角度出发，材料排序第二的7A09 - T73铝合金更具优势，且7A09 - T73的各项材料性能均较大幅度的超过了设计要求；加之

7A09 – T73 的比疲劳强度与 7475 – T7351 相差不大,静韧强比和疲劳韧强比的排序也很靠前,因此,如果要降低飞机的制造成本,也可以考虑选取 7A09 – T73 作为此机翼大梁的选材。

　　在确定最终选材前,仍需根据具体材料开展有限元分析和关键部位强度试验,当结构的各项指标通过验证后即可作出材料的终选决定。

参考文献

[1] Michael F. Ashby. Materials Selection in Mechanical Design (Fourth Edition) [M]. Oxford:Elsevier Ltd. ,2011.

[2] Ashby M F,Brechet Y J M,Cebon D,et al. Selection strategies for materials and processes[J]. Materials and Design,2004,25:51 – 67.

[3] Van Kesteren I E H,Kandachar P V,Stappers P J. Activities in selecting materials by product designers [A]. Proceedings of the international conference on advanced design and manufacture[C]. Harbin,2006.

[4] Farag M M. Quantitative methods of materials selection[A]. Kutz M,editor. Handbook of materials selection [C]. USA:Wiley,2008.

[5] Huda Z,Edi P. Materials selection in design of structures and engines of supersonic aircrafts:A review [J]. Materials and Design,2013,46(4):552 – 560.

[6] Mangonon P L. The principles of materials selection for engineering design [M]. New York:Prentice Hall,1999.

[7] Huda Z,Zaharinie T,Min GJ. Temperature effects on material behavior of aerospace aluminum alloys for subsonic and supersonic aircrafts[J]. Journal of Aerospace Engineering,2010,23(2):124 – 128.

[8] Pantelakis S,Kyrsanidi A,El – Magd E,et al. Creep resistance of aluminum alloys for the next generation supersonic civil transport aircrafts[J]. Theoretical and Applied Fracture Mechanics,1999,31(1):31 – 39.

[9] 吴云书. 材料的比强度和比刚度[J]. 宇航学报,1985,6(3):80 – 85.

[10] 周铁城. 机械设计选材与强度刚度评估[J]. 机械工程材料,1996,20(4):40 – 42.

[11] Yool Kim,Stephen Sheehy,Darryl Lenhardt. A survey of aircraft structural – life management programs in the U. S. Navy,the Canadian Forces,and the U. S. Air Force[R]. California:RAND,2006.

第 **21** 章

飞机结构寿命控制软件系统简介

21.1 基于安全寿命包线的飞机结构剩余寿命预测软件开发

21.1.1 软件简介

1. 软件基本信息

使用 Visual C++ 软件开发平台[1-3]开发了"基于寿命包线的飞机结构剩余寿命预测软件(V 1.0 版)"(以腐蚀疲劳关键件为例)。本软件可以根据试验结果直接建立飞机结构的安全寿命包线(腐蚀影响系数曲线按照式(12.3)的形式,可靠度99.9%,置信度90%),并可以根据飞机的服役/使用历程,计算出飞机结构的累积损伤度;进一步根据飞机的使用计划,预测出飞机的剩余飞行小时数和预期使用年限。同时,结合飞机结构的损伤度输入功能,可以实现飞机在多环境转场服役条件下的剩余寿命预测功能。经第16.2节的试验数据检验,本软件计算结果与16.4节中的手算结果完全一致,验证了软件内部计算过程的正确性。

本软件简单易用,可以避免求解安全寿命包线过程中较为繁杂的计算过程,保证了计算结果的准确性,提高了计算效率,可为安全寿命包线的实际应用打下良好的基础。软件主界面及功能区划分如图21.1所示。

图21.1中软件功能区划分为如下:

① 试验数据输入区;

② 飞机服役历程及飞行计划输入区;

③ 计算执行按钮;

④ 数据输出区;

⑤ 图像输出区。

2. 软件流程图

本软件的内部计算流程完全按照12.2节的飞机结构安全寿命包线的建立方

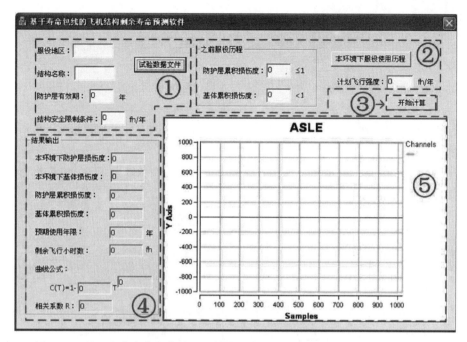

图 21.1　基于安全寿命包线的飞机结构剩余寿命预测软件主界面及功能区划分

法和 13.2 节的基于安全寿命包线的飞机结构剩余寿命预测方法编制,软件总体思路流程图如图 21.2 所示。

21.1.2　软件使用方法

1. 数据录入

数据的录入分两种方式:一是通过导入已在本地硬盘下创建的数据文件;二是通过手动录入的方式。

(1)"试验数据文件"按钮与"本环境下服役/使用历程"按钮是通过导入数据文件的方式录入数据,数据文件为 ∗.txt 文本文档文件,数据格式如下:

| 试验数据文件 |:

0,9191,8511,7859,8091

5,6224,6506,6090,7424

10,7429,5653,5868,6277

20,4097,5863,5037,5810

30,4951,3449,5915,3788

本数据文件中每一行中第一列数据为当量腐蚀年数,其他列数据为腐蚀后疲劳试验结果,一般以 efh/y 为单位,数据之间使用逗号(,)隔开,每行中最后一个数据之后不带逗号,每行的数据个数可以不同。

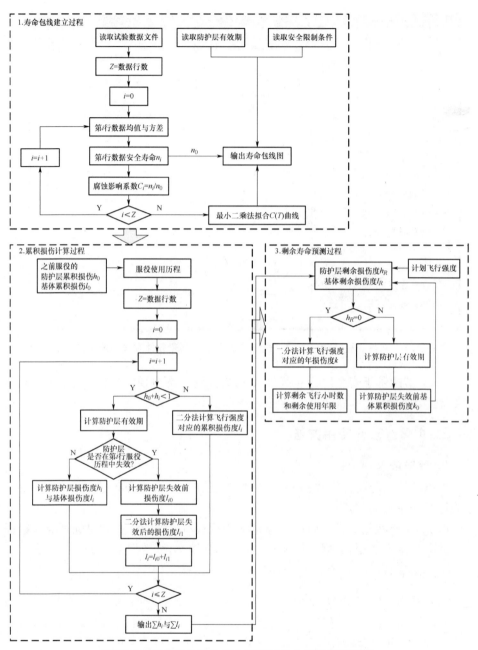

图 21.2　飞机结构剩余寿命预测软件内部运行流程图

本环境下服役使用历程：

160,6

180,6

120,3

本数据文件为两列的数据结构,按照从前至后的顺利列出飞机在本服役环境下的使用历程,顺序不可改变,也不可对相同飞行强度下前后不相邻的数据进行合并;每行中第一个数据为飞机的飞行强度,一般以 efh/y 为单位表示,每行中第二个数据为在此飞行强度下飞机的连续使用时间(年),之后不带逗号。

(2) 在数据输入区的数据输入栏中,是以手动录入的方式进行数据输入,现将各数据输入栏的功能介绍如下:

"服役地区"和"结构名称":在安全寿命包线图中有所体现,便于数据管理;

"防护层有效期":即防护体系日历安全寿命,用于建立安全寿命包线;

"结构安全限制条件":确定安全寿命包线的安全限制点,在使用安全寿命包线进行结构剩余寿命预测时,飞行强度小于此数值的日历寿命限制与此飞行强度时的相同;

"防护层累积损伤度":读取上一服役环境下的防护体系累积损伤,并判断其失效与否,用于多服役环境下的结构剩余寿命预测;

"基体累积损伤度":读取上一服役环境下的基体累积损伤,用于多服役环境下的结构剩余寿命预测;

"计划飞行强度":根据此数据预测飞机在此飞行强度下的剩余寿命。

2. 根据试验数据建立飞机结构的安全寿命包线

实现本功能只需在软件中输入数据后单击"开始计算"按钮即可在图像输出区得到安全寿命包线图,并在数据输出区的"曲线公式"部分得到拟合形式为 $C(T) = 1 - aT^b$ 的腐蚀影响系数曲线公式,并得到相关系数 R。

3. 预测飞机结构的剩余寿命

进行飞机结构的剩余寿命预测的方法示意图如图 21.3 所示。

若飞机在本服役/使用环境下输入的服役/使用历程前是新飞机,则之前服役历程的"防护层累积损伤度"和"基体累积损伤度"均输入"0"。

若飞机服役环境不变,在执行了某一飞行强度下的飞行任务后,进行另一飞行强度下的剩余寿命预测,其方法如下:① 将上一飞行强度的飞行历程加入"本环境下服役/使用历程"数据文件;② 与上一次飞行寿命预测时输入的"防护层累积损伤度"和"基体累积损伤度"数值相同,试验相关数据也不变;③ 在"计划飞行强度"输入栏中输入改变后的飞行强度;④ 单击"开始计算"按钮,即可得到在本服役环境下新的飞行强度条件下对应的剩余寿命。

若飞机在服役/使用过程中服役地区(环境)发生了改变,则方法如下:① 将上一服役环境下所有飞行历程输入至"本环境下服役/使用历程"数据文件;② "计划飞行强度"数据栏中可以输入任意值;③ 计算得到"防护层累积损伤度"和"基体累积损伤度";④ 输入新的服役/使用地区的试验数据文件;⑤ 输入上一服役地区的"防护层累积损伤度"和"基体累积损伤度";⑥ "本环境下服役/使用历程"数据文件中内容为"0,0";⑦ 单击"开始计算"按钮,即可得到新服役环境下新的飞行强度下对应的剩余寿命。

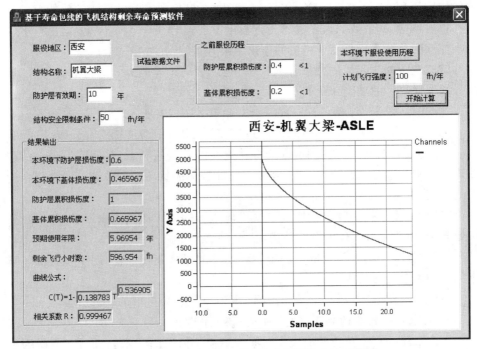

图 21.3　进行飞机结构的剩余寿命预测的方法示意图

21.2　飞机结构寿命控制软件功能设计

完善的服役阶段飞机结构寿命控制系统不仅应包含飞机结构安全寿命包线的建立和基于安全寿命包线的结构剩余寿命预测功能[4],应具备结构试验条件确定、结构试验数据分析、整机寿命控制分析与建议等几大类基本功能。其中,结构试验条件确定功能应包括飞行条件与飞参数据的分析、具体结构实际载荷的计算、当量飞行载荷谱的编制、结构服役地区的输入、结构局部环境的计算、实验室等效加速环境谱的确定等具体功能;结构试验数据分析功能应包括具体结构防护体系日历安全寿命可靠度的计算、防护体系日历安全寿命的计算、结构安全寿命包线的建立、基于具体服役历程和计划使用条件的结构剩余寿命评估、结构翻修期的确定等具体功能;整机寿命控制分析与建议功能应包括由各关键件的翻修期与寿命限制确定整机翻修期与寿命限制、绘制机群飞机寿命控制图、评估机群飞机的寿命分布情况、根据机群的任务计划给出机群飞机的使用建议等具体功能。

对飞机结构寿命控制软件进行功能设计,可以为下一步拟开展的具体研究内容指明方向,继而为编制完善的飞机结构寿命控制软件奠定基础。根据设想,飞机结构寿命控制软件可以在设计阶段为飞机结构开展的具体试验研究工作提供方向、为结构设计与试验验证提供具体结论;在服役阶段为单架飞机的翻修和退役时机,以及为机群飞机结构的寿命管理提供依据;在飞机延寿使用阶段为确定结构延寿潜力提供参考。

下一步拟开发的飞机结构寿命控制软件的功能设计如图 21.4 所示。

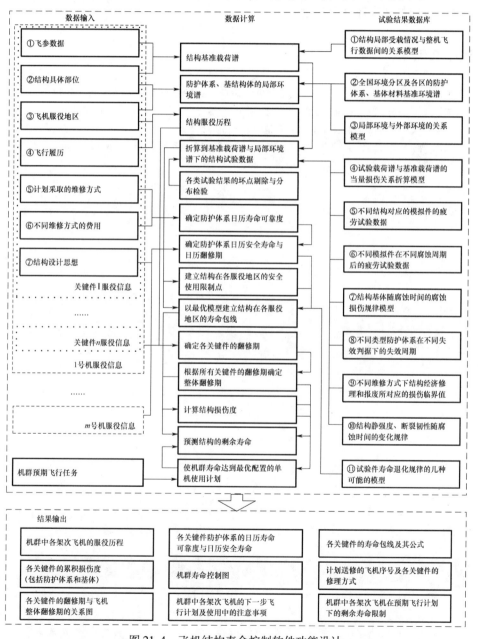

图 21.4 飞机结构寿命控制软件功能设计

　　从建立完善的寿命控制软件的目标来看,飞参数据的分析处理、结构局部受载情况与整机飞行数据间的关系、不同载荷谱间的等损伤折算关系、防护体系环境谱的编制、不同结构维修对结构寿命的具体影响、所有关键件的翻修期数据与整机翻修期的关系模型、机群飞机寿命的优化管理模型等很多内容是除本书工作外还需深入开展的研究,可以说,要实现对飞机结构寿命的主动控制,在很多理论与技术方面的研究还任重道远。

参考文献

[1] 徐宏喆,李文,董丽丽. C++面向对象程序设计基础[M]. 西安:西安交通大学出版社,2014.

[2] 陈维兴,林小茶. C++面向对象程序设计教程[M]. 2版. 北京:清华大学出版社,2004.

[3] 吕凤翥. C++语言基础教程[M]. 北京:清华大学出版社,2012.

[4] 张腾,何宇廷,张海威,等. 基于寿命包线的飞机金属结构寿命预测方法[J]. 南京航空航天大学学报,2014(3):413−418.

附录 I   疲劳寿命统计分析基础知识

在疲劳分析中,因为疲劳试验数据常常有很大的随机性和分散性,所以只有用统计分析的方法处理这些数据才能够对材料或构件的疲劳性能有比较清楚的了解。尤其是在制定疲劳试验方案和试验结果处理中,都需要用到统计分析的知识。本附录旨在简要介绍与疲劳问题有关的统计分析方法。

I.1   基本概念

1. 随机变量

设 E 是随机试验,它的样本空间是 $S = \{e\}$,如果对于每一个 $e \in S$ 有一个实数 $X(e)$ 和它对应,这样就得到一个定义在 S 上的实值单值函数 $X(e)$,称 $X(e)$ 为随机变量。

假设 $Y(e) = X(e) + f, Z(e) = X_1(e) + X_2(e)$,其中,$f$ 为实数,$X(e)$、$X_1(e)$、$X_2(e)$ 为 S 上的实值单值函数,很显然,$Y(e)$ 和 $Z(e)$ 也是 S 上的实值单值函数。从随机变量的定义可以看出,$Y(e)$ 和 $Z(e)$ 也是随机变量,即一个随机变量加上一个常数仍然是随机变量,一个随机变量加上另一个随机变量也还是随机变量。

2. 母体、个体和子样

母体、个体和子样是数理统计学中最常用的名词。母体也称为总体,它指的是研究对象的全体。而个体指的是母体中的一个基本单元。例如,要研究一批试验件的疲劳寿命,那么所有试验件的疲劳寿命就是一个母体;其中每个试验件的寿命为一个个体。为了推测母体的性质,常从母体中抽取一部分个体来加以研究,这些被抽取的一部分个体称为子样或样本。子样所包含的个体的数目,称为子样大小或样本容量。

3. 平均值、中值、标准差、方差和变异系数

疲劳统计的基本任务是要根据子样的统计性质来推断母体的性质。而这种推断须借助于数学分析的方法,所以,要求出几个观测数据的特征值,以代表子样的统计性质。

子样平均值和中值是表示数据集中位置的子样特征值。如果从母体中随机抽取了一个大小为 n 的子样,取得了 n 个观测数据 $x_1, x_2, \cdots, x_n$,这 n 个数据的平均值称为子样平均值,公式为

$$\bar{x} = \frac{1}{n} \sum_{i=1}^{n} x_i \qquad (\text{I}.1)$$

中值也称为中位数,是表示数据集中位置的特征值,将一组数据按大小顺序

排列,若数据个数为奇数,则居于正中位置的数值为子样中值;若数据个数为偶数,则居于中间位置的两个数据的均值为子样中值。

子样标准差、方差和变异系数是表示数据分散性质的子样特征值。子样标准差的公式为

$$s = \sqrt{\frac{\sum\limits_{i=1}^{n}(x_i - \bar{x})^2}{n-1}} \qquad (\text{I}.2)$$

子样方差的公式为

$$s^2 = \frac{\sum\limits_{i=1}^{n}(x_i - \bar{x})^2}{n-1} \qquad (\text{I}.3)$$

变异系数的公式为

$$C_v = \frac{s}{\bar{x}} \times 100\% \qquad (\text{I}.4)$$

4. 随机变量的概率密度函数和分布函数

当试验观测次数不断增加时,分组数据的组数随之增多,实验频率曲线的形式将作越来越小的变化,最后趋于稳定,频率曲线下所包围的面积将表示概率。频率曲线纵坐标则表示概率密集的程度,称为概率密度,这种曲线也就称为概率密度曲线,曲线的数学表达式称为概率密度函数 $f(x)$。

累积频率函数 $F(x)$ 即为分布函数,是指随机变量 ξ 小于某一数值 x_p 的概率,即

$$F(x_p) = P(-\infty < \xi < x_p) = \int_{-\infty}^{x_p} f(x)\,dx \qquad (\text{I}.5)$$

5. 随机变量的数学期望、中值、方差和标准差

随机变量 ξ 的数学期望是以概率为权的加权平均值,代表了随机变量分布的集中位置,其公式为

$$E(\xi) = \int_{-\infty}^{+\infty} xf(x)\,dx \qquad (\text{I}.6)$$

随机变量 ξ 的中值就是指平分概率密度曲线所包围面积的垂直线的横坐标,即中值垂直线左右两部分面积各等于 0.5。

随机变量的方差和标准差是衡量随机变量分布的分散程度的特征值,随机变量 ξ 的方差公式为

$$\text{Var}(\xi) = \int_{-\infty}^{+\infty} [x - E(\xi)]^2 f(x)\,dx = E(\xi^2) - [E(\xi)]^2 \qquad (\text{I}.7)$$

标准差公式为

$$\sigma = \sqrt{\text{Var}(\xi)} \qquad (\text{I}.8)$$

6. 可靠度与破坏率

可靠度又称为存活率,是指产品在规定时间内,在规定的条件下完成预定功能的能力,是产品可靠性的概率度量,用公式表示为

$$R(t) = P(T > t) = \int_{t}^{+\infty} f(x)\mathrm{d}x = 1 - F(t) \qquad (I.9)$$

式中:t 为规定的时间;T 为产品寿命。可见,$R(t)$ 描述了产品在 $(0, t)$ 时间内完好的概率。

破坏率是与可靠度相对应的概念,可靠度与破坏率的关系为:可靠度 + 破坏率 = 1。例如,某产品达到寿命 T 的可靠度为 99.9% ,其破坏率为 0.1% ,它代表了 1000 件产品在规定的使用条件下达到寿命 T 时,大约只有 1 件产品发生提前破坏。这里的寿命 T 即为可靠度为 99.9% 的安全寿命。

7. 统计推断、显著度与置信度

统计推断的意义是根据一个子样或几个子样推断母体,即由母体中抽取一小部分个体来表明母体的某些性质。这种推断没有百分之百的把握,而是以一定的概率作为判断。

显著度又称为统计显著性或显著水平,是指零假设为真的情况下拒绝零假设要承担的风险水平。假设检验中有两种错误:拒真和纳伪,显著性检验仅考虑发生拒真错误的概率,也就考虑原假设的显著程度,把拒真的概率控制在提前给定的阈值下,来考虑检验原假设是否正确。

在统计学中,一个概率样本的置信区间是对这个样本的某个总体参数的区间估计。置信区间展现的是这个参数的真实值有一定概率落在测量结果周围的程度。置信区间给出的是被测量参数的测量值的可信程度,即前面所要求的“一定概率”。这个概率被称为置信度。

置信度与可靠度是两个不同的概念,置信度是针对子样而言的概率水平,而可靠度是针对个体而言的概率水平。

I.2   正态分布

正态分布也称高斯(Gaussian)分布。结构以 10 为底的对数疲劳寿命 $\lg N$ 常常是服从正态分布的。令 $X = \lg N$,即可利用正态分布理论进行对数疲劳寿命 X 的统计分析。若 $\mu = 0, \sigma = 1$ 则称为标准正态分布,表示为 $N(0,1)$。

I.2.1   正态分布的概率密度函数和分布函数

服从正态分布 X 的概率密度函数为

$$f_X(x) = \frac{1}{\sigma\sqrt{2\pi}}\exp\left[-\frac{(x-\mu)^2}{2\sigma^2}\right], \quad -\infty < x < +\infty \qquad (I.10)$$

分布函数为

$$F_X(x) = \frac{1}{\sigma\sqrt{2\pi}}\int_{-\infty}^{x}\exp\left[-\frac{(t-\mu)^2}{2\sigma^2}\right]\mathrm{d}t, \quad -\infty < x < +\infty \quad (\mathrm{I}.11)$$

易知，$U = \dfrac{X-\mu}{\sigma} \sim N(0,1)$，而标准正态分布的概率密度函数和分布函数分别记为 $\phi(u)$ 和 $\Phi(u)$。

服从对数(以10为底)正态分布的 N 的概率密度函数和分布函数分别为

$$f_N(N) = \frac{\lg e}{\sqrt{2\pi}\sigma N}\exp\left(-\frac{(\lg N-\mu)^2}{2\sigma^2}\right) \quad (\mathrm{I}.12)$$

$$F_N(N) = \frac{\lg e}{\sqrt{2\pi}\sigma}\int_0^N\left[\frac{1}{t}\exp\left(-\frac{(\lg t-\mu)^2}{2\sigma^2}\right)\right]\mathrm{d}t$$

$$\xlongequal{z=\frac{\lg t-\mu}{\sigma}}\int_{-\infty}^{(\lg N-\mu)/\sigma}\frac{1}{\sqrt{2\pi}}\exp\left(-\frac{z^2}{2}\right)\mathrm{d}z = \Phi\left(\frac{\lg N-\mu}{\sigma}\right)$$

$$(\mathrm{I}.13)$$

标准正态分布的分布函数值可以通过查取标准正态分布函数表获得，也可以采用近似计算公式计算得到。而一般的正态分布函数值和对数正态分布的分布函数值则可以分别通过下面的变换，等价的转化为相应的标准正态分布函数值。

$$F_X(x) = \Phi\left(\frac{x-\mu}{\sigma}\right) \quad (\mathrm{I}.14)$$

$$F_N(N) = \Phi\left(\frac{\lg N-\mu}{\sigma}\right) \quad (\mathrm{I}.15)$$

I.2.2　标准正态分布函数的近似计算

标准正态分布函数表的造表范围有限，而且不便于计算。为了方便使用，下面给出一种精度较高的近似计算公式。

设 $U \sim N(0,1)$，则标准正态分布函数可用下式近似计算

$$\Phi(u) = P\{U \leqslant u\} = \begin{cases} 1 - \dfrac{1}{2}\left[\sum_{i=0}^{6}d_i u^i\right]^{-16}, & u \geqslant 0 \\ \dfrac{1}{2}\left[\sum_{i=0}^{6}d_i |u|^i\right]^{-16}, & u < 0 \end{cases} \quad (\mathrm{I}.16)$$

式中：$d_0 = 1$，$d_1 = 0.0498673470$，$d_2 = 0.0211410061$，$d_3 = 0.0032776263$，$d_4 = 0.0000380036$，$d_5 = 0.0000488906$，$d_6 = 0.0000053830$，$|\varepsilon(u)| < 1.3\times10^{-7}$。$|\varepsilon(u)|$ 表示式(I.16)的误差。

I.2.3　分布参数及数字特征

服从对数正态分布的随机变量 N 的分布密度、分布参数中均只包含两个参

数，μ 和 σ^2，它们分别是 $X = \lg N$ 的数学期望和方差。知道了这两个参数或其估计值，就可以对疲劳寿命 N 进行各种重要的统计推断。下面给出 N 数学期望 $E(N)$ 和方差 $D(N)$ 与 μ 和 σ^2 之间的关系。记 $c = \ln 10$。

$$E(N) = 10^{\mu + \frac{\sigma^2}{2}\ln 10} \qquad (\text{Ⅰ.17})$$

$$D(N) = [E(N)]^2 [\exp(c^2\sigma^2) - 1] \qquad (\text{Ⅰ.18})$$

从上述结果看出：疲劳寿命 N 的变异系数完全由其对数 X（常称为对数寿命）的方差 σ^2 决定，而与数学期望 μ 无关。对（Ⅰ.17）和（Ⅰ.18）式需要强调说明的是：（Ⅰ.17）和（Ⅰ.18）中随机变量 $X = \lg N$ 的数学期望 μ、方差 σ^2 和随机变量 N 的数学期望 $E(N)$、方差 $D(N)$ 均是基于母体而言的。如果用该式计算样本间期望和方差的相关关系，会存在一定偏差，特别是样本容量越小，偏差越大。

Ⅰ.2.4　给定可靠度与置信度下的安全寿命估算

假设母体服从对数正态分布，若不考虑置信度，则破坏概率为 $1 - p$（可靠度为 p）的对数疲劳寿命为

$$x_p = \mu + u_p\sigma \qquad (\text{Ⅰ.19})$$

式中：μ 为母体对数均值；σ 为母体对数标准差，u_p 为可靠度 p 相关的标准正态上 p 分位点。式（Ⅰ.19）代表了对数疲劳寿命 x_p 的真值。若以子样对数均值 $\bar{x}$ 和子样对数标准差 s 来计算，则可得到对数疲劳寿命 x_p 的估计值为

$$x_p = \bar{x} + u_p s \qquad (\text{Ⅰ.20})$$

若在给定可靠度与置信度下，以子样对数均值 $\bar{x}$ 和子样对数标准差 s 来估算母体的对数疲劳寿命 x_p，则公式为

$$x_{p,\gamma} = \bar{x} - k_\alpha \cdot \hat{k} \cdot s \qquad (\text{Ⅰ.21})$$

式中：$\hat{k}$ 为标准差修正系数，其表达式为：$\hat{k} = \sqrt{(n-1)/2}\,(\Gamma((n-1)/2)/\Gamma(n/2))$，其值如表Ⅰ.1所列；$n$ 为样本数；k_α 为单侧容限系数，是与给定可靠度与置信度相关的量，可以通过查阅 GB/T 4885—2009（《正态分布完全样本可靠度置信下限》）来确定，也可以通过下式近似求得

$$k_\alpha = \begin{cases} \dfrac{u_{1-p} + u_\gamma\sqrt{\dfrac{1}{n}[1 - u_\gamma^2(\hat{k}^2-1)] + u_{1-p}^2(\hat{k}^2-1)}}{1 - \mu_\gamma^2(\hat{k}^2-1)} & ,2 < n \leqslant 20 \\[4ex] \dfrac{u_{1-p} + u_\gamma\sqrt{\dfrac{1}{n}[1 - \dfrac{u_\gamma^2}{2(n-1)}] + \dfrac{u_{1-p}^2}{2(n-1)}}}{1 - \dfrac{u_\gamma^2}{2(n-1)}} & ,n > 20 \end{cases} \qquad (\text{Ⅰ.22})$$

式中：u_{1-p} 为与失效概率 $1 - p$ 相关的标准正态分布上 $1 - p$ 分位点，u_γ 为与显著性水平 γ 相关的标准正态分布上 γ 分位点。

表 I.1 标准差修正系数

n	2	3	4	5	6
k	1.2533	1.1284	1.0854	1.063	1.051
n	7	8	9	10	11
k	1.042	1.036	1.031	1.028	1.025
n	12	13	14	15	16
k	1.023	1.021	1.020	1.018	1.017
n	17	18	19	20	30
k	1.016	1.015	1.014	1.014	1.009
n	40	50	60	—	—
k	1.006	1.005	1.005	—	—

值得说明的是:有些文献中忽略标准差修正系数 $\hat{k}$ 的影响,并直接用式(I.22)中 $n>20$ 所对应的公式近似计算单侧容限系数。那么式(I.21)中就不考虑标准差修正系数 $\hat{k}$ 的影响,而 k_α 直接利用(I.22)中 $n>20$ 所对应的公式进行近似计算。在工程应用中建议查阅 GB/T 4885—2009(《正态分布完全样本可靠度置信下限》)确定 k_α 的取值。

I.3 威布尔分布

正态分布有较完善的数学理论,但用于描述疲劳寿命的分布时,不能反映构件疲劳寿命有一个大于等于零的下限这一物理事实。威布尔分布是 Waloddi Weibull 于 1951 年在研究滚珠轴承的疲劳寿命分布时提出的,现已得到广泛的应用。

I.3.1 威布尔分布的概率密度函数和分布函数

三参数威布尔分布的概率密度函数定义为

$$f(N) = \frac{m}{\eta - N_0}\left[\frac{N - N_0}{\eta - N_0}\right]^{m-1} \exp\left[-\left(\frac{N - N_0}{\eta - N_0}\right)^m\right] (N \geq N_0) \qquad (I.23)$$

式中:N_0、m、η 为描述威布尔分布的三个参数。N_0 是下限,也称为最小寿命参数;η 控制着横坐标的尺度大小,反映了数据 N 的分散性,称为尺度参数或特征寿命参数;m 描述分布密度函数曲线的形状,称为形状参数。

如同前面讨论正态分布一样,我们关心的是在疲劳寿命 N 之前破坏的概率,或寿命小于等于 N 的概率 $F(N)$。由定义得三参数威布尔分布函数 $F(N)$ 为

$$F(N) = 1 - \exp\left[-\left(\frac{N - N_0}{\eta - N_0}\right)^m\right] (N \geq N_0) \qquad (I.24)$$

双参数威布尔分布函数为

$$F(N) = 1 - \exp\left[-\left(\frac{N}{\eta}\right)^m \right] (N > 0) \tag{I.25}$$

此即二参数威布尔分布函数。

对应的概率密度函数为

$$f(N) = \frac{m}{\eta}\left[\frac{N}{\eta}\right]^{m-1} \exp\left[-\left(\frac{N}{\eta}\right)^m \right] (N > 0) \tag{I.26}$$

位置参数 N_0 的意义非常明显,它是疲劳寿命取值的下限,因此又称它为最小寿命。双参数分布就是最小寿命为零的分布。

对于尺度参数 η,当 $N = \eta$ 时,威布尔分布的函数值为

$$F(\eta) = 1 - e^{-1} = 0.6321 \tag{I.27}$$

上述结果表明:无论 N_0 和 m 取什么数据,尺度参数 η 对应的分布函数值总是63.2%。由于 η 具有这一特征,又称 η 为特征寿命参数。

形状参数 m 决定了威布尔分布的分布密度曲线的形状。形状参数 m 还被称为斜率,对此,以双参数威布尔分布为例,说明如下:式(I.25)进过简单变换可得

$$\ln\left(\ln\frac{1}{1 - F(N)} \right) = -m\ln\eta + m\ln N \tag{I.28}$$

令 $y = \ln\left(\ln\frac{1}{1 - F(N)} \right)$,$b_0 = -\ln\eta^m$,$x = \ln N$,可得直线方程为

$$y = b_0 + mx \tag{I.29}$$

这就说明:在转换的坐标系($y - x$ 系)中,威布尔分布函数的图形由曲线转化为直线,该直线的斜率就是形状参数 m,故称 m 为斜率。斜率 m 反应了疲劳分散性的大小。要注意的是:m 越小疲劳寿命分散性越大。在疲劳寿命统计中,$m > 1$。

I.3.2　威布尔分布参数的一种实用估计方法

威布尔分布的参数估计比较麻烦,这里给出用最大似然法得到的双参数威布尔参数估计方法。

设 $N_1, N_2, \cdots, N_n$ 是从疲劳寿命母体中抽取的一个随机样本,又设疲劳寿命分布服从双参数威布尔分布,则利用最大似然估计方法可以得到威布尔分布的斜率 m 和特征寿命 η 应满足下列方程组:

$$\begin{cases} \dfrac{\sum\limits_{i=1}^{n} N_i^m \ln N_i}{\sum\limits_{i=1}^{n} N_i^m} - \dfrac{1}{m} - \dfrac{1}{n}\sum\limits_{i=1}^{n} \ln N_i = 0 \\ \eta = \left[\dfrac{1}{n}\sum\limits_{i=1}^{n} N_i^m \right]^{\frac{1}{m}} \end{cases} \tag{I.30}$$

求解上述方程组,便可得到参数 m 和 η 最大似然估计。

I.4 抽样分布

I.4.1 正态母体样本均值的分布

设 $X_1,X_2,\cdots,X_n$ 是独立同分布随机变量,且每个随机变量服从正态分布 $N(\mu,\sigma^2)$,则平均数 $\overline{X}=\dfrac{1}{n}\sum\limits_{i=1}^{n}X_i$ 服从正态分布 $N\left(\mu,\dfrac{\sigma^2}{n}\right)$。

利用期望、方差的性质推证,可得

$$E(\overline{X})=E\left(\frac{1}{n}\sum_{i=1}^{n}X_i\right)=\frac{1}{n}\sum_{i=1}^{n}E(X_i)=\mu \tag{I.31}$$

$$D(\overline{X})=D\left(\frac{1}{n}\sum_{i=1}^{n}X_i\right)=\frac{1}{n^2}D\left(\sum_{i=1}^{n}X_i\right)=\frac{1}{n^2}\sum_{i=1}^{n}D(X_i)=\frac{\sigma^2}{n} \tag{I.32}$$

I.4.2 χ^2 分布

设 $X_1,X_2,\cdots,X_n$ 是来自母体 $N(0,1)$ 的子样,则称统计量

$$\chi^2=X_1^2+X_2^2+\cdots+X_n^2 \tag{I.33}$$

服从自由度为 n 的 χ^2 分布,记 $\chi^2\sim\chi^2(n)$。

χ^2 分布的概率密度为

$$f(y)=\begin{cases}\dfrac{1}{2^{\frac{n}{2}}\Gamma\left(\dfrac{n}{2}\right)}y^{\frac{n}{2}-1}e^{-\frac{y}{2}} &,y>0\\[4mm]0 &,y\leqslant 0\end{cases} \tag{I.34}$$

对于给定的正数 $\alpha(0<\alpha<1)$,称满足条件

$$P\{\chi^2>\chi_\alpha^2(n)\}=\int_{\chi_\alpha^2(n)}^{+\infty}f(y)\mathrm{d}y=\alpha \tag{I.35}$$

的点 $\chi_\alpha^2(n)$ 为 $\chi^2(n)$ 分布的上 α 分位点,如图 I.1 所示。

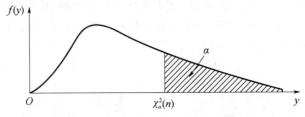

图 I.1 $\chi^2(n)$ 分布的上 α 分位点

χ^2 分布具有下列性质:

(1) 若有 $\chi^2\sim\chi^2(n)$,则有 $E(\chi^2)=n,D(\chi^2)=2n$。

（2）χ^2变量的可加性。

设$\chi_1^{~2} \sim \chi^2(n_1)$，$\chi_2^{~2} \sim \chi^2(n_2)$，并且$\chi_1^{~2}$、$\chi_2^{~2}$独立，则有

$$\chi_1^{~2} + \chi_2^{~2} \sim \chi^2(n_1 + n_2) \qquad （I.36）$$

此性质可推广到多个独立变量情形。

（3）费希尔（R. A. Fisher）曾证明：当n充分大时，近似地有

$$\chi_\alpha^2(n) \approx \frac{1}{2}(z_\alpha + \sqrt{2n-1})^2 \qquad （I.37）$$

其中，z_α是标准正态分布的上α分位数。利用（I.37）式可以求得当$n > 40$时$\chi^2(n)$分布的上α分布数的近似值。

I.4.3　t分布

设$X \sim N(0, 1)$，$Y \sim \chi^2(n)$（$n \geq 1$），并且X、Y独立，则称随机变量

$$t = \frac{X}{\sqrt{Y/n}} \qquad （I.38）$$

服从自由度为n的t分布（或称学生分布），记为$t \sim t(n)$。

$t(n)$的概率密度函数为

$$h(t) = \frac{\Gamma\left(\dfrac{n+1}{2}\right)}{\sqrt{n\pi}\,\Gamma\left(\dfrac{n}{2}\right)}\left(1 + \frac{t^2}{n}\right)^{-\frac{n+1}{2}}, \quad -\infty < t < \infty \qquad （I.39）$$

$h(t)$的图形关于$t = 0$对称。当n充分大时图形类似于$N(0, 1)$分布密度函数的图形。事实上，利用函数的性质可得Γ函数的性质，可得

$$\lim_{n \to \infty} h(t) = \frac{1}{\sqrt{2\pi}} e^{-\frac{t^2}{2}} \qquad （I.40）$$

故当n足够大时，t分布近似于$N(0, 1)$分布，但对较小的n，t分布与$N(0, 1)$相差很大。

对于给定的$\alpha(0 < \alpha < 1)$，称满足条件

$$P\{t > t_\alpha(n)\} = \int_{t_\alpha(n)}^{+\infty} h(t)\,\mathrm{d}t = \alpha \qquad （I.41）$$

的点$t_\alpha(n)$为$t(n)$分布的上α分位点。

若$T \sim t(n)$，则当$n > 2$时，

$$E(T) = 0, D(T) = \frac{n}{n-2} \qquad （I.42）$$

I.4.4　F分布

设$X \sim \chi^2(n_1)$，$Y \sim \chi^2(n_2)$，并且X、Y独立，则称随机变量

$$F = \frac{X/n_1}{Y/n_2} \qquad （I.43）$$

服从自由度为 (n_1, n_2) 的 F 分布,记为 $F \sim F(n_1, n_2)$。

$F(n_1, n_2)$ 分布的概率密度为

$$f(x) = \begin{cases} \dfrac{\Gamma\left(\dfrac{n_1+n_2}{2}\right)}{\Gamma\left(\dfrac{n_1}{2}\right)\Gamma\left(\dfrac{n_2}{2}\right)}\left(\dfrac{n_1}{n_2}\right)\left(\dfrac{n_1}{n_2}x\right)^{\frac{n_1}{2}-1}\left(1+\dfrac{n_1}{n_2}x\right)^{-\frac{n_1+n_2}{2}} & ,x>0 \\ 0 & ,\text{其他} \end{cases} \qquad (\text{I}.44)$$

F 分布的性质:

(1) 若 $F \sim F(n_1, n_2)$,则 $1/F \sim F(n_2, n_1)$。

(2) 若 $F \sim F(n_1, n_2)$,则 F 的期望为 $E(F) = n_2/(n_2-2)\ (n_2>2)$,$F$ 的方差为 $D(F) = [2n_2^2(n_1+n_2-2)]/[n_1(n_2-2)^2(n_2-4)]\ (n_2>4)$。

对于给定的 $\alpha(0<\alpha<1)$,称满足条件

$$P\{F > F_\alpha(n_1,n_2)\} = \int_{F_\alpha(n_1,n_2)}^{+\infty} f(x)\,\mathrm{d}x \qquad (\text{I}.45)$$

的点 $F_\alpha(n_1, n_2)$ 为 $F(n_1, n_2)$ 分布的上 α 分位点。

F 分布的上 α 分位点有如下性质:

$$F_{1-\alpha}(n_1, n_2) = \frac{1}{F_\alpha(n_2, n_1)} \qquad (\text{I}.46)$$

I.5 参数估计

I.5.1 参数的点估计

设母体 X 的分布函数的形式为已知,但它的一个或多个参数为未知,借助于母体 X 的一个子样来估计母体未知参数值的问题称为参数的点估计问题。

I.5.1.1 矩估计法

设 X 为连续型随机变量,其概率密度为 $f(x;\theta_1, \theta_2, \cdots, \theta_k)$,或 X 为离散型随机变量,其分布律为 $P\{X=x\} = p(x; q_1, q_2, \cdots, q_k)$,其中,$\theta_1, \theta_2, \cdots, \theta_k$ 为待估参数,$X_1, X_2, \cdots, X_n$ 是来自 X 的子样,假设母体 X 的前 k 阶矩,或

$$\begin{cases} \mu_l = E(X^l) = \displaystyle\int_{-\infty}^{+\infty} x^l f(x;\theta_1,\theta_2,\cdots,\theta_k)\,\mathrm{d}x & ,(X\,\text{连续型}) \\ \mu_l = E(X^l) = \displaystyle\sum_{x\in R_X} x^l p(x;\theta_1,\theta_2,\cdots,\theta_k)\,\mathrm{d}x & ,(X\,\text{离散型}) \\ l = 1,2,\cdots,k \end{cases} \qquad (\text{I}.47)$$

存在。一般来说,它们是 $\theta_1, \theta_2, \cdots, \theta_k$ 的函数。基于子样矩 $A_l = \dfrac{1}{n}\displaystyle\sum_{i=1}^{n} X_i^l$ 依概率

收敛于母体矩 $\mu_l = (l = 1, 2, \cdots, k)$，子样的连续函数依概率收敛于相应的母体矩函数，故用子样矩作为母体矩的估计量，而以子样矩的连续函数作为相应母体矩的连续函数的估计量，这种方法称为矩估计法，具体做法是：令

$$\mu_l = A_l, l = 1, 2, \cdots, k \qquad (\text{I}.48)$$

这是包含 k 个未知参数 θ_1，θ_2，$\cdots$，θ_k 的联立方程，用解 $\hat{\theta}_1, \hat{\theta}_2, \cdots, \hat{\theta}_k$ 作为估计量，这种估计量称为矩估计。矩估计量的观察值称为矩估计值。

矩估计法是由皮尔逊提出的，具有直观、简便，特别是对母体数学期望、方差进行估计时不需要知道母体的分布的优点。其缺点如下：

（1）它要求母体的原点矩存在，而有些随机变量（如柯西分布）的原点矩不存在，因此就不能用此法进行参数估计。

（2）矩估计量不具有唯一性（如泊松分布中参数 λ 的矩估计），因为建立矩方程时，选取矩方程具有随机性。

（3）它常常不用母体分布函数提供的信息，因此难以保证它有优良性。

I.5.1.2　最大似然估计法

最大似然估计法的思想是：选择参数的值使抽得的子样值出现的可能性最大，用这个值作为未知参数的估计值。

1. 离散型

设离散型母体 X 的分布律为 $P\{X = x\} = p\{x; q\}$，$\theta \in \Theta$ 的形式已知，θ 为待估参数，Θ 是 θ 的可能取值范围。设 X_1，X_2，$\cdots$，X_n 是来自 X 的子样，则 X_1，X_2，$\cdots$，X_n 的联合分布律为 $\prod_{i=1}^{n} p(x_i, \theta)$。

易知子样 X_1，X_2，$\cdots$，X_n 取到观察值 x_1，x_2，$\cdots$，x_n 的概率即事件 $\{X_1 = x_1, X_2 = x_2, \cdots, X_n = x_n\}$ 发生的概率为

$$L(\theta) = L(x_1, x_2, \cdots, x_n; \theta) = \prod_{i=1}^{n} p(x_i, \theta), x \in \theta \qquad (\text{I}.49)$$

这一概率随 θ 的取值而变化，它是 θ 的函数。$L(\theta)$ 称为子样的似然函数。

由 Fisher 引进的最大似然估计法，就是固定子样观察值 x_1，x_2，$\cdots$，x_n，在 θ 的可能取值范围 Θ 内挑选概率 $L(\theta) = L(x_1, x_2, \cdots, x_n; \theta)$ 达到最大的参数值 θ，作为参数 θ 的估计值。即取 θ 使

$$L(\theta) = L(x_1, x_2, \cdots, x_n; \hat{\theta}) = \max L(x_1, x_2, \cdots, x_n; \theta) \qquad (\text{I}.50)$$

这样得到的 θ 与子样观察值 x_1，x_2，$\cdots$，x_n 有关，记为 $\hat{\theta}(x_1, x_2, \cdots, x_n)$，称为参数 θ 的最大似然估计值，称统计量 $\hat{\theta}(X_1, X_2, \cdots, X_n)$ 为 θ 的最大似然估计量。

求法：若 $p(x; \theta)$ 可微，可从方程 $\dfrac{\mathrm{d}}{\mathrm{d}\theta} L(\theta) = 0$ 求得，也可从 $\dfrac{\mathrm{d}}{\mathrm{d}\theta} \ln L(\theta) = 0$ 求得。

2. 连续型

对于连续型，与离散型母体类似，设连续型母体 X 的概率密度为 $f(x_i, \theta)$，$\theta \in$

Θ，θ 为待估参数，Θ 是 θ 的可能取值的范围。设 X_1，X_2，$\cdots$，X_n 是来自 X 的子样，则 X_1，X_2，$\cdots$，X_n 的联合分布律为 $\prod_{i=1}^{n} f(x_i, \theta)\mathrm{d}x_i$。引入似然函数 $L(\theta) = \prod_{i=1}^{n} f(x_i, \theta)$。

若 $L(\hat{\theta}) = L(x_1, x_2, \cdots, x_n; \hat{\theta}) = \max L(x_1, x_2, \cdots, x_n; \theta)$，则称 $\hat{\theta}(x_1, x_2, \cdots, x_n)$ 为 θ 的最大似然估计值，称 $\hat{\theta}(x_1, x_2, \cdots, x_n)$ 为 θ 的最大似然估计量。

求解方法与离散型相同。极大似然估计法适用于多个参数。若似然函数为 $L(\theta_1, \theta_2, \cdots, \theta_n)$，则求关于 θ_i 的偏导数即可。

Ⅰ.5.2　参数的区间估计简述

设母体 X 的分布函数 $F(x; \theta)$ 含有一个未知参数。对于给定的显著性水平 γ $(0 < \gamma < 1)$，若由子样 X_1，X_2，$\cdots$，X_n 确定的两个统计量 $\underline{\theta} = \underline{\theta}(X_1, X_2, \cdots, X_n)$ 和 $\overline{\theta} = \overline{\theta}(X_1, X_2, \cdots, X_n)$ 满足：

$$P\{\underline{\theta}(X_1, X_2, \cdots, X_n) < \theta < \overline{\theta}(X_1, X_2, \cdots, X_n)\} > 1 - \gamma \qquad （Ⅰ.51）$$

则称随机区间 $(\underline{\theta}, \overline{\theta})$ 是 θ 的置信度为 $1 - \gamma$ 的置信区间，$\underline{\theta}$ 和 $\overline{\theta}$ 分别称为置信度为 $1 - \gamma$ 的双侧置信区间的置信下限和置信上限，$1 - \gamma$ 称为置信度。

其意义是：若反复抽样多次（容量都是 n），每个子样确定一个区间，其中包含 θ 真值的约占 $100(1 - \gamma)\%$。

置信区间的长度的平均 $E(\overline{\theta} - \underline{\theta})$ 表达了区间估计的精确性；置信度 $1 - \gamma$ 表达了区间估计的可靠性，它是区间估计的可靠概率，而显著性水平 γ 表达了区间估计的不可靠概率。

置信度 $1 - \gamma$ 一般要根据具体问题的要求来选定，并要注意：γ 越小，$1 - \gamma$ 越大，即区间 $(\overline{\theta} - \underline{\theta})$ 包含 θ 真值的可信度越大，但区间也越长；反之，提高精确度则会增大误判风险 γ，即 $(\overline{\theta} - \underline{\theta})$ 不包含 θ 真值的概率会增大。从置信区间公式可知，若其他条件不变，增大子样容量 n，可缩短置信区间长度，从而提高精确度，但增大子样容量往往不现实。

寻求参数 θ 的置信区间的具体做法步骤：

（1）寻求一个子样的函数：$Z = Z(X_1, X_2, \cdots, X_n; \theta)$。它包含待估参数 θ，而不含其他未知参数，且 Z 的分布不依赖其他未知参数（当然不依赖于待估参数 θ）。

（2）对给定置信度 $1 - \gamma$，定出两常数 a、b，使

$$P\{a < Z(X_1, X_2, \cdots, X_n; \theta) < b\} = 1 - \gamma \qquad （Ⅰ.52）$$

（3）若能从 $a < Z = Z(X_1, X_2, \cdots, X_n; \theta) < b$ 得到等价的不等式 $\underline{\theta} < \theta < \overline{\theta}$，其中，$\underline{\theta} = \underline{\theta}(X_1, X_2, \cdots, X_n)$，$\overline{\theta} = \overline{\theta}(X_1, X_2, \cdots, X_n)$ 都是统计量，那么 $(\underline{\theta}, \overline{\theta})$ 就是 θ 的一个置信度为 $1 - \gamma$ 的置信区间。

函数 $Z = Z(X_1, X_2, \cdots, X_n; \theta)$ 的构造，可以从 θ 的点估计着手考虑。变量 Z 又

称为枢轴变量。

对于连续型母体,其参数的点估计量 T 一般也是连续的,此时有一个构造枢轴变量的特定方法:记统计量 T 在参数 θ 下的分布函数为 $F_\theta(x) = P_\theta\{T(X) \leq x\}$,那么 $F_\theta(T(x))$ 服从区间 $(0,1)$ 上的均匀分布,所以它是一个枢轴变量。

对于离散型母体,寻求枢轴变量比较麻烦,一般用大子样可得到近似的区间估计。

在置信度为 $1-\gamma$ 的条件下,正态总体均值、方差的置信区间与单侧置信区间如附表3所列。

I.6　假设检验

I.6.1　假设检验的思想及两类错误

1. 假设检验的原理

假设检验就是根据子样对所提出的假设作出判断:是接受还是拒绝。如何利用子样值对一个具体的假设进行检验? 通常借助于直观分析和理论分析相结合的做法,其基本原理就是人们在实际问题中经常采用的所谓小概率原理:"一个小概率事件在一次试验中几乎是不可能发生的。"

例 I.1 某钢厂生产一批钢材,每根标准重量500kg,按照以往的生产经验标准差为10kg。每隔一定时间要检查机器的工作情况。现抽取10根,称得其单根重量为(单位:kg):495,510,505,498,503,492,502,512,497,506。假定重量服从正态分布,试问这段时间机器工作是否正常。

分析:考察子样平均数 $\bar{x}$ 与500之差的大小。要确定常数 k,若 $|\bar{x}-500| < k$,则认为机器工作正常;若 $|\bar{x}-500| \geq k$,则认为机器工作不正常。

假设
$$H_0:\mu = 500 \qquad (\text{I}.53)$$

在假设 H_0 成立的前提下,$\bar{X} \sim N\left(500, \dfrac{10^2}{n}\right)$

$$U = \frac{\bar{X}-500}{10/\sqrt{n}} \sim N(0,1) \qquad (\text{I}.54)$$

衡量 $|\bar{x}-500|$ 的大小归结为衡量 $\dfrac{|\bar{x}-500|}{10/\sqrt{n}}$ 的大小,于是可选择一适当的正数 k,当观察值 $\bar{x}$ 满足 $\dfrac{|\bar{x}-500|}{10/\sqrt{n}} \geq k$ 时,拒绝 H_0,否则就接受 H_0。

然而我们仍无法避免犯当 H_0 为真时、作出拒绝 H_0 的决策的错误,故希望将犯此类错误的概率控制在一定范围内,故给出一个较小的正数 γ $(0 < \gamma < 1)$,使 P {当 H_0 为真时拒绝 H_0} $\leq \gamma$。而当 H_0 为真时

$$P\left\{\left|\frac{\overline{X}-500}{10/\sqrt{n}}\right|\geqslant k\right\}=\gamma \qquad (\text{I}.55)$$

由于当 H_0 为真时,给定小概率 γ(一般取 5%,1% 或 10%),可查附表 4 得 $u_{\gamma/2}$ 使

$$P\left\{\left|\frac{\overline{X}-500}{10/\sqrt{10}}\right|\geqslant u_{\frac{\gamma}{2}}\right\}=\gamma \qquad (\text{I}.56)$$

若取 $\gamma=0.05$,则 $u_{\gamma/2}=1.96$,式(I.56)为

$$P\left\{\frac{|\overline{X}-500|}{\dfrac{10}{\sqrt{10}}}\geqslant 1.96\right\}=0.05 \qquad (\text{I}.57)$$

括号内事件是小概率事件,平均进行 20 次抽样只发生一次。

进行一次抽样得到子样平均数的值 $\overline{x}$。若 $|\overline{x}-500|\geqslant 1.96\times\sqrt{10}$,则小概率事件发生,这与实际推断原理矛盾,应拒绝假设 H_0,即不能认为平均每根钢材重 500kg;若 $|\overline{x}-500|<1.96\times\sqrt{10}$,则可以接受假设 H_0。

取 $k=1.96\times\sqrt{10}=6.2$,本例中,$\overline{x}=502$,$|\overline{x}-500|=2$,故 $|\overline{x}-500|<k$,可以认为机器工作正常。

2. 假设检验的基本概念

1)原假设和备择假设

假设检验问题通常叙述为:在显著水平 γ 下,检验假设:$H_0:\mu=\mu_0$,$H_1:\mu\neq\mu_0$。H_0 称为原假设或零假设,H_1 称为备择假设。

2)著性水平、检验统计量、拒绝域及临界点

例 I.1 中的数 γ 称为显著性水平,$U=\dfrac{\overline{X}-500}{10/\sqrt{n}}$ 称为检验统计量。

当检验统计量取某个区域 C 的值时,我们拒绝原假设 H_0,则称域 C 为拒绝域,拒绝域的边界点称为临界点。例如,例 I.1 中的拒绝域为 $|\overline{x}-\mu_0|\geqslant u_{\frac{\gamma}{2}}\dfrac{\sigma_0}{\sqrt{n}}$,$\mu_0+u_{\frac{\gamma}{2}}\dfrac{\sigma_0}{\sqrt{n}}$,$\mu_0-u_{\frac{\gamma}{2}}\dfrac{\sigma_0}{\sqrt{n}}$ 是临界点。

3)两类错误及其概率

假设检验是根据子样的信息并依据小概率原理,作出接受还是拒绝 H_0 的判断。由于子样具有随机性,因而假设检验所作出的结论有可能是错误的。这种错误有两类:

(1)当原假设 H_0 为真,观察值却落入拒绝域,而作出拒绝 H_0 的判断,称为第一类错误,又叫弃真错误。犯第一类错误的概率是显著性水平 γ。

(2)当原假设 H_0 不真,而观察值却落入接受域,作出接受 H_0 的判断,称为第

二类错误,又叫取伪错误。犯第二类错误的概率记为

$$\beta = P\{接受 H_0 | H_0 不真\} 或 P_{\mu \in H_1}\{接受 H_0\} \qquad (I.58)$$

4)双边假设检验和单边假设检验

前面例中的备择假设 $H_1 : \mu \neq \mu_0$ 表示可能是 $\mu > \mu_0$ 也可能 $\mu < \mu_0$,称为双边备择假设,而形如 $H_0 : \mu = \mu_0$,$H_1 : \mu \neq \mu_0$ 的假设检验称为双边假设检验。

而在科学研究中,人们只关心均值是否增大或减小。此时需要检验假设

$$H_0 : \mu \leqslant \mu_0, H_1 : \mu > \mu_0 \qquad (I.59)$$

或

$$H_0 : \mu \geqslant \mu_0, H_1 : \mu < \mu_0 \qquad (I.60)$$

形如式(I.59)的假设检验称为右边检验,形如式(I.60)的假设检验称为左边检验。右边检验和左边检验统称为单边检验。

3. 假设检验的基本步骤

(1)在母体 X 上作假设 H_0。

(2)找统计量,在 H_0 成立的前提下导出它的概率分布。

(3)给定显著水平 γ,依据直观和实际推断原理作出拒绝域。

(4)依据一个子样的数值和拒绝区域,作出接受还是拒绝 H_0 的判断。

4. 两类错误的实际意义

检验的原理是以"小概率事件在一次试验中不发生"作为推断的依据,决定是接受 H_0 或是拒绝 H_0,但是这一原理只是在概率意义下成立,并不是严格成立的,即不能说小概率事件在一次试验中绝不可能发生。

在假设检验中,原假设 H_0 与备选假设 H_1 的地位是不对等的。一般来说 α 是较小的,因而检验推断是"偏向"原假设,而"歧视"备选假设的。因为通常若要否定原假设需要有显著性的事实,即小概率事件发生,否则就认为原假设成立。因此在检验中接受 H_0,并不等于从逻辑上证明了 H_0 的成立,只是找不到 H_0 不成立的有力证据。在应用中对同一问题若提出不同的原假设甚至可以有完全不同的结论。

既然 H_0 是受保护的,则对于 H_0 的肯定相对来说是较缺乏说服力的,充其量不过是原假设与试验结果没有明显的矛盾,反之对于 H_0 的否定则是有力的,且 γ 越小,小概率事件越难发生,一旦发生了,这种否定就越有力,也就越能说明问题。

在应用中,如果要用假设检验说明某个结论,那么最好设该结论不成立。若通过检验拒绝了 H_0,则说明该结论的成立是很具说服力的。而且 γ 取得较小,如果仍拒绝 H_0 的话,结论成立的说服力越强。

I.6.2　检验母体平均数

I.6.2.1　检验正态母体平均数(方差未知)——t 检验

设 $X \sim N(\mu, \sigma^2)$,其中 σ^2 未知,在母体上作假设

$$H_0 : \mu = \mu_0 (\mu_0 \text{ 已知})\qquad(\text{I}.61)$$

可用 $\bar{X}$ 作检验。已知统计量 $T = \dfrac{\bar{X} - \mu_0}{S^* / \sqrt{n}} \sim t(n-1)$，给定显著水平 γ，可查得

$t_{\frac{\gamma}{2}}(n-1)$ 的值，使 $P\{|T| \geqslant t_{\frac{\gamma}{2}}(n-1)\} = \gamma \left(\text{即 } P\left\{\left|\dfrac{\bar{X} - \mu_0}{S^*/\sqrt{n}}\right| \geqslant t_{\frac{\gamma}{2}}(n-1)\right\} = \gamma\right)$ 从

一次抽样所得子样值计算出 $\bar{x}$ 和 S^* 的数值。若 $|\bar{x} - \mu_0| \geqslant t_{\frac{\gamma}{2}}(n-1)S^*/\sqrt{n}$，则拒绝假设 H_0，即认为母体平均数与 μ_0 有显著差异；若 $|\bar{x} - \mu_0| < t_{\frac{\gamma}{2}}(n-1)S^*/\sqrt{n}$，则接受假设 H_0，即认为母体平均数与 μ_0 无显著差异。

I.6.2.2　用大子样检验母体平均数——μ 检验

设母体 X 的分布是任意的，而一、二阶矩存在。记 $E(X) = \mu$，$D(X) = \sigma^2 (\sigma^2$ 未知)。在母体上作假设

$$H_0 : \mu = \mu_0 (\mu_0 \text{ 已知})\qquad(\text{I}.62)$$

用 $\bar{X}$ 作检验，当 n 很大时，统计量

$$U = \frac{\bar{X} - \mu_0}{S/\sqrt{n}} \overset{\text{近似地}}{\sim} N(0,1)\qquad(\text{I}.63)$$

给定显著水平 γ，存在 $u_{\frac{\gamma}{2}}$ 使 $P\{|U| \geqslant u_{\frac{\gamma}{2}}\} \approx \gamma$，即

$$P\left\{\left|\frac{\bar{X} - \mu_0}{S/\sqrt{n}}\right| \geqslant u_{\frac{\gamma}{2}}\right\} \approx \gamma\qquad(\text{I}.64)$$

由一次抽样后所得子样值计算 $\bar{x}$ 与 S 的数值。若 $|\bar{x} - \mu_0| \geqslant u_{\frac{\gamma}{2}}S/\sqrt{n}$，则拒绝假设 H_0，即认为母体平均数与 μ_0 有显著差异；若 $|\bar{x} - \mu_0| < u_{\frac{\gamma}{2}}S/\sqrt{n}$，则接受拒绝假设 H_0，即认为母体平均数与 μ_0 无显著差异。在作参数假设检验后，如拒绝了假设 H_0，有时还需对参数作区间估计。

I.6.2.3　检验两个正态母体平均数相等——t 检验

设两个正态母体 X_1 与 X_2 的分布分别为 $N(\mu, \sigma_1^2)$ 和 $N(\mu_2, \sigma_2^2)$ 假定两个母体的方差相等，记 $\sigma_1^2 = \sigma_2^2 = \sigma^2$。从两个母体中独立地各抽一个子样。记子样容量、平均数和方差分别是 n_1、$\bar{X}_1$、S_1^{*2} 和 n_2、$\bar{X}_2$、S_2^{*2} 在两个母体上作假设

$$H_0 : \mu_1 = \mu_2\qquad(\text{I}.65)$$

用 $\bar{X}_1 - \bar{X}_2$ 作检验，取 $\mu_1 = \mu_2$，得统计量

$$T = \frac{\bar{X}_1 - \bar{X}_2}{S_w \sqrt{\dfrac{1}{n_1} + \dfrac{1}{n_2}}} \sim t(n_1 + n_2 - 2)\qquad(\text{I}.66)$$

其中,$S_w = \sqrt{S_w^{\ 2}} = \sqrt{\dfrac{(n_1 - 1)S_1^{*\ 2} + (n_2 - 1)S_2^{*\ 2}}{n_1 + n_2 - 2}}$。

给定显著水平 γ,查附表 2 得 $t_{\frac{\gamma}{2}}(n_1 + n_2 - 2)$ 的值,使

$$P\left\{ |T| \geqslant t_{\frac{\gamma}{2}}(n_1 + n_2 - 2) \right\} = \gamma \tag{I.67}$$

即

$$P\left\{ \frac{\overline{X_1} - \overline{X_2}}{S_w \sqrt{\dfrac{1}{n_1} + \dfrac{1}{n_2}}} \geqslant t_{\frac{\gamma}{2}}(n_1 + n_2 - 2) \right\} = \gamma \tag{I.68}$$

由一次抽样后所得子样值计算得到数值 $\bar{x}_1$、$\bar{x}_2$、s_ω。若 $|\bar{x}_1 - \bar{x}_2| \geqslant t_{\frac{\gamma}{2}}(n_1 + n_2 - 2)$ $S_w \sqrt{\dfrac{1}{n_1} + \dfrac{1}{n_2}}$,则拒绝假设 H_0,即认为两母体平均数有显著差异;若 $|\overline{x}_1 - \bar{x}_2| < t_{\frac{\gamma}{2}}$ $(n_1 + n_2 - 2)S_w \sqrt{\dfrac{1}{n_1} + \dfrac{1}{n_2}}$,则接受假设 H_0,即认为两母体平均数无显著差异。

注意,以上导出检验两母体平均数相等的方法,要先作两母体方差相等的假定。

I.6.2.4 用大子样检验两个母体平均数相等——μ 检验

设两个母体 X_1、X_2 的分布是任意的,而一、二阶矩存在。从两个母体中独立地各抽一个子样。记子样容量、平均数和方差分别是 n_1、X_1、S_1^2 和 n_2、X_2、S_2^2 在两个母体上作假设

$$H_0 : \mu_1 = \mu_2 \tag{I.69}$$

当 n_1、n_2 都很大时,

$$U = \frac{\overline{X_1} - \overline{X_2}}{\sqrt{\dfrac{S_1^2}{n_1} + \dfrac{S_2^2}{n_2}}} \overset{\text{近似地}}{\sim} N(0,1) \tag{I.70}$$

给定显著水平 γ,存在 $\mu_{\frac{\gamma}{2}}$ 使

$$P\left\{ \frac{|\overline{X_1} - \overline{X_2}|}{\sqrt{\dfrac{S_1^2}{n_1} + \dfrac{S_2^2}{n_2}}} \geqslant u_{\frac{\gamma}{2}} \right\} \approx \gamma \tag{I.71}$$

一次抽样得两个大子样,计算得到数值 $\overline{X}_1$、S_1^2、$\overline{X}_2$、S_2^2。若有 $|\overline{X}_1 - \overline{X}_2| \geqslant u_{\frac{\gamma}{2}}$ $\sqrt{\dfrac{S_1^2}{n_1} + \dfrac{S_2^2}{n_2}}$,则拒绝假设 H_0,即认为两母体平均数有显著差异;若 $|\overline{X}_1 - \overline{X}_2| < u_{\frac{\gamma}{2}}$ $\sqrt{\dfrac{S_1^2}{n_1} + \dfrac{S_2^2}{n_2}}$,则接受假设 H_0,即认为两母体平均数无显著差异。

Ⅰ.6.3 检验母体方差

Ⅰ.6.3.1 检验正态母体方差——x^2 检验

设 $X \sim N(\mu, \sigma^2)$，其中 μ 未知。在母体上假设

$$H_0 : \sigma^2 = \sigma_0^2 (\sigma_0^2 \text{ 已知}) \tag{Ⅰ.72}$$

可用 S^{*2} 作检验。已知统计量

$$\chi^2 = \frac{(n-1)S^{*2}}{\sigma^2} \tag{Ⅰ.73}$$

给定显著水平 γ，可查得 $\chi_{\gamma/2}^2(n-1)$ 和 $\chi_{1-(\gamma/2)}^2(n-1)$ 的值，使

$$P\{\chi^2 \leqslant \chi_{1-\gamma/2}^2(n-1)\} = P\{\chi^2 > \chi_{\gamma/2}^2(n-1)\} = \frac{\gamma}{2} \tag{Ⅰ.74}$$

即

$$P\{\chi_{1-\gamma/2}^2(n-1) < \chi^2 < \chi_{\gamma/2}^2(n-1)\} = 1 - \gamma \tag{Ⅰ.75}$$

从一次抽样所得子样值计算出 S^* 的数值。若 $(n-1)\dfrac{S^{*2}}{\sigma_0^2} \leqslant \chi_{1-\gamma/2}^2(n-1)$ 或

$(n-1)\dfrac{S^{*2}}{\sigma_0^2} \geqslant \chi_{\gamma/2}^2(n-1)$，则拒绝假设 H_0，即认为母体方差与 σ_0^2 有显著差异；若

$\chi_{1-\gamma/2}^2(n-1) < (n-1)\dfrac{S^{*2}}{\sigma_0^2} < \chi_{\gamma/2}^2(n-1)$，则接受假设 H_0，即认为母体方差与 σ_0^2 无显著差异。

Ⅰ.6.3.2 检验两个正态母体方差相等——F 检验

设两个正态母体 X_1 与 X_2 的分布分别为 $N(\mu_1, \sigma_1^2)$ 和 $N(\mu_2, \sigma_2^2)$，从两个母体中独立地各抽一个子样。记子样容量、方差分别是 n_1、S_1^{*2} 和 n_2、S_2^{*2} 在两个母体上作假设

$$H_0 : \sigma_1^2 = \sigma_2^2 \tag{Ⅰ.76}$$

用 S_1^{*2} 和 S_2^{*2} 检验此假设。

$$F = \frac{\dfrac{S_1^{*2}}{\sigma_1^2}}{\dfrac{S_2^{*2}}{\sigma_2^2}} = \frac{S_1^{*2}}{S_2^{*2}} \sim F(n_1 - 1, n_2 - 1) \tag{Ⅰ.77}$$

给定显著水平 γ，可查得 $F_{1-(\gamma/2)}(n_1-1, n_2-1)$ 和 $F_{\gamma/2}(n_1-1, n_2-1)$ 的值，使

$$P\{F_{1-\gamma/2}(n_1-1, n_2-1) < F < F_{\gamma/2}(n_1-1, n_2-1)\} = 1 - \gamma \tag{Ⅰ.78}$$

由一次抽样后所得子样值计算得到数值 S_1^{*2} 和 S_2^{*2}，从而两者之比 F 的值。若 $F \leqslant F_{1-(\gamma/2)}(n_1-1, n_2-1)$ 或 $F \geqslant F_{\gamma/2}(n_1-1, n_2-1)$，则拒绝假设 H_0，即认为两

母体方差有显著差异;若 $F_{1-(\gamma/2)}(n_1-1,n_2-1)\leqslant F\leqslant F_{\gamma/2}(n_1-1,n_2-1)$,则接受假设 H_0,即认为两母体方差无显著差异。

假设 H_0 也称为原假设或零假设。原假设的对立情形称为备择假设或对立假设,即为 H_1。例如:

$$
\begin{aligned}
&H_0:\mu=\mu_0,H_1:\mu\neq\mu_0 \\
&H_0:\mu_1=\mu_2,H_1:\mu_1\neq\mu_2 \\
&H_0:\sigma^2=\sigma_0^2,H_1:\sigma^2\neq\sigma_0^2 \\
&H_0:\sigma_1^2=\sigma_2^2,H_1:\sigma_1^2\neq\sigma_2^2
\end{aligned}
\tag{I.79}
$$

因为表示 H_1 的参数区域都在表示 H_0 的参数区域的两侧,所以这些假设中的每一对都称为双侧假设。

I.6.4 单侧假设检验

习惯上规定:在检验产品质量是否合格时,原假设取为"合格";在技术革新或改变工艺后,检验某参数值有无显著变大(或变小),原假设总取为不变大(或不变小)情形,即保守情形。另外,当两类错误有一个后果较严重时,选其为第一类错误。单侧假设表示 H_1 的参数区域总在表示 H_0 的参数区域的一侧。单侧假设检验方法导出的步骤类似于双侧假设检验,主要区别在第三步,由显著水平作小概率事件时需要依据 H_1 来做。

I.7 分布的拟合优度检验

I.7.1 正态分布检验

国际上及我国 GB 4882—1985 对所假设的分布是否符合正态分布的拟合优度检验推荐使用 Shapiro – Wilk 检验,该方法适用于 3 ~ 50 的完全样本,其检验步骤如下:

(1)将每个子样中的个体从小到大排列成次序统计量 $x_{(1)}\leqslant x_{(2)}\leqslant x_{(3)}\leqslant x_{(4)}\leqslant\cdots\leqslant x_{(n)}$。

(2)按照附表 1 中 $\alpha_{k,n}$ 系数表查出对应于 n 值的 $\alpha_{k,n}$ 值,$k=1,2,\cdots$

(3)计算统计量

$$
W=\frac{\left\{\sum_{k=1}^{l}\alpha_{k,n}\left[x_{(n+1-k)}-x_{(k)}\right]\right\}^2}{\sum_{k=1}^{n}\left[x_{(k)}-\bar{x}\right]^2}
\tag{I.80}
$$

式中:当 n 为偶数时,$l=n/2$;当 n 为奇数时,$l=(n-1)/2$。

(4)根据显著水平 γ 和 n 查附表 2 得到 W 的临界值 Z_γ。

（5）作出判断：若 $W \leqslant Z_\gamma$，则说明不满足正态分布；反之则满足正态分布。

I.7.2　威布尔分布检验

检验步骤如下。

（1）从产品中任意取 n 个进行寿命试验，到有 r 个失效时试验停止，将 r 个失效时间从小到大排列成次序统计量 $x_{(1)} \leqslant x_{(2)} \leqslant x_{(3)} \leqslant x_{(4)} \leqslant \cdots \leqslant x_{(r)}$。

（2）计算检验统计量：

$$W = \frac{\sum_{i=r_1+1}^{r=1} \dfrac{l_i}{r-r_1-1}}{\sum_{i=1}^{r_1} \dfrac{l_i}{r_1}} \tag{I.81}$$

式中：$r_1 = |r/2|$，这里的 | | 是取整符号，所取整数为小于或等于符号内数值的最大值；l_i 可利用近似计算公式（I.82）计算得到。

$$l_i = \frac{\ln x_{i+1} - \ln x_i}{\ln \left[\ln \left(\dfrac{4(n-i-1)+3}{4n+1} \right) \Big/ \ln \left(\dfrac{4(n-i)+3}{4n+1} \right) \right]} \tag{I.82}$$

（3）计算得到的统计量 W 渐进服从自由度为 $(2(r-r_1-1), 2r_1)$ 的 F 分布。

（4）在置信度为 $1-\gamma$ 时，若 $W < F_{\gamma/2}(2(r-r_1-1), 2r_1)$ 或 $W > F_{1-\gamma/2}(2(r-r_1-1), 2r_1)$（可查附表6得到），则认为数据不满足威布尔分布；反之，则满足威布尔分布。

I.8　最小试件数检验

I.8.1　估计母体中值的最少试件数检验

对于对数正态母体，如已知一组 n 个观测值 $N_1, N_2, \cdots, N_n$，则子样的对数平均值和对数标准差分别为

$$\bar{x} = \frac{1}{n} \sum_{i=1}^{n} \lg N_i \tag{I.83}$$

$$s = \sqrt{\frac{\sum_{i=1}^{n} (\lg N_i)^2 - \dfrac{1}{n} \left(\sum_{i=1}^{n} \lg N_i \right)^2}{n-1}} \tag{I.84}$$

其变异系数为

$$C_v = \frac{s}{\bar{x}} = \frac{\delta \sqrt{n}}{t_{r/2}(n-1)} \tag{I.85}$$

式中：δ 为绝对值的相对误差限度，$1-\gamma$ 为置信度；$t_{r/2}(n-1)$ 为 $t(n-1)$ 分布的上

$r/2$ 分位点。

根据公式（Ⅰ.85），以 $1-\gamma$ 为置信度，相对误差不超过 $\pm\delta$，则可求出最小观测值的个数，对带小数的 n 值都向上进位成整数。

以 $\delta=5\%$，$1-\gamma$ 分别为 95% 和 90%，列出了最小观测值个数表（表Ⅰ.2、表Ⅰ.3），在使用时根据变异系数的取值范围进行确定。

表Ⅰ.2 最小观测值个数表

$1-\gamma=95\%$	$\delta=5\%$
变异系数范围	最小观测值个数
<0.0201	3
0.0201~0.0314	4
0.0314~0.0403	5
0.0403~0.0476	6
0.0476~0.0541	7
0.0541~0.0598	8
0.0598~0.0650	9
0.0650~0.0699	10
0.0699~0.0744	11
0.0744~0.0787	12
0.0787~0.0827	13
0.0827~0.0866	14
0.0866~0.0903	15

表Ⅰ.3 最小观测值个数表

$1-\gamma=90\%$	$\delta=5\%$
变异系数范围	最小观测值个数
<0.0297	3
0.0297~0.0425	4
0.0425~0.0524	5
0.0524~0.0608	6
0.0608~0.0681	7
0.0681~0.0746	8
0.0746~0.0806	9
0.0806~0.0863	10
0.0863~0.0915	11
0.0915~0.0964	12
0.0964~0.1012	13
0.1012~0.1056	14
0.1056~0.1099	15

Ⅰ.8.2 估计母体百分位值的最少试件数检验

估计母体百分位值的最少试件数检验与估计母体中值的最少试件数检验相比，增加了可靠度的影响，其判据为

$$C_v=\frac{s}{\bar{x}}\leqslant\frac{\delta}{t_{r/2}(n-1)\sqrt{\dfrac{1}{n}+u_p^2(\hat{k}^2-1)}-0.05u_p\hat{k}}\qquad(\text{Ⅰ}.86)$$

式中：$t_{r/2}(n-1)$ 为 $t(n-1)$ 分布的上 $r/2$ 分位点；u_p 为与可靠度 p 相关的标准正态上 p 分位点；$\hat{k}$ 为标准差修正系数，其取值如表Ⅰ.1所列。

以 $\delta=5\%$，$p=99.9\%$，$1-\gamma$ 分别为 95% 和 90%，列出了最小观测值个数表（表Ⅰ.4、表Ⅰ.5），在使用时根据变异系数的取值范围进行确定。

表 I.4　最小观测值个数表

$1 - \gamma = 95\%$　　　$p = 99.9\%$　　　$\delta = 5\%$

变异系数范围	最小观测值个数
<0.01430	5
0.01430 ~ 0.01702	6
0.01702 ~ 0.01953	7
0.01953 ~ 0.02166	8
0.02166 ~ 0.02375	9
0.02375 ~ 0.02536	10
0.02536 ~ 0.02707	11
0.02707 ~ 0.02846	12
0.02846 ~ 0.02993	13
0.02993 ~ 0.03090	14
0.03090 ~ 0.03254	15
0.03254 ~ 0.03361	16
0.03361 ~ 0.03470	17
0.03470 ~ 0.03585	18
0.03585 ~ 0.03708	19
0.03708 ~ 0.03734	20

表 I.5　最小观测值个数表

$1 - \gamma = 90\%$　　　$p = 99.9\%$　　　$\delta = 5\%$

变异系数范围	最小观测值个数
<0.01836	5
0.01836 ~ 0.02139	6
0.02139 ~ 0.02430	7
0.02430 ~ 0.02658	8
0.02658 ~ 0.02892	9
0.02892 ~ 0.03072	10
0.03072 ~ 0.03265	11
0.03265 ~ 0.03419	12
0.03419 ~ 0.03584	13
0.03584 ~ 0.03690	14
0.03690 ~ 0.03877	15
0.03877 ~ 0.03994	16
0.03994 ~ 0.04117	17
0.04117 ~ 0.04246	18
0.04246 ~ 0.04384	19
0.04384 ~ 0.04411	20

附录 II 国内外常用航空材料疲劳寿命对数标准差

本附录国产铝合金和钢材的疲劳试验数据来自《航空金属材料疲劳性能手册》(1981 年北京航空材料研究所编著);国外铝合金疲劳试验数据由疲劳试验获取;复合材料试验数据来自《复合材料层压板材料特性试验研究与分析》(2008 年西北工业大学硕士学位论文,杨坚)。

II.1 LY12CZ 铝合金板材及连接件

1. 材料

(1)牌号和规格:LY12CZ 铝合金板材,新风轻合金加工厂生产,厚度 2.5mm。

(2)化学成分(表 II.1):

表 II.1 LY12CZ 铝合金板材化学成分表

成分	Mg	Mn	Cu	Fe	Si	Zn	Ni	Al
含量/%	1.54	0.58	4.61	0.29	0.26	0.1	<0.024	余量

2. 试件

(1)取样:$K_t = 1$ 纵向取样,$K_t = 2$、4 横向取样。

(2)形状:$K_t = 1$、2、4。

(3)热处理:淬火自然时效。

(4)力学性能(表 II.2):

表 II.2 试件力学性能一览表[①]

$\sigma_b/(kg/mm^2)$		$\sigma_{0.2}/(kg/mm^2)$		$\delta_5/\%$	
纵向	横向	纵向	横向	纵向	横向
46.6	45.8	34.3	32.4	18.7	19.4

3. 试验条件

(1)疲劳试验机:AMSLER 型 10t 高频试验机。

---

① 国际标准单位 MPa = g · kg/mm², g 为重力加速度。为便于读者查阅,附录 II 部分数据未进行单位换算。

（2）加载方式：轴向加载，$R = 0.02$、0.6；$\sigma_m = 7 \text{kg/mm}^2$、$21 \text{kg/mm}^2$。

（3）试验频率：116Hz。

（4）试验温度及环境：在室温空气中进行。

4. 试验原始数据（表Ⅱ.3）

表Ⅱ.3 试验件原始测试数据

K_t	R	σ_m（kg/mm²）	$\sigma_{\max}$（kg/mm²）	s	N_{50}（10^3）
1	0.02	/	28.12	0.1362	101.4
1	0.02	/	18.98	0.1475	370.25
1	0.02	/	16.87	0.1157	672.5
1	0.02	/	14.77	0.2089	1033
1	0.6	/	33.4	0.1072	679.2
1	0.6	/	30	0.1292	1569
1	0.6	/	28.5	0.0889	2729
1	0.6	/	27	0.1453	4419
2	/	7	17.5	0.1388	34.16
2	/	7	15.56	0.1016	114
2	/	7	13.73	0.1225	217.2
2	/	7	11.2	0.1185	1094
2	/	21	30	0.0903	85.39
2	/	21	26.25	0.0774	226.1
2	/	21	25	0.1197	778.6
2	/	21	24	0.1189	2037
4	/	7	13.73	0.0468	45.35
4	/	7	11.2	0.1057	180.9
4	/	7	10	0.1985	646
4	/	21	26.25	0.0657	45.32
4	/	21	25	0.1048	64.2
4	/	21	24	0.1172	190.4
4	/	21	23	0.1587	753.2
4	/	21	22	0.1391	1842

5. 连接件试样形状(图Ⅱ.1)

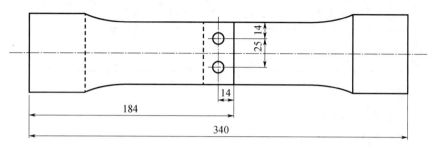

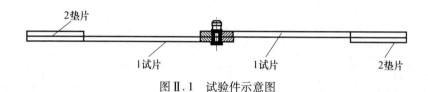

图Ⅱ.1 试验件示意图

6. 连接件试验原始数据(表Ⅱ.4)

表Ⅱ.4 连接件试验原始数据

P_{max}/kN	P_{min}/kN	S_{max}/MPa	S_{min}/MPa	S_a/MPa	S_m/MPa	N/cycle	s
29.4	0	98	0	49	49	105300	0.2058
						213600	
						259000	
29.4	−11.76	98	−39.2	68.6	29.4	160000	0.1347
						114000	
						84500	
						97500	
						172900	
29.4	−23.52	98	−78	88	10	70900	0.1509
						115700	
						150000	
						146300	

Ⅱ.2 LY12CS 铝合金板材

1. 材料

(1) 牌号和规格:LY12CS 铝合金板材,厚度为2.5mm。

401

（2）化学成分（表Ⅱ.5）：

表Ⅱ.5　LY12CS 铝合金板材化学成分表

成分	Cu	Mg	Mn	Fe	Al
含量/%	4.59	1.51	0.64	0.27	余量

2. 试件

（1）取样：纵向取样。

（2）形状：$K_t = 1$、3。

（3）热处理：淬火人工时效。

（4）力学性能（表Ⅱ.6）：

表Ⅱ.6　试验件力学性能一览表

$\sigma_b(\text{kg/mm}^2)$	$\sigma_{0.2}(\text{kg/mm}^2)$	$\delta_{10}/\%$
43.7~44.2	37.1~37.7	6.6~7.8

3. 试验条件

（1）疲劳试验机：PLG2Z 型 2t 高频疲劳试验机。

（2）加载方式：轴向加载，$R = 0.1$、0.5。

（3）试验频率：140Hz。

（4）试验温度及环境：在室温空气中进行。

4. 试验原始数据（升降法）（表Ⅱ.7）

表Ⅱ.7　试验件试验原始数据

K_t	R	$\sigma_{max}/(\text{kg/mm}^2)$	s	$N_{50}(10^3)$
1	0.1	40	0.1876	22.18
1	0.1	23	0.0481	121.0
1	0.5	42	0.1020	62.46
1	0.5	32	0.1367	265.8
3	0.1	14	0.1043	27.42
3	0.1	12	0.1843	49.98
3	0.1	10	0.0735	148.0
3	0.5	21	0.0852	48.89
3	0.5	18	0.1959	78.50
3	0.5	16	0.1011	148.1
3	0.5	14	0.1558	221.3
3	0.5	12.6	0.0734	345.1

Ⅱ.3 40CrNiMoA 钢棒材

1. 材料

（1）牌号和规格：大连钢厂生产的 40CrNiMoA 钢棒，Φ180mm，炉号：4B63 – 13。

（2）化学成分（表Ⅱ.8）：

表Ⅱ.8 40CrNiMoA 钢棒化学成分

成分	C	Cr	Ni	Mo	Fe
含量/%	0.38	0.74	1.57	0.19	余量

2. 试件

（1）取样：一组纵向取样，一组横向取样。

（2）形状：$K_t = 1$、3。

（3）热处理：850℃保温 50min，570℃回火 50min，油冷。

（4）力学性能（表Ⅱ.9）：

表Ⅱ.9 试验件力学性能

$\sigma_b/(\text{kg/mm}^2)$		$\sigma_{0.2}/(\text{kg/mm}^2)$		$\delta_5/\%$	
纵向	横向	纵向	横向	纵向	横向
119.0	119.5	114.8	113.5	15.6	15.3

3. 试验条件

（1）疲劳试验机：AMSLER 型 10t 高频试验机。

（2）加载方式：轴向加载，$R = 0.1$。

（3）试验频率：142Hz。

（4）试验温度及环境：在室温空气中进行。

4. 试验原始数据（升降法）（表Ⅱ.10）

表Ⅱ.10 试验件试验原始数据

K_t	取样方向	$\sigma_{max}/(\text{kg/mm}^2)$	s	$N_{50}(10^3)$
1	纵向	115	0.1057	669.1
1	横向	115	0.2346	98.65
1	横向	110	0.1790	113.0
1	横向	105	0.1249	423.0
3	纵向	50	0.0874	29.56
3	纵向	45	0.0177	60.28

（续）

K_t	取样方向	$\sigma_{max}/(\mathrm{kg/mm^2})$	s	$N_{50}(10^3)$
3	纵向	40	0.0883	89.39
3	纵向	38	0.2585	105.5
3	纵向	35	0.0810	167.5
3	纵向	33	0.2340	161.2
3	纵向	32	0.0554	183.3
3	横向	50	0.1196	28.71
3	横向	40	0.0702	119.3
3	横向	35	0.1116	208.7

II.4　30CrMnSiNi2A 钢棒材

1. 材料

（1）牌号和规格：由齐齐哈尔钢厂生产，30CrMnSiNi2A 电渣钢，$\Phi25\mathrm{mm}$，炉号 124123。

（2）化学成分（表 II.11）：

表 II.11　30CrMnSiNi2A 电渣钢化学成分表

成分	C	Cr	Mn	Si	Ni	P	S	Fe
含量/%	0.29	1.03	1.14	0.92	1.54	0.017	0.004	余量

2. 试件

（1）取样：纵向取样。

（2）形状：$K_t=1、3、5$。

（3）热处理：900℃淬火，230℃等温，260℃回火，（$R=0.1$，210℃等温，250℃回火）。

（4）力学性能（表 II.12）：

表 II.12　试验件力学性能表

$\sigma_b/(\mathrm{kg/mm^2})$	$\delta_5/\%$	$\Psi/\%$	a_k
160	12.5~13.5	47.5~50.0	10.3
169.8	12.7	48	9.3

3. 试验条件

（1）疲劳试验机：AMSLER1478 型和 422 型 10t 高频疲劳试验机，ZD 型 40t 液压疲劳试验机。

（2）加载方式：轴向加载，$R = 0.5$、-0.5、0.1。

（3）试验频率：$130 \sim 150Hz$，80 次$/min$。

（4）试验温度及环境：在室温空气中进行。

4. 试验原始数据（升降法）（表Ⅱ.13）

表Ⅱ.13　试验件试验原始数据

K_t	R	$\sigma_{max}/(kg/mm^2)$	s	$N_{50}(10^3)$
1	0.1	135.5	0.1236	39.9
1	0.1	129.4	0.1529	56.3
3	0.1	72	0.0612	28.9
3	0.1	66	0.0599	45.7
3	0.1	61	0.0881	87.4
3	0.445	116.32	0.0487	9.76
3	0.445	100.68	0.0003	19.96
3	0.445	89.11	0.1041	32.17
3	0.445	77.48	0.0766	65.64
3	0.445	72.66	0.1359	114.1
5	0.5	72.85	0.1097	35.88
5	0.5	66.08	0.1221	89.72
5	0.5	61.56	0.1289	117.7
5	0.1	45.4	0.0867	65.6
5	0.1	42.0	0.0695	105.2
5	0.1	39.6	0.1842	93
5	−0.5	45	0.0614	24.28
5	−0.5	35	0.1044	100.8
5	−0.5	30	0.2070	256.0

Ⅱ.5　30CrMnSi2A 钢棒材

1. 材料

（1）牌号和规格：由抚顺钢厂生产 30CrMnSiA 电渣钢，$\Phi25mm$，炉号 24858 批，6D40083 批，9373−1 批。

（2）化学成分（表Ⅱ.14）：

表Ⅱ.14 30CrMnSiA 电渣钢化学成分表

炉号	C	Si	Mn	P	S	Ni	Cr	Cu	Fe
6D40083	0.30	0.97	0.93	0.019	0.010	0.32	0.93	0.13	余量
9373-1	0.30	1.04	0.92	0.016	0.028	<0.15	<0.95	<0.15	余量
24858	0.29	0.97	0.91	0.017	0.010	0.31	0.99	0.14	余量

2. 试件

（1）取样：纵向取样。

（2）形状：$K_t = 3$。

（3）热处理：890℃盐炉保温 15min 油淬，520℃回火 1h 油冷。

（4）力学性能（表Ⅱ.15）：

表Ⅱ.15 试验件力学性能一览表

$\sigma_b/(kg/mm^2)$	$\sigma_{0.2}/(kg/mm^2)$	$\delta_5/\%$	$\psi/\%$
120.77	110.97	15.3	55.9

3. 试验条件

（1）疲劳试验机：AMSLER1478 型 10t 高频疲劳试验机。

（2）加载方式：轴向加载，$R = 0.1$、0.5。

（3）试验频率：133Hz。

（4）试验温度及环境：在室温空气中进行。

4. 试验原始数据（升降法）（表Ⅱ.16）

表Ⅱ.16 试验件试验原始数据（升降法）

K_t	R	$\sigma_{max}/(kg/mm^2)$	s	$N_{50}(10^3)$
3	0.1	41.4	0.2628	164.8
3	0.1	39.5	0.1972	214.8
3	0.1	37.7	0.4562	370.7
3	0.5	67.8	0.1033	136.2
3	0.5	65.9	0.0484	270.2

Ⅱ.6 2024-T3 铝合金板材及连接件

1. 材料

（1）牌号和规格：2024-T3 板材，厚度为 2.5mm。

（2）化学成分（表Ⅱ.17）：

表Ⅱ.17　2024 - T3 板材化学成分表

成分	Fe	Si	Mn	Cu	Mg	Cr	Zn	Ti	Al
含量%	0.50	0.50	0.30~0.9	3.8~4.9	1.2~1.8	0.10	0.25	0.15	余量

2. 试件

（1）取样：纵向取样。

（2）形状及尺寸（图Ⅱ.2）：

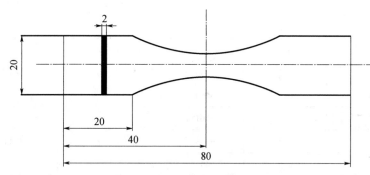

图Ⅱ.2　试验件示意图

（3）热处理：固溶热处理后自然时效。

3. 试验条件

（1）疲劳试验机：MTS810 - 500kN 型疲劳试验机。

（2）加载方式：轴向加载，$R = 0.06$、0.5。

（3）试验频率：15Hz。

（4）试验温度及环境：在室温空气中进行。

4. 材料试验原始数据（表Ⅱ.18）

表Ⅱ.18　材料试验原始数据

归一化应力水平	R	循环数	中值疲劳寿命/cycle	对数标准差
0.4444	0.06	483370		
0.4444	0.06	779456	570566	0.1174
0.4444	0.06	493000		
0.4889	0.06	162236		
0.4889	0.06	217101	195018	0.0695
0.4889	0.06	210578		
0.5778	0.06	91743		
0.5778	0.06	92412	93769	0.0138
0.5778	0.06	97246		

(续)

归一化应力水平	R	循环数	中值疲劳寿命/cycle	对数标准差
0.7111	0.06	45781		
0.7111	0.06	38867	41584	0.0371
0.7111	0.06	40412		
0.7778	0.5	129153		
0.7778	0.5	141564	128903	0.0411
0.7778	0.5	117148		
0.8444	0.5	97178		
0.8444	0.5	70988	86748	0.0756
0.8444	0.5	94630		
0.9333	0.5	71018		
0.9333	0.5	69235	64437	0.0638
0.9333	0.5	54414		

5. 连接件试样形状及尺寸(图Ⅱ.3)

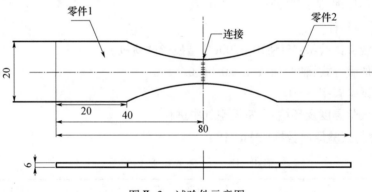

图Ⅱ.3 试验件示意图

6. 连接件试验原始数据(表Ⅱ.19)

表Ⅱ.19 连接件试验原始数据

归一化应力水平	R	循环数	中值疲劳寿命/cycle	对数标准差
0.4	0.06	485241		
0.4	0.06	287341	410095	0.1217
0.4	0.06	520359		
0.4	0.06	347440		

(续)

归一化应力水平	R	循环数	中值疲劳寿命/cycle	对数标准差
0.4667	0.06	191917	153472	0.1989
0.4667	0.06	161975		
0.4667	0.06	80957		
0.4667	0.06	236665		
0.4667	0.06	95847		
0.5333	0.06	54880	60686	0.0652
0.5333	0.06	71608		
0.5333	0.06	55571		
0.6667	0.5	159506	194306	0.1253
0.6667	0.5	268513		
0.6667	0.5	140489		
0.6667	0.5	208716		
0.7556	0.5	104991	163506.5	0.1309
0.7556	0.5	164349		
0.7556	0.5	167810		
0.7556	0.5	216876		

Ⅱ.7　7050 – T7451 铝合金板材及连接件

1. 材料

（1）牌号和规格：7050 – T7451 板材，厚度为 2.5mm。

（2）化学成分（表Ⅱ.20）：

表Ⅱ.20　7050 – T7451 板材化学成分表

成分	Fe	Si	Mn	Cu	Mg	Cr	Zn	Ti	Zr	Al
含量%	0.15	0.12	0.10	2.0~2.6	1.9~2.6	0.04	5.7~6.7	0.06	0.08~0.15	余量

2. 试件

（1）取样：纵向取样。

（2）形状及尺寸（图Ⅱ.4）：

（3）热处理：固溶热处理后通过拉伸来消除应力，然后进行人工过时效。

3. 试验条件

（1）疲劳试验机：MTS810 – 500kN 型疲劳试验机。

（2）加载方式：轴向加载，$R = 0.06$、0.5。

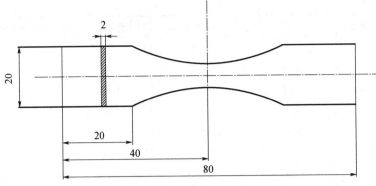

图Ⅱ.4　试验件示意图

（3）试验频率：15Hz。

（4）试验温度及环境：在室温空气中进行。

4. 试验原始数据（表Ⅱ.21）

表Ⅱ.21　试验件试验原始数据

归一化应力水平	R	循环数	中值疲劳寿命/cycle	对数标准差
0.3784	0.06	427222		
0.3784	0.06	378415	389102	0.0361
0.3784	0.06	364392		
0.4324	0.06	111544		
0.4324	0.06	163893	131816	0.0857
0.4324	0.06	125285		
0.4685	0.06	72815		
0.4685	0.06	70529	71106	0.0091
0.4685	0.06	70006		
0.5766	0.06	32471		
0.5766	0.06	39690	31408	0.1096
0.5766	0.06	24040		
0.6486	0.5	139592		
0.6486	0.5	107834	98588	0.1244
0.6486	0.5	87869		
0.6486	0.5	71425		
0.6847	0.5	56369		
0.6847	0.5	53176	61863	0.0928
0.6847	0.5	78984		

5. 连接件试样形状及尺寸(图Ⅱ.5)

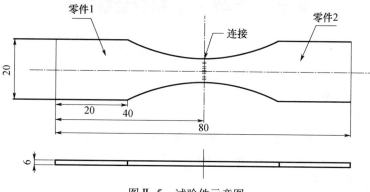

图Ⅱ.5 试验件示意图

6. 连接件试验原始数据(表Ⅱ.22)

表Ⅱ.22 连接件试验原始数据

归一化应力水平	R	循环数	中值疲劳寿命/cycle	对数标准差
0.3784	0.06	237130		
0.3784	0.06	449269		
0.3784	0.06	168759	305797.6	0.1714
0.3784	0.06	278416		
0.3784	0.06	395414		
0.4324	0.06	110204		
0.4324	0.06	91202	101278.3	0.0414
0.4324	0.06	102429		
0.4865	0.06	55358		
0.4865	0.06	83790	67934.3	0.0909
0.4865	0.06	64655		
0.5405	0.5	201953		
0.5405	0.5	155411	166330.7	0.0799
0.5405	0.5	141628		
0.6486	0.5	61218		
0.6486	0.5	84478	79386.7	0.0941
0.6486	0.5	92464		

Ⅱ.8 2524-T3 铝合金铆接件

1. 试件

形式:试片。

连接类型:铆接。

2. 试验条件

（1）疲劳试验机:INSTRON-8001-100kN 疲劳试验机。

（2）加载方式:轴向加载,$R=0.06$。

（3）试验频率:15Hz。

（4）试验温度及环境:在室温空气中进行。

3. 试验原始数据（表Ⅱ.23）

表Ⅱ.23 试验件试验原始数据

σ_{max}/MPa	R	试验寿命/(cycle	中值寿命/cycle	对数寿命标准差
95	0.06	318191		
95	0.06	183119		
95	0.06	309240	231621.8	0.2038
95	0.06	232927		
95	0.06	255942		
95	0.06	90312		

Ⅱ.9 AL-Li-S-4 铝合金铆接件

1. 试件

形式:试片。

连接类型:铆接。

2. 试验条件

（1）疲劳试验机:INSTRON-8001-100kN 型疲劳试验机。

（2）加载方式:轴向加载,$R=0.06$。

（3）试验频率:15Hz。

（4）试验温度及环境:在室温空气中进行。

3. 试验原始数据(表Ⅱ.24)

表Ⅱ.24　试验件试验原始数据

σ_{max}/MPa	R	试验寿命/cycle	中值寿命/cycle	对数寿命标准差
105	0.06	229846		
105	0.06	340122		
105	0.06	267432	261236.8	0.1125
105	0.06	195697		
105	0.06	342748		
105	0.06	191576		

Ⅱ.10　6156－T6铝合金铆接件

1. 试件

形式:试片。

连接类型:铆接。

2. 试验条件

(1)疲劳试验机:INSTRON－8001－100kN型疲劳试验机。

(2)加载方式:轴向加载,$R=0.06$。

(3)试验频率:15Hz。

(4)试验温度及环境:在室温空气中进行。

3. 试验原始数据(表Ⅱ.25)

表Ⅱ.25　试验件试验原始数据

σ_{max}/MPa	R	试验寿命/cycle	中值寿命/cycle	对数寿命标准差
95	0.06	246585		
95	0.06	342293		
95	0.06	276885	330304.3	0.1015
95	0.06	347748		
95	0.06	405612		
95	0.06	272703		

Ⅱ.11　2198－T8铝合金铆接件

1. 试件

形式:试片。

连接类型:铆接。

2. 试验条件

（1）疲劳试验机：INSTRON – 8001 – 100kN 型疲劳试验机。

（2）加载方式：轴向加载，$R = 0.06$。

（3）试验频率：15Hz。

（4）试验温度及环境：在室温空气中进行。

3. 试验原始数据（表Ⅱ.26）

表Ⅱ.26　试验件试验原始数据

σ_{max}/MPa	R	试验寿命/cycle	中值寿命/cycle	对数寿命标准差
95	0.06	156607		
90	0.06	234534		
90	0.06	250459	215906.7	0.0836
90	0.06	216488		
90	0.06	182832		
90	0.06	254520		

Ⅱ.12　2524 – T3 和 7150 – T77511 铝合金铆接件

1. 试件

形式：加筋平板。

连接类型：铆接。

2. 试验条件

（1）疲劳试验机：INSTRON – 8001 – 100kN 型疲劳试验机。

（2）加载方式：轴向加载，$R = 0.06$。

（3）试验频率：15Hz。

（4）试验温度及环境：在室温空气中进行。

3. 试验原始数据（表Ⅱ.27）

表Ⅱ.27　试验件试验原始数据

σ_{max}/MPa	R	试验寿命/cycle	中值寿命/cycle	对数寿命标准差
135	0.06	707634		
150	0.06	390430		
155	0.06	517731	518342.2	0.1498
155	0.06	282917		
155	0.06	547882		
155	0.06	663459		

Ⅱ.13 6156－T6 和 6056－T4511 铝合金铆接件

1. 试件

形式:加筋平板。

连接类型:铆接。

2. 试验条件

（1）疲劳试验机:INSTRON－8001－100kN 型疲劳试验机。

（2）加载方式:轴向加载,$R = 0.06$。

（3）试验频率:15Hz。

（4）试验温度及环境:在室温空气中进行。

3. 试验原始数据(表Ⅱ.28)

表Ⅱ.28 试验件试验原始数据

σ_{max}/MPa	R	试验寿命/cycle	中值寿命/cycle	对数寿命标准差
160	0.06	507951		
180	0.06	198533		
180	0.06	160906	251822.5	0.179
180	0.06	228576		
180	0.06	176038		
180	0.06	238931		

Ⅱ.14 AL－Li－S－4 和 2099－T83 铝合金铆接件

1. 试件

形式:加筋平板。

连接类型:铆接。

2. 试验条件

（1）疲劳试验机:INSTRON－8001－100kN 型疲劳试验机。

（2）加载方式:轴向加载,$R = 0.06$。

（3）试验频率:15Hz。

（4）试验温度及环境:在室温空气中进行。

3. 试验原始数据(表Ⅱ.29)

表Ⅱ.29 试验件试验原始数据

σ_{max}/MPa	R	试验寿命/cycle	中值寿命/cycle	对数寿命标准差
180	0.06	226209		
175	0.06	267926		
175	0.06	195880	236297.5	0.1285
175	0.06	259830		
175	0.06	139804		
175	0.06	328136		

Ⅱ.15 2198－T8 和 2196－T8511 铝合金铆接件

1. 试件

形式:加筋平板。

连接类型:铆接。

2. 试验条件

(1)疲劳试验机:INSTRON－8001－100kN 型疲劳试验机。

(2)加载方式:轴向加载,$R=0.06$。

(3)试验频率:15Hz。

(4)试验温度及环境:在室温空气中进行。

3. 试验原始数据(表Ⅱ.30)

表Ⅱ.30 试验件试验原始数据

σ_{max}/MPa	R	试验寿命/cycle	中值寿命/cycle	对数寿命标准差
170	0.06	289233		
170	0.06	239902		
170	0.06	183248	270095.7	0.1144
170	0.06	406715		
170	0.06	239047		
170	0.06	262429		

Ⅱ.16 T700/QY8911 复合材料单向板

1. 材料

牌号:T700。

2. 试件

90°拉—拉疲劳试验,试验件的铺层为 16 层,长度 170mm,宽度 25mm,名义厚度 2.0mm;0°拉—压疲劳试验,试验件铺层为 16 层,长度 110mm,名义宽度 15mm,名义厚度 2.0mm。

3. 试验条件

(1) 疲劳试验机:MTS – 100kN 型电液伺服试验机。

(2) 加载方式:轴向加载,90°拉—拉疲劳试验应力比 $R = 0.1$;0°拉—压疲劳试验应力比 $R = -1$。载荷比 q 为当前疲劳载荷除以静强度试验破坏载荷。

(3) 试验温度及环境:在室温空气中进行。

4. 原始试验数据(表Ⅱ.31)

表Ⅱ.31 试验件试验原始数据

加载方式	q	N_i/cycle	N_{50}	对数标准差 s
单向板90°拉—拉疲劳试验	0.80	136 44 515 66	190	0.4692
	0.70	4285 1197 1204 4449 826 947	2151.3	0.3298
	0.60	68157 15966 35458 23346 18575	32300	0.2536
	0.52	237584 472099 294832 106355 357794	293730	0.2457
	0.48	1021113 1012703 1016199	1016700	0.0018

（续）

加载方式	q	N_i/cycle	N_{50}	对数标准差 s
单向板 0°拉—压疲劳试验	0.95	3624 7979 4013	5205.3	0.1864
	0.925	26774 4185 5204	12054	0.4406
	0.90	22099 19699 17704 18232	19434	0.0430
	0.80	82726 76732 62907 97005	79843	0.0781
	0.74	101771 149447 697075 584092 297995	366076	0.3630
	0.68	837994 1017780 1071007	975590	0.0562

附录Ⅲ 随机选取的9组试验数据

以下9组数据均取自《航空金属材料疲劳性能手册》(以下简称《手册》)中给出的疲劳试验数据。

1. 第一组试验数据(6个数据)(表Ⅲ.1)

表Ⅲ.1 选取的第一组试验数据

序号	随机数	样本安全寿命的估计值 N_p	仅采用1个失效数据分析的安全寿命 $N_p{}'$	基于1个失效数据分析的安全寿命 $N_{pd}{}''$
1	153500		44800.88	55838.09
2	157500		45968.33	57270.44
3	195500		57059.11	71109.98
4	212500	75074.24	62020.77	77255.7
5	232500		67858.02	84514.37
6	335000		97773.92	121879.5
存活率			83%	50%

注:取自《手册》第109页中第(8)组试验中 $\sigma_{max} = 36.8 (kg/mm^2)$ 下的试验数据。

2. 第三组试验数据(10个数据)(表Ⅲ.2)

表Ⅲ.2 选取的第二组试验数据

序号	随机数	样本安全寿命的估计值 N_p	仅采用1个失效数据分析的安全寿命 $N_p{}'$	基于1个失效数据分析的安全寿命 $N_{pd}{}''$
1	229000		53486.04	72227.55
2	256000		59792.26	80854.26
3	299000		69835.49	94341.53
4	345000		80579.41	108818.5
5	382000		89221.26	120698.8
6	384000	116470.4	89688.39	121255.9
7	390000		91089.77	123226.2
8	399000		93191.84	126096.5
9	443000		103468.6	139863
10	792000		184982.3	249863.6
存活率			90%	40%

注:取自《手册》第 98 页中第(1)组试验中 $\sigma_{max} = 18.98(kg/mm^2)$ 下的试验数据。

3. 第三组试验数据(10 个数据)(表Ⅲ.3)

表Ⅲ.3　选取的第三组试验数据

序号	随机数	样本安全寿命的估计值 N_p	仅采用1个失效数据分析的安全寿命 N_p'	基于1个失效数据分析的安全寿命 N_{pd}''
1	454000		157770.4	196309.2
2	507000		176188.5	219250.6
3	565000		196344.2	244309.7
4	631000		219280	272860.5
5	666000	293045	231442.9	288363.8
6	704000		244648.3	304747.9
7	768000		266889.1	332614.1
8	790000		274534.3	341932.7
9	915000		317973.3	396223.9
10	978000		339866.6	422610.9
	存活率		80%	50%

注:取自《手册》第 98 页中第(2)组试验中 $\sigma_{max} = 33.4(kg/mm^2)$ 下的试验数据。

4. 第四组试验数据(11 个数据)(表Ⅲ.4)

表Ⅲ.4　选取的第四组试验数据

序号	随机数	样本安全寿命的估计值 N_p	仅采用1个失效数据分析的安全寿命 N_p'	基于1个失效数据分析的安全寿命 N_{pd}''
1	462000		58902.29	91107.12
2	697000		88863.41	137579.1
3	707000		90138.35	139493
4	757000		96513.06	149469.4
5	931000		118697	183887.5
6	994000	202541.5	126729.2	196133.7
7	1044000		133103.9	205850.7
8	1323000		168674.7	260947
9	1410000		179766.7	278325.1
10	1867000		238031.5	368597.4
11	2456000		313125.6	484788.5
	存活率		81.8%	54.5%

注:取自《手册》第 98 页中第(1)组试验中 $\sigma_{max} = 14.77 (\text{kg/mm}^2)$ 下的试验数据。

5. 第五组试验数据(8 个数据)(表Ⅲ.5)

表Ⅲ.5　选取的第五组试验数据

序号	随机数	样本安全寿命的估计值 N_p	仅采用1个失效数据分析的安全寿命 N_p'	基于1个失效数据分析的安全寿命 N_{pd}''
1	60000		21203.14	25982.54
2	65000		22970.07	28163.17
3	80500		28447.55	34888.44
4	85500		30214.48	37040.9
5	89600	37389.24	31663.36	38786.59
6	102000		36045.34	44124.68
7	102300		36151.36	44328.35
8	125000		44173.22	54160.36
存活率			87.5%	50%

注:取自《手册》第 107 页中第(2)组试验中 $\sigma_{max} = 41.8 (\text{kg/mm}^2)$ 下的试验数据。

6. 第六组试验数据(10 个数据)(表Ⅲ.6)

表Ⅲ.6　选取的第六组试验数据

序号	随机数	样本安全寿命的估计值 N_p	仅采用1个失效数据分析的安全寿命 N_p'	基于1个失效数据分析的安全寿命 N_{pd}''
1	93000		52547.87	59132.62
2	94000		53112.9	59817.34
3	100000		56503.09	63654.21
4	107000		60458.31	68049.84
5	112000		63283.46	71256.93
6	120000	71447.16	67803.71	76353.18
7	120000		67803.71	76353.18
8	120000		67803.71	76353.18
9	130000		73454.02	82761.26
10	138000		77974.26	87665.18
存活率			80%	50%

注:取自《手册》第 131 页中第(2)组试验中 $\sigma_{max} = 24 (\text{kg/mm}^2)$ 下的试验数据。

7. 第七组试验数据(10 个数据)(表Ⅲ.7)

表Ⅲ.7　选取的第七组试验数据

序号	随机数	样本安全寿命的估计值 N_p	仅采用 1 个失效数据分析的安全寿命 N_p'	基于 1 个失效数据分析的安全寿命 N_{pd}''
1	349000		90137.77	119244.4
2	395000		102018.4	135032.4
3	410000		105892.5	140100
4	418000		107958.7	143033.6
5	521000	185835.9	134561	178007.4
6	574000		148249.5	196082.1
7	731000		188798.6	249711.2
8	743000		191897.9	253768.7
9	747000		192931	255527.7
10	812000		209718.8	277611.9
	存活率		60%	50%

注:取自《手册》第 131 页中第(2)组试验中 $\sigma_{max} = 19(\mathrm{kg/mm^2})$ 下的试验数据。

8. 第九组试验数据(6 个数据)(表Ⅲ.8)

表Ⅲ.8　选取的第八组试验数据

序号	随机数	样本安全寿命的估计值 N_p	仅采用 1 个失效数据分析的安全寿命 N_p'	基于 1 个失效数据分析的安全寿命 N_{pd}''
1	3900		2232.047	2463.639
2	4100		2346.511	2591.654
3	4100	2822.567	2346.511	2591.654
4	4500		2575.439	2841.692
5	4900		2804.367	3094.404
6	5500		3147.759	3479.982
	存活率		83%	50%

注:取自《手册》第 108 页中第(5)组试验中 $\sigma_{max} = 25.2(\mathrm{kg/mm^2})$ 下的试验数据。

9. 第九组试验数据(5个数据)(表Ⅲ.9)

表Ⅲ.9　选取的第九组试验数据

序号	随机数	样本安全寿命的估计值 N_p	仅采用1个失效数据分析的安全寿命 $N_p{'}$	基于1个失效数据分析的安全寿命 $N_{pd}{''}$
1	17900		4668.92	5833.852
2	18800		4903.67	6136.99
3	23400	7857.516	6103.504	7637.574
4	26500		6912.088	8648.791
5	39100		10198.59	12763.08
存活率			80%	60%

注:取自《手册》第 109 页中第(7)组试验中 $\sigma_{max} = 39.2(\text{kg/mm}^2)$ 下的试验数据。

附表1 正态分布检验中计算统计量 W 的系数 $\alpha_{k,n}$

k \ n			3	4	5	6	7	8	9	10
1			0.7071	0.6872	0.6646	0.6431	0.6233	0.6052	0.5888	0.5739
2			—	0.1677	0.2413	0.2806	0.3031	0.3164	0.3244	0.3291
3			—	—	—	0.0875	0.1401	0.1743	0.1976	0.2141
4			—	—	—	—	—	0.0561	0.0947	0.1224
5			—	—	—	—	—	—	—	0.0399

k \ n	11	12	13	14	15	16	17	18	19	20
1	0.5601	0.5475	0.5359	0.5251	0.5150	0.5056	0.4968	0.4886	0.4808	0.4734
2	0.3315	0.3325	0.3325	0.3318	0.3306	0.3290	0.3273	0.3253	0.3232	0.3211
3	0.2260	0.2347	0.2412	0.2460	0.2495	0.2521	0.2540	0.2553	0.2561	0.2565
4	0.1429	0.1586	0.1707	0.1802	0.1878	0.1939	0.1988	0.2027	0.2059	0.2085
5	0.0695	0.0922	0.1099	0.1240	0.1353	0.1447	0.1524	0.1587	0.1641	0.1686
6	—	0.0303	0.0539	0.0727	0.0880	0.1005	0.1109	0.1197	0.1271	0.1334
7	—	—	—	0.0240	0.0433	0.0593	0.0727	0.0837	0.0932	0.1013
8	—	—	—	—	—	0.0196	0.0359	0.0496	0.0612	0.0711
9	—	—	—	—	—	—	—	0.0163	0.0303	0.0422
10	—	—	—	—	—	—	—	—	—	0.0140

k \ n	21	22	23	24	25	26	27	28	29	30
1	0.4643	0.4590	0.4542	0.4493	0.4450	0.4407	0.4366	0.4328	0.4291	0.4254
2	0.3185	0.3156	0.3126	0.3098	0.3069	0.3043	0.3018	0.2992	0.2968	0.2944
3	0.2578	0.2571	0.2563	0.2554	0.2543	0.2533	0.2522	0.2510	0.2499	0.2487
4	0.2119	0.2131	0.2139	0.2145	0.2148	0.2151	0.2152	0.2151	0.2150	0.2148
5	0.1736	0.1764	0.1787	0.1807	0.1822	0.1836	0.1848	0.1857	0.1864	0.1870
6	0.1399	0.1443	0.1480	0.1512	0.1539	0.1563	0.1584	0.1601	0.1616	0.1630
7	0.1092	0.1150	0.1201	0.1245	0.1283	0.1316	0.1346	0.1372	0.1395	0.1415
8	0.0804	0.0878	0.0941	0.0997	0.1046	0.1089	0.1128	0.1162	0.1192	0.1210
9	0.0530	0.0618	0.0696	0.0764	0.0823	0.0876	0.0923	0.0965	0.1002	0.1036
10	0.0263	0.0368	0.0459	0.0539	0.0610	0.0672	0.0728	0.0778	0.0822	0.0862
11	—	0.0122	0.0228	0.0321	0.0403	0.0476	0.0540	0.0598	0.0650	0.0667
12	—	—	—	0.0107	0.0200	0.0284	0.0358	0.0424	0.0483	0.0537
13	—	—	—	—	—	0.0094	0.0178	0.0253	0.0320	0.0381
14	—	—	—	—	—	—	—	0.0084	0.0159	0.0227
15	—	—	—	—	—	—	—	—	—	0.0076

（续）

k \ n	31	32	33	34	35	36	37	38	39	40
1	0.4220	0.4188	0.4156	0.4127	0.4096	0.4068	0.4040	0.4015	0.3989	0.3964
2	0.2921	0.2898	0.2876	0.2854	0.2834	0.2813	0.2794	0.2774	0.2755	0.2737
3	0.2475	0.2463	0.2451	0.2439	0.2427	0.2415	0.2403	0.2391	0.2380	0.2368
4	0.2145	0.2141	0.2137	0.2132	0.2127	0.2121	0.2116	0.2110	0.2104	0.2098
5	0.1874	0.1878	0.1880	0.1882	0.1883	0.1883	0.1883	0.1881	0.1880	0.1878
6	0.1641	0.1651	0.1660	0.1667	0.1673	0.1678	0.1683	0.1686	0.1689	0.1691
7	0.1433	0.1449	0.1463	0.1475	0.1487	0.1496	0.1505	0.1513	0.1520	0.1526
8	0.1243	0.1265	0.1284	0.1301	0.1317	0.1331	0.1344	0.1356	0.1366	0.1376
9	0.1066	0.1093	0.1118	0.1140	0.1160	0.1179	0.1196	0.1211	0.1225	0.1237
10	0.0899	0.0931	0.0961	0.0988	0.1013	0.1036	0.1056	0.1075	0.1092	0.1108
11	0.0739	0.0777	0.0812	0.0844	0.0873	0.0900	0.0924	0.0947	0.0967	0.0986
12	0.0585	0.0629	0.0669	0.0706	0.0739	0.0770	0.0798	0.0824	0.0848	0.0870
13	0.0435	0.0485	0.0530	0.0572	0.0610	0.0645	0.0677	0.0706	0.0733	0.0759
14	0.0289	0.0344	0.0395	0.0441	0.0484	0.0523	0.0559	0.0592	0.0622	0.0651
15	0.0144	0.0206	0.0262	0.0314	0.0361	0.0404	0.0414	0.0481	0.0515	0.0546
16	—	0.0068	0.0131	0.0187	0.0239	0.0287	0.0331	0.0372	0.0409	0.0444
17	—	—	—	0.0062	0.0119	0.0172	0.0220	0.0264	0.0305	0.0343
18	—	—	—	—	—	0.0057	0.0110	0.0158	0.0203	0.0244
19	—	—	—	—	—	—	0.0053	0.0101	0.0146
20	—	—	—	—	—	—	—	—	0.0049

k \ n	41	42	43	44	45	46	47	48	49	50
1	0.3940	0.3917	0.3894	0.3872	0.3850	0.3830	0.3808	0.3789	0.3770	0.3751
2	0.2719	0.2701	0.2684	0.2667	0.2651	0.2635	0.2620	0.2604	0.2589	0.2574
3	0.2357	0.2345	0.2334	0.2323	0.2313	0.2302	0.2291	0.2281	0.2271	0.2260
4	0.2091	0.2085	0.2078	0.2072	0.2065	0.2058	0.2052	0.2045	0.2038	0.2032
5	0.1876	0.1874	0.1871	0.1868	0.1865	0.1862	0.1859	0.1855	0.1851	0.1847
6	0.1693	0.1694	0.1695	0.1695	0.1695	0.1695	0.1695	0.1693	0.1692	0.1691
7	0.1531	0.1535	0.1539	0.1542	0.1545	0.1548	0.1550	0.1551	0.1553	0.1554
8	0.1384	0.1392	0.1398	0.1405	0.1410	0.1415	0.1420	0.1423	0.1427	0.1430
9	0.1249	0.1259	0.1269	0.1278	0.1286	0.1293	0.1300	0.1306	0.1312	0.1317
10	0.1123	0.1136	0.1149	0.1160	0.1170	0.1180	0.1189	0.1197	0.120	0.1212
11	0.1004	0.1020	0.1035	0.1049	0.1062	0.1073	0.1085	0.1095	0.1105	0.1113
12	0.0891	0.0909	0.0927	0.0913	0.0959	0.0972	0.0986	0.0998	0.1010	0.1020
13	0.0782	0.0804	0.0824	0.0842	0.0860	0.0876	0.0892	0.0906	0.0919	0.0932

（续）

k \ n	41	42	43	44	45	46	47	48	49	50
14	0.0677	0.0701	0.0724	0.0745	0.0765	0.0783	0.0801	0.0817	0.0832	0.0846
15	0.0575	0.0602	0.0628	0.0651	0.0673	0.0694	0.0713	0.0731	0.0748	0.0764
16	0.0476	0.0506	0.0534	0.0560	0.0584	0.0607	0.0628	0.0648	0.0667	0.0685
17	0.0379	0.0411	0.0442	0.0471	0.0497	0.0522	0.0546	0.0568	0.0588	0.0608
18	0.0283	0.0318	0.0352	0.0383	0.0412	0.0439	0.0465	0.0489	0.0511	0.0532
19	0.0188	0.0227	0.0263	0.0296	0.0328	0.0357	0.0385	0.0411	0.0436	0.0459
20	0.0094	0.0136	0.0175	0.0211	0.0245	0.0277	0.0307	0.0335	0.0361	0.0386
21	—	0.0045	0.0087	0.0126	0.0162	0.0197	0.0229	0.0259	0.0288	0.0314
22	—	—	—	0.0042	0.0081	0.0118	0.0153	0.0185	0.0215	0.0244
23	—	—	—	—	—	0.0039	0.0076	0.0111	0.0143	0.0174
24	—	—	—	—	—	—	—	0.0037	0.0071	0.0104
25	—	—	—	—	—	—	—	—	—	0.0035

附表 2 正态分布检验中统计量 W 的 γ 分位数 Z_γ

n	p 0.01	0.05	0.10	n	p 0.01	0.05	0.10
				26	0.891	0.920	0.933
				27	0.894	0.923	0.935
3	0.753	0.767	0.789	28	0.896	0.924	0.936
4	0.687	0.748	0.792	29	0.898	0.926	0.937
5	0.686	0.762	0.806	30	0.900	0.927	0.939
6	0.713	0.788	0.826	31	0.902	0.929	0.940
7	0.730	0.803	0.838	32	0.904	0.930	0.941
8	0.749	0.808	0.851	33	0.906	0.931	0.942
9	0.764	0.829	0.859	34	0.908	0.933	0.943
10	0.781	0.842	0.869	35	0.910	0.934	0.944
11	0.792	0.850	0.876	36	0.912	0.935	0.945
12	0.805	0.859	0.883	37	0.914	0.936	0.946
13	0.814	0.866	0.889	38	0.916	0.938	0.947
14	0.825	0.874	0.895	39	0.917	0.939	0.948
15	0.835	0.881	0.901	40	0.919	0.940	0.949
16	0.844	0.887	0.906	41	0.920	0.941	0.950
17	0.851	0.892	0.910	42	0.922	0.942	0.951
18	0.858	0.897	0.914	43	0.923	0.943	0.951
19	0.863	0.901	0.917	44	0.924	0.944	0.952
20	0.868	0.905	0.920	45	0.926	0.945	0.953
21	0.873	0.908	0.923	46	0.927	0.945	0.953
22	0.878	0.911	0.926	47	0.928	0.946	0.954
23	0.881	0.914	0.928	48	0.929	0.947	0.954
24	0.884	0.916	0.930	49	0.929	0.947	0.955
25	0.888	0.918	0.931	50	0.930	0.947	0.955

附表3 正态总体均值、方差的置信区间与单侧置信区间

	待估参数	其他参数	Z 的分布	置信区间	单侧置信区间
一个正态总体	μ	σ^2 已知	$Z = \dfrac{\overline{X} - \mu}{\sigma/\sqrt{n}} \sim N(0,1)$	$\left(\overline{X} \pm \dfrac{\sigma}{\sqrt{n}} z_{\frac{\gamma}{2}}\right)$	$\overline{\mu} = \overline{X} + \dfrac{\sigma}{\sqrt{n}} z_{\frac{\gamma}{2}}$ $\underline{\mu} = \overline{X} - \dfrac{\sigma}{\sqrt{n}} z_{\frac{\gamma}{2}}$
	μ	σ^2 未知	$t = \dfrac{\overline{X} - \mu}{S/\sqrt{n}} \sim t(n-1)$	$\left(\overline{X} \pm \dfrac{S}{\sqrt{n}} t_{\frac{\gamma}{2}}(n-1)\right)$	$\overline{\mu} = \overline{X} + \dfrac{S}{\sqrt{n}} t_{\frac{\gamma}{2}}(n-1)$ $\underline{\mu} = \overline{X} - \dfrac{S}{\sqrt{n}} t_{\frac{\gamma}{2}}(n-1)$
	σ^2	μ 未知	$\chi^2 = \dfrac{(n-1)S^2}{\sigma^2}$ $\sim \chi^2(n-1)$	$\left(\dfrac{(n-1)S^2}{\chi^2_{\frac{\gamma}{2}}(n-1)}, \dfrac{(n-1)S^2}{\chi^2_{1-\frac{\gamma}{2}}(n-1)}\right)$	$\overline{\sigma^2} = \dfrac{(n-1)S^2}{\chi^2_{1-\frac{\gamma}{2}}(n-1)}$ $\underline{\sigma^2} = \dfrac{(n-1)S^2}{\chi^2_{\frac{\gamma}{2}}(n-1)}$
两个正态总体	$\mu_1 - \mu_2$	σ_1^2, σ_2^2 已知	$Z = \dfrac{\overline{X} - \overline{Y} - (\mu_1 - \mu_2)}{\sqrt{\dfrac{\sigma_1^2}{n_1} + \dfrac{\sigma_2^2}{n_2}}}$ $\sim N(0,1)$	$\left(\overline{X} - \overline{Y} \pm z_{\frac{\gamma}{2}} \sqrt{\dfrac{\sigma_1^2}{n_1} + \dfrac{\sigma_2^2}{n_2}}\right)$	$\overline{\mu_1 - \mu_2} = \overline{X} - \overline{Y} + z_{\frac{\gamma}{2}} \sqrt{\dfrac{\sigma_1^2}{n_1} + \dfrac{\sigma_2^2}{n_2}}$ $\underline{\mu_1 - \mu_2} = \overline{X} - \overline{Y} - z_{\frac{\gamma}{2}} \sqrt{\dfrac{\sigma_1^2}{n_1} + \dfrac{\sigma_2^2}{n_2}}$
	$\mu_1 - \mu_2$	$\sigma_1^2 = \sigma_2^2 = \sigma^2$ 未知	$t = \dfrac{(\overline{X} - \overline{Y}) - (\mu_1 - \mu_2)}{S_w \sqrt{\dfrac{1}{n_1} + \dfrac{1}{n_2}}}$ $\sim t(n_1 + n_2 - 1)$ $S_w^2 = \dfrac{(n_1-1)S_1^2 + (n_2-1)S_2^2}{n_1 + n_2 - 2}$	$\Big(\overline{X} - \overline{Y} \pm t_{\frac{\gamma}{2}}(n_1+n_2-2)S_w$ $\times \sqrt{\dfrac{1}{n_1} + \dfrac{1}{n_2}}\Big)$	$\overline{\mu_1 - \mu_2} = \overline{X} - \overline{Y} +$ $t_{\frac{\gamma}{2}}(n_1+n_2-2)S_w \sqrt{\dfrac{1}{n_1} + \dfrac{1}{n_2}}$ $\underline{\mu_1 - \mu_2} = \overline{X} - \overline{Y} -$ $t_{\frac{\gamma}{2}}(n_1+n_2-2)S_w \sqrt{\dfrac{1}{n_1} + \dfrac{1}{n_2}}$
	$\dfrac{\sigma_1^2}{\sigma_2^2}$	μ_1, μ_2 未知	$F = \dfrac{S_2^2/\sigma_2^2}{S_1^2/\sigma_1^2}$ $\sim F(n_2-1, n_1-1)$	$\left(F_{1-\frac{\gamma}{2}}(n_2-1, n_1-1)\dfrac{S_1^2}{S_2^2}, F_{\frac{\gamma}{2}}(n_2-1, n_1-1)\dfrac{S_1^2}{S_s^2}\right)$	$\left(\overline{\dfrac{\sigma_1^2}{\sigma_2^2}}\right) = \dfrac{S_1^2}{S_2^2} F_{\frac{\gamma}{2}}(n_2-1, n_1-1)$ $\left(\underline{\dfrac{\sigma_1^2}{\sigma_2^2}}\right) = \dfrac{S_1^2}{S_2^2} F_{1-\frac{\gamma}{2}}(n_2-1, n_1-1)$

附表 4 标准正态分布的分布表

$$\Phi(u) = \frac{1}{\sqrt{2\pi}} \int_{-\infty}^{u} e^{-\frac{x^2}{2}} dx, u > 0$$

μ	0	0.01	0.02	0.03	0.04	0.05	0.06	0.07	0.08	0.09
0.0	0.5000	0.5040	0.5080	0.5120	0.5160	0.5199	0.5239	0.5279	0.5319	0.5359
0.1	0.5398	0.5438	0.5478	0.5517	0.5557	0.5596	0.5636	0.5675	0.5714	0.5753
0.2	0.5793	0.5832	0.5871	0.5910	0.5948	0.5987	0.6026	0.6064	0.6103	0.6141
0.3	0.6179	0.6217	0.6255	0.6293	0.6331	0.6368	0.6406	0.6443	0.6480	0.6517
0.4	0.6554	0.6591	0.6628	0.6664	0.6700	0.6736	0.6772	0.6808	0.6844	0.6879
0.5	0.6915	0.6950	0.6985	0.7019	0.7054	0.7088	0.7123	0.7157	0.7190	0.7224
0.6	0.7257	0.7291	0.7324	0.7357	0.7389	0.7422	0.7454	0.7486	0.7517	0.7549
0.7	0.7580	0.7611	0.7642	0.7673	0.7704	0.7734	0.7764	0.7794	0.7823	0.7852
0.8	0.7881	0.7910	0.7939	0.7967	0.7995	0.8023	0.8051	0.8078	0.8106	0.8133
0.9	0.8159	0.8186	0.8212	0.8238	0.8264	0.8289	0.8315	0.8340	0.8365	0.8389
1.0	0.8413	0.8438	0.8461	0.8485	0.8508	0.8531	0.8554	0.8577	0.8599	0.8621
1.1	0.8643	0.8665	0.8686	0.8708	0.8729	0.8749	0.8770	0.8790	0.8810	0.8830
1.2	0.8849	0.8869	0.8888	0.8907	0.8925	0.8944	0.8962	0.8980	0.8997	0.9015
1.3	0.9032	0.9049	0.9066	0.9082	0.9099	0.9115	0.9131	0.9147	0.9162	0.9177
1.4	0.9192	0.9207	0.9222	0.9236	0.9251	0.9265	0.9279	0.9292	0.9306	0.9319
1.5	0.9332	0.9345	0.9357	0.9370	0.9382	0.9394	0.9406	0.9418	0.9429	0.9441
1.6	0.9452	0.9463	0.9474	0.9484	0.9495	0.9505	0.9515	0.9525	0.9535	0.9545
1.7	0.9554	0.9564	0.9573	0.9582	0.9591	0.9599	0.9608	0.9616	0.9625	0.9633
1.8	0.9641	0.9649	0.9656	0.9664	0.9671	0.9678	0.9686	0.9693	0.9699	0.9706
1.9	0.9713	0.9719	0.9726	0.9732	0.9738	0.9744	0.9750	0.9756	0.9761	0.9767
2.0	0.9772	0.9778	0.9783	0.9788	0.9793	0.9798	0.9803	0.9808	0.9812	0.9817
2.1	0.9821	0.9826	0.9830	0.9834	0.9838	0.9842	0.9846	0.9850	0.9854	0.9857
2.2	0.9861	0.9864	0.9868	0.9871	0.9875	0.9878	0.9881	0.9884	0.9887	0.9890
2.3	0.9893	0.9896	0.9898	0.9901	0.9904	0.9906	0.9909	0.9911	0.9913	0.9916
2.4	0.9918	0.9920	0.9922	0.9925	0.9927	0.9929	0.9931	0.9932	0.9934	0.9936
2.5	0.9938	0.9940	0.9941	0.9943	0.9945	0.9946	0.9948	0.9949	0.9951	0.9952
2.6	0.9953	0.9955	0.9956	0.9957	0.9959	0.9960	0.9961	0.9962	0.9963	0.9964
2.7	0.9965	0.9966	0.9967	0.9968	0.9969	0.9970	0.9971	0.9972	0.9973	0.9974

（续）

μ	0	0.01	0.02	0.03	0.04	0.05	0.06	0.07	0.08	0.09
2.8	0.9974	0.9975	0.9976	0.9977	0.9977	0.9978	0.9979	0.9979	0.9980	0.9981
2.9	0.9981	0.9982	0.9982	0.9983	0.9984	0.9984	0.9985	0.9985	0.9986	0.9986
3.0	0.9987	0.9987	0.9987	0.9988	0.9988	0.9989	0.9989	0.9989	0.9990	0.9990
3.1	0.9990	0.9991	0.9991	0.9991	0.9992	0.9992	0.9992	0.9992	0.9993	0.9993
3.2	0.9993	0.9993	0.9994	0.9994	0.9994	0.9994	0.9994	0.9995	0.9995	0.9995
3.3	0.9995	0.9995	0.9995	0.9996	0.9996	0.9996	0.9996	0.9996	0.9996	0.9997
3.4	0.9997	0.9997	0.9997	0.9997	0.9997	0.9997	0.9997	0.9997	0.9997	0.9998

附表5 χ² 分布的上分位表

$$P\{\chi^2(n) > \chi^2_\alpha(n)\} = \alpha$$

n \ α	0.995	0.99	0.975	0.95	0.9	0.1	0.05	0.025	0.01	0.005
1	0.0000	0.0002	0.0010	0.0039	0.0158	2.7055	3.8415	5.0239	6.6349	7.8794
2	0.0100	0.0201	0.0506	0.1026	0.2107	4.6052	5.9915	7.3778	9.2103	10.5966
3	0.0717	0.1148	0.2158	0.3518	0.5844	6.2514	7.8147	9.3484	11.3449	12.8382
4	0.2070	0.2971	0.4844	0.7107	1.0636	7.7794	9.4877	11.1433	13.2767	14.8603
5	0.4117	0.5543	0.8312	1.1455	1.6103	9.2364	11.0705	12.8325	15.0863	16.7496
6	0.6757	0.8721	1.2373	1.6354	2.2041	10.6446	12.5916	14.4494	16.8119	18.5476
7	0.9893	1.2390	1.6899	2.1673	2.8331	12.0170	14.0671	16.0128	18.4753	20.2777
8	1.3444	1.6465	2.1797	2.7326	3.4895	13.3616	15.5073	17.5345	20.0902	21.9550
9	1.7349	2.0879	2.7004	3.3251	4.1682	14.6837	16.9190	19.0228	21.6660	23.5894
10	2.1559	2.5582	3.2470	3.9403	4.8652	15.9872	18.3070	20.4832	23.2093	25.1882
11	2.6032	3.0535	3.8157	4.5748	5.5778	17.2750	19.6751	21.9200	24.7250	26.7568
12	3.0738	3.5706	4.4038	5.2260	6.3038	18.5493	21.0261	23.3367	26.2170	28.2995
13	3.5650	4.1069	5.0088	5.8919	7.0415	19.8119	22.3620	24.7356	27.6882	29.8195
14	4.0747	4.6604	5.6287	6.5706	7.7895	21.0641	23.6848	26.1189	29.1412	31.3193
15	4.6009	5.2293	6.2621	7.2609	8.5468	22.3071	24.9958	27.4884	30.5779	32.8013
16	5.1422	5.8122	6.9077	7.9616	9.3122	23.5418	26.2962	28.8454	31.9999	34.2672
17	5.6972	6.4078	7.5642	8.6718	10.0852	24.7690	27.5871	30.1910	33.4087	35.7185
18	6.2648	7.0149	8.2307	9.3905	10.8649	25.9894	28.8693	31.5264	34.8053	37.1565
19	6.8440	7.6327	8.9065	10.1170	11.6509	27.2036	30.1435	32.8523	36.1909	38.5823
20	7.4338	8.2604	9.5908	10.8508	12.4426	28.4120	31.4104	34.1696	37.5662	39.9968
21	8.0337	8.8972	10.2829	11.5913	13.2396	29.6151	32.6706	35.4789	38.9322	41.4011
22	8.6427	9.5425	10.9823	12.3380	14.0415	30.8133	33.9244	36.7807	40.2894	42.7957
23	9.2604	10.1957	11.6886	13.0905	14.8480	32.0069	35.1725	38.0756	41.6384	44.1813
24	9.8862	10.8564	12.4012	13.8484	15.6587	33.1962	36.4150	39.3641	42.9798	45.5585
25	10.5197	11.5240	13.1197	14.6114	16.4734	34.3816	37.6525	40.6465	44.3141	46.9279
26	11.1602	12.1981	13.8439	15.3792	17.2919	35.5632	38.8851	41.9232	45.6417	48.2899
27	11.8076	12.8785	14.5734	16.1514	18.1139	36.7412	40.1133	43.1945	46.9629	49.6449
28	12.4613	13.5647	15.3079	16.9279	18.9392	37.9159	41.3371	44.4608	48.2782	50.9934
29	13.1211	14.2565	16.0471	17.7084	19.7677	39.0875	42.5570	45.7223	49.5879	52.3356

（续）

n \ α	0.995	0.99	0.975	0.95	0.9	0.1	0.05	0.025	0.01	0.005
30	13.7867	14.9535	16.7908	18.4927	20.5992	40.2560	43.7730	46.9792	50.8922	53.6720
31	14.4578	15.6555	17.5387	19.2806	21.4336	41.4217	44.9853	48.2319	52.1914	55.0027
32	15.1340	16.3622	18.2908	20.0719	22.2706	42.5847	46.1943	49.4804	53.4858	56.3281
33	15.8153	17.0735	19.0467	20.8665	23.1102	43.7452	47.3999	50.7251	54.7755	57.6484
34	16.5013	17.7891	19.8063	21.6643	23.9523	44.9032	48.6024	51.9660	56.0609	58.9639
35	17.1918	18.5089	20.5694	22.4650	24.7967	46.0588	49.8018	53.2033	57.3421	60.2748
36	17.8867	19.2327	21.3359	23.2686	25.6433	47.2122	50.9985	54.4373	58.6192	61.5812
37	18.5858	19.9602	22.1056	24.0749	26.4921	48.3634	52.1923	55.6680	59.8925	62.8833
38	19.2889	20.6914	22.8785	24.8839	27.3430	49.5126	53.3835	56.8955	61.1621	64.1814
39	19.9959	21.4262	23.6543	25.6954	28.1958	50.6598	54.5722	58.1201	62.4281	65.4756
40	20.7065	22.1643	24.4330	26.5093	29.0505	51.8051	55.7585	59.3417	63.6907	66.7660
36	17.8867	19.2327	21.3359	23.2686	25.6433	47.2122	50.9985	54.4373	58.6192	61.5812
37	18.5858	19.9602	22.1056	24.0749	26.4921	48.3634	52.1923	55.6680	59.8925	62.8833
38	19.2889	20.6914	22.8785	24.8839	27.3430	49.5126	53.3835	56.8955	61.1621	64.1814
39	19.9959	21.4262	23.6543	25.6954	28.1958	50.6598	54.5722	58.1201	62.4281	65.4756
40	20.7065	22.1643	24.4330	26.5093	29.0505	51.8051	55.7585	59.3417	63.6907	66.7660

当 $n > 40$ 时，$\chi^2_\alpha(n) \approx \dfrac{1}{2}\left(z_\alpha + \sqrt{2n-1}\right)^2$。

附表6　F 分布的上分位表

$$P\{F(n_1,n_2) > F_\alpha(n_1,n_2)\} = \alpha$$

$\alpha = 0.10$

n_2 \ n_1	1	2	3	4	5	6	7	8	9	10	15	20	30	60	100	200	500
1	39.86	49.50	53.59	55.83	57.24	58.20	58.91	59.44	59.86	60.19	61.22	61.74	62.26	62.79	63.01	63.17	63.26
2	8.53	9.00	9.16	9.24	9.29	9.33	9.35	9.37	9.38	9.39	9.42	9.44	9.46	9.47	9.48	9.49	9.49
3	5.54	5.46	5.39	5.34	5.31	5.28	5.27	5.25	5.24	5.23	5.20	5.18	5.17	5.15	5.14	5.14	5.14
4	4.54	4.32	4.19	4.11	4.05	4.01	3.98	3.95	3.94	3.92	3.87	3.84	3.82	3.79	3.78	3.77	3.76
5	4.06	3.78	3.62	3.52	3.45	3.40	3.37	3.34	3.32	3.30	3.24	3.21	3.17	3.14	3.13	3.12	3.11
6	3.78	3.46	3.29	3.18	3.11	3.05	3.01	2.98	2.96	2.94	2.87	2.84	2.80	2.76	2.75	2.73	2.73
7	3.59	3.26	3.07	2.96	2.88	2.83	2.78	2.75	2.72	2.70	2.63	2.59	2.56	2.51	2.50	2.48	2.48
8	3.46	3.11	2.92	2.81	2.73	2.67	2.62	2.59	2.56	2.54	2.46	2.42	2.38	2.34	2.32	2.31	2.30
9	3.36	3.01	2.81	2.69	2.61	2.55	2.51	2.47	2.44	2.42	2.34	2.30	2.25	2.21	2.19	2.17	2.17
10	3.29	2.92	2.73	2.61	2.52	2.46	2.41	2.38	2.35	2.32	2.24	2.20	2.16	2.11	2.09	2.07	2.06
11	3.23	2.86	2.66	2.54	2.45	2.39	2.34	2.30	2.27	2.25	2.17	2.12	2.08	2.03	2.01	1.99	1.98
12	3.18	2.81	2.61	2.48	2.39	2.33	2.28	2.24	2.21	2.19	2.10	2.06	2.01	1.96	1.94	1.92	1.91
13	3.14	2.76	2.56	2.43	2.35	2.28	2.23	2.20	2.16	2.14	2.05	2.01	1.96	1.90	1.88	1.86	1.85
14	3.10	2.73	2.52	2.39	2.31	2.24	2.19	2.15	2.12	2.10	2.01	1.96	1.91	1.86	1.83	1.82	1.80
15	3.07	2.70	2.49	2.36	2.27	2.21	2.16	2.12	2.09	2.06	1.97	1.92	1.87	1.82	1.79	1.77	1.76
16	3.05	2.67	2.46	2.33	2.24	2.18	2.13	2.09	2.06	2.03	1.94	1.89	1.84	1.78	1.76	1.74	1.73
17	3.03	2.64	2.44	2.31	2.22	2.15	2.10	2.06	2.03	2.00	1.91	1.86	1.81	1.75	1.73	1.71	1.69
18	3.01	2.62	2.42	2.29	2.20	2.13	2.08	2.04	2.00	1.98	1.89	1.84	1.78	1.72	1.70	1.68	1.67
19	2.99	2.61	2.40	2.27	2.18	2.11	2.06	2.02	1.98	1.96	1.86	1.81	1.76	1.70	1.67	1.65	1.64
20	2.97	2.59	2.38	2.25	2.16	2.09	2.04	2.00	1.96	1.94	1.84	1.79	1.74	1.68	1.65	1.63	1.62
22	2.95	2.56	2.35	2.22	2.13	2.06	2.01	1.97	1.93	1.90	1.81	1.76	1.70	1.64	1.61	1.59	1.58
24	2.93	2.54	2.33	2.19	2.10	2.04	1.98	1.94	1.91	1.88	1.78	1.73	1.67	1.61	1.58	1.56	1.54
26	2.91	2.52	2.31	2.17	2.08	2.01	1.96	1.92	1.88	1.86	1.76	1.71	1.65	1.58	1.55	1.53	1.51
28	2.89	2.50	2.29	2.16	2.06	2.00	1.94	1.90	1.87	1.84	1.74	1.69	1.63	1.56	1.53	1.50	1.49
30	2.88	2.49	2.28	2.14	2.05	1.98	1.93	1.88	1.85	1.82	1.72	1.67	1.61	1.54	1.51	1.48	1.47
40	2.84	2.44	2.23	2.09	2.00	1.93	1.87	1.83	1.79	1.76	1.66	1.61	1.54	1.47	1.43	1.41	1.39
50	2.81	2.41	2.20	2.06	1.97	1.90	1.84	1.80	1.76	1.73	1.63	1.57	1.50	1.42	1.39	1.36	1.34
60	2.79	2.39	2.18	2.04	1.95	1.87	1.82	1.77	1.74	1.71	1.60	1.54	1.48	1.40	1.36	1.33	1.31
80	2.77	2.37	2.15	2.02	1.92	1.85	1.79	1.75	1.71	1.68	1.57	1.51	1.44	1.36	1.32	1.28	1.26
100	2.76	2.36	2.14	2.00	1.91	1.83	1.78	1.73	1.69	1.66	1.56	1.49	1.42	1.34	1.29	1.26	1.23
200	2.73	2.33	2.11	1.97	1.88	1.80	1.75	1.70	1.66	1.63	1.52	1.46	1.38	1.29	1.24	1.20	1.17
600	2.71	2.31	2.09	1.95	1.86	1.78	1.73	1.68	1.64	1.61	1.50	1.43	1.36	1.26	1.20	1.16	1.12

$\alpha = 0.05$

n_1 / n_2	1	2	3	4	5	6	7	8	9	10	12	14	16	18	20
1	161.45	199.50	215.71	224.58	230.16	233.99	236.77	238.88	240.54	241.88	243.91	245.36	246.46	247.32	248.01
2	18.51	19.00	19.16	19.25	19.30	19.33	19.35	19.37	19.38	19.40	19.41	19.42	19.43	19.44	19.45
3	10.13	9.55	9.28	9.12	9.01	8.94	8.89	8.85	8.81	8.79	8.74	8.71	8.69	8.67	8.66
4	7.71	6.94	6.59	6.39	6.26	6.16	6.09	6.04	6.00	5.96	5.91	5.87	5.84	5.82	5.80
5	6.61	5.79	5.41	5.19	5.05	4.95	4.88	4.82	4.77	4.74	4.68	4.64	4.60	4.58	4.56
6	5.99	5.14	4.76	4.53	4.39	4.28	4.21	4.15	4.10	4.06	4.00	3.96	3.92	3.90	3.87
7	5.59	4.74	4.35	4.12	3.97	3.87	3.79	3.73	3.68	3.64	3.57	3.53	3.49	3.47	3.44
8	5.32	4.46	4.07	3.84	3.69	3.58	3.50	3.44	3.39	3.35	3.28	3.24	3.20	3.17	3.15
9	5.12	4.26	3.86	3.63	3.48	3.37	3.29	3.23	3.18	3.14	3.07	3.03	2.99	2.96	2.94
10	4.96	4.10	3.71	3.48	3.33	3.22	3.14	3.07	3.02	2.98	2.91	2.86	2.83	2.80	2.77
11	4.84	3.98	3.59	3.36	3.20	3.09	3.01	2.95	2.90	2.85	2.79	2.74	2.70	2.67	2.65
12	4.75	3.89	3.49	3.26	3.11	3.00	2.91	2.85	2.80	2.75	2.69	2.64	2.60	2.57	2.54
13	4.67	3.81	3.41	3.18	3.03	2.92	2.83	2.77	2.71	2.67	2.60	2.55	2.51	2.48	2.46
14	4.60	3.74	3.34	3.11	2.96	2.85	2.76	2.70	2.65	2.60	2.53	2.48	2.44	2.41	2.39
15	4.54	3.68	3.29	3.06	2.90	2.79	2.71	2.64	2.59	2.54	2.48	2.42	2.38	2.35	2.33
16	4.49	3.63	3.24	3.01	2.85	2.74	2.66	2.59	2.54	2.49	2.42	2.37	2.33	2.30	2.28
17	4.45	3.59	3.20	2.96	2.81	2.70	2.61	2.55	2.49	2.45	2.38	2.33	2.29	2.26	2.23
18	4.41	3.55	3.16	2.93	2.77	2.66	2.58	2.51	2.46	2.41	2.34	2.29	2.25	2.22	2.19
19	4.38	3.52	3.13	2.90	2.74	2.63	2.54	2.48	2.42	2.38	2.31	2.26	2.21	2.18	2.16
20	4.35	3.49	3.10	2.87	2.71	2.60	2.51	2.45	2.39	2.35	2.28	2.22	2.18	2.15	2.12
21	4.32	3.47	3.07	2.84	2.68	2.57	2.49	2.42	2.37	2.32	2.25	2.20	2.16	2.12	2.10
22	4.30	3.44	3.05	2.82	2.66	2.55	2.46	2.40	2.34	2.30	2.23	2.17	2.13	2.10	2.07
23	4.28	3.42	3.03	2.80	2.64	2.53	2.44	2.37	2.32	2.27	2.20	2.15	2.11	2.08	2.05
24	4.26	3.40	3.01	2.78	2.62	2.51	2.42	2.36	2.30	2.25	2.18	2.13	2.09	2.05	2.03
25	4.24	3.39	2.99	2.76	2.60	2.49	2.40	2.34	2.28	2.24	2.16	2.11	2.07	2.04	2.01
26	4.23	3.37	2.98	2.74	2.59	2.47	2.39	2.32	2.27	2.22	2.15	2.09	2.05	2.02	1.99
27	4.21	3.35	2.96	2.73	2.57	2.46	2.37	2.31	2.25	2.20	2.13	2.08	2.04	2.00	1.97
28	4.20	3.34	2.95	2.71	2.56	2.45	2.36	2.29	2.24	2.19	2.12	2.06	2.02	1.99	1.96
29	4.18	3.33	2.93	2.70	2.55	2.43	2.35	2.28	2.22	2.18	2.10	2.05	2.01	1.97	1.94
30	4.17	3.32	2.92	2.69	2.53	2.42	2.33	2.27	2.21	2.16	2.09	2.04	1.99	1.96	1.93
32	4.15	3.29	2.90	2.67	2.51	2.40	2.31	2.24	2.19	2.14	2.07	2.01	1.97	1.94	1.91
34	4.13	3.28	2.88	2.65	2.49	2.38	2.29	2.23	2.17	2.12	2.05	1.99	1.95	1.92	1.89
36	4.11	3.26	2.87	2.63	2.48	2.36	2.28	2.21	2.15	2.11	2.03	1.98	1.93	1.90	1.87

（续）

n_2 \ n_1	1	2	3	4	5	6	7	8	9	10	12	14	16	18	20
38	4.10	3.24	2.85	2.62	2.46	2.35	2.26	2.19	2.14	2.09	2.02	1.96	1.92	1.88	1.85
40	4.08	3.23	2.84	2.61	2.45	2.34	2.25	2.18	2.12	2.08	2.00	1.95	1.90	1.87	1.84
42	4.07	3.22	2.83	2.59	2.44	2.32	2.24	2.17	2.11	2.06	1.99	1.94	1.89	1.86	1.83
44	4.06	3.21	2.82	2.58	2.43	2.31	2.23	2.16	2.10	2.05	1.98	1.92	1.88	1.84	1.81
46	4.05	3.20	2.81	2.57	2.42	2.30	2.22	2.15	2.09	2.04	1.97	1.91	1.87	1.83	1.80
48	4.04	3.19	2.80	2.57	2.41	2.29	2.21	2.14	2.08	2.03	1.96	1.90	1.86	1.82	1.79
50	4.03	3.18	2.79	2.56	2.40	2.29	2.20	2.13	2.07	2.03	1.95	1.89	1.85	1.81	1.78
60	4.00	3.15	2.76	2.53	2.37	2.25	2.17	2.10	2.04	1.99	1.92	1.86	1.82	1.78	1.75
80	3.96	3.11	2.72	2.49	2.33	2.21	2.13	2.06	2.00	1.95	1.88	1.82	1.77	1.73	1.70
100	3.94	3.09	2.70	2.46	2.31	2.19	2.10	2.03	1.97	1.93	1.85	1.79	1.75	1.71	1.68
125	3.92	3.07	2.68	2.44	2.29	2.17	2.08	2.01	1.96	1.91	1.83	1.77	1.73	1.69	1.66
150	3.90	3.06	2.66	2.43	2.27	2.16	2.07	2.00	1.94	1.89	1.82	1.76	1.71	1.67	1.64
200	3.89	3.04	2.65	2.42	2.26	2.14	2.06	1.98	1.93	1.88	1.80	1.74	1.69	1.66	1.62
300	3.87	3.03	2.63	2.40	2.24	2.13	2.04	1.97	1.91	1.86	1.78	1.72	1.68	1.64	1.61
500	3.86	3.01	2.62	2.39	2.23	2.12	2.03	1.96	1.90	1.85	1.77	1.71	1.66	1.62	1.59
1000	3.85	3.00	2.61	2.38	2.22	2.11	2.02	1.95	1.89	1.84	1.76	1.70	1.65	1.61	1.58

n_2 \ n_1	22	24	26	28	30	35	40	45	50	60	80	100	200	500
1	248.58	249.05	249.45	249.80	250.10	250.69	251.14	251.49	251.77	252.20	252.72	253.04	253.68	254.06
2	19.45	19.45	19.46	19.46	19.46	19.47	19.47	19.47	19.48	19.48	19.48	19.49	19.49	19.49
3	8.65	8.64	8.63	8.62	8.62	8.60	8.59	8.59	8.58	8.57	8.56	8.55	8.54	8.53
4	5.79	5.77	5.76	5.75	5.75	5.73	5.72	5.71	5.70	5.69	5.67	5.66	5.65	5.64
5	4.54	4.53	4.52	4.50	4.50	4.48	4.46	4.45	4.44	4.43	4.41	4.41	4.39	4.37
6	3.86	3.84	3.83	3.82	3.81	3.79	3.77	3.76	3.75	3.74	3.72	3.71	3.69	3.68
7	3.43	3.41	3.40	3.39	3.38	3.36	3.34	3.33	3.32	3.30	3.29	3.27	3.25	3.24
8	3.13	3.12	3.10	3.09	3.08	3.06	3.04	3.03	3.02	3.01	2.99	2.97	2.95	2.94
9	2.92	2.90	2.89	2.87	2.86	2.84	2.83	2.81	2.80	2.79	2.77	2.76	2.73	2.72
10	2.75	2.74	2.72	2.71	2.70	2.68	2.66	2.65	2.64	2.62	2.60	2.59	2.56	2.55
11	2.63	2.61	2.59	2.58	2.57	2.55	2.53	2.52	2.51	2.49	2.47	2.46	2.43	2.42
12	2.52	2.51	2.49	2.48	2.47	2.44	2.43	2.41	2.40	2.38	2.36	2.35	2.32	2.31
13	2.44	2.42	2.41	2.39	2.38	2.36	2.34	2.33	2.31	2.30	2.27	2.26	2.23	2.22
14	2.37	2.35	2.33	2.32	2.31	2.28	2.27	2.25	2.24	2.22	2.20	2.19	2.16	2.14
15	2.31	2.29	2.27	2.26	2.25	2.22	2.20	2.19	2.18	2.16	2.14	2.12	2.10	2.08
16	2.25	2.24	2.22	2.21	2.19	2.17	2.15	2.14	2.12	2.11	2.08	2.07	2.04	2.02
17	2.21	2.19	2.17	2.16	2.15	2.12	2.10	2.09	2.08	2.06	2.03	2.02	1.99	1.97

（续）

n_1 n_2	22	24	26	28	30	35	40	45	50	60	80	100	200	500
18	2.17	2.15	2.13	2.12	2.11	2.08	2.06	2.05	2.04	2.02	1.99	1.98	1.95	1.93
19	2.13	2.11	2.10	2.08	2.07	2.05	2.03	2.01	2.00	1.98	1.96	1.94	1.91	1.89
20	2.10	2.08	2.07	2.05	2.04	2.01	1.99	1.98	1.97	1.95	1.92	1.91	1.88	1.86
21	2.07	2.05	2.04	2.02	2.01	1.98	1.96	1.95	1.94	1.92	1.89	1.88	1.84	1.83
22	2.05	2.03	2.01	2.00	1.98	1.96	1.94	1.92	1.91	1.89	1.86	1.85	1.82	1.80
23	2.02	2.01	1.99	1.97	1.96	1.93	1.91	1.90	1.88	1.86	1.84	1.82	1.79	1.77
24	2.00	1.98	1.97	1.95	1.94	1.91	1.89	1.88	1.86	1.84	1.82	1.80	1.77	1.75
25	1.98	1.96	1.95	1.93	1.92	1.89	1.87	1.86	1.84	1.82	1.80	1.78	1.75	1.73
26	1.97	1.95	1.93	1.91	1.90	1.87	1.85	1.84	1.82	1.80	1.78	1.76	1.73	1.71
27	1.95	1.93	1.91	1.90	1.88	1.86	1.84	1.82	1.81	1.79	1.76	1.74	1.71	1.69
28	1.93	1.91	1.90	1.88	1.87	1.84	1.82	1.80	1.79	1.77	1.74	1.73	1.69	1.67
29	1.92	1.90	1.88	1.87	1.85	1.83	1.81	1.79	1.77	1.75	1.73	1.71	1.67	1.65
30	1.91	1.89	1.87	1.85	1.84	1.81	1.79	1.77	1.76	1.74	1.71	1.70	1.66	1.64
32	1.88	1.86	1.85	1.83	1.82	1.79	1.77	1.75	1.74	1.71	1.69	1.67	1.63	1.61
34	1.86	1.84	1.82	1.81	1.80	1.77	1.75	1.73	1.71	1.69	1.66	1.65	1.61	1.59
36	1.85	1.82	1.81	1.79	1.78	1.75	1.73	1.71	1.69	1.67	1.64	1.62	1.59	1.56
38	1.83	1.81	1.79	1.77	1.76	1.73	1.71	1.69	1.68	1.65	1.62	1.61	1.57	1.54
40	1.81	1.79	1.77	1.76	1.74	1.72	1.69	1.67	1.66	1.64	1.61	1.59	1.55	1.53
42	1.80	1.78	1.76	1.75	1.73	1.70	1.68	1.66	1.65	1.62	1.59	1.57	1.53	1.51
44	1.79	1.77	1.75	1.73	1.72	1.69	1.67	1.65	1.63	1.61	1.58	1.56	1.52	1.49
46	1.78	1.76	1.74	1.72	1.71	1.68	1.65	1.64	1.62	1.60	1.57	1.55	1.51	1.48
48	1.77	1.75	1.73	1.71	1.70	1.67	1.64	1.62	1.61	1.59	1.56	1.54	1.49	1.47
50	1.76	1.74	1.72	1.70	1.69	1.66	1.63	1.61	1.60	1.58	1.54	1.52	1.48	1.46
60	1.72	1.70	1.68	1.66	1.65	1.62	1.59	1.57	1.56	1.53	1.50	1.48	1.44	1.41
80	1.68	1.65	1.63	1.62	1.60	1.57	1.54	1.52	1.51	1.48	1.45	1.43	1.38	1.35
100	1.65	1.63	1.61	1.59	1.57	1.54	1.52	1.49	1.48	1.45	1.41	1.39	1.34	1.31
125	1.63	1.60	1.58	1.57	1.55	1.52	1.49	1.47	1.45	1.42	1.39	1.36	1.31	1.27
150	1.61	1.59	1.57	1.55	1.54	1.50	1.48	1.45	1.44	1.41	1.37	1.34	1.29	1.25
200	1.60	1.57	1.55	1.53	1.52	1.48	1.46	1.43	1.41	1.39	1.35	1.32	1.26	1.22
300	1.58	1.55	1.53	1.51	1.50	1.46	1.43	1.41	1.39	1.36	1.32	1.30	1.23	1.19
500	1.56	1.54	1.52	1.50	1.48	1.45	1.42	1.40	1.38	1.35	1.30	1.28	1.21	1.16
1000	1.55	1.53	1.51	1.49	1.47	1.43	1.41	1.38	1.36	1.33	1.29	1.26	1.19	1.13

$\alpha = 0.01$

n_2 \ n_1	1	2	3	4	5	6	7	8	9	10	12	14	16	18	20
1	4052	4999	5403	5625	5764	5859	5928	5981	6022	6056	6106	6143	6170	6192	6209
2	98.50	99.00	99.17	99.25	99.30	99.33	99.36	99.37	99.39	99.40	99.42	99.43	99.44	99.44	99.45
3	34.12	30.82	29.46	28.71	28.24	27.91	27.67	27.49	27.35	27.23	27.05	26.92	26.83	26.75	26.69
4	21.20	18.00	16.69	15.98	15.52	15.21	14.98	14.80	14.66	14.55	14.37	14.25	14.15	14.08	14.02
5	16.26	13.27	12.06	11.39	10.97	10.67	10.46	10.29	10.16	10.05	9.89	9.77	9.68	9.61	9.55
6	13.75	10.92	9.78	9.15	8.75	8.47	8.26	8.10	7.98	7.87	7.72	7.60	7.52	7.45	7.40
7	12.25	9.55	8.45	7.85	7.46	7.19	6.99	6.84	6.72	6.62	6.47	6.36	6.28	6.21	6.16
8	11.26	8.65	7.59	7.01	6.63	6.37	6.18	6.03	5.91	5.81	5.67	5.56	5.48	5.41	5.36
9	10.56	8.02	6.99	6.42	6.06	5.80	5.61	5.47	5.35	5.26	5.11	5.01	4.92	4.86	4.81
10	10.04	7.56	6.55	5.99	5.64	5.39	5.20	5.06	4.94	4.85	4.71	4.60	4.52	4.46	4.41
11	9.65	7.21	6.22	5.67	5.32	5.07	4.89	4.74	4.63	4.54	4.40	4.29	4.21	4.15	4.10
12	9.33	6.93	5.95	5.41	5.06	4.82	4.64	4.50	4.39	4.30	4.16	4.05	3.97	3.91	3.86
13	9.07	6.70	5.74	5.21	4.86	4.62	4.44	4.30	4.19	4.10	3.96	3.86	3.78	3.72	3.66
14	8.86	6.51	5.56	5.04	4.69	4.46	4.28	4.14	4.03	3.94	3.80	3.70	3.62	3.56	3.51
15	8.68	6.36	5.42	4.89	4.56	4.32	4.14	4.00	3.89	3.80	3.67	3.56	3.49	3.42	3.37
16	8.53	6.23	5.29	4.77	4.44	4.20	4.03	3.89	3.78	3.69	3.55	3.45	3.37	3.31	3.26
17	8.40	6.11	5.18	4.67	4.34	4.10	3.93	3.79	3.68	3.59	3.46	3.35	3.27	3.21	3.16
18	8.29	6.01	5.09	4.58	4.25	4.01	3.84	3.71	3.60	3.51	3.37	3.27	3.19	3.13	3.08
19	8.18	5.93	5.01	4.50	4.17	3.94	3.77	3.63	3.52	3.43	3.30	3.19	3.12	3.05	3.00
20	8.10	5.85	4.94	4.43	4.10	3.87	3.70	3.56	3.46	3.37	3.23	3.13	3.05	2.99	2.94
21	8.02	5.78	4.87	4.37	4.04	3.81	3.64	3.51	3.40	3.31	3.17	3.07	2.99	2.93	2.88
22	7.95	5.72	4.82	4.31	3.99	3.76	3.59	3.45	3.35	3.26	3.12	3.02	2.94	2.88	2.83
23	7.88	5.66	4.76	4.26	3.94	3.71	3.54	3.41	3.30	3.21	3.07	2.97	2.89	2.83	2.78
24	7.82	5.61	4.72	4.22	3.90	3.67	3.50	3.36	3.26	3.17	3.03	2.93	2.85	2.79	2.74
25	7.77	5.57	4.68	4.18	3.85	3.63	3.46	3.32	3.22	3.13	2.99	2.89	2.81	2.75	2.70
26	7.72	5.53	4.64	4.14	3.82	3.59	3.42	3.29	3.18	3.09	2.96	2.86	2.78	2.72	2.66
27	7.68	5.49	4.60	4.11	3.78	3.56	3.39	3.26	3.15	3.06	2.93	2.82	2.75	2.68	2.63
28	7.64	5.45	4.57	4.07	3.75	3.53	3.36	3.23	3.12	3.03	2.90	2.79	2.72	2.65	2.60
29	7.60	5.42	4.54	4.04	3.73	3.50	3.33	3.20	3.09	3.00	2.87	2.77	2.69	2.63	2.57
30	7.56	5.39	4.51	4.02	3.70	3.47	3.30	3.17	3.07	2.98	2.84	2.74	2.66	2.60	2.55
32	7.50	5.34	4.46	3.97	3.65	3.43	3.26	3.13	3.02	2.93	2.80	2.70	2.62	2.55	2.50
34	7.44	5.29	4.42	3.93	3.61	3.39	3.22	3.09	2.98	2.89	2.76	2.66	2.58	2.51	2.46
36	7.40	5.25	4.38	3.89	3.57	3.35	3.18	3.05	2.95	2.86	2.72	2.62	2.54	2.48	2.43

（续）

n_2 \ n_1	1	2	3	4	5	6	7	8	9	10	12	14	16	18	20
38	7.35	5.21	4.34	3.86	3.54	3.32	3.15	3.02	2.92	2.83	2.69	2.59	2.51	2.45	2.40
40	7.31	5.18	4.31	3.83	3.51	3.29	3.12	2.99	2.89	2.80	2.66	2.56	2.48	2.42	2.37
42	7.28	5.15	4.29	3.80	3.49	3.27	3.10	2.97	2.86	2.78	2.64	2.54	2.46	2.40	2.34
44	7.25	5.12	4.26	3.78	3.47	3.24	3.08	2.95	2.84	2.75	2.62	2.52	2.44	2.37	2.32
46	7.22	5.10	4.24	3.76	3.44	3.22	3.06	2.93	2.82	2.73	2.60	2.50	2.42	2.35	2.30
48	7.19	5.08	4.22	3.74	3.43	3.20	3.04	2.91	2.80	2.71	2.58	2.48	2.40	2.33	2.28
50	7.17	5.06	4.20	3.72	3.41	3.19	3.02	2.89	2.78	2.70	2.56	2.46	2.38	2.32	2.27
60	7.08	4.98	4.13	3.65	3.34	3.12	2.95	2.82	2.72	2.63	2.50	2.39	2.31	2.25	2.20
80	6.96	4.88	4.04	3.56	3.26	3.04	2.87	2.74	2.64	2.55	2.42	2.31	2.23	2.17	2.12
100	6.90	4.82	3.98	3.51	3.21	2.99	2.82	2.69	2.59	2.50	2.37	2.27	2.19	2.12	2.07
125	6.84	4.78	3.94	3.47	3.17	2.95	2.79	2.66	2.55	2.47	2.33	2.23	2.15	2.08	2.03
150	6.81	4.75	3.91	3.45	3.14	2.92	2.76	2.63	2.53	2.44	2.31	2.20	2.12	2.06	2.00
200	6.76	4.71	3.88	3.41	3.11	2.89	2.73	2.60	2.50	2.41	2.27	2.17	2.09	2.03	1.97
300	6.72	4.68	3.85	3.38	3.08	2.86	2.70	2.57	2.47	2.38	2.24	2.14	2.06	1.99	1.94
500	6.69	4.65	3.82	3.36	3.05	2.84	2.68	2.55	2.44	2.36	2.22	2.12	2.04	1.97	1.92
1000	6.66	4.63	3.80	3.34	3.04	2.82	2.66	2.53	2.43	2.34	2.20	2.10	2.02	1.95	1.90

n_2 \ n_1	22	24	26	28	30	35	40	45	50	60	80	100	200	500
1	6223	6235	6245	6253	6261	6276	6287	6296	6303	6313	6326	6334	6350	6360
2	99.45	99.46	99.46	99.46	99.47	99.47	99.47	99.48	99.48	99.48	99.49	99.49	99.49	99.50
3	26.64	26.60	26.56	26.53	26.50	26.45	26.41	26.38	26.35	26.32	26.27	26.24	26.18	26.15
4	13.97	13.93	13.89	13.86	13.84	13.79	13.75	13.71	13.69	13.65	13.61	13.58	13.52	13.49
5	9.51	9.47	9.43	9.40	9.38	9.33	9.29	9.26	9.24	9.20	9.16	9.13	9.08	9.04
6	7.35	7.31	7.28	7.25	7.23	7.18	7.14	7.11	7.09	7.06	7.01	6.99	6.93	6.90
7	6.11	6.07	6.04	6.02	5.99	5.94	5.91	5.88	5.86	5.82	5.78	5.75	5.70	5.67
8	5.32	5.28	5.25	5.22	5.20	5.15	5.12	5.09	5.07	5.03	4.99	4.96	4.91	4.88
9	4.77	4.73	4.70	4.67	4.65	4.60	4.57	4.54	4.52	4.48	4.44	4.41	4.36	4.33
10	4.36	4.33	4.30	4.27	4.25	4.20	4.17	4.14	4.12	4.08	4.04	4.01	3.96	3.93
11	4.06	4.02	3.99	3.96	3.94	3.89	3.86	3.83	3.81	3.78	3.73	3.71	3.66	3.62
12	3.82	3.78	3.75	3.72	3.70	3.65	3.62	3.59	3.57	3.54	3.49	3.47	3.41	3.38
13	3.62	3.59	3.56	3.53	3.51	3.46	3.43	3.40	3.38	3.34	3.30	3.27	3.22	3.19
14	3.46	3.43	3.40	3.37	3.35	3.30	3.27	3.24	3.22	3.18	3.14	3.11	3.06	3.03
15	3.33	3.29	3.26	3.24	3.21	3.17	3.13	3.10	3.08	3.05	3.00	2.98	2.92	2.89

（续）

n_1 / n_2	22	24	26	28	30	35	40	45	50	60	80	100	200	500
16	3.22	3.18	3.15	3.12	3.10	3.05	3.02	2.99	2.97	2.93	2.89	2.86	2.81	2.78
17	3.12	3.08	3.05	3.03	3.00	2.96	2.92	2.89	2.87	2.83	2.79	2.76	2.71	2.68
18	3.03	3.00	2.97	2.94	2.92	2.87	2.84	2.81	2.78	2.75	2.70	2.68	2.62	2.59
19	2.96	2.92	2.89	2.87	2.84	2.80	2.76	2.73	2.71	2.67	2.63	2.60	2.55	2.51
20	2.90	2.86	2.83	2.80	2.78	2.73	2.69	2.67	2.64	2.61	2.56	2.54	2.48	2.44
21	2.84	2.80	2.77	2.74	2.72	2.67	2.64	2.61	2.58	2.55	2.50	2.48	2.42	2.38
22	2.78	2.75	2.72	2.69	2.67	2.62	2.58	2.55	2.53	2.50	2.45	2.42	2.36	2.33
23	2.74	2.70	2.67	2.64	2.62	2.57	2.54	2.51	2.48	2.45	2.40	2.37	2.32	2.28
24	2.70	2.66	2.63	2.60	2.58	2.53	2.49	2.46	2.44	2.40	2.36	2.33	2.27	2.24
25	2.66	2.62	2.59	2.56	2.54	2.49	2.45	2.42	2.40	2.36	2.32	2.29	2.23	2.19
26	2.62	2.58	2.55	2.53	2.50	2.45	2.42	2.39	2.36	2.33	2.28	2.25	2.19	2.16
27	2.59	2.55	2.52	2.49	2.47	2.42	2.38	2.35	2.33	2.29	2.25	2.22	2.16	2.12
28	2.56	2.52	2.49	2.46	2.44	2.39	2.35	2.32	2.30	2.26	2.22	2.19	2.13	2.09
29	2.53	2.49	2.46	2.44	2.41	2.36	2.33	2.30	2.27	2.23	2.19	2.16	2.10	2.06
30	2.51	2.47	2.44	2.41	2.39	2.34	2.30	2.27	2.25	2.21	2.16	2.13	2.07	2.03
32	2.46	2.42	2.39	2.36	2.34	2.29	2.25	2.22	2.20	2.16	2.11	2.08	2.02	1.98
34	2.42	2.38	2.35	2.32	2.30	2.25	2.21	2.18	2.16	2.12	2.07	2.04	1.98	1.94
36	2.38	2.35	2.32	2.29	2.26	2.21	2.18	2.14	2.12	2.08	2.03	2.00	1.94	1.90
38	2.35	2.32	2.28	2.26	2.23	2.18	2.14	2.11	2.09	2.05	2.00	1.97	1.90	1.86
40	2.33	2.29	2.26	2.23	2.20	2.15	2.11	2.08	2.06	2.02	1.97	1.94	1.87	1.83
42	2.30	2.26	2.23	2.20	2.18	2.13	2.09	2.06	2.03	1.99	1.94	1.91	1.85	1.80
44	2.28	2.24	2.21	2.18	2.15	2.10	2.07	2.03	2.01	1.97	1.92	1.89	1.82	1.78
46	2.26	2.22	2.19	2.16	2.13	2.08	2.04	2.01	1.99	1.95	1.90	1.86	1.80	1.76
48	2.24	2.20	2.17	2.14	2.12	2.06	2.02	1.99	1.97	1.93	1.88	1.84	1.78	1.73
50	2.22	2.18	2.15	2.12	2.10	2.05	2.01	1.97	1.95	1.91	1.86	1.82	1.76	1.71
60	2.15	2.12	2.08	2.05	2.03	1.98	1.94	1.90	1.88	1.84	1.78	1.75	1.68	1.63
80	2.07	2.03	2.00	1.97	1.94	1.89	1.85	1.82	1.79	1.75	1.69	1.65	1.58	1.53
100	2.02	1.98	1.95	1.92	1.89	1.84	1.80	1.76	1.74	1.69	1.63	1.60	1.52	1.47
125	1.98	1.94	1.91	1.88	1.85	1.80	1.76	1.72	1.69	1.65	1.59	1.55	1.47	1.41
150	1.96	1.92	1.88	1.85	1.83	1.77	1.73	1.69	1.66	1.62	1.56	1.52	1.43	1.38
200	1.93	1.89	1.85	1.82	1.79	1.74	1.69	1.66	1.63	1.58	1.52	1.48	1.39	1.33
300	1.89	1.85	1.82	1.79	1.76	1.70	1.66	1.62	1.59	1.55	1.48	1.44	1.35	1.28
500	1.87	1.83	1.79	1.76	1.74	1.68	1.63	1.60	1.57	1.52	1.45	1.41	1.31	1.23
1000	1.85	1.81	1.77	1.74	1.72	1.66	1.61	1.58	1.54	1.50	1.43	1.38	1.28	1.19

附表7 t 分布的上分位表

$$P\{t(n) > t_\alpha(n)\} = \alpha$$

n \ α	0.25	0.2	0.15	0.1	0.05	0.025	0.01	0.005
1	1.0000	1.3764	1.9626	3.0777	6.3138	12.7062	31.8205	63.6567
2	0.8165	1.0607	1.3862	1.8856	2.9200	4.3027	6.9646	9.9248
3	0.7649	0.9785	1.2498	1.6377	2.3534	3.1824	4.5407	5.8409
4	0.7407	0.9410	1.1896	1.5332	2.1318	2.7764	3.7469	4.6041
5	0.7267	0.9195	1.1558	1.4759	2.0150	2.5706	3.3649	4.0321
6	0.7176	0.9057	1.1342	1.4398	1.9432	2.4469	3.1427	3.7074
7	0.7111	0.8960	1.1192	1.4149	1.8946	2.3646	2.9980	3.4995
8	0.7064	0.8889	1.1081	1.3968	1.8595	2.3060	2.8965	3.3554
9	0.7027	0.8834	1.0997	1.3830	1.8331	2.2622	2.8214	3.2498
10	0.6998	0.8791	1.0931	1.3722	1.8125	2.2281	2.7638	3.1693
11	0.6974	0.8755	1.0877	1.3634	1.7959	2.2010	2.7181	3.1058
12	0.6955	0.8726	1.0832	1.3562	1.7823	2.1788	2.6810	3.0545
13	0.6938	0.8702	1.0795	1.3502	1.7709	2.1604	2.6503	3.0123
14	0.6924	0.8681	1.0763	1.3450	1.7613	2.1448	2.6245	2.9768
15	0.6912	0.8662	1.0735	1.3406	1.7531	2.1314	2.6025	2.9467
16	0.6901	0.8647	1.0711	1.3368	1.7459	2.1199	2.5835	2.9208
17	0.6892	0.8633	1.0690	1.3334	1.7396	2.1098	2.5669	2.8982
18	0.6884	0.8620	1.0672	1.3304	1.7341	2.1009	2.5524	2.8784
19	0.6876	0.8610	1.0655	1.3277	1.7291	2.0930	2.5395	2.8609
20	0.6870	0.8600	1.0640	1.3253	1.7247	2.0860	2.5280	2.8453
21	0.6864	0.8591	1.0627	1.3232	1.7207	2.0796	2.5176	2.8314
22	0.6858	0.8583	1.0614	1.3212	1.7171	2.0739	2.5083	2.8188
23	0.6853	0.8575	1.0603	1.3195	1.7139	2.0687	2.4999	2.8073
24	0.6848	0.8569	1.0593	1.3178	1.7109	2.0639	2.4922	2.7969
25	0.6844	0.8562	1.0584	1.3163	1.7081	2.0595	2.4851	2.7874
26	0.6840	0.8557	1.0575	1.3150	1.7056	2.0555	2.4786	2.7787
27	0.6837	0.8551	1.0567	1.3137	1.7033	2.0518	2.4727	2.7707
28	0.6834	0.8546	1.0560	1.3125	1.7011	2.0484	2.4671	2.7633

（续）

n \ α	0.25	0.2	0.15	0.1	0.05	0.025	0.01	0.005
29	0.6830	0.8542	1.0553	1.3114	1.6991	2.0452	2.4620	2.7564
30	0.6828	0.8538	1.0547	1.3104	1.6973	2.0423	2.4573	2.7500
31	0.6825	0.8534	1.0541	1.3095	1.6955	2.0395	2.4528	2.7440
32	0.6822	0.8530	1.0535	1.3086	1.6939	2.0369	2.4487	2.7385
33	0.6820	0.8526	1.0530	1.3077	1.6924	2.0345	2.4448	2.7333
34	0.6818	0.8523	1.0525	1.3070	1.6909	2.0322	2.4411	2.7284
35	0.6816	0.8520	1.0520	1.3062	1.6896	2.0301	2.4377	2.7238
36	0.6814	0.8517	1.0516	1.3055	1.6883	2.0281	2.4345	2.7195
37	0.6812	0.8514	1.0512	1.3049	1.6871	2.0262	2.4314	2.7154
38	0.6810	0.8512	1.0508	1.3042	1.6860	2.0244	2.4286	2.7116
39	0.6808	0.8509	1.0504	1.3036	1.6849	2.0227	2.4258	2.7079
40	0.6807	0.8507	1.0500	1.3031	1.6839	2.0211	2.4233	2.7045
41	0.6805	0.8505	1.0497	1.3025	1.6829	2.0195	2.4208	2.7012
42	0.6804	0.8503	1.0494	1.3020	1.6820	2.0181	2.4185	2.6981
43	0.6802	0.8501	1.0491	1.3016	1.6811	2.0167	2.4163	2.6951
44	0.6801	0.8499	1.0488	1.3011	1.6802	2.0154	2.4141	2.6923
45	0.6800	0.8497	1.0485	1.3006	1.6794	2.0141	2.4121	2.6896